Michael Nahm
Evolution und Parapsychologie

AF222233

Für Insa und Olaf

Michael Nahm

Evolution und Parapsychologie

als
Grundlagen für eine neue Biologie
und die
Wiederbelebung des Vitalismus

Über den Autor:

Michael Nahm wurde 1970 geboren und studierte in Mainz Zoologie, Botanik, Genetik und Paläontologie. Er beschloss das Biologiestudium mit einer ökologischen Arbeit über Zugvögel. Danach absolvierte er in Freiburg die Ausbildung zum Lehrer für F.M. Alexander-Technik und promovierte im Bereich Baumphysiologie. Er ist (Co-) Autor verschiedener Publikationen zu pflanzenphysiologischen Themen in internationalen Fachjournalen. Ungelöste Evolutionsprobleme und die Parapsychologie bilden seit vielen Jahren Schwerpunkte seiner Interessen.

Foto (Schwanzfeder, Palawan-Pfaufasan), Bildbearbeitung und Umschlagsgestaltung: Michael Nahm

© 2007 Michael Nahm
Herstellung und Verlag: Books on Demand GmbH, Norderstedt
ISBN 978-3-8370-0528-8

Inhalt

Einleitung 7

Teil 1: Die chemische Evolution
1. Dissipative Strukturen und die Grundbausteine des Lebens 14
2. Die Ursuppe und die Miller-Experimente 25
3. Weitere Hürden für aufkeimende Lebensfunken 41

Teil 2: Die biologische Evolution
4. Die Geschichte der Evolutionstheorie 79
5. Mutation 109
6. Selektion 151
7. Weitere wunderliche Evolutionsbeispiele 179

Teil 3: Parapsychologie
8. Auftakt 203
9. Telepathie, Hellsehen, Präkognition und Psychokinese 212
10. Psi bei Tieren 243

Teil 4: Die Evolution im Licht eines neuen Lebensverständnisses
11. Einführung 261
12. Modelle für die Erklärung der Psi-Phänomene 264
13. Die neue Sicht der Evolution 295
14. Fazit und Ausblick 332
15. Epilog: Eine Lanze für den Vitalismus 336

Anmerkungen 347
Personenverzeichnis 367
Sachverzeichnis 370
Glossar 373
Literatur 383
Dank 400

„Es muss betont werden, dass sich auch die Naturwissenschaftler oft irren und dass aus ihren Irrtümern manchmal eine naturwissenschaftliche Mode gemacht wird. Alle Menschen sind fehlbar, und unsere Suche nach objektiver Wahrheit ist bedroht von unserer Hoffnung, sie bereits gefunden zu haben."

Karl Popper[1]

Einleitung

In den letzten Jahren wird wieder intensiv über die Glaubwürdigkeit der modernen Evolutionstheorie diskutiert. Das mutet vielen seltsam an. Gilt die Evolutionstheorie nicht seit Jahrzehnten als bewiesene und tragende Säule des aktuellen wissenschaftlichen Weltbildes? Die neu aufgeflammten Diskussionen sind zum größten Teil Vertretern einer Denkrichtung zu verdanken, die als Kreationismus bekannt ist. Die Kreationisten legen die biblische Schöpfungsgeschichte wörtlich aus. Sie beharren darauf, dass die Welt mit Mann, Maus, Sonne, Mond und sogar den entferntesten Galaxien und Gasnebeln erst vor wenigen tausend Jahren erschaffen worden ist. Auch alle Fossilien sollen innerhalb dieser Zeit entstanden sein. Definitionsgemäß beruht diese Weltsicht auf ihrem *Glauben*. Tatsächlich gibt es keinerlei wissenschaftliche Anhaltspunkte, die sie plausibel erscheinen lässt.

Im Gegenteil: Die Astronomen, Geologen, Paläontologen und Archäologen haben unzählige Indizien dafür gesammelt, dass unser Planet erheblich älter als ein paar tausend Jahre ist. Und jeder, der sich ein wenig mit vergleichender Religionswissenschaft, Religionspsychologie, Religionsgeschichte oder auch Politikgeschichte beschäftigt hat, sollte der Behauptung, dass die Genesis die einzig gültige, wörtlich zu nehmende Offenbarung des einzig wahren Gottes ist, mit einer gehörigen Portion Skepsis begegnen. Die von wissenschaftlicher Seite aus nicht nachvollziehbare Weltanschauung der Kreationisten wird daher in diesem Buch weder vertreten noch weiter verfolgt.

Dennoch muss man den Kreationisten in anderer Hinsicht Achtung zollen. Denn die Kritik, die sie an der modernen Evolutionstheorie äußern, ist vielfach berechtigt. Eine gewissenhafte Prüfung derselben fördert tatsächlich etliche Ungereimtheiten zu Tage, die von der Schulwissenschaft bislang unterschätzt oder übergangen werden. So gesehen ist die neuerliche Debatte zwischen Kreationisten und Evolutionisten durchaus begrüßenswert, denn sie bringt vernachlässigte Probleme der Evolutionstheorie wieder zu Bewusstsein. Unerfreulich ist eher das Niveau, auf dem die Auseinandersetzung zumeist geführt wird.

Beide Seiten beharren unerschütterlich auf ihrem Standpunkt und scheinen nicht in der Lage zu sein, ihre eigenen Anschauungen zu hinterfragen. Deshalb dringen sie insbesondere in den öffentlichen Diskussionsbeiträgen kaum in die tieferen Schichten der gegebenen Problematiken ein, sondern spielen sich gegenseitig die immer gleichen Bälle zu, ohne die Argumente der Gegenseite wirklich zu begreifen oder den Dialog voranzubringen.[2]

Dieses tiefere Eindringen in die Materie ist jedoch erforderlich, wenn man zu einem realitätsnäheren Weltverständnis finden möchte. Und genau hierzu möchte dieses Buch einen Beitrag leisten. Der Leser soll darin die Möglichkeit erhalten, sich detailliert und umfassend über die mit der modernen Evolutionstheorie verbundenen Schwierigkeiten zu informieren.

In diesem Kontext wartet das Buch mit einer in der Evolutionsdebatte kaum jemals gehörten Herausforderung auf: Der Parapsychologie. Die parapsychologische Forschung – damit ist hier die Erforschung der Phänomene von Telepathie, Hellsehen, Präkognition und Psychokinese bei Mensch und Tier gemeint – genießt bis heute bei den meisten Wissenschaftlern einen ausgesprochen schlechten Ruf als anrüchige Außenseiterdisziplin, die hauptsächlich aus Aberglaube, Betrug und wissenschaftlicher Inkompetenz gespeist wird.

Doch diese Ansicht ist heutzutage nicht mehr haltbar. Die Forschungsergebnisse der Parapsychologie erweisen sich mittlerweile als derart gut abgesichert, dass man sie einfach nicht länger leugnen kann. Überdies wissen die meisten Menschen nicht, dass die Parapsychologie als Forschungsdisziplin seit über hundert Jahren erfolgreich betrieben wird – und dies zu einem erheblichen Teil an universitären, staatlichen und anderen institutionellen Einrichtungen.

Dennoch werden ihre Resultate in Wissenschaftlerkreisen ganz überwiegend ignoriert oder bestritten. Der Grund hierfür liegt womöglich in den gewichtigen Konsequenzen, die sie für unser Realitätsverständnis haben. Die Wissenschaftler müssten nämlich anerkennen, dass das von ihnen als gesichert ausgegebene Weltverständnis eine eklatante Lücke enthält, die letztlich das mühsam errichtete Theoriengebäude über die Beschaffenheit der Natur wieder grundsetzlich in Frage stellt. Unsere vertraute Wahrnehmung eines leeren dreidimensionalen Raumes, worin sich entlang einer eindeutig definierbaren Zeitskala materielle Entwicklungsprozesse abspielen, kann jedenfalls nicht die vollständige Beschreibung der uns umgebenden Welt enthalten. Sie stellt vielmehr nur einen *Ausschnitt* aus einem erheblich komplexeren Realitätszusammenhang dar. Deshalb lässt sich das Auftreten von parapsychologischen Phänomenen auch nicht mit dem gegenwärtigen Biologieverständnis vereinbaren, da dieses ausschließlich an diesen Ausschnitt angepasst ist.

Genau hieraus ergibt sich wiederum die enorme Wichtigkeit der parapsychologischen Forschung auch für die Formulierung von Evolutionstheorien. Denn man muss vermuten, dass eine Weltanschauung, welche die parapsychologischen Fähigkeiten von gegenwärtig existierenden Lebewesen nicht erklären kann, noch weniger in der Lage sein wird, die Entstehungsgeschichte dieser Lebewesen inklusive ihrer Fähigkeiten realhistorisch nachzuvollziehen.

Ohne den Versuch, sich zunächst an ein wirklichkeitsnäheres Verständnis von Raum, Zeit und Leben heranzutasten, erweisen sich Evolutionstheorien jeglicher Art zwangsläufig als zu oberflächlich und unvollständig. Erst wenn die Mängel der modernen Evolutionstheorie als solche erkannt werden und die Ergebnisse der Parapsychologie mitsamt ihren Implikationen für unser Realitätsverständnis akzeptiert werden, können wir hoffen, einen Schritt näher zur Erkenntnis unserer selbst und unserer biologischen Vergangenheit zu gelangen.

Beginnend mit Arthur Schopenhauer haben sich immer wieder Einzelpersonen dahingehend geäußert. Doch obwohl die parapsychologischen Forschungsergebnisse besser abgesichert sind denn je, hat insbesondere in den letzten Jahrzehnten kaum jemand mehr auf diesen bedeutungsvollen Zusammenhang verwiesen. Das soll mit diesem Buch nachgeholt werden. Es schließt die seit vielen Jahren klaffende Lücke und ist ein neuerliches Plädoyer für eine offene Auseinandersetzung mit sowohl den ungelösten evolutionsbiologischen Fragestellungen als auch mit der Parapsychologie.

Hierbei ist es aufschlussreich, dass praktisch alle Wissenschaftler und Philosophen, die in der Vergangenheit Evolution und Parapsychologie in Zusammenhang gebracht haben, eine alte Denkrichtung namens

Vitalismus als den vielversprechendsten Erklärungsansatz betrachteten. Allerdings gibt es bis heute keine einheitliche und verbindliche Definition des Vitalismus. Ich möchte ihn in diesem Buch in seiner allgemeinsten Form fassen und damit folgendermaßen definieren:

Der Vitalismus bezeichnet eine naturwissenschaftlich-philosophische Denkrichtung, wonach die Entstehung, die Evolution und die Funktionsweise der Lebewesen nicht einzig und alleine auf die physikochemischen Gesetzmäßigkeiten der unbelebten Materie zurückgeführt werden können. [3]

Organismen sind dem Vitalismus zufolge deshalb von *eigengesetzlichen Organisationsprinzipien* durchdrungen, die sowohl in ihrer individuellen Entwicklung als auch in ihrer Evolution zum Tragen kommen.

Dies stellt ein gänzlich anderes Lebensverständnis dar, als es derzeit von der breiten Masse der Wissenschaftler vertreten wird. Wie wir später ausführlich sehen werden, liegt der Vorteil einer vitalistischen Sicht des Lebens darin, dass mit ihr viele biologische Probleme verständlich gemacht werden können, welche die gegenwärtig aktuelle Schulbiologie nicht erklären kann.

Es ist hilfreich, bereits hier die wichtigsten Charakteristika dieses modernen Biologie- und Evolutionsverständnisses kurz zu erläutern, denn sie werden in auf den folgenden Seiten immer wieder angeführt.

Die moderne Evolutionstheorie ist *materialistisch*, da sie ausnahmslos alle Phänomene des Lebens inklusive unserer Gefühle und Gedanken einzig und alleine auf die Interaktion von Materieteilchen wie Atome und Moleküle zurückführt.

Sie ist auch *mechanistisch*, da die Organismen als sehr komplexe biologische Apparaturen aufgefasst werden, die ausschließlich von den bekannten Gesetzen der Physik und Chemie regiert werden. „Die Lebewesen sind chemische Maschinen" schreibt der Nobelpreisträger Jacques Monod, einer der einflussreichsten Biologen und Evolutionstheoretiker der letzten Jahrzehnte. [4]

Sie ist weiterhin *reduktionistisch*, da man davon ausgeht, die Analyse des Wesens des Lebens ließe sich auf die Analyse der physikalisch-chemischen Interaktionen von einzelnen Biomolekülen reduzieren.

Man bezeichnet die moderne Evolutionstheorie überdies als *neodarwinistisch*, da die Evolutionsvorstellungen Charles Darwins noch immer ihr alles umspannendes Gerüst bilden, wenn auch in modifizierter

Form. Zentrale Bedeutung kommt hierbei der zufälligen Variation der Angehörigen einer Spezies zu, von denen letztlich nur die am besten an ihre Umweltbedingungen angepassten Vertreter überleben und sich fortpflanzen sollen.

In den letzten Jahrzehnten ist bei vielen Wissenschaftlern, die durch das neodarwinistische Evolutionsmodell nicht befriedigt werden, das Konzept der *Selbstorganisation* sehr in Mode gekommen. Daher werden wir auch auf sie im Verlauf des Buches immer wieder zu sprechen kommen und untersuchen, ob sie tatsächlich den erhofften Erklärungswert besitzt – auch, was das Zustandekommen der parapsychologischen Phänomene betrifft.

Der Aufbau des Buches

Der Aufbau des Buches gliedert sich in vier Teile. Im ersten Teil werden die vielen Hürden behandelt, die der Entstehung von Leben aus zufälligen Molekülbegegnungen und nachfolgender Selektion entgegenstehen. Diese Probleme werden in den gängigen biologischen Schulbüchern und Lehrbüchern leider nicht dargestellt. Daraus resultiert eine irreführend einseitige und viel zu positive Darstellung der hypothetischen Ursprünge des Lebens. Das Ziel dieses ersten Buchteils ist daher, alle wichtigen damit verbundenen Schwierigkeiten einmal zusammenhängend darzustellen.

Um das angekündigte tiefere Eindringen in die Materie zu ermöglichen, werden wir dabei öfter bis ins molekularbiologische Detail vordringen. Denn es zeigt sich, dass gerade hier der sprichwörtliche Teufel steckt. Es gibt kein kritischeres Ereignis im Verlauf der Evolution als die Entstehung der ersten lebendigen Zellen, und es gibt keinen wichtigeren und besser geeigneten Prüfstein für die moderne Evolutionstheorie, wonach die Entstehung dieser Urzellen ausschließlich Zufallsbegegnungen von Molekülen zugeschrieben wird. Da ist es einfach an der Zeit, diesem Ereignis den nötigen Rahmen und die angemessene Ausführlichkeit zukommen zu lassen!

Mit dem Auftritt des Lebens wird auch der Inhalt des Buches lebendiger. Im zweiten Teil werden nach einer Einführung in die Geschichte der

Evolutionstheorie zahlreiche Problemstellungen der tierischen und pflanzlichen Evolution behandelt. Insbesondere wird die Macht von zufälligen Mutationen und der natürlichen Selektion als Evolutionsfaktoren anhand verschiedener Beispiele kritisch untersucht.

Erst der dritte Buchteil befasst sich mit der berüchtigten Parapsychologie. Ich gehe davon aus, dass die weitaus meisten Leser nicht mit dem umfangreichen parapsychologischen Forschungsmaterial vertraut sind. Deshalb schildere ich hier auf vorwiegend historische und deskriptive Weise die Entwicklung der Parapsychologie bis zum heutigen Tag, wobei wichtige Marksteine und repräsentative Studien vorgestellt werden.

Der vierte Teil unterscheidet sich wesentlich von den ersten drei. Hatten wir es dort hauptsächlich mit der Betrachtung von konkreten Tatsachen und Ergebnissen wissenschaftlicher Forschungsdisziplinen zu tun, begeben wir uns hier auf den Boden naturphilosophischer Theoriebildung. Es wird dargestellt, auf welche Weise die Implikationen der parapsychologischen Forschungsergebnisse mit der Tatsache der Evolution zusammengeführt werden können, um ein besseres Verständnis des Lebens zu gewinnen.

Hierzu werden zunächst in allgemeiner Form die unter Parapsychologen gebräuchlichsten Erklärungsmodelle für das Zustandekommen der parapsychologischen Phänomene vorgestellt.

Diese Modelle ziehen wiederum bedeutende Konsequenzen für unser Realitätsverständnis nach sich, die bei jeder Formulierung von wirklichkeitsnahen Evolutionstheorien berücksichtigt werden müssen. Es wird sich zeigen, dass sie letztlich die Annahme vitalistischer Lebenskonzepte unumgänglich machen.

Ein vitalistischer Entwurf der Evolutionstheorie wird gegen Ende des Buches diskutiert. Hierbei kommen viele Persönlichkeiten zu Wort, die in der Vergangenheit diesbezüglich wichtige Beiträge geliefert haben.

Im letzten Kapitel werden schließlich die gebräuchlichsten Einwände gegen den Vitalismus vorgestellt und im Hinblick auf ihre Berechtigung untersucht.

Unter Naturwissenschaftlern genießt der Vitalismus einen ähnlich schlechten Ruf wie die Parapsychologie. Doch dies hat auch hier zunächst nur wenig zu sagen. Der Leser sei gebeten, sich sein eigenes Urteil bis zum Ende des Buches aufzusparen.

Es war aus den eingangs erwähnten Gründen das Ziel, mit diesem Buch in kompakter, aber dennoch erschöpfender Form Informationen zu den angesprochenen Problemstellungen zur Verfügung zu stellen. Wem an mancher Stelle die Ausführungen dieses Crash-Kurses durch unterschiedlichste Teilforschungsbereiche von Physik, Chemie, Biologie und Parapsychologie jedoch zu detailliert sind und der Kopf zu rauchen beginnt, der kann sie getrost überlesen, ohne fürchten zu müssen, den roten Faden der Argumentation zu verlieren. Dies gilt besonders für den ersten Teil des Buches, der dem Nichtbiologen etwas sperrig vorkommen mag. Wer sich einen kurzen Überblick über die Hauptaussagen des 2. und 3. Kapitels machen möchte, der sei auf die Zusammenfassungen gegen Ende dieser Kapitel verwiesen.

Als Erinnerungshilfe können unverzichtbare Fachbegriffe am Ende des Buches im Glossar nachgeschlagen werden.

Teil 1

Die chemische Evolution

1. Dissipative Strukturen und die Grundbausteine des Lebens

Der zweite Hauptsatz der Thermodynamik und dissipative Strukturen

Im Anfang war angeblich gar nichts. Nur abgrundtiefe, bodenlose, jegliche Vorstellungskraft übersteigende Leere; das absolute und ultimative physikalische, geradezu antiphysikalische Vakuum: Keine Materie, noch nicht einmal Raum und Zeit.

Aber dennoch soll sich in dieser unbegreiflichen Leere aus bislang unbekannter Ursache eine bemerkenswerte Veränderung abgespielt haben, die schlichtweg als Urknall bezeichnet wird: Ein derart winziger Punkt, dass man ihn noch nicht einmal mit dem besten Mikroskop der Welt detektieren könnte, betrat schwungvoll das Parkett der kosmischen Ödnis. Die Kleider dieses hochkomprimierten, unvorstellbar heißen Energieballes heißen Raum und Zeit, und vom ersten Moment an tat er nichts anderes, als sich darin mit unbeschreiblicher Masse und Gewalt in alle Richtungen zugleich auszubreiten. Er schrieb seine jeweils vorangegangenen Entwicklungsstadien als „Vergangenheit" der im Schlepptau befindlichen Weltgeschichte ein – zugleich einer rätselhaften „Zukunft" entgegenstürmend. Damit steckt der richtungsweisende Zeitpfeil von Beginn an unwiderruflich im Leib des Raumes.

Mit der wachsenden Ausdehnung ging eine zunehmende Abkühlung und Strukturierung der noch ziemlich chaotischen Urmaterie einher, und bereits nach wenigen Minuten sollen sich aus den frisch gebackenen Elementarteilchen schon immense Mengen an Wasserstoff- und Heliumatomkernen herauskristallisiert haben.[5]

Diese Hand in Hand mit fortgesetzter Abkühlung einhergehende Raumausdehnung und Strukturentfaltung ging nun immer weiter, bis sich allmählich gigantische Gasnebel im nun schon recht voluminösen Universum bildeten. Nachdem sich unser Sonnensystem vor etwa fünf Milliarden Jahren mit seinen durchweg unbelebten Planeten aus einem galaktischen Staubwirbel herauskondensiert hatte, kühlte sich vor ca. vier Milliarden Jahren die Oberfläche unserer Erde soweit ab, dass sich erste Ozeane darüber bilden konnten. Darin setzten alsbald äußerst merkwürdige Prozesse ein. Frei in dem Urozean treibende chemische Verbindungen der Elemente Kohlenstoff, Stickstoff, Wasserstoff und Sauerstoff begannen sich anders zu verhalten, als man es gemeinhin von normaler toter Materie erwarten sollte: Sie verbanden sich zu langen Molekülketten, gruppierten sich in ungewöhnlicher Weise umeinander, setzten kontinuierlich Energie um, begannen sich zu reproduzieren und bildeten zunehmend komplexere Strukturen: Das Leben entstand!

Die ersten Zellen, so vermutet man aufgrund entsprechender Funde, sind bereits vor 3,5 Milliarden Jahren unter den turbulenten Umweltbedingungen unseres blutjungen Planeten entstanden. Dies geschah also rund 500 Millionen Jahre nach der Entstehung des Urozeans.

Um nun zu verstehen, was so außergewöhnlich an dieser Entstehung von Leben erscheint, ist es ratsam zu betrachten, was unbelebte Materie von belebter Materie unterscheidet.

Das erste, was bei der vergleichenden Betrachtung von unbelebter und belebter Materie ins Auge springt, ist das Vermögen lebender Organismen, sich dem allgegenwärtigen Verfall von Ordnung und Struktur in der unbelebten Welt zu widersetzen. In ein Wasserglas gegebene Zuckerkristalle oder Tintentropfen lösen sich auf und verteilen sich, bis ihre Bestandteile gleichmäßig dünn im Wasser verteilt sind, ein erhitzter Kochtopf kühlt sich ohne weitere Energiezufuhr mitsamt seinem Inhalt auf Umgebungstemperatur ab, ein Fels verwittert zusehends, ganze Berge werden abgetragen und selbst die von der anfänglichen Energie des Urknalls gespeisten Sterne sollen in ferner Zukunft nur noch als kühle Materieskelette durch ein Universum treiben, in dem alle funkelnden Lichter und Wärmequellen verloschen sind. Auch im Körper von Organismen setzen sofort nach dem Aushauchen ihres letzten Lebensfunkens unvermeidliche biochemische Zersetzungsprozesse ein, die seine Bestandteile wieder der unbelebten Materie zuführen. Ganz anders aber das heranwachsende Lebewesen: Es nimmt immer wieder neue Nahrung auf und transformiert sie in nutzbare Energie, um ein höheres Maß an Information und Komplexität zunächst aufzubauen und dann erhalten zu können – bis hin zu seinem Tod.

Im Zusammenhang mit diesen entgegengesetzten Entwicklungstendenzen wird in der Auseinandersetzung zwischen Neodarwinisten und Kreationisten von beiden Seiten gerne der sogenannte „zweite Hauptsatz der Thermodynamik" ins Feld geführt.[6] Dieser besagt, dass physikalisch-chemische Geschehnisse immer in Richtung wachsender *Unordnung*, genannt *Entropie*, tendieren. Eine ähnliche Formulierung drückt diesen Sachverhalt so aus, dass bestehende physikalische Unterschiede grundsätzlich dazu tendieren, sich auszugleichen.

Die Kreationisten behaupten, die Evolution von zunehmend komplexeren Lebensformen könne nicht entgegen dieses allgemeingültigen Prinzips des Verhaltens von Materie vonstatten gehen. Sie müssten daher ihre Existenz einem Schöpfungsakt verdanken.

Es entspricht zwar der üblichen Alltagserfahrung, dass komplexe Strukturen nicht aus einfacheren Strukturen entstehen können. Dennoch ist die Betonung des zweiten Hauptsatzes der Thermodynamik im evolutionären Zusammenhang nicht angemessen, da sich seine Aussagen nicht auf Lebensprozesse beziehen. Die Thermodynamik ist ein Teilgebiet der Physik und bezeichnet denjenigen Bereich der Wärmelehre, in dem die Zustände von bewegten physikalischen Systemen unter dem Einfluss von beispielsweise Temperatur, Druck oder Änderung des Volumens untersucht werden. Die Entropie ist eine aus diesen Zusammenhängen abgeleitete Größe, die je nach Gegenstand des Interesses auch noch jedes Mal genau definiert werden muss. Entgegen der landläufigen Meinung ist sie jedoch niemals ein Maß für die Komplexität oder für den Informationsgehalt eines Systems.

Auch die Neodarwinisten lehnen den zweiten Hauptsatz der Thermodynamik als Argument gegen die Evolutionstheorie ab. Sie behaupten, besagter Entropiesatz gelte nur für „geschlossene" Systeme, denen keine Energie von außen zugeführt wird. In Lebewesen aber, die als Energie aufnehmende „offene" Systeme anzusehen sind, sei die Erniedrigung der Entropie durchaus mit den Gesetzen der Physik und Chemie vereinbar und erklärbar. Woher stammt diese Unterscheidung von Systemen?

Erste Impulse hierzu gab der Quantenphysiker Erwin Schrödinger (1887-1961). In seinem Buch „Was ist Leben?" wies er nachdrücklich auf die Diskrepanz zwischen dem von zunehmender Entropie geprägten physikalischen Weltbild und den biologischen Lebensvorgängen hin, die sich dieser allgemeinen Entropiezunahme widersetzen zu scheinen.[7] Er definierte Organismen geradezu dadurch, dass diese einen Strom von „negativer Entropie" (= Ordnung, freie Energie) aus ihrer Umwelt zu sich ziehen, um so der natürlichen physikalischen Entropiezunahme entgegenzuwirken. Aus diesem Grund vermutete er, dass in lebenden Organismen neue physikalisch-chemische Gesetze zu erwarten seien, die der Wissenschaft bis dato verborgen geblieben waren.

Mit seiner für einen Physiker ungewöhnlichen Schrift setzte Schrödinger maßgebliche Impulse zur Entwicklung der Molekularbiologie, die in jener Zeit ihre Anfänge nahm und mit wachsendem Erfolg Vererbungsmechanismen und die Regulation von Stoffwechselprozessen auf molekulargenetischer Basis zu entschlüsseln begann. Nichtsdestotrotz sah er sich von verschiedenen Seiten harscher Kritik ausgesetzt, worin sowohl seine allzu vagen Vorstellungen und Definitionen von Leben, als auch sein unzulässiger Übertrag der thermodynamischen Entropie auf die biologischen Verhältnisse in Organismen beanstandet wurde.[8]

Die Unterscheidung zwischen physikalischen und biologischen Systemen wurde um 1945 von dem Biologen Ludwig von Bertalanffy (1901-1972) weiter verfeinert, indem er die Organismen im Gegensatz zu geschlossenen physikalischen Systemen als die bereits beschriebenen „offenen Systeme" definierte, für welche der zweite Hauptsatz der Thermodynamik nicht gelte. Es ist an dieser Stelle interessant zu wissen, dass von Bertalanffy ein scharfer Kritiker des reduktionistischen neodarwinistischen Evolutionsmodells war und sich wiederholt gegen die postulierte Allmacht von zufälligen Mutationen und der natürlichen Selektion wendete.[9]

In Abgrenzung zu der Meinung vieler Molekularbiologen, die Entwicklung der Lebensformen sei ausschließlich auf die bekannten physikochemischen Gesetze plus natürliche Selektion zurückzuführen, legte von Bertalanffy in seiner „Allgemeinen Systemtheorie" einen betont ganzheitlichen Entwurf zum Verständnis der Organismen vor.[10] Er postulierte hierin, die Wissenschaft müsse durch eine Theorie offener Systeme ergänzt werden, welche die erstaunliche Komplexität der Lebewesen sowie ihren Ganzheitscharakter verständlich macht, wobei das Ganze mehr ist als die Summe der vorhandenen Teile. Zentrale Bedeutung kommt nach Bertalanffy hierbei der Tatsache zu, dass die Lebewesen beständig Energie aufnehmen, verwerten und auch wieder abgeben, um dadurch ihre sich wandelnde, ständig von Energie durchflossene Ganzheit erhalten zu können. Er legte mit der Einführung der Begriffe wie „Selbstregelung" und „Fließgleichgewicht" weitere Grundsteine für die heutigen Theorien der Selbstorganisation.

Doch blieb all dies lediglich eine theoretische Beschreibung dessen, wodurch sich Organismen auszeichnen, ohne dabei wissenschaftlich greifbar zu werden. Erst mit den Arbeiten des Nobelpreisträgers Ilya Prigogine, seinerzeit Professor für physikalische Chemie in Brüssel, bekamen von Bertalanffys Fließgleichgewichte ein mathematisch und im Labor nachvollziehbares Gesicht. Prigogine erforschte das spontane Auftreten von Selbstorganisationsphänomenen wie beispielsweise Strudel oder Wirbel in fließenden Flüssigkeiten, die regelmäßige Anordnung von aufsteigenden Flüssigkeitspaketen in einer erhitzten Schale oder auch die sogenannten „chemischen Uhren". Bei letztgenannten Systmen bilden und lösen die beteiligten Moleküle nahezu gleichzeitig in periodischem Rhythmus chemische Bindungen, so dass z. B. eine Flüssigkeit in einer Petrischale immer wieder schlagartig ihre Farbe von rot nach blau und umgekehrt ändert. Unter besonderen Bedingungen können sogar ineinander liegende rote und blaue konzentrische Kreise entstehen, die sich – ähnlich wie die Kreise nach einem Steinwurf in einen See – auch noch ausbreiten können.
Die wichtigsten Entdeckungen, die Prigogine anhand dieser Selbstorganisationsprozesse in unbelebter Materie machte, lassen sich wie folgt zusammenfassen:[11]

1. Das Auftreten von geordneten Strukturen in vormals relativ ungeordneten Systemen tritt immer an einem kritischen Punkt

fern vom thermodynamischen Gleichwicht auf, der bei einer entsprechenden Energiezufuhr erreicht wird: Die Strudel in Fließgewässern entstehen z. B. immer erst ab einer kritischen Fließgeschwindigkeit, die aufsteigenden Flüssigkeitspakete ab einer kritischen Flüssigkeitstemperatur, und die chemischen Uhren kommen erst ab einem bestimmten kritischen Ungleichgewicht in der Konzentration der verschiedenen Reaktionspartner in Gang. Wird einem System keine, zu wenig oder auch zu viel Energie zugeführt, so dass der kritische Umschlagspunkt verfehlt wird, endet es jedoch immer im Zustand des thermodynamischen Gleichgewichts mit maximal möglicher Entropie. Die am kritischen Schwellenwert auftretenden Strukturen bezeichnete Prigogine als *dissipative Strukturen*, womit er auf deren paradoxe Doppelnatur hinweisen möchte: Als „dissipativ" gilt ein Geschehen gemeinhin dann, wenn dabei Energie irreversibel über thermodynamische Prozesse verloren geht. Dies ist nach dem zweiten Hauptsatz der Thermodynamik stets mit einer Zunahme der Entropie verbunden, doch hier geschieht genau das erstaunliche Gegenteil: Trotz der Dissipation eines Teils der zugeführten Energie entstehen neue, geordnete Strukturen in dem System.

2. Diese geordneten Strukturen können sich nur dann entwickeln, wenn von Beginn an eine positive Rückkopplungsschleife im System gegeben ist. Die ersten auftretenden Anzeichen von zunehmender Ordnung müssen sich selbst verstärken oder vervielfältigen können.

3. Dissipative Strukturen können sich bei angemessener Energiezufuhr relativ lange in einem stabilen Zustand des Fließgleichgewichts halten, das immer fern vom Zustand des thermodynamischen Gleichgewichts liegt. Wird die zugeführte Energiemenge hingegen zu klein oder groß, wird auch die entstandene Struktur wieder zerstört.

4. Prigogine erkannte, dass derartige selbstorganisatorische Entwicklungen, die sich bislang einer mathematischen Beschreibung entzogen, mit Hilfe *nichtlinearer* Mathematik dargestellt werden können.

Diese dissipativen Strukturen, die unter Energiezufuhr und ganz bestimmten Randbedingungen auftreten, liefern nun den Hauptgrund dafür, dass viele Evolutionsbiologen argumentieren, auch in biologischen offenen Systemen wie den Organismen könne sich die Komplexität im Einklang mit den bereits bekannten biochemischen Mechanismen erhöhen.

Allerdings muss man auch hier vorsichtig sein, nicht vorschnell unangemessene Parallelen zu ziehen. Vielmehr warnen gewisse Tatsachen davor, die Beobachtung von spontaner Ordnungszunahme in physikalisch-chemischen Systemen einfach auf die Evolution der Lebewesen zu übertragen.

1. Ein Übergang zu höherer Komplexität erfolgt bei dissipativen Strukturen immer plötzlich und bringt vollkommen neue Qualitäten mit sich, welche die zuvor im System vorhandenen Ordnungsstrukturen auflöst. Dies ist jedoch nicht zu vereinbaren mit den derzeitigen Evolutionsvorstellungen, nach denen sich die Transformation der Arten in unzähligen winzig kleinen Schrittchen vollziehen soll, wobei immer einer auf dem anderen aufbaut.

2. Das Auftauchen einer dissipativen Struktur geschieht immer nach Erreichen eines kritischen Schwellenwertes der Energiezufuhr, erst dann schlägt das Verhalten des Systems plötzlich um. Bei keiner Energiezufuhr und sogar auch bei Energiezufuhr, die diesen kritischen Wert nicht erreicht oder ihn zu weit überschreitet, bleibt der Quantensprung jedoch aus. Das heißt: Selbst offene Systeme tendieren sehr häufig im Einklang mit dem zweiten Hauptsatz der Thermodynamik in Richtung eines thermodynamischen Gleichgewichtszustandes mit maximal möglicher Entropie. Das Auftreten stabiler dissipativer Strukturen ist in physikalischen Systemen keineswegs die Regel. Und ein spontanes Auftreten völlig neuartiger, komplexerer Systemeigenschaften ab einem *kritischen Schwellenwert* konnte im Evolutionsgeschehen der Organismen bislang nicht nachgewiesen werden, eher kommt es zu Variationen von bereits vorhandenen Themen. Wir werden auf dieses Problem noch ausführlich zu sprechen kommen.

3. Neodarwinistisch eingestellte Biologen bewegen sich auf sehr gefährlichem Terrain, wenn sie sich auf „offene Systeme" zur Erklärung des evolutionären Komplexitätszuwachses berufen. Sie bedienen sich des Vokabulars von Bertalanffys, der als prominenter Kritiker des Neodarwinismus bekannt war; und auch Prigogine sowie viele weitere bedeutende Vertreter von Modellen, nach denen Phänomene von Selbstorganisation im Evolutionsgeschehen eine wichtige Rolle spielen sollen (z. B. Arthur Koestler, Humberto Maturana, Francisco Varela, Stuart Kauffmann oder Fritjof Capra), halten den Neodarwinismus für unzureichend, um das Phänomen der Evolution erklären zu können. Die genannten Autoren stehen vielmehr für eine Denkrichtung, die als *Organizismus* bezeichnet wird. Hierbei wird zusätzlich zu Mutation und Selektion der ganzheitlichen, selbstorganisierenden Eigendynamik biologischer Systeme entscheidende evolutionäre Bedeutung zugemessen.

In der unbelebten Natur kann es also tatsächlich in offenen Systemen spontan zu Bildung von höherer Komplexität kommen. Die Tatsache, dass es sich bei Organismen ebenfalls um offene Systeme handelt, bedeutet jedoch nicht automatisch, dass damit auch schon die Zunahme ihrer Komplexität erklärt wäre.

Doch ein Gedanke drängt sich uns an dieser Stelle auf: Es hat immerhin *eine* Situation im Laufe der Evolution gegeben, in der sich die physikochemischen Prozesse praktisch nicht von denjenigen des Lebens unterschieden haben: Die Entstehung des Lebens. Es wurden zu der Frage, wie sich in diesem Zusammenhang die Komplexität von organischen Strukturen erhöht haben könnte, bereits unzählige Laborexperimente durchgeführt. Man wendet sich daher am besten einer Betrachtung ihrer Ergebnisse zu, um zu entscheiden, ob die hier auftretenden chemischen Reaktionen zur Entstehung der ersten lebenden Zellen führen können. Konnten also unter wohl dosierter Energiezufuhr und optimierten Versuchsbedingungen längere Molekülketten, dissipative Strukturen oder gar Systeme höherer biochemischer Komplexität erzeugt werden, die als verheißungsvolle Kandidaten für die Entstehung des Lebens gelten dürfen? Oder griff die lange Hand des zweiten Hauptsatzes der Thermodynamik in diesen rein physikochemischen Versuchsansätzen unbarmherzig zu und lieferte Reaktionsgemische von maximal möglicher Entropie? Wir stehen vor einer der bedeutungsvollsten Fragestellungen für die Theorien des Neodarwinismus und des Organizismus. Doch bevor wir uns mit den hierzu durchgeführten Experimenten befassen, empfiehlt es sich, zunächst diejenigen Moleküle kennen lernen, die dabei im Zentrum der Forschung stehen: Die Grundbausteine des Lebens.

Die Bausteine des Lebens

Wir wissen nach spannender biologischer Forschungsgeschichte, dass die Grundbestandteile der Lebewesen langkettige Molekülverbindungen sind, die sich wiederum aus kleineren Bausteinen zusammensetzen. Die wichtigsten Moleküle sind:

1. Eiweiße, die aus linearen Ketten von *Aminosäure*-Molekülen bestehen. Eiweiße werden oft auch als *Proteine* bezeichnet und heißen in den Formen, die Stoffwechselprodukte umsetzen, auch *Enzyme*.

2. Die Erbsubstanz der Organismen, die im Zellkern befindliche *DNS* (= Desoxyribonukleinsäure). Sie wird von komplexeren Bausteinen gebildet, den *Nukleotiden*. Diese bestehen ihrerseits schon aus jeweils drei Untereinheiten: Aus je einem Zucker-molekül (der *Ribose*), einer Phosphatgruppe und einer stickstoff-haltigen Base. Besagte Nukleotide reihen sich sodann zu den langen DNS-Fäden.

Es kommen in der DNS lediglich vier verschiedene Basen zum Einsatz, was dementsprechend zur Bildung von vier unterschiedlichen Nukleotiden führt. Diese vier elementaren Lebensmoleküle sind mit Namen belegt, die das Herz eines jeden Molekularbiologen höher schlagen lassen: Adenin, Thymidin, Guanin und Cytosin. Die DNS liegt jedoch nicht als einzelner Nukleotid-Strang vor. An jedes der vier verschiedenen Nukleotide lässt sich wie ein exakt passender Negativ-abdruck jeweils nur genau eines der drei übrigen Formen anlagern:

Adenin kann sich mit Thymidin zusammenlagern und umgekehrt, das selbe gilt für Guanin und Cytosin. Jedes Nukleotid eines Stranges ist also mit einem genau zu ihm passenden, komplementären Partner verbunden, so dass sich ein zweiter Strang ausbildet und das DNS-Molekül wie eine lange Leiter aussieht. Die beiden Stränge bilden die Leiterholme, die paarig verbundenen Basen die Leitersprossen. Diese lange Molekülleiter dreht sich um ihre Längsachse ein, so dass letztlich eine doppelsträngige Spirale entsteht.

Der Mensch besitzt in jeder einzelnen seiner 75 Billionen Körperzellen solche DNS-Spiralen aus drei Milliarden aneinander gereihten Nukleotidpaaren, die ausgerollt jeweils einen Molekülfaden von immerhin einem ganzen Meter Länge ergeben. Das ist etwa 1 000 mal so viel wie bei einem einfachen Bakterium.

In dieser DNS liegt die Erbinformation der Organismen vor. Sie wird dabei in verschiedene Abschnitte unterteilt, die sogenannten *Gene*. Diese sind demnach nichts anderes als Kettenabschnitte verschiedenster Länge mit ganz bestimmten Abfolgen der vier unterschiedlichen Nukleotide. Die Reihenfolge der Anordnung dieser Nukleotide ist entscheidend dafür, welche Genprodukte von einem Gen gebildet werden können. Genprodukte sind ausschließlich die schon erwähnten Proteine, die sich aus zwanzig verschiedenen Aminosäurearten zusammensetzen. Je nach den aktuellen Anforderungen, die an die verschiedenen Organe eines Organismus in seinem Lebensalltag gestellt werden, lesen kleine Chemiefabriken im Inneren der Zellkerne die entsprechenden Nukleotid-Sequenzen der DNS ab und produzieren das dazugehörige Protein, welches sodann die geforderte Aufgabe übernimmt.

Der Trick der Verschlüsselung des Proteinaufbaus über die Erbinformation der DNS besteht darin, dass charakteristische Sequenzabfolgen von jeweils drei aufeinanderfolgenden Nukleotiden festlegen, welche der zwanzig möglichen Aminosäuren im nächsten Schritt an eine begonnene Aminosäurekette angelagert wird. Deshalb ist die Reihenfolge, nach der die unterschiedlichen Aminosäuren zu einem Protein aneinandergefügt werden, genau durch die Reihenfolge der vier unterschiedlichen Nukleotide in der DNS vorgegeben. Die DNS stellt somit einen Code dar, in dem die Information für die Proteinsynthese der Lebewesen gespeichert ist.

Zu erwähnen bliebe jetzt noch, dass dieser Prozess, ein Protein nach der Vorgabe der DNS zu synthetisieren, eines Dolmetschers bedarf. Dieser schreibt die Erbinformation exakt von der DNS ab, transportiert sie aus dem Zellkern nach draußen an bestimmte stoffwechselaktive Orte innerhalb des Zellkörpers, wo sodann die Herstellung von Proteinen oder Enzymen vonstatten geht. Diese vermittelnde Aufgabe übernimmt eine der DNS sehr ähnliche Molekülkette, die *RNS* (= Ribonuklein-saüre). Sie unterscheidet sich von der DNS hauptsächlich dadurch, dass sie nur aus einem einzelnen unpaarigen Strang besteht, dass sie zumeist nur so lang ist wie das Gen, welches sie kopiert hat und dass der Zucker der RNS-Nukleotide, ebenfalls eine Ribose, etwas anders gebaut ist als die Ribose der DNS (daher rührt der Namensunterschied).

In allen drei Fällen – Gen, Dolmetscher und Proteine als Genprodukt – haben wir also lange Ketten von aneinander gereihten Molekülen vor uns. Es gilt als evolutionsbiologische Gewissheit, dass der Schlüssel zum Verständnis der Entstehung des Lebens im Verständnis der Entstehung solcher langkettiger Moleküle liegen muss, ganz unabhängig davon, wo und wie sich alles nun genau zugetragen hat.

Daher soll im Folgenden unser Hauptaugenmerk auf der Problematik dieser Kettenbildung liegen. Wir werden sie in einiger Ausführlichkeit untersuchen. Denn es wurden bereits von einer großen Schar von Wissenschaftlern Experimente unter allen erdenklichen Versuchsbedingungen durchgeführt, in denen die Entstehung dieser Ketten im Labor nachvollzogen werden sollte. Wir werden die wichtigsten Ergebnisse dieser Versuche kennen lernen und kritisch unter die Lupe nehmen. Rechtfertigen sie die Annahme, das Leben sei gemäß der Gleichung „Physik + Chemie = Leben" über die Bildung immer längerer Molekülketten entstanden? Immerhin beruht auf ihr das gesamte moderne biologische Weltbild.

2. Die Ursuppe und die Miller-Experimente

Bevor wir zu der angekündigten Untersuchung der Versuchsergebnisse kommen, müssen noch einige zentrale Fachbegriffe der präbiotischen Forschung vorgestellt werden.

Man geht gemeinhin davon aus, dass sich die langkettigen Molekülverbindungen in den Urozeanen des noch jungen Planeten Erde gebildet haben, als dessen Atmosphäre noch frei von Sauerstoff war. Diese Uratmosphäre wird als ein Gemisch aus verschiedensten Gasen kosmischen und vulkanischen Ursprungs geschildert, in der durch Gewitterentladungen oder andere Energiequellen die ursprünglich recht einfachen Moleküle zu etwas komplexeren Verbindungen zusammengeschweißt wurden, welche sich im Urmeer lösten und dieses zu einem fruchtbaren Gemisch von niedermolekularen Substanzen machten, der sogenannten Ursuppe. Vereinzelte Moleküle fügten sich dann schrittweise zu besagten langkettigen Verbindungen wie Aminosäureketten oder Nukleotid-Sequenzen.

Deren Bestandteile müssen sich einzeln an zunehmend länger werdenden Ketten angefügt haben, ein Prozess namens *Polykondensation*. Die einzelnen Glieder einer solchen Molekülsequenz werden als *Monomere* bezeichnet. Verbinden sich bis zu 20 oder 30 Monomere zu einer kurzen Kette, nennt man das Produkt einen *Oligomer*. Verbinden sich aber deren viele, nennt man die entstandene Kette einen *Polymer*.

Verständlicherweise brauchen Monomere, die für die Bildung langer Ketten gebraucht werden, wie ein Eisenbahnwaggon immer genau zwei Bindungsstellen, mit denen sie eine Reaktion mit anderen Molekülen eingehen können: Die erste zum Andocken an das Endglied der bereits vorliegenden Kette, die zweite, um selbst ein freies Bindeglied für den nächst folgenden Monomer zur Verfügung stellen zu können. Diese Substanzen mit genau zwei Bindungsstellen bezeichnet die Wissenschaft als *bifunktionell*.

Bindet nun anstelle dieser bifunktionellen Monomere ein *monofunktionelles* Molekül mit nur einer einzigen Bindungsstelle an das Endglied der Kette (vergleichbar einem Autoanhänger), bricht die Kettenbildung sofort ab, da sich keine weiteren Kettenglieder anlagern können. Binden hingegen

Moleküle mit *mehr als zwei Bindungsstellen* an Kettenendglieder, entsteht keine kettenartige Formation mehr, sondern eine verzweigte bis netzartige Struktur.

Beide Fälle sind für die Evolution langkettiger Informationsträger denkbar ungeeignet und setzen jeglicher Entwicklung von Proteinen oder DNS, wie wir sie heute in Zellen finden, ein frühes Ende. Daher kommen für die ursprüngliche Entstehung sowohl der DNS, der RNS als auch die der Proteine aus einzelnen kleineren Molekülen stets nur bifunktionelle Monomere in Frage.

Diese Tatsache ist den Chemikern, die beispielsweise mit der Herstellung von synthetischen Polymeren wie z. B. Nylon betraut sind, bestens bekannt. Im Ausgangssubstrat müssen selbst winzigste Konzentrationen an monofunktionellen Bestandteilen peinlich genau vermieden werden, da andernfalls entstehende Nylonfäden sehr schnell abreißen und keine erfolgreiche Polykondensation stattfinden kann.

Welche Substanzen können sich nun in der Ursuppe ansammeln und als potentielle Monomere fungieren? Das Augenmerk der Wissenschaft galt in diesem Zusammenhang seit jeher der Untersuchung von sogenannten organischen Molekülen. Diese sind dadurch charakterisiert, dass sie auf mehr oder minder verzweigten Gerüsten aus Kohlenstoff (C) basieren, an die auf mannigfache Weise die Elemente Wasserstoff (H), Stickstoff (N), Sauerstoff (O), Schwefel (S) oder Phosphor (P) gekoppelt sein können. Sie heißen organisch, weil man früher dachte, ausschließlich Organismen könnten sie über Stoffwechselprozesse herstellen. Erst seit Friedrich Wöhler 1828 auf synthetischem Wege Harnstoff im Labor erzeugte „ohne eine Niere oder ein Tier zu benötigen, weder einen Menschen noch einen Hund", weiß man, dass dem nicht so ist und dass sich die einfacheren unter ihnen sogar ziemlich leicht künstlich erzeugen lassen.

Das bekannteste Experiment zum Thema der Herstellung von organischen Molekülen unter Uratmosphärenbedingungen wurden 1953 von Stanley Miller unter Leitung von Harold Urey durchgeführt. Es wird bis heute sehr gerne als Beweis für die Gleichung „Physik + Chemie = Leben" zitiert. Als Folge dieser epochemachenden Versuche entstand ein ganzer Wissenschaftszweig, der sich mit der „Chemischen Evolution" oder „Präbiotischen Chemie" beschäftigt. Erst 2003 wurde von den

Erforschern der Lebensursprünge das fünfzigjährige Jubiläum dieser Publikation Millers mit vielen Feierlichkeiten zelebriert, da dieses Experiment auf die Erforschung der Ursprünge des Lebens einen immensen Einfluss ausgeübt hat. Zwei etwa 20 Jahre alte Zitate aus einer hoffnungsvollen Zeit der Erforschung möglicher Lebensanfänge mögen dies verdeutlichen:

> „Es war ein Ereignis, das den Damm brach. Die Einfachheit des Experiments, die große Ausbeute der Produkte und die besonderen, durch die Reaktion hervorgerufenen biologischen Verbindungen in begrenzter Zahl genügten, um zu zeigen, dass der erste Schritt zum Beginn des Lebens kein Zufallsereignis war, sondern eine zwangsläufige Entwicklung. ... Beim richtigen Gasgemisch löst jede Energiequelle, die chemische Bindungen spalten kann, eine Reaktion aus, die zur Bildung von Bausteinen des Lebens führt."[12]

„Man hat die Retorte der Urmeere im Labor nachgebaut und begonnen, die chemische Evolution im Labor zu wiederholen. In einem Destillationskreislauf über kochendem Wasser wurde eine Atmosphäre aus Methan, Ammoniak und Wasserstoff tagelang von elektrischen Entladungen durchflutet. Das Resultat ist heute gut bekannt und vielfach bestätigt. Es entstehen immer komplizertere Verbindungen: Zunächst solche wie Formaldehyd oder Essigsäure (übrigens tödlichste Gifte für die lebende Zelle heute) und aus diesen Zucker, Basen und Aminosäuren, wie Glycin oder Alanin, sowie Ketten von Polymeren; die Bausteine der Proteine, des Eiweiß. Jeweils ein Dutzend und mehr Atome verbinden sich in ihnen und Hunderte in Ketten zu gesetzmäßig vorhersehbarer, sich perpetuierend wiederholender Ordnung."[13]

Was aber hatte Miller damals Sensationelles vollbracht? Sein Versuchsansatz war der folgende: Er simulierte die Atmosphäre, die nach einer damals gebräuchlichen Ansicht über dem Urozean vorhanden gewesen sein soll, indem er ein Gasgemisch aus Methan (CH_4), Ammoniak (NH_3), Wasserstoff (H_2) und Wasserdampf (H_2O) in einem Glaskolben eine Woche lang elektrischen Blitzentladungen aussetzte.[14]

Gleichzeitig erhitzte er Wasser in einem zweiten Kolben bis über den Siedepunkt, so dass Wasserdampf in diese von Gewittern durchzuckte Atmosphäre aufsteigen konnte. Der Dampf mitsamt den in der simulierten Uratmosphäre entstandenen organischen Molekülen wurde in eine mit einem Kühler versehene Überleitung geführt, so dass dort beständig Wasser mit seinen kostbaren Mitbringseln auskondensieren konnte und sich in einem siphonartigen Überlauf anreicherte.

Im Laufe der Woche nahm die Flüssigkeit in dem Siphon eine bräunlichrote Färbung sowie eine übelriechende Note an, was hauptsächlich auf die üppige Produktion von klebrigem Teer innerhalb der Apparatur zurückzuführen war. Allerdings fanden sich noch verschiedene weitere organische Substanzen, und zwei von diesen waren es, welche die Wissenschaftlerwelt in Aufregung versetzten. Es handelt sich um die Aminosäuren Glycin und Alanin, die auch in den Proteinen der Organismen als Bausteine vorkommen. Sie bestehen aus 10 bzw. 13 Atomen und sind damit die beiden einfachsten Aminosäuren, die überhaupt gebildet werden können. Mit zunehmender Atomanzahl werden die Moleküle komplexer und werden um so seltener gebildet, je größer sie sind. Dementsprechend entsteht in Miller-Experimenten Glycin am häufigsten, gefolgt von Alanin (s. Tabelle 1, nächste Seite).

Miller hatte damit überzeugend nachgewiesen, dass geringe Mengen von bestimmten Kleinmoleküle, die Bestandteile der langkettigen Grundbausteine des Lebens sind, zufällig über normale chemische Reaktionen entstehen, wenn dem vorgegebenen Gasgemisch Energie zugeführt wird.[15] Diese Entdeckung lag gänzlich im Interesse der Biologen, die das Leben als zufällig aus unbelebter Materie entstanden ansahen – daher erklärt sich die große Resonanz in ihrem Umfeld.

In der Folgezeit wurden von zahlreichen Forschern mannigfache Variationen derartiger Versuche durchgeführt. Die sich daraus ergebende nächste Frage ist: Konnte von diesen Wissenschaftlern auch gezeigt werden, dass sich aus einzelnen Aminosäuren auch Aminosäureketten oder ganze Proteine von selbst in der Ursuppe bilden können?

Bifunktionelle Moleküle	RH	Monofunktionelle Moleküle	RH
Aminosäuren		Monocarbonsäuren	
Glycin	*1*	Ameisensäure	3
Alanin	*0.6*	Essigsäure	0.3
nicht in Proteinen enthaltene		Propionsäure	0.3
Aminosäuren	0.66		
Hydrokarbonsäuren		Monoamine	
Glykolsäure	0.9	Methylamin	5
Milchsäure	0.73	Ethylamin	0.5
Bernsteinsäure	0.5		
Summe Glycin + Alanin	1.6		
Summe andere bifunktionelle Moleküle	2.8		
Summe monofunktionelle Moleküle	9.1		

Tabelle 1: Typische Reaktionsergebnisse von Miller. RH = Die relative Häufigkeit der Moleküle, bezogen auf Glycin = 1. Auf ein Glycinmolekül kommen demnach z. B. drei Moleküle Ameisensäure. Es sind auch die Häufigkeiten von einigen weiteren kleineren organischen Molekülen dargestellt, die sich nebst dem Teer in Millers Versuchen fanden. Der weitaus größte Teil davon – nämlich alles außer Glycin und Alanin – muss für biologisch relevante Polykondensationsprozesse als schwerwiegendes Hindernis betrachtet werden. [16]

Polykondensation von Aminosäuren

Glycin und Alanin sind, wie gefordert, bifunktionelle Monomere mit zwei Bindungsstellen und könnten sich dementsprechend endlos aneinander reihen. Weitere Aminosäuren konnte Miller in seinem Versuch nicht nachweisen. Allerdings wurden seither in aller Welt viele Miller-Versuche mit unterschiedlichsten Ausgangsbedingungen durchgeführt, so dass bis heute tatsächlich viel mehr Aminosäuren auf diese Weise hergestellt werden konnten, als überhaupt in Lebewesen vorkommen. Diese liegen jedoch entsprechend ihrer Komplexität oder ihren oft widerspenstigen Syntheseeigenschaften in viel geringeren Mengen vor als die von Miller erzeugten Produkte Glycin und Alanin. Als Proteinbausteine fungieren wie erwähnt lediglich zwanzig Aminosäuren, andere werden nicht von den Nukleotiden der DNS kodiert.

Dennoch ist es aber nach optimistischen Schätzungen von Miller in einem einzelnen Versuchsaufbau *maximal* möglich, nur bis zu 13 dieser zur Proteinherstellung benötigten Aminosäuren gleichzeitig herzustellen.[17] Diese verschieden komplexen Moleküle liegen dann in sehr ungleichen Konzentrationen vor und es nimmt Wunder, wieso ausgerechnet manche von den nur sehr selten entstehenden Aminosäuren Grundbausteine des Lebens geworden sind, wohingegen andere, weitaus häufigere und leichter herzustellende keinerlei Verwendung fanden. Die übrigen jeweils noch fehlenden Aminosäuren müssen über entsprechend anders konzipierte Versuchsansätze erzeugt werden. In Ursuppenmodellen wird sodann postuliert, dass sie an verschiedenen Orten unter verschiedenen Bedingungen gebildet und später zusammengespült worden sind.

Die beiden in den Proteinen der Lebewesen verwendeten Aminosäuren Arginin und Histidin konnten allerdings bis heute noch überhaupt nicht als Produkt von millerschen Simulationsexperimenten nachgewiesen werden.

Gehen wir aber trotzdem einmal davon aus, dass mit den Ergebnissen von Miller und seinen Nachfolgern ein vielversprechender Grundstein gelegt worden ist und betrachten, was mit den erzeugten Aminosäuren weiter geschehen könnte. Es wurden in den Experimenten noch weitere sehr einfach gestrickte bifunktionelle Substanzen häufig gefunden, nämlich niedermolekulare Hydroxycarbonsäuren, Bernsteinsäure sowie fremde, nicht für den Proteinaufbau verwendete Aminosäuren. Diese Reaktionsprodukte entstehen im Verhältnis von 2,8 : 1,6 häufiger als Glycin und Alanin (Tabelle 1), dürfen sich jedoch keinesfalls an der Bildung von biologisch relevanten Polymeren beteiligen, denn wir wissen, dass sie niemals für die Herstellung von Proteinen eingesetzt werden. Offensichtlich wurden in der Ursuppe von vorne herein nur relativ wenige der in Frage kommenden Moleküle zur Polymerisierung erster längerer Ketten verwendet. Kettensequenzen, die Hydroxycarbonsäuren enthalten, hätten sich theoretisch durchaus bilden können, sind aber für Modelle, welche die Lebensentstehung über Proteine her erklären wollen, höchst unerwünscht und denkbar ungeeignet. Ein noch größeres Problem besteht jedoch in dem massiven Auftreten von monofunktionellen Reaktionsprodukten. Sie sind laut Tabelle 1 im Verhältnis von 9,1 : 1,6 im Übergewicht. Es wird hieraus ersichtlich, dass jeglicher Polymerisationsversuch von Glycin und Alanin durch dieses Übergewicht an monofunktionellen Bindungspartnern zum sofortigen Scheitern verurteilt ist. Berücksichtigt man außerdem die bereits erwähnten störenden bifunktionellen Säuren und auch den nicht minder lästigen, in vergleichsweise riesigen Mengen vorhandenen Teer, der immer und überall damit lockt, weitere Moleküle an sich zu binden, sinken die Chancen für die selbständige Bildung von auch nur kurzkettigen Oligomeren aus Glycin und Alanin innerhalb des Ursuppengemisches buchstäblich auf Null (die genauere Wahrscheinlichkeit werden wir später noch berechnen).

Zum Vergleich: Die industrielle Synthese von Nylon oder anderen langkettigen Polymeren gelingt lediglich bei Stoffreinheiten von praktisch 100 Prozent und ist unter allen Umständen eine heikle Angelegenheit. Dementsprechend ist es bis heute auch nicht ansatzweise gelungen, unter simulierten Ursuppenbedingungen erfolgreich längerkettige Oligomere aus verschiedenen Aminosäuren zu erzeugen. Das Problem des natürlichen Vorhandenseins von störenden bi- und monofunktionellen Reaktionsprodukten wird in weiterführenden Untersuchungen zur Lebensentstehung einfach dadurch umgangen, dass in den Versuchen stets kontrolliert hergestellte, für das fragliche Experiment möglichst geeignete Lösungen verwendet werden, welche die kontraproduktiven Substanzen gar nicht erst enthalten, die erwünschten hingegen in großer Zahl und reinster Beschaffenheit.

An dieser Stelle sei beispielhaft hierfür ein moderneres Experiment aus dem Jahr 2002 geschildert, dass deutlich die Grenzen von derart idealisierten Ansätzen aufzeigt.[18] Die Forscher untersuchten die Polymerisationseigenschaften von Aminosäuren unter simulierten Bedingungen, wie sie auf dem Boden eines Ozeans an heißen Quellen vorkommen können. Einige Forscher glauben, dass Leben sich dort entwickelt haben könnte, und daher wurde das folgende Versuchsdesign für eine Ursuppe entwickelt, die lediglich mit gehörigen Mengen von reinem Glycin gewürzt war, bereitgestellt in einer Konzentration von 100 Millimol (!).

In einem geschlossenen Kreislauf wurden unter hohem Druck die Glycinmoleküle in regelmäßigen zeitlichen Abständen für kurze Zeit durch einen Abschnitt geleitet, der auf eine Temperatur von 180° C erhitzt war. Weiterhin wurde der Einfluss untersucht, den kleine, aus Fetten (= Lipide) bestehende Bläschen auf das Glycin haben. Sie sollten primitive Vorläufer von Zellmembranen darstellen. Ohne die Lipidbläschen bildeten sich bei den Versuchen lediglich einige Zweier- sowie wenige Dreiergruppen von Glycin, entsprechend den statistischen Erwartungen der chemischen Reaktionsgesetze. Fügte man der Lösung aber die Fettbläschen hinzu, entstanden Oligomere von bis zu sieben Glycinmolekülen.

Die Forscher kommen zu dem Schluss, dass derartige Lipidvesikel wichtig für präbiotische Polymerisationsvorgänge waren, da sie die Verknüpfung von Glycin offensichtlich fördern. Sie schreiben, dies wäre unter kühleren Wassertemperaturen um so mehr von Nutzen, denn die Oligomerisation funktioniert nämlich mit abnehmender Temperatur immer schlechter. Die Verbindung von Aminosäuren bedarf besonders in wässriger Lösung immer einer Energiezufuhr, welche im geschilderten Versuch über die hohe Temperatur bereitgestellt wurde.[19] Leider ist es aber so, dass hohe Wassertemperaturen gleichzeitig ebenso nützlich wie schädlich für die Polykondensation sind und dazu führen, dass einmal hergestellte Verbindungen auch schnell wieder zerstört werden. Nennenswert längere Glycinketten würden sich also gar nicht in heißem Wasser bilden. Sollen also überhaupt zukunftsträchtige Oligomere erzeugt werden, benötigt man eben die Unterstützung von in diesem Fall Lipidbläschen. Doch die Ergebnisse sind bescheiden. Und man darf annehmen, dass sie in kühleren Gewässern noch erheblich bescheidener ausgefallen wären.

Dies gilt im übrigen für fast alle Versuche, die mit Aminosäuren durchgeführt wurden. In keinem von vielen Berichten zu ähnlichen Experimenten findet man Angaben über Oligomere der Kettenlänge größer als zehn. Es scheint, als ob es sogar zur präbiotischen Synthese eines kleinen Proteinvorläufers der Kettenlänge von etwa 50 Monomeren, bestehend aus zwanzig verschiedenen Aminosäuretypen, noch ein langer, steiniger Weg ist – selbst wenn all die anderen normalerweise in der Ursuppe treibenden störenden Moleküle erst einmal beiseite gelassen werden.[20]

Bisher beschäftigten wir uns aufgrund der Reaktionsprodukte, die Miller in seinem berühmten Versuch vorfand, mit der Entstehung von Aminosäurepolymeren als den hypothetischen Urformen der Proteine, die heute als Genprodukte in Organismen hergestellt werden. Ein solches Geschehen erwies sich als wenig wahrscheinlich. Es gibt jedoch noch die andere Alternative, die Entstehung des Lebens aus Polymeren der DNS- oder RNS-Bausteine zu erklären. Sehen wir, ob wir hier einen erfolgversprechenderen Ausgangspunkt vorfinden.

Polykondensation von Nukleotiden

Nukleotide, wir erinnern uns, sind bereits recht komplexe Monomere und bestehen aus einem Zucker (einer Ribose), einer Phosphatgruppe und einer von vier verschiedenen Basen. Im millerschen Experiment wurde von vorne herein auf den Einsatz von Phosphat verzichtet, denn es war ziemlich sicher kein Bestandteil der Uratmosphäre und es ist ebenso fraglich, ob es in frühen Ursuppen in nennenswerter Menge vorhanden war.[21] Allerdings lassen sich auf chemischem Wege den Nukleotiden sehr ähnliche Moleküle erzeugen, die kein Phosphat enthalten. Die derart abgespeckten Monomere nennt man *Nukleoside* – im Gegensatz zu den phosphathaltigen Nukleo*tiden*.

Als Reaktionsprodukte von Miller-Experimenten hat man bislang allerdings weder Nukleotide noch die kleineren Nukleoside gefunden.

Dies ist nicht weiter verwunderlich, wenn man bedenkt, dass sowohl die Basen als auch die Ribose Verbindungen sind, die sich nur schwer herstellen lassen und dass sich dasjenige Nukleosid-Molekül, das am einfachsten synthetisiert werden kann, immerhin schon aus 32 auf spezifische Weise verknüpften Atomen zusammensetzt. Man konnte dennoch einzelne Moleküle von Ribosen und der Base Adenin in speziell daraufhin ausgerichteten Versuchen in sehr geringen Konzentrationen nachweisen. Es ist interessant, sich auch diese Experimente genauer zu betrachten. Beginnen wir mit den Zuckern.

Die Ribose ist für die Synthese von Nukleinsäuren von entscheidender Bedeutung, da über sie die einzelnen Nukleotide miteinander zu Ketten verknüpft werden. Zucker entstehen in unserem Zusammenhang bei der sogenannten Formose-Reaktion, bei der wässrige Formaldehyd-Lösungen zum Einsatz kommen. Formaldehyd ist ein sehr einfaches Reaktionsprodukt aus vier Atomen (H_2CO), das bei millerschen Versuchen entsteht. Allerdings birgt die Formose-Reaktion vielerlei Schwierigkeiten, wenn sie für die Entstehung von Ribosen in der Ursuppe verantwortlich gemacht werden soll:

1. Es wird in den betreffenden Versuchen Formaldehyd in Konzentrationen und in einer Reinheit verwendet, wie sie unter Ursuppenbedingungen niemals vorkommen.

2. Die Formose-Reaktion liefert selbst unter diesen Bedingungen ein ziemlich buntes Produktgemisch, in welchem die erwünschte Ribose nur in äußerst niedrigen Konzentrationen vorliegt. Die Isolation von Ribose aus diesen vielfältigen Reaktionsprodukten ist sogar im Labor ein ziemlich aufwendiges Unterfangen und es fehlen vernünftige Erklärungsansätze dafür, wie dies in der Ursuppe geschehen sein soll.

3. Formaldehyd ist sehr reaktiv und verbindet sich besonders gerne ausgerechnet mit jenen Stickstoffverbindungen, denen bei der Synthese der stickstoffhaltigen Basen (z. B. Adenin) eine große Bedeutung beigemessen wird. Es fängt sie somit ab, bevor Basen wie Adenin gebildet werden könnten. Die beiden Bestandteile von Nukleosiden, die Basen und die Ribose, können demnach nicht unter den selben Bedingungen oder gar gleichzeitig entstanden sein.

4. Die chemische Stabilität von Ribose ist sehr gering. Ihre Halbwertszeit (die Zeit, in der die Hälfte des Materials in andere Substanzen umgewandelt wird) beträgt unter optimalen Bedingungen von pH = 7 und 0° C lediglich 44 Jahre. Das ist gemessen an den Zeiträumen, die für die spontane Bildung komplexer organischer Moleküle unter den turbulenten Ursuppenbedingungen normalerweise angenommen werden, außerordentlich gering.

Daher schließen manche präbiotische Wissenschaftler:

> „Die Resultate zeigen, dass Stabilitätsbetrachtungen den Einsatz von Ribose und anderen Zuckern als präbiotische Reagenzien ausschließen, außer unter sehr speziellen Bedingungen. Daraus folgt, dass Ribose und andere Zucker nicht Bestandteil des ersten genetischen Materials gewesen sein können. Andere Möglichkeiten, wie Peptidnukleinsäuren und andere Nukleinsäure-Rückgrate ohne Zucker sollten untersucht werden."[22]

Wenn wir aber davon ausgehen, dass sich zunächst Nukleinsäuren gebildet haben, die nicht durch Ribose-Zucker verknüpft waren, tauchen jedoch andere Probleme auf: Welche geeigneten Vorläufer waren denn seinerzeit häufig oder konnten aus der Ursuppe in genügender Reinheit herausgefiltert werden? Auf welche Weise sind danach die Ribosen synthetisiert worden? Und schließlich: Weshalb und über welche Wege sind die ursprünglichen Verbindungsstücke der Nukleinsäuren zu einem späteren Zeitpunkt durch Ribosen ersetzt worden? Unter keinen Umständen hätte dieser massive Eingriff innerhalb eines bereits funktionierenden Systems reproduktive Nachteile für das Urlebewesen mit sich bringen dürfen, sonst hätte sich eine neue Vererbungsvariante niemals durchgesetzt. Plausible Erklärungsansätze oder Beispiele für ein derartiges Geschehen fehlen bislang. Wie es scheint, machen wir es uns mit dieser Zusatzannahme nicht unbedingt leichter.

Wenden wir uns nach der Betrachtung der Ribose-Synthese nun den vier Basen zu, von denen Adenin als einfachste von ihnen bereits in geringer Menge synthetisiert worden ist. Man erreichte dies, indem man mehrere Tage lang eine konzentrierte Ammoniumcyanid-Lösung kochte, so dass sich Cyanwasserstoff (wiederum ein sehr einfaches Reaktionsprodukt aus millerschen Versuchen, wir kennen es als die hochgiftige Blausäure, HCN) zu unter anderem Adenin zusammenlagern konnte. Adenin ist ähnlich wie Ribose ein instabiles Molekül und weist verschiedene Positionen an seinem molekularen Gerüst auf, an denen weitere Reaktionsprozesse stattfinden können.
Um die Synthese der anderen drei Basen ist es folgendermaßen bestellt: Guanin konnte unter sehr speziellen Bedingungen lediglich in

verschwindenden Mengen erzeugt werden. Probleme bereitet z. B. das Auftreten von Formaldehyd, das wir schon bei der Zuckersynthese kennen lernten, da es mit der Blausäure reagiert und sie damit von weiteren Reaktionen abhält. Die beiden verbleibenden Basen, Cytosin und Thymidin, konnten bislang in millerschen Versuchen noch überhaupt nicht nachgewiesen werden. Für sie wurden daher komplexere Synthesewege vorgeschlagen, die unter anderem sehr hohe Harnstoff-konzentrationen voraussetzen. Außerdem müssten sich dabei bestimmte Zwischenprodukte für gewisse Reaktionen außerhalb des Meeres in periodisch trockenfallenden Lagunen befinden, was ziemlich viel Zeit in Anspruch nehmen würde, so dass andere weniger stabile, aber ebenso notwendige Bausteine sich derweil wieder zersetzen oder umwandeln würden.

Es ist also bis dato nicht gelungen, die Entstehung aller Basen auf plausiblem experimentellem Wege nachzuvollziehen, geschweige denn diejenige von kompletten Nukleosiden oder gar von phosphathaltigen Nukleotiden. Dies gilt besonders, wenn wir annehmen wollen – was vernünftig wäre – dass alle vier Basen samt der Ribose unter ähnlichen Umweltbedingungen entstanden sind. Tun wir dies nicht, bleibt das große Problem bestehen, wie die verschiedenen aus unterschiedlichen chemischen Milieus stammenden Substanzen in einem stabilem Zustand zusammengefunden haben sollen. Noch bevor wir uns also überhaupt mit der etwaigen Polykondensation von Nukleosiden beschäftigen konnten, stoßen wir bei der Erklärung der Lebensentstehung vermittels der Nukleotide selbst unter optimierten Laborbedingungen bereits auf nahezu unüberwindliche Schwierigkeiten.

Die weiteren Versuche, die zur Untersuchung der Bildung von Oligomeren und Polymeren aus den hochsensiblen Nukleotid-Monomeren beitragen sollen, ruhen daher auf noch erheblich tönernen Grundlagen als diejenigen, die zur Polymerisierung von Aminosäuren durchgeführt wurden. Es kommen auch hierbei ausschließlich reine Ausgangslösungen der verhältnismäßig kompliziert gebauten Nukleotide vor, die unter streng kontrollierten Laborbedingungen aufwendig hergestellt werden müssen. Diese Lösungen dürfen unter keinen Umständen bifunktionelle oder monofunktionelle Störenfriede enthalten.

Doch selbst dann sind die Arbeiten mit enormen Schwierigkeiten verbunden. Denn Nukleotide reagieren ohne künstliche Energiezufuhr überhaupt nicht miteinander. Man setzt sie allerdings auch nicht gerne schutzlos Blitzentladungen oder hohen Wassertemperaturen aus, da die Wahrscheinlichkeit, die filigranen Gebilde damit zu zerstören, größer ist als die Wahrscheinlichkeit, dadurch beeindruckende Nukleotid-Ketten zu erzeugen. Deshalb aktiviert man sie lieber mittels eines weiteren Moleküls wie dem Imidazol, das an der Phosphatgruppe des Nukleotids angebracht wird, zu künstlicher Reaktionsfreude. Ob dies den Verhältnissen in der Ursuppe entspricht, darf angezweifelt werden.

Immerhin lassen sich jedoch über die mit Imidazol aktivierten Nukleotide Oligomere oder sogar kürzere Polymere bilden. Diese besitzen schließlich dennoch das Handicap, auch über untypische Verknüpfungsmodi verbunden zu sein, die nicht in der DNS oder RNS vorkommen und etwaige Replikationen ihrer Stränge unterbinden. Sie stellen also schlechte Kandidaten für mögliche Genvorläufer dar.

Weiterhin konnte in Untersuchungen gezeigt werden, dass die Phosphatgruppe synthetisch hergestellter Nukleotide lieber mit freien NH_2-Gruppen anderer Molekülen reagiert als mit anderen Nukleotiden, und zwar fünfzig mal lieber![23] Daher lässt sich folgern, dass z. B. Aminosäuren wie Glycin und Alanin, die in der Ursuppe im Vergleich zu hypothetischen Nukleotiden sogar noch verhältnismäßig häufig vorkamen, über ihre freien NH_2-Gruppen jegliche Nukleotid-Polykondensation zum sofortigen Erliegen gebracht hätten.

Zuletzt seien noch Versuche erwähnt, wobei künstlich erzeugte Nukleotid-Ketten als Vorlagen dienen, um erste Schritte des Kopier- oder Replikationsvermögens von frühen Nukleinsäuren zu simulieren. Hier sollen sich frei verfügbare, ebenso künstlich erzeugte Nukleotide auf diese Matritzen anlagern, um den jeweils komplementären Strang zu formieren. Auch diese Versuche sind durchweg mit Problemen behaftet und führen im Vergleich zu dem, was sie erklären sollen, nur zu sehr bescheidenen Ergebnissen.

So bestehen ungelöste Probleme beispielsweise darin, dass sich überhaupt nur zwei der vier verschiedenen Nukleotide auf diese Weise an die auf der Vorlage entstehende Kette anknüpfen lassen, dass die solcherart aufeinander zu liegen kommenden Partnerstränge sich nicht von selbst wieder voneinander lösen und somit für weitere Replikationen nicht in Frage kommen und dass sich bei der vorangegangenen Herstellung der Nukleotide die Basen auf zwei verschiedene Weisen an die Ribose binden können. Dies tun sie stets im Verhältnis von 1 : 1 (man nennt die Verbindungen α- und β-glykosidische Bindung), doch in natürlichen Nukleotid-Sequenzen befinden sich ausschließlich die β-Bindungen. Das Vorhandensein der α-Form führt dementsprechend in den präbiotischen Versuchen zur Unterbindung von Kettenwachstum. Nur jeder zweite von allen jemals entstandenen Nukleotiden durfte demnach zur Oligomerisierung oder zur Replikation herangezogen werden. Dies halbiert die winzige verfügbare Menge der kostbaren Substanzen glatt noch einmal und degradiert die α-Nukleotide sogar zu unwillkommenen Störfaktoren, die am besten sofort entfernt werden sollten. Wie aber wurden in der Ursuppe die spärlichen Nukleotide in die beiden Fraktionen aufgetrennt? Die β-Variante muss ja für erfolgreiche Polymerisierungen nahezu in Reinform vorgelegen haben! Hierzu gibt es bislang keinerlei Erklärungsmodelle.

Es wird in jedem Falle offensichtlich, dass die Polykondensation von Nukleotid-Monomeren weitaus schwieriger zu bewerkstelligen ist als diejenige von Aminosäuren. Deswegen gibt es unter den sich mit der präbiotischen Chemie befassenden Forschern ein großes Lager, dass die Vorstellung von der Entstehung des Lebens aus langkettigen DNS- oder RNS-Vorläufern ablehnt.[24] Wie andererseits das in Nukleinsäuren kodierte Erbmaterial der Lebewesen aus bislang ebenso wenig nachgewiesenen Ursuppenproteinen hervorgegangen sein soll, stellt ein ähnliches ungelöstes Problem dar und stößt demzufolge in anderen Kreisen der Wissenschaftler gleichermaßen auf Widerrede.

Zusammenfassung

Wir sind mit unseren Überlegungen zur Wahrscheinlichkeit der Polykondensation von lebensrelevanten Monomeren unter Ursuppen-bedingungen – seien es Aminosäuren oder Nukleotide – soweit fortgeschritten, dass wir eine erste Feststellung treffen können: Es sieht nicht gut aus mit der selbständigen Entstehung oder gar Vervielfältigung langkettiger Polymere, die als Lebensgrundlage dienen könnten. Das gilt sowohl für die mechanistische als auch für die organizistische Theorie, denn auch von dissipativen Strukturen oder einer Selbstorganisation der Materie fehlt in den Experimenten bisher jede Spur. Eine Zusammenstellung der gravierenden Probleme, die im Rahmen der präbiotischen Experimente aufgetaucht sind, liest sich vielmehr ziemlich ernüchternd.

1. Bei allen Experimenten zur chemischen Evolution entsteht nebst Teer ein immenser Überschuss an störenden bifunktionellen und vor allen Dingen an monofunktionellen Molekülen. Teer und mono-funktionelle Monomere ersticken aber jegliche Polykondensations-möglichkeiten bereits im Keim, und die störenden bifunktionellen Moleküle vereiteln in ähnlicher Weise das Entstehen biologisch relevanter oder korrekt replizierbarer Molekülketten.

2. Millersche Versuche liefern im selben Versuchsaufbau niemals alle zwanzig für die Proteinsynthese benötigten Aminosäuren, maximal deren dreizehn.

3. Zwei Aminosäuren aus dem Kreis dieser lebensnotwendigen Zwanzig konnten noch überhaupt nicht in Ursuppen-Experimenten erzeugt werden.

4. Die Erzeugung von Aminosäure-Polymeren selbst aus speziell für diesen Zweck hergestellten, hochkonzentrierten Lösungen ist noch nicht ansatzweise gelungen.

5. Auch die „natürliche" Erzeugung und Isolierung der Ribose von Nukleotiden hat sich als hochproblematisch herausgestellt. Ribose ist außerdem nicht stabil.

6. Nur zwei der vier für die Nukleotidbildung benötigten Basen konnten bislang in Ursuppenversuchen in winzigen Mengen hergestellt werden, und diese sind ebenfalls nicht stabil. Die Frage

ihrer Isolierung aus dem hypothetischen Produktgemisch der Ursuppe ist gleichfalls unbeantwortet.

7. Vollständige Nukleoside und Nukleotide konnten auch unter möglichst optimierten Laborbedingungen bis heute nicht hergestellt werden.

8. Selbst künstlich erzeugte Nukleotide lassen sich unter optimierten Laborbedingungen nicht erwartungsgemäß polymerisieren, da sie sich vielfach auf unbrauchbare Weise miteinander verknüpfen.

9. Schafft man es dennoch, einen neuen Nukleotidstrang einem vorgegebenen Strang aufzulagern, bleibt die Frage ungeklärt, wie sich die beiden zerstörungsfrei wieder voneinander trennen können, um für weitere Reaktionen zur Verfügung zu stehen.

10. Zu der Frage, wie das in der Frühphase der chemischen Evolution äußerst seltene Phosphat unverzichtbarer Bestandteil der Nukleotide geworden ist, existieren bislang nicht einmal ansatzweise experimentell gewonnene Erklärungsansätze.

Bei all diesen Überlegungen haben wir jedoch eine ganze Reihe weiterer schwerwiegender Probleme für die präbiotische Polymerforschung noch nicht berücksichtigt, die eine zufällige Entstehung des Lebens aus der Ursuppe mit erheblichen zusätzlichen Schwierigkeiten konfrontieren. Um ein möglichst realistisches und vollständiges Bild von den Problematiken zu bekommen, die mit einer zufälligen Lebensentstehung im Zusammenhang stehen, ist es wichtig, auch sie zu kennen.

3. Weitere Hürden für zufällig aufkeimende Lebensfunken

Die Hydrolyse

Wenn es auch viele verschiedene Modelle zur Entstehung des Lebens gibt, in einem Punkt sind sich alle einig: In der Ursuppe muss es üppige Mengen an Wasser gegeben haben, sicherlich bestand sie zu über 90 Prozent daraus. Und dies ist für viele biochemische Reaktionen inklusiver derer, die uns hier interessieren, wenig vorteilhaft. Wassermoleküle besitzen nämlich die bei Ursuppenforschern durchaus unbeliebte Eigenschaft, verschiedene mühevoll erzielte Verbindungen alsbald wieder aufzuspalten und somit jegliche Bildung von längeren Oligomeren oder gar Polymeren effektiv zu unterbinden.

Dies trifft sowohl auf Aminosäure-Polymere als auch für Nukleotid-Polymere zu. In beiden Fällen verbinden sich die Monomere nämlich nur unter Abspaltung eines Wassermoleküls miteinander. Umgekehrt besitzt ein Wassermolekül auch das Potential, diese Bindung rückgängig zu machen, indem es sich an der alten Position wieder einfügt. Und wo es viel Wasser gibt, liegt das chemische Reaktionsgleichgewicht stets auf Seiten des Wassers, d. h. es drängeln sich unzählige Wassermoleküle um jede einzelne der kostbaren Oligomer-Bindungsstellen, einzig in der Absicht, diese Bindungen wieder zu lösen. Diese Reaktion nennt man Hydrolyse. Selbst dort, wo Wasser nur in geringen Mengen vorkommt – sei es auch nur in solch geringen Konzentrationen, wie sie bei der Verkopplung von unseren Monomeren durch die dabei abgespaltenen Wassermoleküle auftreten – werden mögliche Polymerbildungen erheblich beeinträchtigt. Wenn man diese Verbindungen erhalten will, ist es am besten, man entfernt jedes Wassermolekül sofort nachdem es entstanden ist.

Nun ist nicht nur die Verknüpfung von Aminosäuren und Nukleotiden eine solche fragile Verbindung. Auch bei der Zusammensetzung von Nukleotiden aus den drei Untereinheiten Zucker, Base und Phosphat wird bereits pro Verknüpfung jeweils ein Wassermolekül gebildet! Jedes

Nukleotid ist also schon in sich eine instabile Konstruktion, die an zwei Positionen seines Molekülverbandes durch Wasser angreifbar ist. Dementsprechend weisen verbundene Polymere aus Nukleotiden insgesamt drei empfindliche Sollbruchstellen für hydrolysefreudige Wassermoleküle auf. Und wo sie können, walten sie ihres Amtes: Sie hebeln die Nukleotide auseinander, brechen Zucker-Phosphatbindungen auf und trennen Basen von Zuckerresten. In allen lebenden Zellen, auch in denen unseres Körpers, funktioniert die gesamte energieverzehrende Produktion von Proteinen und Nukleinsäuren ausschließlich deswegen, weil diese durch besondere Strukturen vor den Angriffen des Wassers geschützt sind, und weil entsprechende Reparaturmechanismen angerichteten Schaden wieder beheben können.[25] Stirbt aber ein Lebewesen, wird keinerlei frische Energie mehr zum Aufrechterhalten dieser Schutz- und Reperaturmechanismen dem organischen System zugeführt und es setzt mit den Verwesungsprozessen die unvermeidliche Hydrolyse von Polymeren ein.

Nun können wir auch verstehen, worin es teilweise begründet liegt, dass selbst in Versuchen unter Verwendung reinster, synthetisch hergestellter Monomere unter beachtlichem Energieeinsatz sich niemals längere Oligomere gebildet haben: Sich hierbei bildende Verbindungen verfügen noch über keine Schutz- oder Reparaturmechanismen und werden daher sehr bald wieder gelöst. In Gegenwart von Lipidbläschen gelingt dies bereits etwas besser, da Lipidansammlungen eine wasserabweisende Schicht bilden und somit einen wenn auch begrenzten Schutz bieten können.

Es ist nun eine bemerkenswerte Tatsache, dass die wichtigsten Reparatur- und Schutzmechanismen für die Polymerketten der Lebewesen selbst nichts anderes sind als bestimmte Proteine mit entsprechenden Funktionen – also wiederum langkettige, hochspezifische und empfindliche Polymere. Aber wie diese denn entstanden sind, wollen wir ja gerade klären! Die Entstehung dieses unauflöslichen Kreislaufes ist bis heute ein Buch mit sieben Siegeln und wir müssen uns bis zum vierten Teil des Buches gedulden, worin Erklärungsansätze für die Bildung solcher ganzheitlichen Vernetzungen vorgestellt werden.

Widmen wir uns nun der Betrachtung von Ergebnissen eines typischen Versuchs von Leslie Orgel zur Synthese von Nukleinsäurepolymeren unter wässrigen Bedingungen.[26] Orgel verwendete in dem Experiment reinste mit Imidazol aktivierte Nukleotide, die unter *strengem* Ausschluss von Wasser hergestellt wurden. In der Arbeitsvorschrift für sein Experiment wird nicht weniger als viermal darauf hingewiesen, dass Lösungsmittel und Geräte absolut *wasserfrei* sein müssen. Um zu verhindern, dass sich solcherart gewonnene Nukleotide sofort wieder zersetzen, wurden sie in einem hochevakuierten Gefäß über sehr scharfen Trockenmitteln (Phosphorpentoxid und Ätznatron: P_2O_5 bzw. NaOH) aufbewahrt.

Es kamen weiterhin mittels spezieller Verfahren hergestellte RNS-Präparate zum Einsatz, die als Matrize dienen sollten, um zusätzlich die Polymerisierung der Nukleotide anzuregen. Setzte Orgel die synthetisch hergestellten, reinen Imidazol-Nukleotide samt den Matritzen und gewissen reaktionsfördernden Bleisalzen dann in Wasser, erhielt er bei 2,5-prozentiger Nukleotid-Ausgangskonzentration durchschnittlich Oligomere von fünf Kettengliedern. Bei einer Konzentration von lediglich 0,5 Prozent Nukleotiden in der Lösung erzielte er nur wenige Oligomere mit nur zwei Kettengliedern als Ausbeute. Polymerisation fand demzufolge gar nicht statt. Und das, obwohl keinerlei störende, dafür aber ausschließlich die Polykondensation anregende Substanzen vorhanden waren und obwohl eine 0,5-prozentige Nukleotid-Konzentration eine Dimension darstellt, von der die hypothetischen Ursuppen-Nukleotide nur träumen konnten. Wir erinnern uns: Man fand in millerschen Experimenten noch nicht einmal welche!

Orgel selbst hat eine Begründung für die fehlende Oligomerisierung gegeben, denn er schreibt, dass in dieser Konzentration die Hydrolyse zehn- bis hundertmal schneller verläuft als die Kondensation der Nukleotide. Alle Polymerisierungsexperimente benötigen also zusätzliche Tricks, um eine Reaktion überhaupt erst zu ermöglichen und den Effekten des schädlichen Wassers auszuweichen. Und selbst wenn einmal längere Molekülketten hergestellt sein sollten, stellt sich sofort das noch viel größere Problem, wie sie stabil über gewisse Zeiträume erhalten bleiben können. Einige präbiotische Modelle zur Polymerver-knüpfung fordern daher das periodische Austrocknen von organischen Substanzen in Lagunen oder Tümpeln, wie wir auch schon bei der Besprechung der Entstehung von Nukleotid-Basen gesehen haben. Wie realistisch ist dies aber?

Alle organischen Moleküle gleich welcher Größe können nur in einem wässrigen Milieu zueinander gefunden haben, und das ursprünglich in recht hoher Verdünnung. Sammelt sich eine solche Suppe in beispielsweise einer Lagune, werden aufgrund der Hydrolyse zunächst keine längeren Sequenzen entstehen können. Letzteres würde, wenn überhaupt, erst relativ spät geschehen, wenn Wassermoleküle nur noch sehr selten vorliegen oder an Salze gebunden und damit immobilisiert wären. Gesetzt den Fall, wir hätten tatsächlich am Ende der Austrocknungsperiode eine relativ reine, brauchbare Monomermischung, die auf dem ehemaligen Gewässerboden zurückgeblieben ist, und manche Hoffnungsträger hätten sich sogar im Verlauf dieses Austrocknungsprozesses zu Ketten beachtlicher Länge zusammengeschlossen: Schon der nächste Regen oder die nächste Flutwelle würden die fragilen Molekülverbindungen spalten und alles Erreichte wieder vernichten. Gelangt hingegen niemals mehr Wasser zu unseren Oligomeren, würden sie bis in alle Ewigkeit auf der trockenen Kruste darben, bis vielleicht vom Wind herangewehte Sande sie unter sich begraben.

Nichtsdestotrotz wurden verschiedene Experimente unternommen, um der Hydrolyse ein Schnippchen zu schlagen. Die bekanntesten stammen von Sidney Fox. Er erhitzte trockene und sehr reine Aminosäuremischungen; die Ergebnisse taufte er „Proteinoide", um deren Ähnlichkeit mit den echten Proteinen herauszustellen.[27]
Mehr als eine sehr grobe Ähnlichkeit ist es aber auch nicht, wenn man sie sich genauer betrachtet. Um zu verhindern, dass sich unter der notwendigen Energiezufuhr „Erhitzen" schlichtweg Teer formierte, gab Fox bestimmte reaktive Aminosäuren dazu, die in Lebewesen zwar nicht gebildet werden, hier aber dafür sorgten, dass sich etliche Aminosäuren auf einigermaßen brauchbare Weise miteinander verbinden konnten. Allerdings bildeten sie keine Polymere, sondern wild verzweigte, dreidimensionale Strukturen. Nur etwa die Hälfte aller Verbindungen wurde an für Proteinbildung erforderliche Aminosäure-Positionen angeknüpft, der Rest wurde auf andere, in lebenden Wesen nicht vorkommende Weise verkoppelt. Auch wurden keine der charakteristischen Spiralstrukturen gefunden, wie sie einzelne Kettenabschnitte von Proteinen immer wieder aufweisen. Zudem entstanden mancherlei

störende Reaktionsprodukte, die gleichwohl in die allgemeine chaotische Vernetzung miteinbezogen wurden.

Von der Herstellung echter Proteine war man also weit entfernt. Manche dieser Proteinoide wiesen allerdings eine schwache Fähigkeit auf, andere Moleküle zu verbinden oder zu trennen – wenngleich nur in dem bescheidenen Rahmen, wie es auch verschiedene in Lösung gegebene Metall-Ione vermögen. Trotzdem wurden sie daher für eine gewisse Zeit im Lager der Wissenschaftler, welche die Entstehung des Lebens aus DNS oder RNS bezweifeln, für ein vielversprechendes Modell gehalten.

Mittlerweile spielen die Proteinoide in der Diskussion um mögliche Lebensursprünge jedoch keine Rolle mehr. Außer an den schon genannten Gründen liegt dies noch an einer weiteren Unpässlichkeit, welche die Proteinoide zu ziemlich ungeeigneten Kandidaten für potentielle Lebensvorläufer macht. Diese wird Gegenstand des nächsten Abschnitts sein.

Die Chiralität

Beeinflusst durch die flachen Darstellungen in Büchern denken wir uns Moleküle häufig als zweidimensionale Gebilde. Sie sind aber in Wirklichkeit dreidimensional strukturiert. Daher können viele der organischen Verbindungen in zwei verschiedenen, sich spiegelsymmetrisch entsprechenden Varianten vorkommen, obwohl sie die selbe Atomzusammensetzung haben und energetisch gleichwertig sind.

Das kann man sich so vorstellen, wie auch unsere rechten und linken Hände vom Aufbau her identisch, aber spiegelverkehrt angelegt sind. Man bezeichnet solche Varianten von Molekülen als *Enantiomere* und das Phänomen der „Händigkeit" als *Chiralität*. Allerdings besitzen die beiden ungleichen Geschwister oftmals verschiedene Eigenschaften. Viele drehen z. B. die Ebene polarisierten Lichts in unterschiedliche Richtungen, aber auch in biologischer Hinsicht können sie drastische Auswirkungen zur Folge haben. So waren die Schäden an den Contergan-Kindern einzig auf den einen Enantiomer einer in dem Medikament enthaltenen Substanz zurückzuführen. Man bezeichnet die beiden Formen mit den Buchstaben L (von laevus, lat. = links) und D (von dextera, lat. = rechts). In allen natürlichen chemischen Reaktionen entstehen beide Enantiomere immer zu gleichen Teilen und müssen bei Bedarf mittels spezieller Laborverfahren voneinander isoliert werden. Eine Besonderheit der Lebewesen besteht jedoch darin, für den Aufbau ihrer langkettigen Makromoleküle stets nur eine der beiden möglichen Enantiomere einzusetzen. So bestehen Proteine ausschließlich aus linksdrehenden L-Aminosäuren, in die Nukleotide werden hingegen ausschließlich rechtsdrehende D-Ribosen eingebaut. Der Einsatz von jeweils nur einer von zwei möglichen Varianten ist eine elementare Voraussetzung für die Funktion von Proteinen und Nukleinsäuren, denn andernfalls würde deren streng vorgegebene dreidimensionale Struktur massiv gestört werden. Die stoffwechselaktiven Proteine, die Enzyme, verlören unter anderem die hochspezifische Gestaltung ihrer aktiven Zentren, in denen die chemischen Reaktionen katalysiert werden – hierdurch würden sie ihre lebensnotwendigen Funktionen einbüßen. Polymere aus den zwei verschiedenen Nukleotid-Varianten hingegen würden gar nicht erst die charakteristische Doppelhelixstruktur der DNS ausbilden – eine Codierung von Erbinformation wäre somit nicht möglich.

Wir haben es hier also mit einem ganz ähnlichen Problem zu tun wie bei den über α- und β-glykosidische Bindungen verknüpften Nukleotiden, von denen im vorangegangenen Kapitel über die Nukleotid-Entstehung bereits die Rede war. Wir erinnern uns: Ausschließlich die β-Formen kamen hierbei für weitere Verwendung zur Kettenbildung in Frage.

Im Hinblick auf die beiden Enantiomere geht man daher ganz genauso davon aus, dass von vorne herein nur jeweils die eine Hälfte der in der Ursuppe vorkommenden Monomere zur lebensförderlichen Polymerisierung zugelassen war. Dies heißt, dass auch der brauchbare Anteil an den ohnehin in nur recht geringen Mengen gewonnenen Aminosäuren, wie sie z. B. in den millerschen Experimenten erzeugt wurden, um die Hälfte schrumpft; hingegen aber die andere Hälfte als unerwünscht und geradezu kontraproduktiv betrachtet werden muss.

Das selbe gilt für die mühsam über die Formose-Reaktion hergestellten und vom Rest der Reaktionsprodukte isolierten L- und D-Ribosen.

Um diese Problematik zu umschiffen, gehen präbiotische Chemiker in ihren Polymerisationsexperimenten nicht mehr nur von reinen Monomer-Lösungen aus, sondern diese bestehen jetzt zusätzlich nur noch aus dem einen jeweils erwünschten Enantiomer. Wie diese

Substanzen, die unter natürlichen Umständen stets als Gemisch vorliegen, sich in der Ursuppe oder auch in trockenfallenden Lagunen von selbst in die beiden Fraktionen aufgetrennt haben sollen, ist bislang völlig schleierhaft.

Hingegen weiß man, dass ungleiche Verhältnisse von Enantiomeren außerhalb von lebendigen Zellen oder Lebewesen dazu neigen, wieder ein ausgewogenes Gemisch aus beiden Formen zu bilden. Beispielsweise entstehen in Ausscheidungsprodukten von Organismen aus den in Proteinen vorhandenen L-Aminosäuren nicht lange nach dem Verlassen des Verdauungstraktes auch D-Aminosäuren, und selbiges gilt ebenfalls nach dem Verlöschen der Lebensfunktionen, dem Tod von Lebewesen.

Es gibt gleichwohl neuere Studien, die sich mit der Problematik der Symmetriebrechung von Enantiomer-Gleichgewichten befassen. Hierbei wird mit den beiden Enantiomeren einer einzigen Sorte von auf unnatürliche Weise biochemisch aktivierten Aminosäuren gearbeitet. Diese Versuche zeigen zumindest, dass sich in speziellen Pufferlösungen mit wohldefinierten Bedingungen geringe Mengen von Oligomeren mit maximal acht bis zehn Kettengliedern aus nur einem der beiden Enantiomere formen können.[28]

Es gilt jedoch zu beachten, dass die erwähnten Ergebnisse bislang nur mit wenigen der zwanzig in Proteinen vorkommenden Aminosäuren zustande kamen und dass hierbei einmal mehr reine Ausgangslösungen in sehr hoher Konzentration zum Einsatz kamen. Ob die übrigen, bislang nicht eingesetzten Aminosäurearten (die erheblich ungünstigere Polymerisierungseigenschaften als die zumeist verwendeten Sorten aufweisen) es überhaupt so weit bringen können, steht zu bezweifeln; insbesondere dann, wenn auch *Gemische* aus verschiedenen Aminosäuren eingesetzt werden würden.

Vergessen wir auch nicht die bald nach Beendigung des Experimentes einsetzende, unvermeidliche Zersetzungswirkung der Hydrolyse! Anhand der bisherigen Befunde bleibt weiterhin der Übertrag auf realistische, mit unzähligen widrigen mono- und bifunktionellen Molekülen versetzte Ursuppenbedingungen mit unüberwindlichen Schwierigkeiten behaftet.

Nun ist es aber an der Zeit, wieder auf die im vorherigen Abschnitt beschriebenen Proteinoide zurückzukommen. Bei den dort geschilderten

Experimenten wurden reine Mischungen von L-Aminosäuren eingesetzt, aber die in den Reaktionen gebildeten Proteinoide enthielten wieder beide Varianten der Enantiomere. Auch deshalb also kommen sie als mögliche Protein-Vorläufermoleküle nicht in Frage.

In Lebewesen können alle homochiralen Makromoleküle aus nur einem Enantiomer lediglich deshalb entstehen, weil die Enantiomere entweder aktiv mittels spezieller Enzyme hergestellt und verknüpft werden, oder weil sie im Falle der Tiere zusätzlich nur in der bereits vorsortierten L- oder D-Form mit der Nahrung aufgenommen und erschlossen werden. Damit wären wir abermals bei dem Dilemma angelangt, dass zur Herstellung von homochiralen Proteinen oder Nukleinsäuren die Hilfe einer Substanz von Nöten ist, die selbst wiederum ein homochirales Protein ist. Die Frage des Ursprungs der Homochiralität bleibt somit ungeklärt.

Manche Wissenschaftler vermuten, ein anfängliches Ungleichgewicht der Enantiomer-Symmetrie sei durch die Fracht an organischem Material verursacht worden, das Meteoriten aus dem Weltall auf die Erde brachten. Mehr dazu auf den nächsten Seiten.

Lebensimpulse aus dem All: Chondriten und Panspermie

Immer wieder wird unser Planet von Fremdkörpern aus dem All getroffen, in der Frühzeit der Erde waren diese Ereignisse noch sehr viel häufiger als heute. Die alten, mit Kraternarben übersäten Oberflächen von Merkur oder Mond liefern ein beeindruckendes Zeugnis dieser Vorgänge, doch auch auf unserer geologisch gesehen recht jungen Erdoberfläche findet man noch diverse größere und kleinere Einschlagsspuren. In der relativ dichten Atmosphäre verglüht zwar der größte Teil der sich der Erde nähernden Fremdlinge aus dem All, aber dennoch stürzen pro Jahr etwa 19 000 Meteoriten auf die Erde, von denen rund 5 000 Exemplare mehr als ein Kilogramm wiegen!

Glücklicherweise landen die meisten von ihnen im Meer und in wenig bewohnten Gebieten wie Wüsten, Polargebieten oder der Tundra. Indessen macht die vieldiskutierte Theorie, dass die Dinosaurier und andere Lebensformen aufgrund heftiger Kollisionen mit großen Meteoriten ausstarben, deutlich, wie sehr derartige Ereignisse den Lauf der Dinge auf der Erde beeinflussen können. Mittlerweile dürften allerdings die meisten der in unserem Sonnensystem umherirrenden Kleinkörper von den Planeten weggefangen worden sein.

Je nach kosmischem Ursprungsort und den Bedingungen, die bei ihrer Entstehung herrschten, enthalten die auf der Erde eingeschlagenen Geschosse unterschiedliche Bestandteile. Es gibt tatsächlich solche, die organische Verbindungen verschiedenster Sorte in kleinen Mengen mit sich führen. Man nennt diese sehr ursprünglichen Vertreter aufgrund ihres Kohlenstoffgehaltes *Kohlige Chondriten*, und sie werden in letzter Zeit einer besonders gründlichen Analyse seitens der Erforscher der chemischen Evolution unterzogen. Offensichtlich wurden sie zu Zeiten der Entstehung unseres Sonnensystems zusammengebacken, manche sind vermutlich älter als die Sonne selbst! Insgesamt treffen sie die Erde nur selten, im Zeitraum von 1806 bis 2004 haben nur 37 von ihnen den Weg auf die Erde gefunden und ihre Milliarden von Jahren alte Geschichte einer Analyse freigegeben.

Ihr Kohlenstoff liegt zu 70-99 Prozent in einer teerartigen schwerlöslichen Substanz vor, jedoch der Rest besteht nebst mineralischen Anteilen aus einer vielfältigen Mixtur kleinerer organischer Moleküle. Sie alle kommen nur in sehr geringen Konzentrationen vor, und ihre Zusammensetzung ähnelt durchaus derjenigen, wie sie bei abiotischen Reaktionen wie in den Miller-Experimenten entsteht. Es treten auch Aminosäuren auf, insgesamt wurden bislang etwa siebzig verschiedene Sorten nachgewiesen. Alle liegen nur in Konzentrationen vor, die noch weit unter denen liegen, wie sie in millerschen Experimenten gewonnen werden. Einige dieser in Meteoriten gefundenen seltenen Aminosäuren, die Gruppe der α-Methyl-Aminosäuren, weisen die außergewöhnliche Eigenschaft auf, die Ebene polarisierten Lichts etwas nach links zu drehen, weshalb man darauf schließen kann, dass ihre L-Enantiomere mit leichtem Überschuss von maximal 15 Prozent in diesen Meteoriten vorliegen. Indes kommen diese Aminosäuren in der Biosphäre der Erde überhaupt nicht vor.

Man kann des weiteren abschätzen, wie viel Kohlenstoff in der Erdfrühzeit pro Millionen Jahre durch Einschläge von Kohligen Chondriten auf die Erde gelangt sein mag: Etwa 1 Milliarde Tonnen, vielleicht sogar mehr.[29] Dies ist eine ganze Menge, und da Millionen Jahre geologisch gesehen nur ein Wimpernschlag sind, könnte also auch der Überschuss an L-α-Methyl-Aminosäuren sich im Laufe der Zeit, in der erstes Leben entstand, beträchtlich aufsummiert haben. Sie werden daher von einigen Forschern als potentielle Ausgangssubstanzen für die Entwicklung homochiraler Oligomere angesehen, die später durch die Aminosäuren, wie wir sie heute in Lebewesen finden, ersetzt worden sind.

Man kann nun vielerlei Spekulationen über dieses Szenario anstellen, z. B. ob die vorhandenen Überschusskonzentrationen überhaupt ausgereicht haben können, um längere homochirale Ketten zu bilden, wie schnell sie mit anderen Verbindungen reagiert haben und somit nicht für weitere Oligomerisierungen zur Verfügung standen, oder wie die spätere Ersetzung durch die „richtigen" Aminosäuren geschehen sein soll. Bekannt darüber ist nichts. Heute finden wir jedenfalls α-Methyl-Aminosäuren unter natürlichen Bedingungen auf der Erde nicht vor, ganz zu schweigen von einem Überschuss an ihren L-Enatiomeren.
Wir sollten uns besser vergegenwärtigen, dass Kohlige Chondriten in aller erster Linie Teer und ein buntes Gemisch an für jegliche Kettenbildung in hohem Maße hinderlichen Substanzen auf unsere Erde beförderten, welche die Ursuppe mit jedem neuen Treffer in unvorteilhafter Hinsicht anreicherten. Es bleibt extrem unwahrscheinlich, dass unter den hydrolytischen Ursuppen-Bedingungen oder in trockenfallenden Lagunen ausgerechnet die vereinzelten L-α-Methyl-Aminosäuren aus den Weiten des Universums in dem zumeist schwach konzentrierten chemischen Allerlei zusammenfanden, um homochirale Oligomere zu bilden.

Der Vollständigkeit halber sei hier noch eine Theorie erwähnt, die den Gedanken der Lebensimpulse aus dem All ganz konkret auffasst und mit Namen durchaus angesehener Wissenschaftler wie Leslie Orgel, aber auch Francis Crick oder Sir Fred Hoyle[30] verknüpft ist. Sie geht auf den schwedischen Nobelpreisträger für Chemie Svante Arrhenius (1859-1927) zurück, der in seiner Theorie der „Panspermie" die Möglichkeit vorstellte, das Leben könne aus dem All in Form von Mikroorganismen auf die Erde gelangt sein, die von anderen bereits belebten Planeten stammen. In verschiedenen Varianten vertreten auch die oben genannten Autoren eine ähnliche Position – zum Teil auch deswegen, um den Schwierigkeiten, die bei der Rekonstruktion der Entstehung des Lebens auf der Erde auftreten, Rechnung zu tragen.

Die Theorie der Panspermie besitzt derzeit jedoch nicht viele Anhänger, denn es ist eine von jenen Theorien, die man wahrscheinlich niemals beweisen oder widerlegen können wird und die daher wissenschaftlich gesehen nicht attraktiv sind. Sicher ist, dass keine der heute auf der Erde bekannten Lebensformen im frostigen Vakuum des Weltalls lange überleben kann und dass die Wahrscheinlichkeit, dass ein reisender kosmischer Keim im Laufe von wenigen hundert Jahrmillionen einmal auf einen anderen terrestrischen Planeten trifft und ihn befruchtet, ähnlich gering sind, wie die spontane Polymerisation von den jeweils richtigen Molekülen in der Ursuppe.

Vielleicht würden uns Entdeckungen von homochiralen Aminosäure-sequenzen auf Kohligen Chondriten Einblicke in die Prozesse gewähren, die auf unserer Erde zum Entstehen von Leben geführt haben könnten. In jedem Fall ist aber davon auszugehen, dass, wenn die Naturgesetze ihr Salz wert sind, auf allen Materieansammlungen der kosmischen Umgebung unseres Sonnensystems bei chemischen Reaktionen unter Energiezufuhr hauptsächlich Teer sowie eine bunte Mischung millerscher Molekülverbindungen entstehen und dass die statistischen Reaktionsgesetze sowohl für die Polykondensation als auch die Hydrolyse dort Gültigkeit besitzen.

Haben es vielleicht trotzdem auf anderen Planeten oder Monden die einzelnen Moleküle entgegen jeglicher physikalisch-chemischen Wahrscheinlichkeit dazu gebracht, sich zu Zellen oder etwas Vergleichbarem zu organisieren? Man darf gespannt sein! Zur Klärung der Frage, wie Leben auf unseren blauen Planten kam, hat die Astronomie jedoch bis auf einige interessante Gedankenexperimente noch nichts Greifbares beitragen können.

Die RNS-Welt und die Hyperzyklen

In den letzten Jahren haben zwei Begriffe im Zusammenhang mit Theorien zur Lebensentstehung einigen Bekanntheitsgrad erlangt. Es handelt sich zum einen um die sogenannte *RNS-Welt* und zum anderen um die *Hyperzyklen.*

Wir wissen bereits, dass die Erbinformation in der Nukleotidsequenz der DNS kodiert vorliegt. Wir wissen ebenfalls, dass die RNS Abschriften davon herstellt, welche dann in der Zelle zu Aminosäure-Sequenzen, den Proteinen, umgesetzt werden. Zur Abschrift der DNS und zur Übersetzung der RNS-Information in die Proteine werden jedoch bereits Proteine in Form von Enzymen benötigt, selbst im einfachsten Bakterium ist eine ganze Horde mit vielen verschiedenen Mitgliedern dafür von Nöten.

Deshalb war lange nicht klar, wie überhaupt Nukleinsäuren ohne die Hilfe von Proteine entstehen könnten – sind es doch letztere, die für sämtliche Syntheseprozesse verantwortlich sind und sie ausführen. So war es eine kleine Sensation, als man bestimmte RNS-Moleküle fand, die ebenfalls in der Lage waren, Nukleotide zu verbinden oder auch zu spalten – wenn auch in viel geringerem Maße als Proteine. Man nannte sie in Anlehnung an die Enzyme *Ribozyme.* Die Theorie, dass das Leben seinen Anfang über Nukleotid-Ketten und nicht über Aminosäure-Ketten nahm, erfuhr durch diese Entdeckung einen enormen Aufschwung, denn nun schien es möglich, dass Nukleotid-Sequenzen sich selbst organisierten und erst später irgendwie dazu übergingen, Proteine zu bilden und in ihre Syntheseprozesse mit einzubeziehen.

Auch die doppelsträngige DNS soll nach dieser Theorie erst zu einem späteren Zeitpunkt aus den noch einsträngigen RNS-Molekülen hervorgegangen sein. Diese frühe Stufe der hypothetischen Lebensent-wicklung auf Nukleotid-Basis bezeichnet man als die RNS-Welt. Als besonderen Erfolg feierte man die Erschaffung solcher Ribozyme mittels eines aus einem Virus gewonnenen Enzyms namens Replikase. Dieses Enzym reihte in wahlloser Reihenfolge einzelne chemisch aktivierte RNS-Nukleotide zu Strängen aneinander. Von diesen legten manche sodann ribozymatische Aktivitäten an den Tag, indem sie die Verbindung oder Trennung von Nukleotiden fördern konnten. Damit gilt angeblich zweierlei als gesichert: Erstens entstehen Ribozyme zufällig, und zweitens können sie die weitere Synthese von längeren Nukletid-Ketten bewirken.

Doch es konnte nicht nur demonstriert werden, dass sich mittels der Replikase Ribozyme aus einzelnen Nukleotiden bilden können. Weitere

Experimente, in denen Replikase und bereits fertige RNS-Sequenzen zum Einsatz kamen, zeigten, dass diese RNS-Polymere sogar in der Lage sind, sich einer regelrechten Evolution zu unterziehen. Der Replikase unterlaufen nämlich ab und an Kopierfehler, so dass der kopierte RNS-Strang manchmal von seiner Vorlage abweicht und daher andere Eigenschaften als diese aufweisen kann. Außerdem fallen die RNS-Stränge der Hydrolyse zum Opfer, so dass sie sich in kleinere Teile aufspalten. Die solcherart auftretenden Variationen des Ursprungsthemas können dann verschieden aussichtsreiche Entwicklungspfade beschreiten. Betrachten wir zwei verschiedene Variationen derartiger Versuche.

Die erste wird derart durchgeführt, dass fertige RNS-Stränge zusammen mit einzelnen künstlich aktivierten Nukleotid-Monomeren und der Replikase in entsprechend präparierte Reagenzgläser gegeben werden. Hier werden dann von der Replikase die Monomere zu Kopien der vorhandenen RNS-Vorlagen verknüpft. Nach etwa 20 Minuten wird eine Probe aus diesem Reagenzglas entnommen und in ein zweites überführt. Früher oder später liegen aus den genannten Gründen verschiedene Varianten von dem primären RNS-Strang vor, die sich zumeist auch unterschiedlich schnell kopieren lassen. Die schnellsten unter ihnen nehmen langsam Überhand, denn mit jeder Überführung ins nächste Reagenzglas vermehren sich diejenigen noch stärker, die sich am zügigsten herstellen lassen und demzufolge in der entnommenen Probe bereits in der Überzahl sind. Am Ende dieser Versuche, nach etwa 70 Umsetzungen, beherrscht nur ein bestimmter RNS-Strang das Gemisch. Bei einem solchen Evolutionsversuch wurde ein etwa 4 500 Nukleotid-Einheiten langer RNS-Strang eingesetzt. Die am Schluss dominierende Sequenz war nur noch 550 Nukleotide lang, was einleuchtend ist: Am schnellsten werden die kürzeren, gespaltenen Ketten repliziert![31]

Dass kleinere Ketten die schnelleren, die relativ gesehen stabileren und damit die erfolgreicheren Replikationskandidaten sind, ist vom chemischen und energetischen Standpunkt aus nachvollziehbar und entspricht den Erwartungen des zweiten Hauptsatzes der Thermodynamik. Das hohe Maß an existierender Ordnung, hier ausgedrückt durch künstlich erzeugte lange Polymerketten, nimmt mit zunehmender

Versuchsdauer ab, indem sich die Kettenlänge der eingesetzten Ausgangsmoleküle verkürzt.

Allerdings bringt dieses Ergebnis für die postulierte Evolution von zunehmend längeren, komplexeren Polymerketten in der Ursuppe gewisse Erklärungsnöte mit sich, denn es soll ja gerade gezeigt werden, wie die Sequenzen *immer länger* werden – und nicht, wie sie *kürzer* werden und vorhandene Ordnung vernichtet wird! Es wäre in diesem Zusammenhang sehr aufschlussreich, bei solchen Versuchen die Kettenlängen der Moleküle auch einmal nach mehreren hundert bis tausend Umsetzungen zu bestimmen. Es ist sehr stark zu vermuten, dass von der sich replizierenden Ausgangssequenz überhaupt nichts übrig bleiben würde und dass sich ein chemisches Gleichgewicht mit maximaler Entropie einstellen würde. *Zumindest ist bis zum heutigen Tag kein einziges Experiment bekannt, worin sich zunehmend längere Polymerketten gegenüber kürzeren erfolgreich durchgesetzt hätten.* Das sind wahrlich keine vielversprechenden Ausgangsbedingungen für die Evolution von brauchbaren Replikatoren oder Zellen. Dennoch wird die beschleunigte Replikation der zunehmend kürzeren Sequenzen erstaunlicherweise so interpretiert, dass sie eine fortschrittliche Evolution bedeuten!

In klassischen Versuchen zur zweiten Versuchsvariante wurden von Anfang an kürzere RNS-Moleküle von etwa 200 Kettengliedern eingesetzt. Dem Gemisch wurde dann eine das Kopierverhalten verlangsamende Substanz beigemischt. Das erstaunliche Ergebnis dieser Versuche: Durch zufällige Kopierfehler wurde nach 20 Umsetzungen bei manchen Varianten die für den Hemmstoff anfälligen Positionen in der RNS-Sequenz derart umgewandelt, dass dieser nicht mehr angreifen konnte und sich die Ketten wieder in gewohnter Geschwindigkeit replizieren ließen.[32]

Ähnliche Experimente zeigten, dass sich auch die Replikationseigenschaften von Ribozymen über Selektionsprozesse im Reagenzglas optimieren ließen. Diese evolvierenden Ribozyme haben Manfred Eigen und seine Kollegen in eine mathematische Simulation der Evolution verschiedener voneinander abhängiger RNS-Moleküle einbezogen: Ribozym 1 hilft bei der Synthese von Ribozym 2, Ribozym 2 bei der von Ribozym 3 und so weiter, bis schließlich irgendein Ribozym wieder die

Synthese von Ribozym 1 fördert. Natürlich treten in diesem Zyklus immer wieder Kopierfehler auf. Die negativen Veränderungen führen zu Verfallserscheinungen des Reaktionskreises, die positiven zu einer weiteren Verbesserung seiner Effizienz. Ein solches sich selbst organisierendes System, an dessen Reaktionen theoretisch auch primitive Proteine als Vorformen von Replikasen beteiligt sein können, wurde von Eigen als Hyperzyklus bezeichnet.[33]

Wir haben es hier also mit einem System zu tun, bei dem eine positive Rückkopplung der Reaktionen der Bestandteile stattfinden kann – wie wir sahen, eine notwendige Voraussetzung für das Auftreten von dissipativen, sich selbst organisierenden Strukturen. Daher stellt eine solche Reaktionskette im Rahmen der Untersuchung der Ursprünge des Lebens einen hoffnungsvollen Kandidaten für spontan auftretende Selbstorganisationsprozesse dar. In Computern konnten je nach Definition der Rahmenbedingungen tatsächlich relativ stabile Hyperzyklen simuliert werden. Wie aber sieht es in der Praxis aus?

Hyperzyklen sind selbst im Computer dann am stabilsten, wenn die Ribozyme möglichst wenigen Veränderungen unterliegen. Denn unterlaufen den Replikanten zu viele Kopierfehler, verlieren die Moleküle allmählich die Fähigkeit, sich selbst replizieren zu können. Erfolgreiche Kandidaten und damit der gesamte Hyperzyklus werden alsbald wieder untauglich.

Weiterhin widerspricht sich das Konzept des Hyperzyklus von selbst. Denn wie unter anderem Eigen selbst zeigte, endet eine Mischung von replizierfähigen Molekülen tatsächlich immer mit der völligen Dominanz des einzigen Siegertyps, der sich schnell genug replizieren kann, um davon einen Vorteil gegenüber den anderen mit ihm „um Ressourcen konkurrierenden" Molekülen zu besitzen. Und damit fegen die präbiotischen Laborversuche eine hypothetische Kooperation erfolgreicher Ribozyme mit anderen etwa gleichwertigen Partnern in einem konstruktiven Hyperzyklus bereits im Vorfeld vom Tisch. Dementsprechend ist im Laboratorium die Demonstration von Hyperzyklen aus leibhaftigen Molekülen bis dato auch nicht ansatzweise gelungen.

Es wurden also im Rahmen von Experimenten der chemischen Evolution in der RNS-Welt durchaus einige beeindruckende Ergebnisse erzielt und auch ein interessantes Computermodell entwickelt. Jedoch hat all dies letztlich wenig zur erhofften Klärung der Fragestellung nach der Entstehung von Leben beigetragen.

Ein großes, allen Experimenten der RNS-Welt gemeinsames Manko ist obendrein ihre Existenz im quasi luftleeren Raum: Bei allen Versuchsansätzen wird stets davon ausgegangen, dass Nukleotide oder gar fertige RNS-Stränge in Reinform und in rauhen Mengen für die Reaktionen zur Verfügung standen. Wir haben jedoch bereits in aller Deutlichkeit gesehen, dass dies in der Ursuppe wohl kaum der Fall gewesen sein kann. Die erste und wichtigste Voraussetzung für alle Versuche bezüglich der RNS-Welt ist damit nicht gegeben, worauf die Befürworter der Aminosäuren-Ursprungstheorie wiederholt und gerne verweisen.

Ebenso ungewiss ist, wie denn in der realen Welt die Weiterentwicklung der sich in der RNS-Welt tummelnden Moleküle hin zu lebenden Zellen abgelaufen sein soll. Nicht ohne Ironie ist dabei die Tatsache, dass fix und fertige Enzyme in Form der Replikase für alle Experimente in der RNS-Welt absolut unentbehrlich sind, denn ohne sie entstehen noch nicht einmal die einfachsten Ribozyme aus den bereitgestellten Nukleotiden. Die hypothetische RNS-Welt kommt also ohne die Aminosäuren, den Bausteinen der Proteine und Enzyme, nicht aus. Zudem funktionieren die Ribozyme nur unter sehr unphysiologischen Bedingungen – nämlich dann, wenn man im Experiment sehr hohe Konzentrationen an positiv geladenen Kationen dazu gibt. Ribozyme gibt es zwar tatsächlich auch in lebenden Zellen – aber hier funktionieren sie wiederum nur in Verbindung mit Proteinen!

Weiterhin ist es ohne Zuhilfenahme von Enzymen schwer erklärbar, wie sich die auf einer RNS-Vorlage neu formierten Stränge wieder von ihrer Muttermatritze lösen sollen, um weitere Kopien zu ermöglichen. Unter natürlichen Bedingungen bleiben beide Ketten nämlich schlichtweg aneinander haften, und außer hydrolytischen Spaltungen geschieht nichts weiter. Das alte Dilemma, ob nun die Proteine oder die Nukleinsäuren zuerst entstanden, bleibt daher weiter ungeklärt.

Der verbleibende Ausweg, dass nämlich beide zusammen entstanden, scheint vernünftig zu sein. Tatsächlich fehlt aber noch jegliche Grundlage für eine plausible Rekonstruktion von derartigen Hyperzyklen, man kann noch nicht einmal theoretisch den Aufbau der beteiligten Moleküle oder den Ablauf der notwendigen Zwischenschritte formulieren. Selbst Eigen musste nach hartnäckigen Einwänden seines wohl unermüdlichsten Kritikers, dem Polymerchemiker Bruno Vollmert, schließlich einräumen, dass es ihm nicht um eine Nachstellung der realen Evolutionsabläufe in der Ursuppe geht, sondern lediglich um das Prinzip der Selbstorganisation.[34] Und Christoph Biebricher, ein Mitarbeiter Eigens, resümiert:

> „Niemand hat bisher einen Schritt für Schritt nachvollziehbaren möglichen Weg der molekularen Evolution gezeigt. Im Gegenteil: Wo wir genauer überlegen, da landen wir dauernd in Sackgassen."[35]

Die Entstehung erster Zellmembranen

Zur Entstehung ersten Lebens sind nicht nur sich replizierende Makromoleküle oder ganze Hyperzyklen von Nöten. Jede noch so primitive Zelle besitzt als untrügliches Kennzeichen von Leben einen abgeschlossenen Raum, indem ihr inneres Milieu mittels einer komplex gebauten Membran von der Außenwelt gesondert wird.

Über diese Membran, bestehend aus einer Doppelschicht von charakteristischen Molekülen aus der Stoffgruppe der Lipide, tauscht die Zelle mittels spezifischer in die Membran eingebetteter Proteine kontrolliert Stoffe mit ihrer Umwelt aus. Diese biologischen Membranen entstehen niemals von selbst, sondern werden ausschließlich über komplexe Stoffwechselwege von der Zelle selbst erzeugt. Einzig durch Zellteilung, wenn also ein Teil der Mutterzelle sich abschnürt, wird eine neue Zelle mit einer eigenen Membran gebildet, die damit nichts anderes ist als ein Teil der alten Muttermembran. Diese Zellen können sodann wieder wachsen, dabei über Stoffwechselprozesse neue Lipide und Proteine für ihre Membran synthetisieren und sich schließlich nach Erreichen der entsprechenden Größe erneut teilen.

Da für die Herstellung von sowohl den Lipiden als auch von den Membranproteinen aber Energieumsatz und weitere Proteine als Katalysatoren notwendig sind, muss eine der ersten Aufgaben, die Ur-Gene zu erfüllen hatten, in der Entwicklung von Stoffwechselwegen und der Synthese von Membranproteinen gelegen haben. Ohne spezifische

Durchlässe sind die doppelten Lipidhüllen nämlich gleichermaßen Schutz wie Gefängnis zugleich, denn kaum etwas kann herein oder heraus. Dies gilt auch für Aminosäuren, Nukleotide, Zucker und besonders für innerhalb oder außerhalb der Zelle gebildete Polymere.

Die präbiotische Wissenschaft geht deshalb davon aus, dass die Entstehung dieser Membranen entwicklungsgeschichtlich sehr eng mit der Entstehung der ersten Makromoleküle verknüpft ist. Denn ohne von der DNS oder einem Vorläufermolekül kodierte Proteine könnte sich eine funktionstüchtige Membran nicht bilden, und umgekehrt könnten ohne ein überschaubares, geschütztes, von der Außenwelt abgeschlossenes Kompartiment keine effektiven Stoffwechselwege und Regulationsmechanismen entstehen, welche die Weiterentwicklung der DNS samt ihrer möglichst fehlerfrei weiterzugebenden Kodierungs- und Speicheraufgaben gewährleistet hätten. Die Frage ist nun, ob sich erfolgversprechende Membranstrukturen in der Ursuppe auch von selbst gebildet haben könnten.

Es gibt mittlerweile eine ganze Reihe von Untersuchungen zur Auswirkung von lipidhaltigen Strukturen oder Bläschen auf die Polymerisierung von Monomeren, und manche scheinen diesen Prozess tatsächlich in gewissem Rahmen zu fördern. Dies sahen wir z. B. in dem bereits beschriebenen Experiment über die Polymerisation von Glycin, wobei die Forscher Lipidbläschen als die Oligomerisation unterstützende Substanzen eingesetzt haben. Diese Bläschen sollten hierbei „Proto-zellen" repräsentieren, denn sie lassen sich auf relativ simplem Wege herstellen, z. B. über einfaches Schütteln einer mit Lipiden versetzten Lösung.[36] Für die damit experimentierenden Forscher ist dies Grund genug, um sie als potentielle Zellenvorläufer heranzuziehen. Bei realistischer Betrachtung treten aber erneut bereits gut bekannte Probleme auf:

1. Biologisch relevante Membran-Lipide sind komplexe Gebilde mit langen Kohlenstoffarmen und konnten in Ursuppenexperimenten bislang noch nicht erzeugt werden.
2. Wenn dies der Fall gewesen wäre, lägen sie inmitten eines wilden Gemischs von anderen Reaktionsprodukten lediglich in winzigen Mengen vor. Es ist nicht anzunehmen, dass sie sich sodann

selbständig zu brauchbaren Lipidschichten formieren würden. Selbiges gilt selbstverständlich um so mehr unter den realistischen Bedingungen der Ursuppe.

3. Inmitten von zufällig entstandenen Lipidmolekülen würden sich wahrscheinlich unter den größeren, für uns interessanten Exemplaren keine zwei gleichen. Unterschiedlich gebaute Lipide fügen sich aber nicht so leicht zu stabilen Bläschen zusammen und gäben dementsprechend schlechte Zellenvorläufer ab.

4. Die heutigen Lipide, aus denen die Membranen ausnahmslos aller Zellen aufgebaut werden, besitzen wie die Nukleotide als zentrales Verbindungsstück eine Phosphat-Gruppe. Phosphat war jedoch in der Ursuppe bestenfalls in Spuren vorhanden. Es müsste also später auf bislang nicht bekannte Weise in die Vorläufer der Lipidmoleküle eingefügt worden sein.

Wie sich also in der Ursuppe Lipidbläschen oder Lipidteppiche aus in etwa gleichartigen Molekülen spontan gebildet haben sollen, bleibt einmal mehr rätselhaft.

Weiterhin ist es auch unter künstlich optimierten Laborbedingungen nicht gelungen, einen überzeugenden Ansatz zur Lösung des Problems der Entwicklung von ersten membrangebundenen Stoffwechselwegen zu präsentieren. Es gibt zwar diesbezüglich allgemeine theoretische Modelle, allerdings konnte bis jetzt keines experimentell bestätigt werden.[37] Die Antwort auf die Frage, wie primitive Lipidbläschen wachsen und sich teilen lernten, ist nicht minder ungewiss.

Dennoch müssen irgendwann erste replizierfähige Zellen mit Membranen entstanden sein und sich weiter in Richtung zunehmender Komplexität entwickelt haben. Eine solche Zunahme an Komplexität stellt die Umstellung des vergleichsweise primitiven Stoffwechsels der hypothetischen ersten Zellen auf hochkomplizierte, intern geregelte Stoffwechselwege bei ihren Urenkeln dar.

Die Umstellung der Stoffwechselwege

Wir haben bereits in einiger Ausführlichkeit die Grundbausteine des Lebens kennen gelernt: Aminosäuren, Basen, Zucker, ganze Nukleotide oder Lipide. Alle diese Urmoleküle müssen nach Art der millerschen Experimente auf physikalisch-chemischem Wege in der Uratmosphäre oder Ursuppe entstanden sein. Die Biochemiker nehmen deswegen an, dass die ersten replizierfähigen Zellen sich weiterhin dieser Moleküle aus der Ursuppe bedienten. Sie schildern erste erfolgreiche Lebensversuche etwa wie folgt:

Es entstanden ein oder mehrere Polymere innerhalb einer schützenden Lipidmembran. Auf noch nicht näher bekannte Weise wurden jeweils die passenden Aminosäuren oder Nukleotide aus der Ursuppe herausgesucht und über bestimmte Transportwege durch die Membran in das Innere der Lipidhülle geschleust. Sodann lagerten sich die erfolgreich einverleibten Moleküle an vorhandene RNS-Stränge oder Aminosäure-Polymere an, die Folge war Wachstum und Replikation dieser ursprünglichen Molekülketten innerhalb des geschützten Membrankompartiments. Auch die Membran selbst lagerte gleichzeitig weitere gleichartige Lipide sowie Transportwege ermöglichende Moleküle in ihre bestehende Struktur ein, so dass auch sie unter Beibehaltung ihrer Funktionalität zunehmend umfangreicher wurde. Ab einer gewissen Größe teilte sich dann diese Lipidblase samt ihres Inhalts, anfangs vielleicht aufgrund physikalischer Einwirkungen, irgendwann aber sicher aufgrund intern geregelter Steuerungsprozesse.

Einen außerordentlich kritischen und kaum jemals gewürdigten Schritt stellt der letzte Schritt dieses Szenarios dar. Bereits im vorherigen Abschnitt wurde angesprochen, dass bislang ungeklärt ist, wie aus den vorhandenen Grundbausteinen der Ursuppe funktionierende erste Stoffwechselsysteme etabliert worden sind. Sehr eng damit verknüpft ist nun die Erklärung der Ersetzung dieses als ursprünglich angenommenen Stoffwechselweges mit dem völlig anders gearteten Stoffwechselprinzip, das sich in allen heutigen Lebewesen findet.

Zunächst müssen tatsächlich die in der Ursuppe schwimmenden Moleküle irgendwie von den ersten zellenartigen Wesen zu ihrer Weiterentwicklung und Vermehrung benutzt worden sein. Andere

Möglichkeiten sind nicht denkbar. Wir wissen jedoch andererseits, dass selbst die einfachsten heute bekannten Organismen ihre Grundbausteine – seien es Aminosäuren, Basen, Zucker, ganze Nukleotide oder Membranlipide – keinesfalls einfach nur aus ihrer wässrigen Umgebung aufnehmen und direkt in ihr Stoffwechselsystem einbauen. Im Gegenteil: Diese wertvollen Moleküle werden auf sehr komplizierte Weise mittels einer Vielzahl von Enzymen selbständig hergestellt. Die entsprechenden Enzyme müssen ihrerseits aufwendig produziert werden und stehen in vielfacher Wechselwirkung mit anderen lebenswichtigen Stoffwechselprozessen. Wie also kam es zu dieser erstaunlichen Umstellung? Wie und warum sind die ersten Organismen dazu übergegangen, die vorhandenen Urmoleküle, aus denen sie sich ja angeblich von selbst zusammensetzten und aufbauten, nun auf völlig neuartige Weise in ihrem Inneren eigenständig anzufertigen?

Bedenken wir: Sie müssen äußerst komplexe, mit verschiedenen neuen Genen und Enzymen operierenden Synthesewege für alle hier erwähnten lebensnotwendigen Grundbausteine entwickelt haben – für jeden einzelnen einen eigenen Weg! Dabei dürfen sie jedoch keinesfalls die Funktionalität ihrer altbewährten Strategien aufgeben, mittels derer ja noch die neuen, erfolgreich produzierenden Enzyme oder Gene hergestellt werden müssen! Das erste und das zweite Stoffwechselsystem müssen demnach für geraume Zeit parallel zueinander existiert haben. Außerdem müssten stets Synthesewege eingeschlagen werden, die nicht mit den vielen anderen gerade entstehenden Stoffwechselprozessen kollidieren, sondern sich von Beginn an optimal in die vernetzten Wirkungszusammenhänge einpassen.

Doch alles, was wir zu diesem Thema sicher wissen, ist, dass keines der wichtigen Urmoleküle in Organismen in einer Art und Weise synthetisiert wird, die den physikochemischen Entstehungswegen unter millerschen Ursuppen-Bedingungen auch nur rudimentär ähnelt. Die dortigen Entstehungswege wurden demnach nicht übernommen oder modifiziert. Ihre biologische Synthese entspricht ebenso wenig den künstlichen Herstellungsverfahren, mit welchen sie in den modernen Laboratorien der Chemiker für ihre Versuche produziert werden.

Betrachten wir die ganze Problematik noch etwas detaillierter, um ihre kniffligsten Aspekte genauer herauszuarbeiten. Die ersten Polymere müssen sich zwangsläufig aus den frei in der Ursuppe treibenden Molekülen aufgebaut haben. Dies gilt auch für die ersten Gene und Proteine, die später die neuartigen internen Synthesewege aufgebaut haben. Und zumindest manche dieser Wege müssen *von ihrem ersten Auftreten an stabile, sich exakt replizierende Prozessketten gebildet haben, die so funktionierten, dass sie genau die ansonsten von außen aufgenommenen Moleküle jetzt im Inneren der Membran synthetisieren konnten.* In allen anderen Fällen wäre die ganze Entwicklung von vorne herein zum Scheitern verurteilt und könnte sich niemals als vorteilhafte Eigenschaft im Überlebenskampf der replikationsfähigen Moleküle behaupten. Und wir müssen annehmen, dass gleich mehrere Gene und Proteine zugleich entstanden sind, denn mit der Konstruktion eines einzigen nützlichen Enzyms ist es nicht getan. Für die interne Herstellung eines jeden einzelnen Grundbausteins sind vielmehr deren viele von Nöten! Diese verschiedenen Moleküle müssen in ihren Arbeitsweisen genau ineinander gegriffen haben, so dass am Ende der Prozedur tatsächlich das richtige Resultat geliefert werden konnte.

Bei der zellulären Biosynthese des Nukleotids Adenosin-Monophosphat wirken beispielsweise zwölf (!) unterschiedliche Enzyme zusammen. Bei dem Versuch, neuartige Wege für die Synthese lebensnotwendiger Grundbausteine zu entwickeln, hätte selbst der kleinste Fehler für jede Zelle schwerwiegende, wahrscheinlich sogar tödliche Konsequenzen. Haben sich also tatsächlich die zwölf Enzyme mitsamt den sie kodierenden Genen gleichzeitig herausgebildet? Oder erfolgte dies vielleicht doch in mehreren Zwischenschritten? Welche Zwischenschritte wären dann theoretisch überhaupt denkbar? Wir haben es schließlich mit einer Entwicklung zu tun, bei der jedes Enzym oder Gen (1) unverzichtbare Voraussetzung für alle nachstehenden Reaktionen ist, und (2) sogar unverzichtbarer Bestandteil *seiner eigenen Synthese* ist: Denn jedes Gen, das z. B. an der Umstellung des Syntheseweges von Adenosin-Monophosphat beteiligt ist, besteht ja zum großen Teil selbst aus Adenosin-Monophosphat! Die Wissenschaft hüllt sich angesichts dieser Fragen noch in tiefes Schweigen. Es existiert noch nicht einmal der geringste Versuch, die Entstehungsgeschichte einer solchen Reaktionskette unter Berücksichtigung von möglicherweise daran beteiligten Biomolekülen Schritt für Schritt zu erklären.[38]

Nun wird die Sachlage zudem noch erheblich vertrackter, wenn man bedenkt, dass Synthesewege für verschiedene Lebensbausteine in etwa dem selben Zeitraum entstanden sein müssen. Denn was nützt eine Enzymkette, die beständig eine bestimmte Aminosäure oder ein bestimmtes Nukleotid wie unser Adenosin-Monophosphat synthetisiert, die Zelle aber jeweils darauf warten muss, bis die übrigen für den Aufbau von RNS oder Proteinen nötigen Ursuppen-Substanzen zufällig an der Zelle vorübertreiben? Müsste nicht z. B. der Syntheseweg für Adenosin-Monophosphat zumindest mit den Stoffwechselwegen abgestimmt werden, welche die anderen drei Nukleotide für den RNS-oder DNS-Aufbau liefern?

Ein evolutiver Vorteil lässt sich in einem neuen System, das beharrlich nur eine einzige Molekülsorte produziert, jedenfalls nur schwerlich erkennen – eher ein handfester Nachteil: Denn auf dem Niveau, da noch keine geregelten Stoffwechselwege existieren, weil diese ja gerade erst im Entstehen begriffen sind, stellen hohe Konzentrationen von wenigen dominanten Molekülarten gefährliche Gifte dar, selbst wenn es sich hierbei um die grundsätzlich erwünschten Aminosäuren oder Nukleotide handelt.

Selbiges Szenario entsteht natürlich ebenso, wenn Synthesewege verschiedener Grundbausteine zwar tatsächlich gleichzeitig in Erscheinung getreten sind, aber unterschiedlich effizient arbeiten. Größere chemische Ungleichgewichte wären auch hier die Folge, und das jeweils häufigste Molekül würde andere biochemischen Reaktionen empfindlich stören. Jegliche Entstehung abwechslungsreicher längerer Molekülketten wäre a priori unterbunden. Das definitive Aus für jede Urzelle, die auf gesundes Wachstum hofft oder sich sogar später noch teilen möchte. Daher ist es notwendig, simultan entstehende Regulationsmechanismen zu postulieren, die, wenn bestimmte Moleküle in mehr als geforderter Menge vorliegen, deren Synthese wieder angemessen herunterregulieren oder stoppen.

Zudem ist es vernünftig, mit den bereits genannten Veränderungen einhergehende Modifikationen bei der Herstellung der Lipidmembranen mit ihren Transportwegen anzunehmen. Denn auch die für den Aufbau der Zellmembran notwendigen Lipide werden schließlich über spezifische Stoffwechselwege von den Zellen selbst synthetisiert und nicht etwa aus der Umgebung aufgenommen. Zu guter letzt stellen neuartige Mechanismen, die bestimmte Substanzen nun im Zellinneren produzieren anstatt sie von außerhalb aufzunehmen, auch angesichts des völlig veränderten internen chemischen Zellmilieus neue Anforderungen an die Regulierung des Stoffaustauschs zwischen drinnen, draußen und den damit verknüpften Transportschleusen.

Den vorangegangenen Betrachtungen können wir entnehmen, dass die Entstehung wahrhaft autonomer Zellen mit eigenem Stoffwechsel aus den hypothetischen Ursuppen-Zellen, die noch passiv auf bestimmte in ihrer Umgebung umherdriftende Ursuppenmoleküle als Nahrung angewiesen waren, einen epochalen, jedoch bislang nicht verstandenen Entwicklungsschritt in der biologischen Evolution darstellt.

Ist die Zeit der Held der Handlung?

Nachdem wir nun über viele verschiedene Wege immer wieder zu dem selben Ergebnis kamen, dass nämlich die Entstehung des Lebens über zufällige chemische Evolution hochgradig unwahrscheinlich ist, müssen wir dennoch bedenken, dass für diesen wunderlichen Vorgang sehr, sehr viel Zeit und sehr viel Platz im Urmeer der frühen Erde zur Verfügung stand. Selbst äußerst seltene Zufälle könnten in diesem Rahmen also irgendwann einmal vorkommen und sich auf sinnvolle Weise aufaddieren. Einer der ersten Biochemiker, die sich für derartige Gedanken stark gemacht hat, war der Nobelpreisträger George Wald. Er drückte ihn folgendermaßen aus:

> „Die Zeit ist in der Tat der Held der Handlung. Die Spanne, mit der wir rechnen müssen, bewegt sich in der Größenordnung von zwei Milliarden Jahren. Was wir aufgrund unserer menschlichen Erfahrung als unmöglich betrachten, ist hier gegenstandslos. Bei so viel Zeit wird das „Unmögliche" möglich, das Mögliche wahrscheinlich und das Wahrscheinliche praktisch gewiss. Man braucht

nichts weiter zu tun, als zu warten, die Zeit selbst vollbringt die Wunder."[39]

Auch wenn solche Zeitspannen für uns tatsächlich gedanklich nicht zu fassen sind, können wir uns etwaigen Wahrscheinlichkeiten aber auf rechnerischem Wege nähern, um derartige Aussagen zu prüfen. Dies scheint nötig, denn heutzutage ist die zitierte Ansicht sehr verbreitet und wird oft unbesehen übernommen in der erwähnten Annahme, die Zeit vollbringe alle Wunder. Ein besonders bekannter und offensiver Verfechter dieses Glaubens ist Richard Dawkins, der uns im Verlauf dieses Buches noch öfters begegnen wird.

Betrachten wir nun beispielhaft eine einfache statistische Analyse, um die Bildungswahrscheinlichkeit eines einzigen Mini-Proteins aus 50 Aminosäuren zu berechnen, das in der Ursuppe eine wichtige, zukunftsweisende Funktion gehabt haben könnte.[40] Obwohl der tatsächliche Realitätsgehalt solcher Berechnungen sicherlich fragwürdig ist, so machen diese zumindest deutlich, dass pauschale Aussagen darüber, dass mit genügend Zeit alles möglich ist, nicht kritiklos geglaubt werden sollten.

Zunächst muss errechnet werden, wie viele Versuche auf der Erde bis zu dem Zeitpunkt, da Leben entstand, maximal möglich gewesen wären, um eine Sequenz von 50 Aminosäuren zu erstellen. Dazu gehen wir vorsichtshalber von sehr großzügig bemessenen zeitlichen und räumlichen Rahmenbedingungen aus. Mittlerweile nimmt man an, dass Leben bereits innerhalb der ersten 500 Millionen Jahre auf der erkaltenden Erde entstand, nicht etwa nach zwei Milliarden Jahren, wie Wald noch schrieb. Gehen hier dennoch von einer Milliarde Jahre Spielraum aus. Nehmen wir weiterhin an, dass ein solches Protein innerhalb von 15 Sekunden gebildet werden kann, so kommen wir nach einer Milliarde Jahre auf insgesamt 2 mal 10^{15} Intervalle von 15 Sekunden. Dies ist eine immense Anzahl, und 10^{15} steht hierbei für eine 1 mit 15 Nullen, also 1 000 000 000 000 000.

Als Reaktionsraum für unsere Berechnung wollen wir grob verein-fachend einen sich über die gesamte Erdoberfläche erstreckenden Ozean mit einer Tiefe von 10 km annehmen, der demnach in etwa 5 mal 10^{39} Kompartimente der Seitenlänge von einem Nanometer (einem

Tausendstel eines tausendstel Millimeters) eingeteilt werden kann. Findet in jedem von diesen Räumen eine Milliarde Jahre lang alle 15 Sekunden eine Reaktion statt, stehen uns insgesamt 10^{55} Versuche zur Verfügung. Diese Menge übersteigt nun wirklich jegliches geistige Erfassen. Zum Vergleich: Die Gesamtmasse des Universums schätzen manche auf 10^{53} Kilogramm, die Anzahl aller im Universum befindlichen Atome auf 10^{80}, und in voraussichtlich „nur" 10^{14} Jahren werden alle Sterne im All ihre Energie aufgezehrt haben, keiner von ihnen wird mehr funkeln.

Nun gibt es Mittel und Wege, aus den Formelsammlungen der Polymerchemie die Wahrscheinlichkeit zu berechnen, dass sich beispielsweise ein Polymer der Kettenlänge 50 bildet. Hierbei gehen wir von millerschen Ursuppenreaktionsprodukten aus, und vereinfachen den Rechenansatz enorm zu Gunsten der Polymerbildung: Wir berücksichtigen in unserer Berechnung weder die gravierenden Probleme der störenden bifunktionellen Moleküle, des allgegenwärtigen Teers, der in millerschen Versuchsansätzen fehlenden Aminosäure-Arten, der Hydrolyse und der Chiralität. Was wir in dieser stark idealisierten, sehr optimistischen Kalkulation einzig und allein berücksichtigen, ist das Verhältnis von bifunktionellen Monomeren in Form der Aminosäuren Glycin und Alanin zu monofunktionellen Molekülen wie Monocarbon-säuren oder Monoamiden, wie wir es als Ergebnis in Tabelle 1 auf Seite 29 gefunden haben. Wir kamen hier auf ein Verhältnis von 9,1 : 1,6 zugunsten der monofunktionellen Verbindungen, was etwa dem Verhältnis 6 : 1 entspricht.

Mittels der sogenannten Schulz-Flory-Verteilung lässt sich dann berechnen, dass die Wahrscheinlichkeit, unter diesen Bedingungen einen Polymer der Kettenlänge 50 zu erhalten, etwa 1 : 10^{59} beträgt.[41] Dies bedeutet, dass unter 10^{59} Oligomeren im Mittel eines ist, das die Kettenlänge 50 besitzt. Vergleichen wir dies mit der von uns errechneten Anzahl von 10^{55} zur Verfügung stehenden Versuchen, ist diese immer noch um den Faktor 10 000 niedriger (die Differenz zwischen 10^{55} und 10^{59} beträgt 4 Nullstellen, also 10 000), selbst wenn in *allen* Reak-tionskompartimenten eines 10 km tiefen, die gesamte Erdoberfläche umspannenden Ozeans *alle 15 Sekunden eine Milliarde Jahre lang* neue Aminosäure-Oligomere gebildet worden wären. Ob dieses einzigartige Mini-Protein oder eines seiner etwas häufigeren kürzeren Verwandten überhaupt in irgendeiner Weise nutzbringende Eigenschaften für erste Replikationsschritte an den Tag gelegt hätten, steht wiederum auf einem völlig anderen Blatt – ebenso, wie es mit der Hydrolyse, Chiralität usw. zurechtgekommen wäre.

Und wie steht es mit den Nukleotiden? Wie wir sahen, konnten bei Miller-Experimenten bislang überhaupt keine Nukleotide nachgewiesen werden. Vielmehr stieß man bereits bei der Synthese ihrer Bestandteile auf praktisch unüberwindliche Hürden. Schätzen wir dennoch für Berechnungszwecke das Verhältnis von Nukleotiden in der Ursuppe zu monofunktionellen Molekülen probehalber auf 1 : 1 000. Dann wären Nukleinsäurepolymere der Sequenzlänge 50 mit einer Wahrscheinlichkeit von 1 : 3 mal 10^{265} zu erwarten, was nun wirklich absolut irrwitzig ist.[42] Dabei haben wir es bei 50 Nukleotid-Gliedern nur mit einer relativ kurzen Sequenz zu tun. Denn wie weiter vorne beschrieben, sind für die Kodierung einer Aminosäure drei aufeinanderfolgende Nukleotide der DNS bzw. RNS notwendig, und 50 aneinander gereihte Nukleotide könnten demnach maximal einen Oligomer von nur 16 Aminosäuren kodieren.

Herr Wald hätte also bis ans Ende der Zeiten und länger auf seine Unmöglichkeiten, die „gewiss" werden, warten müssen, um zunächst einmal untersuchen zu können, ob die derart erzeugten Polymere überhaupt für Replikationsprozesse geeignet wären.

Aufgrund dieser grotesken Unwahrscheinlichkeiten, Polymere in der weiten, wässrigen und damit hydrolytischen Ursuppe zu erzeugen, befassen sich sehr viele Experimente der letzten Jahre nun mit Polymerbildungen an Grenzschichten verschiedenster Substanzen, die es im oder am Urozean an bestimmten Örtlichkeiten gegeben haben könnte. Quarz, Zeolith, Pyrit, Graphit, Tonmineralien sowie Lipidstrukturen bis hin zu den erwähnten Bläschen sind verwendet worden. Sie alle sollen die Bindungseigenschaften der eingesetzten reinen Monomere fördern.

Wie wir gesehen haben, tun sie das auch in begrenztem Ausmaß, und manche dieser Stoffe schützen zudem an ihnen haftende Oligomere vor den zerstörerischen Kräften der Hydrolyse. Daher sind diese Ansätze zu recht die derzeit vielversprechendsten. Statistische Berechnungen zur

Wahrscheinlichkeit, zukunftsträchtige Oligomere unter diesen Bedingungen zu erhalten, sind allerdings kaum möglich, da niemand deren Rahmenbedingungen genau kennt.

Die Anzahl der zur Verfügung stehenden möglichen Reaktionskompartimente ist auf speziellen zweidimensionalen Oberflächenschichten allerdings im Vergleich zum gesamten Urozean drastisch reduziert, und einmal an Oberflächen haftende Monomere sind weiteren fortschrittlichen Reaktionsschritten zur Oligomerisation weitgehend entzogen, da sie sich begreiflicherweise nur noch ungern davon wieder ablösen.[43]

Dennoch könnten immobile Nukleotide vielleicht durch ihren relativ festgelegten Standort eine Rolle bei ersten Kodierungsschritten für Oligomere aus Aminosäure innegehabt haben, die sich an ihnen anlagerten. Trotzdem bleibt auch dann die prinzipielle, für alle ersten Replikationsschritte relevante Frage ungelöst, wie und weshalb sich die dort angedockten Aminosäuren wieder ohne fremde Hilfe auf kontrollierte Art von den Nukleotiden lösen sollten, um ihren Platz für die nächste zu bildende Kette zu räumen. In lebenden Zellen übernehmen diese Aufgabe bekanntlich spezifische Enzyme.

Weiterhin ist eine wie auch immer geartete Realitätsnähe der Grenzschicht-Versuche höchst zweifelhaft, denn die ungünstigen Verhältnisse von mono- zu bifunktionellen Molekülen sowie die übrigen bereits geschilderten Probleme müssten natürlich auch hier berücksichtigt werden. Experimente, bei denen z. B. gesättigte, auskristallisierende Basenlösungen sowie reine L-Aminosäuren zum Einsatz kommen, um herauszufinden, welche Aminosäuren an welchen Basen bevorzugt haften,[44] gehen wohl ziemlich an der tatsächlichen Situation vorbei – auch wenn man dies üblicherweise damit begründet, dass im Labor nicht die immensen Zeitspannen zur Verfügung stehen, die den Ursuppenmolekülen auf der frühen Erde gewährt wurde.

Das Problem, wie überhaupt ein genetischer Code auf zufällige Weise entstanden sein könnte, bei dem jeweils ausgerechnet drei aneinander gereihte Nukleotide über komplexe Zwischenschritte eine bestimmte Aminosäure kodieren, wird hierbei ohnehin völlig außer acht gelassen.

Erklärungen dieser Art leiten über zu einem ähnlichen häufig gehörten Argument, bei dem ebenfalls die Zeit Pate steht für eine vermeintliche Rettung der Ursuppentheorie. Wie wir es bereits von Manfred Eigen kennen, wird vielfach nämlich zugegeben, dass man überhaupt nicht danach trachte, die Entstehung des Lebens im Labor nachzuvollziehen, weil niemand die so lange zurückliegenden urzeitlichen Bedingungen kennen und simulieren könne. Diese seien wahrscheinlich sehr verschieden von den heutigen auf der Erde herrschenden gewesen. Aber auch wenn es im Labor nicht gelinge, die entsprechenden Situationen mit Aminosäuren und Nukleotiden nachzuspielen, sei dennoch auf eine heute leider unbekannte Art vermittels unbekannter Moleküle das Leben der toten Materie auf zufällige und zugleich naturgesetzliche Weise entstiegen.[45]

Wir dürfen allerdings in jedem Falle davon ausgehen, dass auch in grauer Vorzeit die physikalisch-chemischen Reaktionen nicht wesentlich von den heute aktuellen abwichen, was sich alleine schon anhand der Zusammensetzung der organischen Bestandteile der Kohligen Chondriten ablesen lässt. Diese ähnelt wie erwähnt durchaus denjenigen von millerschen Versuchen. Alle Spielarten präbiotischer Experimente führen stets zu relativ einheitlichen Ergebnissen, und man kann sicher davon ausgehen, dass die Wissenschaftler sämtliche einigermaßen plausibel scheinenden Versuchsansätze (und viele mehr) in den letzten fünfzig Jahren vielfach durchsimuliert haben, ohne den ersehnten Beweis für die Richtigkeit der Annahme „Chemie + Physik = Leben" zu erbringen.

Zusammenfassung: Die Bilanz der präbiotischen Chemie

Die auf Seite 39 begonnene Liste der Probleme, die für die Formulierung einer glaubwürdigen Theorie der zufälligen Entstehung des Lebens erst noch gelöst werden müssen, lässt sich nun um folgende Punkte ergänzen:

11. In der Ursuppe gab es reichlich Wasser, und die Hydrolyse spaltet alle uns hier interessierenden Oligomere oder auch Nukleotide bald nach ihrer Bildung wieder. Je höher die Wassertemperatur ist, um so schneller verläuft diese Reaktion. Das Problem, wie ungeschützte Oligomere oder Nukleotide längere Zeit in wässriger Lösung überdauern können, ist noch ungelöst.

12. Diesbezügliche Schutz- oder Reparaturmechanismen, über die alle heutigen Lebewesen verfügen, kann es zur Zeit der Entstehung des Lebens noch nicht gegeben haben. Dementsprechend verliefen alle Laborversuche in wässrigen Lösungen enttäuschend und brachten bestenfalls kurze Oligomere zustande, denen stets der baldige Zerfall bevorstand.

13. In trocken fallenden Lagunen könnten vielleicht ein paar nützliche Oligomere entstehen. Dringt allerdings das Meer wieder ein oder regnet es, greift sofort wieder die Hydrolyse zu.

14. Versuche zur Oligomerisation mit optimierten Ausgangssubstraten unter „trockenem Erhitzen" erbrachten überhaupt keine Oligomere, sondern vielfach verzweigte, teerartige Reaktionsprodukte hervor.

15. Das Problem der Homochiralität von Zuckern und Aminosäuren ist noch nicht ansatzweise gelöst. Alles, was wir über chemische Reaktionen und die Trennung der Reaktionsprodukte wissen, spricht gegen eine zufällige Entstehung homochiraler Oligomere. Selbst wenn einmal größere Mengen homochiraler Sequenzen erzeugt werden sollten, würden sie in freier Natur alsbald wieder in Molekül-fraktionen beider Enantiomere zerfallen.

16. Die einzigen Moleküle, die in leicht ungleichen Proportionen von Enantiomeren auf der Erde vorkommen, finden sich in Meteoriten und kommen auf der Erde unter natürlichen Bedingungen nicht vor.

17. Die Theorie der Panspermie beantwortet keine Fragen, sondern verlagert sie nur außer Sichtweite. Keines der bekannten Probleme der präbiotischen Chemie lässt sich mit dieser Theorie lösen, zumal auf jedem noch so fernen Planeten oder im interstellarem Raum die selben Hürden wie zu viele mono- und bifunktionale Moleküle, Hydrolyse oder Chiralität bewältigt werden müssten.

18. Die RNS-Welt und die Hyperzyklen besitzen keinerlei empirisch gerechtfertigte Aussagekraft, da noch nicht einmal einzelne RNS-Nukleoside in Laborversuchen erzeugt werden konnten. Auch die postulierte Kooperation zwischen unterschiedlichen Molekülen in einer Flüssigkeit steht im Widerspruch zur praktischen Erfahrung. Stets dominiert nach etlichen Umsetzungen der Reaktionsprodukte in neue Reagenzgläser eine einzelne Molekülsorte die letztlich erzielten Gemische. In wässriger Lösung wird es alleine schon wegen der Hydrolyse niemals funktionierende Hyperzyklen geben können.

Und ohne bereits existierende Proteine können nicht einmal einfachste Ribozyme gebildet werden oder aufeinander lagernde RNS-Stränge sich wieder voneinander trennen.

19. Es konnte immerhin mit künstlich erzeugten Polymeren erfolgreich gezeigt werden, dass *zunehmend kürzere* Polymere den besten Reproduktionserfolg aufweisen. Demnach ist nicht zu verstehen, wieso sich der gängigen Lehrmeinung zufolge *immer längere* Polymere in der Ursuppe gebildet haben sollen. Es existiert kein einziges Experiment, in dem ein solcher Sachverhalt nachgewiesen werden konnte. Vielmehr steht zu vermuten, dass, wenn man nur derartige Experimente länger hätte laufen lassen, letztlich Polymere dabei herauskommen würden, die sich aufgrund ihrer weiter zunehmenden Kürze selbst um ihre Replikationsfähigkeit gebracht hätten.

20. Die Entstehung erster Zellmembranen ist aus vielen Gründen ebenfalls völlig ungeklärt.

21. Desgleichen ist die Entwicklung des eng mit der Membranentstehung verknüpften ursprünglichen Zellstoffwechsels und die Kodierung von Aminosäuren durch definierte Nukleotidabfolgen vollkommen ungeklärt. Es bestehen auch keine konkreten Modelle diesbezüglich.

22. Die Ersetzung dieses ursprünglichen ersten Zellstoffwechsels durch den nachfolgenden, von innen gesteuerten Zellstoffwechsel ist gleichfalls ein völlig unverstandenes und dazu noch kaum jemals erwähntes Rätsel.

23. Die Zeit ist keinesfalls der Held der Handlung, wie einfache mathematisch-statistische Analysen gezeigt haben. Die auf der Erde zur Verfügung stehende Zeit reicht ihnen zufolge entgegen der landläufigen Meinung *nicht* für die zufällige Entstehung erster Zellen aus der Ursuppe aus.

24. Auch die Ergebnisse von künstlich optimierten Versuchen, welche die Oligomerisation an bestimmten Grenzflächen bestimmter Materialien untersuchten, brachten nur sehr enttäuschende Ergebnisse.

Bevor wir als gesichert annehmen können, dass das Leben zufällig durch geeignete Molekülinteraktionen zustande kam, müsste jedes einzelne dieser Probleme mittels experimenteller Versuchsansätze überwunden und geklärt werden. Doch dies ist bis jetzt nicht der Fall. Die Erforschung der präbiotischen Chemie hat in den letzten Jahrzehnten zwar beeindruckend konsistente Forschungsergebnisse geliefert, doch diese weisen einheitlich darauf hin, dass sich langkettige Oligomere und die Replikationsfähigkeit *gerade nicht von selbst bilden* – selbst wenn dabei in sterilen Labors mit perfekt optimierten experimentellen Verfahren nachgeholfen wird.

Die Entstehung des Lebens ließ sich bislang also nicht über die mechanistische Hypothese der vielen kleinen aufeinander aufbauenden Schritte nachvollziehen.[46]

Und wie steht es um die Hypothese der Selbstorganisation? Die Tatsache, dass wir es bei der Ursuppe und bei sämtlichen jemals aufgebauten experimentellen Versuchsansätzen mit offenen Systemen zu tun hatten, hat im Gegensatz zu den Behauptungen vieler Evolutionstheoretiker und Organizisten ebenfalls nichts dazu beigetragen, dass sich die Entropie darin in Richtung zunehmender lebensfreundlicher Komplexität erniedrigt hätte. Organisatorische Quantensprünge oder andere Selbstorganisationsphänomene konnten nirgendwo beobachtet werden, auch nicht im Sinne dissipativer Strukturen.[47]

Alle Versuche wie die mannigfachen Variationen der millerschen Experimente oder diejenigen mit verschiedenen hydrolyseanfälligen Ribozymen verhielten sich genau so, wie man es anhand der bekannten chemischen Reaktionsgesetze erwarten konnte. Die Systeme tendierten je nach eingesetzter Energiemenge und Zeit zum Zustand mit maximal möglicher Entropie.

Und wir können nun sogar noch zwei eng miteinander verwandte Gründe dafür angeben, warum es im Rahmen der präbiotischen Forschung nicht zum Auftreten von Phänomen gekommen ist, die dissipativen Strukturen ähneln. Der erste besteht in der Tatsache, dass die Reaktionsgemische der Ursuppen-Versuche viel zu viele unterschiedliche Produkte enthalten, die sich alleine durch ihre Verschiedenheit gegenseitig an etwaigen gemeinsamen Selbstorganisationsprozessen hindern. Steve Brenner, eine Kapazität auf dem Feld der präbiotischen Forschung, resümiert daher:

„Es ist nun klar, dass Miller-Experimente zu viele biologische Moleküle in Mixturen erzeugen, die zu komplex sind, als dass man vernünftigerweise annehmen könnte, dass sie über Selbstorganisation zur Replikation führen."[48]

Der zweite Grund hebt ebenfalls auf die Verschiedenheit der Reaktionsprodukte ab. Doch hier liegt das Augenmerk auf der Tatsache, dass bei den Ursuppen-Versuchen stets sehr viele Reaktionsprodukte entstehen, die größer und komplexer sind als die eingesetzten Ausgangssubstanzen. Anders bei den dissipativen Strukturen: Diese *werden immer aus den gleichen Bestandteilen bzw. gleichen Molekülen aufgebaut, aus denen auch das ursprüngliche System bestand.* Die zu Anfang beschriebenen spontan entstehenden Flüssigkeitswirbel bestehen genau wie aufsteigende warme Flüssigkeitspakete in einem erhitzten Behälter immer noch aus den selben Molekülen der selben Flüssigkeit. Auch chemische Uhren werden nicht etwa durch zunehmend komplexere Molekülverbindungen erzeugt, sondern lediglich durch immer die gleichen periodisch wechselnden Verbindungszustände. Daher sind der Entwicklungsfähigkeit physikalischer dissipativer Strukturen auch deutliche Grenzen gesetzt. In ihnen koordiniert sich lediglich der Interaktionsmodus der im Gesamtsystem bereits vorhandenen Bestandteile neu und lässt auf diese Weise auf einer *höheren, oftmals makroskopisch sichtbaren Ebene* neue Ordnungsstrukturen entstehen – ein echter Quantensprung.

Entscheidend für die Entstehung von Leben ist jedoch, dass bei allen Varianten der millerschen Versuche die Komplexität der erzeugten Moleküle *kontinuierlich auf mikroskopischer, molekularer Ebene* zunimmt. Man muss also davon ausgehen, dass für die Entstehung des Lebens zunächst einmal neuartige, immer größere und komplexere Molekülverbindungen und Interaktionspartner gebildet werden müssen. Die höheren Ordnungsgrade von Polymeren oder gar ersten Zellen dürften – anders als bei dissipativen Strukturen – also gerade *nicht* aus den gleichen Bestandteilen des Vorgängersystems gebildet werden.

Obwohl sich sowohl physikalische dissipative Strukturen als auch die vermutete Urzelle tatsächlich im Zustand des Fließgleichgewichts befinden und offene Systeme darstellen, haben wir es dennoch mit zwei grundlegend wesensverschiedenen Arten von offenen Systemen zu tun.

Die einen entstehen spontan, bestehen immer aus den selben Bauelementen und können sich nicht wirklich weiterentwickeln oder replizieren. Die anderen bauen ihre Komplexität Schritt für Schritt in einem Prozess aus, der auch ihre Grundbausteine mit in den fortschreitenden Wandlungsprozess mit einbezieht. Ihren Entwicklungsmöglichkeiten scheint kaum eine Grenze gesetzt zu sein.

Leider ist dieser Unterschied aufgrund der Überbetonung des in beiden Fällen vorhandenen Fließgleichgewichts auch seitens der Organizisten bislang nicht gesehen worden. Hieraus hat sich die sehr zweifelhafte Einschätzung entwickelt, dass das Leben nach den selben Gesetzmäßigkeiten entstanden sein müsse wie ein Flüssigkeitsstrudel oder eine chemische Uhr.

Schlussbetrachtung

Es bestand in der Antike die weit verbreitete Ansicht, verschiedene Lebewesen könnten über „Urzeugungen" spontan aus bestimmten Materialien entstehen. Noch im 17. Jahrhundert bewies ein Arzt von hohem Ansehen namens Jan van Helmont (1580-1644) mit einem eindrucksvollen Experiment die spontane Entstehung erwachsener Mäuse aus Weizen und verschwitzter Unterwäsche. Jeder kann dieses Experiment mit einiger Aussicht auf Gelingen nachvollziehen. Es geht so:

Man nehme ein unverschlossenes größeres Gefäß und befülle es mit besagter Kleidung und Weizen. Nach etwa 21 Tagen würde man sodann eine bestimmte Geruchsveränderung wahrnehmen, denn ein gewisses Ferment entsteige der Unterwäsche, durchdringe den Weizen – und verwandele diesen schließlich in Mäuse, welche man sodann in dem Gefäß ihr Unwesen treiben sähe.

Die angeblich durch Urzeugung entstehende Organismenvielfalt beschränkte sich zwar mit wachsender Beobachtungsgabe und erfindungsreichem Forschergeist auf zunehmend kleineres Getier wie Maden, Würmer und schließlich Mikroorganismen. Aber erst Louis Pasteur (1822-1895) setzte dergleichen Urzeugungstheorien ein Ende. Er zeigte im Jahr 1862 mit seinerzeit bahnbrechenden Versuchen, dass eine nährstoffhaltige, aber sterilisierte Lösung auch steril blieb, wenn keine

Umgebungsluft zu ihr dringen konnte. Wurde hingegen ein sterilisiertes Gegenstück der freien Luftzirkulation ausgesetzt, bildeten sich darin bald allerlei Trübungen und Unappetitlichkeiten, die eindeutig auf organisches Geschehen zurückzuführen waren.

Leben entstand also nicht spontan aus dazu verlockenden Substanzen, sondern ausschließlich aus bereits in der Luft oder anderweitig vorhandenen Lebenskeimen. Pasteur bestätigte damit die damals bereits häufiger vorgebrachte Vermutung „Omne vivum ex vivo" – alles Leben entsteht aus Leben.

Es scheint, als ob diese Erkenntnis Pasteurs noch immer Gültigkeit besitzt, obwohl die Wissenschaftler mit ihren Urzeugungstheorien mittlerweile auf der niedrigsten aller möglichen Ebenen, der Ebene biochemischer Molekülverbindungen, angelangt sind.

Dennoch werden in Fachpublikationen und erst recht in für die Öffentlichkeit gedachten Presseartikeln immer wieder sensationelle Entdeckungen kund getan: „Wie Vulkane das Leben ermöglichten. Eines der fundamentalen Rätsel der Entstehung des Lebens ist möglicherweise gelöst" titulierte die Wissenschaftsrubrik von *Spiegel-online* am 8.10.2004, „Entstand das Leben im Eis? Deutsche Wissenschaftler haben in Meereis Moleküle gezüchtet, die fähig sind, sich selbst zu vervielfältigen" am 8.3.2005 und „Linkshändigkeit kommt aus dem All" am 27.8.2005.

Allerdings entpuppen sich alle solcherart beschriebenen Szenarien bei genauerer Betrachtung wie üblich als reichlich realitätsfern, aber der Leser sollte jetzt einige Mittel zur Hand haben, die Mängel in dergleichen Berichten zu erkennen.

Dies wird allerdings oftmals dadurch erschwert, dass die genauen Fakten in der Presse gar nicht gegeben werden, sondern nur noch weiter verzerrte Zusammenfassungen des wahren Sachverhalts geliefert werden. Da liest man beispielsweise im zweiten der eben zitierten Artikel, dessen zugrundeliegende Originalpublikation[49] auf Forschungen im Milieu der ohnehin fragwürdigen RNS-Welt basiert: „Nur wenige chemische Grundbausteine hatten die Forscher am Anfang des Experiments in das Eis geimpft. ... In den Eisklümpchen der Göttinger Kühltruhe entstanden Ketten von bis zu 400 Gliedern."

Was dabei aber verschwiegen wird, sind die nach wie vor aberwitzigen Ausgangskonzentrationen und Reinheiten der eingesetzten Substanzen, ist die Tatsache, dass es sich bei diesen „Grundbausteinen" einmal mehr um lediglich *eine einzige Sorte* von mit Imidazol aktivierten, künstlich hergestellten Nukleotiden handelt – also um eine einzige chemische Verbindung, die nirgendwo in der Natur vorkommt, geschweige denn von selbst entsteht, dass die bis zu 400 Kettenglieder langen Polymere viele unerwünschte Verbindungsstellen aufwiesen, welche die Entstehung von brauchbaren Kopien dieser Polymere von vorne herein ausschließen, dass die Polymerisierung dieser Nukleotide nur durch die *vorherige Zugabe von entsprechend langen, bereits fertig polymerisierten Nukleotid-Matritzen* stattfand, ohne die sich nach Angaben der Autoren wahrscheinlich nur unspektakuläre Oligomere gebildet hätten, und dass – anders als im Untertitel behauptet – selbst solche Ketten noch meilenweit davon entfernt sind, sich selbständig zu vervielfältigen, alleine schon weil sie viel lieber einfach auf der Matritze haften bleiben.

Das Gute an der Erzeugung dieser rekordverdächtigen Kettenlänge von 400 Gliedern auf einer Matritze aber ist: Manche Wissenschaftler scheinen nach 50 Jahren Forschung endlich zu dem längst überfälligen Schluss gekommen zu sein, dass wässrige und heiße Chemie tatsächlich ein Feind keimenden Lebens ist. Sie setzen jetzt zunehmend auf die Lebensentstehung im kühlen und reaktionsträgen Eis. Wir dürfen gespannt sein, was sie diesbezüglich noch herausfinden werden. Doch ich wage zu prognostizieren: Nichts, was den gegenwärtigen Stand der Forschung revolutionieren wird und nichts, was die Entstehung des Lebens auf einmal transparent oder gar im Labor nachvollziehbar machen wird.

Dementsprechend sind zumindest einige Akteure im Forschungsfeld der hypothetischen Lebensanfänge im Laufe der Jahre in ihren Aussagen erheblich zurückhaltender geworden. Die in unzähligen Experimenten erzielten Ergebnisse zu der Hypothese „Chemie + Physik = Leben" erwiesen sich als *derartig negativ, dass ihr nach üblicher wissenschaftlicher Praxis schon längst hätte abgeschworen werden müssen.* Obwohl diese Forschungs-ergebnisse der mechanistischen Lebensvorstellung im Sinne des Neodarwinismus geradezu diametral entgegen laufen, gelten sie kurioser Weise immer noch als eine tragende Säule des modernen wissenschaft-lichen Weltbildes.

Ich möchte zum Abschluss dieses Buchteils zwei Zitate aus dem Jahr 2004 anführen, die von bekannten präbiotischen Forschern stammen und den angesprochenen Sachverhalten eher Rechnung tragen. Im Gegensatz zu den beiden weiter vorne zitierten Aussagen zeichnen sie ein wohl treffenderes Bild dessen, wie es heute um die Plausibilität der zufälligen Evolution von Leben aus einfachen Molekülen bestellt ist.

„Ein realistischer Blick auf das Problem des Lebensursprungs zeigt, dass wenige Hypothesen wirklich wert sind, experimentell getestet zu werden. Dies steht in deutlichem Gegensatz zur Situation von vor fünfzig Jahren, als die Experimente von Stanley Miller die Erwartung geweckt hatten, dass von allen Biomolekülen, einschließlich vielleicht DNS und RNS, gezeigt werden könne, dass sie sich von selbst bilden – als die Konsequenz normaler chemischer Reaktionen unter für die frühe Erde plausiblen Umweltbedingungen. ... Die vorgegebene Reaktion von organischem Material unter dem Einfluss von Energie ist, Teer zu bilden, nicht Leben. ... Jedes zusätzliche Molekül kann genauso gut ein Hindernis als auch einen Beitrag für die Entstehung von Leben darstellen. Dies heißt natürlich nichts anderes, als dass wir neue Einsichten benötigen, ein „Aha-Erlebnis", das aus unserer Verwirrung Klarheit schafft."

Steve Brenner[50]

„ ... Dies bedeutet nicht, dass die Probleme und Unklarheiten in unserem Forschungsfeld gelöst sind oder erheblich einfacher geworden sind. Die RNS-Welt am Anfang des Lebens leidet immer noch unter dem alten Laster, dass niemand uns sagen kann, wie eine erste ... RNS-Familie mit spezifischen und intelligenten Sequenzen unter präbiotischen Bedingungen geformt werden kann; auf der anderen Seite können uns die Advokaten des kompartimentalistischen Ansatzes noch nicht sagen, wie erste Stoffwechselwege entstanden sind. Die alte Fragestellung, wie spezifische makromolekulare Sequenzen anfänglich entstanden sind – seien es Aminosäureketten oder Nukleinsäuren – ist immer noch sehr unklar und nicht wirklich gut erforscht. ... Die hauptsächliche Aufgabe in unserem Arbeitsgebiet ist es nach wie vor, die Wege, die von unbelebter Materie zu zellulärem Leben führen, aufzuklären. Die Möglichkeit eines solchen Überganges konnte bislang im Labor noch nicht bewiesen werden und sollte daher immer noch als Arbeitshypothese betrachtet werden. Haben wir bedeutende Entdeckungen gemacht, welche die Lücke füllen könnten, eine Arbeitshypothese in eine wissenschaftliche Dokumentation zu transformieren? Es ist schwierig, eine positive Antwort zu geben. Die einzige Sicherheit ist, dass es immer noch sehr viel zu tun gibt."

Pier Luigi Liusi[51]

Teil 2

Die biologische Evolution

4. Die Geschichte der Evolutionstheorie

Obwohl wir im vorhergehenden Teil des Buches gesehen haben, dass die Lebensentstehung vermittels zufälliger Molekülinteraktionen nach dem gegenwärtigen Wissensstand praktisch ausgeschlossen ist, geschah das Wunder trotzdem. Die erste Zelle entstand. Deshalb eröffnet sich nunmehr die spannende Möglichkeit, zu untersuchen, auf welche Weise im Laufe der Evolution aus den ersten Zellen der Urmeere mehrzellige Lebewesen wie Insekten, Vögel oder Menschen geworden sein könnten.

Natürlich fragte man von Beginn des reflektierenden Bewusstseins an nach der Herkunft dieser Wesen und fand in mannigfachen Mythologien befriedigende Antworten. Dies änderte sich allerdings mit zunehmender Befreiung des menschlichen Denkens aus vorgegebenen Traditionen und Dogmen, so dass auch biologisch-historische Fragestellungen seit der Zeitepoche der Aufklärung von Naturwissenschaftlern zunehmend kritisch unter die Lupe genommen wurden.

Daher konnte sich im Laufe der letzten zweihundert Jahre eine Theorie der Evolution des Lebens entwickeln, die heute an allen Schulen und Universitäten in erheblicher Ausführlichkeit gelehrt wird. Sie baut in konsequenter Fortführung der Theorie von der Entstehung des Lebens aus der Ursuppe auf der Annahme auf, diese Evolution sei mit Zufällen, Physik und Chemie hinreichend erklärbar. Organismen werden dementsprechend als komplizierte molekulare Maschinen betrachtet, innerhalb derer gewisse Ansammlungen von Molekülen so etwas wie ein Selbstbewusstsein hervorzubringen in der Lage sind, das wiederum nur der verfeinerteren Steuerung der Maschine dient.

Die Erfahrungen mit den Behauptungen der präbiotischen Chemiker haben uns jedoch bereits Vorsicht gelehrt und mahnen uns, dergleichen Annahmen gründlich zu prüfen, bevor wir sie in unser Weltbild integrieren. Und genau diese Aufgabe wollen wir in diesem Teil des Buches unternehmen.

Die moderne Evolutionstheorie enthält eine ganze Reihe von wichtigen Grundprinzipien, die sich nur allmählich im Zuge von langwierigen Diskussionen um Evolutionsfragen als ihr Bodensatz herauskristallisiert haben. Eine fundierte Kritikfähigkeit der Evolutionstheorie erlangt man daher am ehesten, indem man zu einem tieferen Verständnis dieser Grundprinzipien gelangt – idealerweise versehen mit historischen Hintergrundinformationen zu ihrer eigenen Entstehungsgeschichte. Wir werden daher in diesem Kapitel sehen, wie die Evolutionstheorie ihre Anfänge nahm, was die außergewöhnliche Leistung Charles Darwins in diesem Zusammenhang war und wie sein Ansatz im Laufe der Jahre von nachfolgenden Biologen zum Neodarwinismus, zur Synthetischen Evolutionstheorie oder solchen Spielarten wie dem Genetischen Egoismus gewandelt wurde. Erst in den drei darauf folgenden Kapiteln werden wir uns konkreten biologischen Evolutionsproblematiken zuwenden.

Die Anfänge der Evolutionstheorie

Schon viele alte Mythen und Sagen lehren, dass die Menschheit sich aus vormals niederen Lebensformen entwickelt hat.[52] In die westliche Philosophie hielt diese Idee durch Anaximander von Milet (610-545 v. Chr.) Einzug. Er vermutete, die Vorfahren des Menschen seien Fische gewesen, die einst im Wasser lebten und erst an Land stiegen, als sie auf dem Trocknen zu existieren vermochten. Obwohl sehr knapp gefasst und mit keinerlei Details versehen, klingt diese Version der menschlichen Abstammung dennoch erstaunlich aktuell.
Allerdings gingen sowohl Plato (427-347 v. Chr.) als auch sein Schüler Aristoteles (384-322 v. Chr.) von der Unwandelbarkeit der Arten aus. Da diese beiden Giganten der griechischen Philosophie den Lauf des abendländischen Denkens über viele Jahrhunderte hinweg bestimmen

sollten, traten Entwicklungsgedanken zunächst wieder vollständig in den Hintergrund. Plato vertrat den Standpunkt, dass die Lebewesen sich durch die Teilhabe an übergeordneten und unwandelbaren *Ideen* ausgestalten würden. Aristoteles zufolge wurden die Organismen hingegen von innen heraus ihren vorbestimmten, unwandelbaren Entwicklungszielen zugeführt. Er nannte diese artspezifischen inneren Wirkungsprinzipien *Entelechie*.

Immerhin standen nach Aristoteles die verschieden komplexen Lebewesen schon auf verschiedenen Organisationsebenen, die in einer aufsteigenden Stufenleiter entsprechend ihrer Ähnlichkeit angeordnet werden konnten. Dies hatte jedoch nichts mit etwaigen Abstammungslinien oder einer Evolution zu tun.

Tomas von Aquin (1224-1274) und die Scholastiker griffen die Philosophie des Aristoteles auf und vereinigten sie mit der christlichen, damals eher platonisch ausgerichteten Theologie. Nun galten die unwandelbaren Entelechien und Lebewesen als von einem über allem stehenden Gott erschaffen, einzig den menschlichen Seelen wurde im Rahmen der Heilslehre gewisse Entwicklungsmöglichkeiten zugesprochen.

Die damalige Auffassung, dass Arten letztlich immer konstant bleiben, ist durchaus nachvollziehbar. Denn gemäß der biblischen Genesis wurden alle Lebewesen samt der sie tragenden und nährenden Erde von Gott innerhalb der ersten sieben Tage der Existenz des Universums geschaffen. Über die biblische Generationenfolge bis hin zu Adam und Eva ließ sich sogar berechnen, wann dies geschehen sein musste. Die englischen Kirchenmänner John Lightfoot (1602-1675) und James Ussher (1581-1656) datierten 1644 bzw. 1650 den Schöpfungsakt der Erde exakt auf den 23. Oktober des Jahres 4004 v. Chr., Lightfoot teilte überdies noch die genaue Uhrzeit mit: Es geschah um neun Uhr vormittags.

Innerhalb einer derartig kurzen Zeitspanne scheint es beim besten Willen undenkbar, dass sich eine Entwicklung von Würmern über Fische und vierbeinige Urahnen bis hin zum Menschen oder auch Vögeln vollzogen haben könnte, zumal sich innerhalb dieser etwa 6 000 Jahre keine Hinweise auf derart zügig fortschreitenden Artenwandel finden lassen.

Zwar stellte man auch damals schon fest, dass die Mitglieder einer Art sich keineswegs immer exakt glichen, was besonders die verschiedenen domestizierten Tiere und Pflanzen in Relation zu ihren wilden Urformen betraf. Man sah allerdings die Tatsache, dass alle entstandenen Variationen stets miteinander kreuzbar blieben, gerade als einen aussagekräftigen Beweis für die Konstanz der Arten an: Alle verschiedenen Hunderassen beispielsweise hatten Teil an der Idee des Hundes bzw. an dem von Gott geschaffenen Urtypus des Hundes. Alle Variationen oder Züchtungen würden aber niemals zur Entstehung einer neue Art führen. Ein Hund bleibt immer ein Hund!

Tatsächlich ist es bis zum heutigen Tage nicht gelungen, auch durch noch so intensive Züchteraktivitäten bei allen züchtbaren Tier- und Pflanzenarten eine echte biologische Art neu zu erschaffen – beim Hund standen dafür mindestens 10 000 bis 20 000 Jahre zur Verfügung, aber noch immer kann sich selbst der Pudel mit dem Wolf verpaaren.

Mit dem Universalgelehrten Leibniz (1646-1716) tauchte die Vorstellung auf, die unterschiedlichen Lebensformen auf der aufwärtssteigenden aristotelischen Leiter der Lebensformen mit dem Menschen an der Spitze seien durch reale, in der Natur vorhandene Zwischenformen miteinander verbunden. Doch von Evolution war immer noch keine Rede.

Erst ab dem 18. Jahrhundert wurden schließlich immer häufiger Spekulationen über mögliche Entwicklungen von Organismen laut. Bedeutende Befürworter solcher Gedanken waren Maupertius (1698-1759), Buffon (1707-1788) und Diderot (1713-1784), aber auch der Großvater von Charles Darwin, Erasmus Darwin (1731-1802). Weiterhin finden wir Evolutionsgedanken bei den Philosophen des deutschen Idealismus wie Kant (1724-1804), Hegel (1770-1831), Schelling (1775-1854) oder bei Goethe (1749-1832) und Schopenhauer (1788-1860). Die Äußerungen all dieser Autoren bestehen jedoch nur aus gelegentlichen Bemerkungen, nicht aber auf einer naturwissenschaftlichen Begründung der Evolution. Den ersten derartigen Versuch verdanken wir dem Franzosen Jean-Baptiste de Lamarck.

Es lohnt sich, bei dieser außergewöhnlichen Persönlichkeit im Folgenden etwas ausführlicher zu verweilen, denn bis heute beinhaltet der „Lamarckismus" viel Zündstoff bei Diskussionen um die Mechanismen, die bei der Evolution am Werk sein sollen.

Jean-Baptiste de Lamarck (1744-1829)

Lamarck erblickte 1744 als elftes Kind einer minder betuchten Familie von niederem Adel das Licht der Welt. Ausgedehnte Reisen während einer Tätigkeit beim Militär verhalfen dem naturbegeisterten jungen Mann zu enormer Kenntnis der heimischen Pflanzenwelt, welche er 1779 in seinem dreibändigen Werk „*Flore françoise*" zusammenfasste. Ein einflussreicher Freund setzte sich für dessen Publikation ein und vermittelte seinem Autor obendrein noch eine Berufung an die Pariser *Académie des Sciences*.

Obwohl Lamarck nie die Naturwissenschaften studiert hatte, wurde er damit in die Zunft der Biologen aufgenommen. In Paris wirkte er in mannigfacher Weise, zunächst noch in seinem angestammten Fach, der Botanik. Doch nach der französischen Revolution wurde er auf die zoologische Professur für „Insekten und Würmer" am Pariser Naturkundemuseum berufen. Unter diese noch ziemlich ungeordnete Rubrik fiel damals so ziemlich alles an Getier, was sich nicht eindeutig als Säugetier, Vogel, Reptil, Amphib oder Fisch ausweisen konnte.

In der Folgezeit entwarf Lamarck eine umfangreiche und differenzierte Klassifikation dieser Kreaturen, die im Wesentlichen noch heute Gültigkeit besitzt. Er unterschied z. B. Weichtiere von Ringelwürmern, Spinnentiere von Insekten, diese wiederum von Krebstieren usw. Tausende aus dem Museum stammende oder von Forschungsreisenden mitgebrachte Kleintiere ordnete er in jahrelanger Arbeit in dieses neue System ein.

Lamarck gilt deswegen als Begründer der Systematik der wirbellosen Tiere, auch die grundsätzliche Gegenüberstellung von Wirbeltieren und Wirbellosen geht auf ihn zurück. Zudem entfaltete er eine intensive Publikationstätigkeit, wobei er auch nicht davor zurückscheute, sich ausführlich zu Sachgebieten zu äußern, die nicht in sein eigentliches biologisches Metier fielen. Sein hochgestecktes Ziel war es, letztlich eine einheitliche Theorie aller Naturvorgänge samt ihrer historischen Geschichte zu entwickeln, inklusive der physikalischen, chemischen, geologischen, meteorologischen und natürlich biologischen Zusammenhänge. Eine geschlossene Darstellung dieser Theorie blieb ihm letztlich verwehrt, aber einige wichtige Teile davon sind in seinen zahlreichen Büchern enthalten.

Im Jahre 1809 veröffentlichte Lamarck seine *Philosophie Zoologique*, in der er seine neuartige und umstrittene Evolutionstheorie darlegte.[53] Er beschreibt hierin, wie Lebewesen ihr Verhalten als Reaktion auf veränderte Umweltbedingungen anzupassen versuchen, was zur Bildung neuer Gewohnheiten führen würde, die wiederum auch Änderungen im Körperbau nach sich ziehen würden.

Diese neu herausgebildeten charakterlichen oder physischen Eigenschaften sollten sodann an die Nachkommen weitergegeben bzw. vererbt werden können. Ein berühmtes Beispiel dieses sogenannten Lamarckismus ist der Hals der Giraffe. Lamarck schreibt, dass die Giraffen ihre immens langen Vorderbeine und den ebenso langen Hals der generationslangen Bemühung verdanken, mit der Zunge nach Blättern hochgewachsener Bäumen zu angeln.[54] Ohne die genaueren Mechanismen von Merkmalsvererbung zu kennen, scheinen solche Überlegungen zur Evolution durchaus einleuchtend zu sein. Tatsächlich waren alle frühen Evolutionisten, die auf Lamarck folgten, von dieser „Vererbung erworbener Eigenschaften" ganz selbstverständlich überzeugt.

Interessanterweise unterlegt Lamarck seine Hypothesen mit zahlreichen Beispielen von den Veränderungen, die an Pflanzen und Tieren unter dem Einfluss menschlicher Domestikation auftreten, so z. B. die Herausbildung der verschiedenen Hunderassen. Das selbe Phänomen, was in der Antike immer wieder als Beleg für die Konstanz der Arten angesehen wurde (und das von den Kreationisten sogar bis zum heutigen Tag dafür herangezogen wird), beansprucht nun Lamarck als Beweis für die genau entgegengesetzte Sichtweise! Er konnte dies tun, indem er postulierte, die Erde sei unglaublich viel älter als bisher angenommen wurde. Damit könnten derartige Variationen schließlich doch zur Ausbildung neuer Arten führen.

Auf dem Höhepunkt seines Schaffens war Lamarck ein respektierter Wissenschaftler, wenngleich er sein gesamtes Leben hindurch niemals gut bezahlte Positionen bekleidete und stets in bescheidenen Verhältnissen leben musste.

Gegen Ende seines Lebens erblindete er und wurde von dem streit- und machtsüchtigen Georges Cuvier (1769-1832) in eine zunehmend hässlichere Auseinandersetzung um seine Evolutionstheorie verwickelt.

Der an einen einzigen göttlichen Schöpfungsakt glaubende Cuvier, ein Protegé Napoleons, war anders als Lamarck von der Konstanz der Arten überzeugt und begründete die „Katastrophentheorie", in der er behauptete, Lebewesen stürben lediglich nach lokalen Umweltkatastrophen oder gar Sintfluten aus, würden dabei von Sedimenten bedeckt (daher all die Fossilien) und würden danach durch ähnliche, aus Nachbarregionen einwandernde Organismen wieder ersetzt.

Von Cuvier wird berichtet, dass er mit seinen eigenen Studenten in die Vorlesungen des erblindeten Lamarck, der häufig von seiner Tochter geführt wurde, eindrang und ihn zur Rede zu stellte, wie es denn käme, dass seine „erworbene" Blindheit nicht auf seine Tochter übergegangen sei. Von den unter dem Einfluss Cuviers stehenden Wissenschaftlern zunehmend verlassen, starb Lamarck nach zwanzigjähriger Blindheit und wurde in einem Armengrab beigesetzt. Noch in seiner Grabrede verhöhnte Cuvier ihn, indem er ihn falsch zitierte und lächerlich machte. Der erste Verfechter einer ernstzunehmenden Evolutionstheorie war mehrmals verheiratet, doch kennen wir nicht einmal die Namen seiner Frauen.

Doch noch heute weist eine beachtliche Liste von innovativen Leistungen Lamarck als einen der großen frühen Wissenschafter aus, der seiner Zeit um Meilen voraus dachte:

- Er führte die erste Definition des Begriffs „Biologie" ein.
- Er entwickelte die Gegenüberstellung von Wirbeltieren und Wirbellosen samt den Grundzügen der Systematik der Wirbellosen.
- Er entwickelte die Verwendung „dichotomer" Schlüssel in der Bestimmungsliteratur für Organismen.[55]
- Er erstellte erste Unterscheidungskriterien zwischen organischer und anorganischer Materie.
- Er setzte auch in der Meteorologie entscheidende Impulse: Lamarck entwarf das erste Klassifizierungsschema für die verschiedenen Wolkentypen am mitteleuropäischen Himmelszelt.
- Er erkannte richtig, dass die Erde sehr viel älter sein muss, als damals gemeinhin angenommen wurde.

- Er unternahm den ersten Versuch, die Evolutionstheorie wissenschaftlich zu begründen, worin er sogar schon die Abstammung des Menschen aus affenähnlichen Vorfahren postulierte.

Trotz der öffentlichen Missbilligung war Lamarcks Evolutionstheorie in den folgenden Jahrzehnten für alle Wissenschaftler, die sich nicht mit der aus Rom verordneten Weltgeschichte zufrieden gaben, von allergrößter Bedeutung. Sie wirkte verborgen im Untergrund und erreichte den ein oder anderen innovativ gesonnenen Geist, von denen Charles Darwin der Wichtigste werden sollte.

Charles Darwin (1809-1882)

Der junge Charles war das fünfte Kind eines wohlhabenden englischen Landarztes, in dessen Ahnenreihe bereits einige namhafte Persönlichkeiten wie sein Großvater Erasmus Darwin standen. Schon früh entwickelte der Knabe zum Verdruss seines gestrengen Vaters eine ausgesprochene Faszination für die Natur und das Sammeln verschiedenster Gegenstände. Nach dem Schulbesuch, der Charles entsetzlich gelangweilt haben muss, legte ihm sein Vater nahe, Medizin zu studieren.

Doch auch dies konnte ihn nicht begeistern. Als der junge Student seiner zweiten Operation an einem Kind beigewohnt hatte, die seinerzeit noch ohne jegliche Narkose durchgeführt wurde, befand er, dass er für die Laufbahn eines Arztes nicht geeignet sei. Sein Vater schickte ihn daraufhin an ein anderes College, wo er Theologie studierten konnte.

Dies gefiel Darwin schon besser – nicht etwa, weil er sich für die dort angebotenen Themen sonderlich interessierte, sondern weil er hier viel Zeit fand, um seinen wahren Hobbys zu frönen: Sich feucht-fröhlicher Gesellschaft zu erfreuen, Karten zu spielen und sich einfach in der Natur herumzutreiben, um allerlei Tiere zu sammeln, hauptsächlich Käfer. Obwohl letztere Betätigung seinen Angaben zufolge die damalige Hauptbeschäftigung gewesen sein soll, meisterte Darwin sein Theologiestudium schließlich mit Erfolg. Nicht nur das: Er knüpfte entscheidende Kontakte zu naturwissenschaftlich begeisterten Professoren wie dem Theologen und Botaniker John Henslow, der ihm kurz nach Beendigung des Studiums die Stelle des Naturforschers im Rahmen einer großen Südamerika- und Australienexpedition vermittelte. Für ganze fünf Jahre wird am 27. 12. 1831 der erst 21-jährige Darwin auf dem Schiff *Beagle* unter Kapitän Fitz Roy in See stechen und auf dem Erdball unterwegs sein. Hierbei sammelt er unzählige Tiere und Pflanzen, die den Bauch der *Beagle* voller und voller werden lassen, doch auch erste scharfsinnige Beobachtungen, die später den Grundstein für seine Evolutionstheorie bilden werden.

Nach England zurückgekehrt, verfasst Darwin zunächst einen erfolgreichen Reisebericht und heiratet 1839 die schwerreiche Emma Wedgewood. Beide ziehen bald in ein geräumiges Landhaus um, das Darwin bis an sein Lebensende nur noch sporadisch für kürzere Ausflüge ins nähere Umland verlassen wird. Allerdings pflegt er zu jeder Zeit reichen Kontakt mit hochrangigen Wissenschaftlern und verfasst nebst vielen anderen bedeutenden Werken eine dicke, zweibändige Monographie über bestimmte Krebstiere, die Rankenfußkrebse. Diese sind seltsame Wesen, die wie Darwin selbst im Jugendstadium weite Strecken durch das offene Meer flottieren, sich aber später an einer geeigneten Unterlage für den Rest des Lebens festheften, um sich nie wieder von dort wegzubewegen.

Erst 1859 erscheint sein berühmtestes Buch *Über die Entstehung der Arten durch natürliche Selektion*, worin er über Jahrzehnte gesammeltes Beobachtungsmaterial, das für einen Wandel der Arten spricht, in bis dahin beispielloser Weise zusammenstellt.[56] Allerdings benötigte er für diese Publikation nachhaltige Anstöße von außen. Ein anderer weitgereister Tropenforscher, Alfred Russel Wallace (1823-1913), hatte ein Jahr zuvor britischen Gelehrten – inklusive Darwin selbst – Grundzüge einer identischen Theorie über mögliche Wege der Artentstehung zur Begutachtung zugesandt. Nun fürchtete Darwin, der bereits über zwei Jahrzehnte über seiner eigenen Evolutionstheorie gebrütet hatte, zutiefst um seinen Prioritätsanspruch. Ein hastiger, bedrückter Briefwechsel mit einflussreichen Freunden folgte. Man beschloss in Abwesenheit von Wallace, der noch in Südostasien weilte, ältere Auszüge aus Darwins Notizen gemeinsam mit Wallace's Schrift einem ausgewählten Publikum vorzustellen. Danach schrieb der gehetzte Darwin in einem wahren Gewaltakt innerhalb etwa eines Jahres sein epochemachendes, viele hundert Seiten starkes Werk nieder, das sofort nach Erscheinen wissenschaftliche, theologische und gesellschaftliche Erschütterungen hervorrufen sollte. Schon am ersten Tage seines Erscheinens war es restlos vergriffen, in schnellen Schritten folgten die Neuauflagen aufeinander und nach einigen Monaten lagen bereits Übersetzungen in alle wichtigen europäischen Sprachen vor.

Anregungen zur Ausformulierung seiner Evolutionstheorie verdankt Darwin nebst seinen eigenen Naturbetrachtungen diversen Vordenkern, die er in einer historischen Skizze in *Über die Entstehung der Arten* würdigt, besonders aber auch Lamarck. Er achtet „diesen mit Recht gefeierten Naturforscher"[57] als eine Quelle der Inspiration, „im Besitze einer prophetischen Gabe für die Wissenschaften, der vornehmsten Begabung des großen Genies."[58]

Dennoch bezog er entscheidende Anregungen auch von Nichtbiologen. Schon auf seiner Weltreise las er ein Werk des angesehenen Geologen Charles Lyell (1797-1875), in welchem dieser anhand geologischer Befunde ein weitaus höheres Alter der Erde nachwies, als bis dato angenommen wurde. Damit war der große zeitliche Rahmen für geologische und biologische Wandlungsprozesse, der bereits von Lamarck postuliert worden war, naturwissenschaftlich salonfähig geworden. Auch durch den Nationalökonomen Thomas Malthus (1766-1834) wurde Darwin beeinflusst. Dieser hatte schon 1798 eine aufsehenerregende Arbeit veröffentlicht, worin er ausführt, dass die Vermehrungsrate der Menschen die maximal mögliche Vermehrungsrate der verfügbaren Nahrungsressourcen übersteige. Dieses Dilemma führe letztendlich zu einer Stabilisation der Bevölkerungszahl auf einem gewissen Niveau durch entweder strikte Geburtenkontrolle oder einen Kampf uns Dasein, bei dem sich nur die Tüchtigsten durchsetzen würden.

Als Darwin 1838 dieses Buch las, hatte er den Geistesblitz, diesen Gedanken auf die gesamte Biosphäre auszuweiten, denn er war schon länger auf der Suche nach einem möglichen Mechanismus, der seine Evolutionsvorstellungen begründen konnte. Die Selektionstheorie war geboren! Für ihn Grund zur Freude: „Hier hatte ich schließlich eine

Theorie an die Hand bekommen, mit der man arbeiten konnte."[59] Darwin beobachtete nämlich, dass (1) die verschiedenen Individuen einer Art sowohl im Verhalten als auch in ihrem äußeren Erscheinungsbild zum Teil erheblich voneinander abwichen und dass (2) alle Lebewesen weitaus mehr Nachkommen zeugen, als schließlich bis zur Geschlechtsreife und zum Reproduktionserfolg gelangen.

Würden beispielsweise sämtliche jungen Elefanten, die geboren werden, erfolgreich weitere Nachkömmlinge zeugen, wäre binnen weniger tausend Jahre der Erdball zu Wasser und zu Land von Millionen dieser Rüsseltiere erfüllt. Da dies nicht der Fall ist, schloss Darwin, dass manche Individuen aus der Masse der Zu-Viel-Geborenen unter gegebenen Umweltbedingungen zufällig vorteilhafte Merkmalskombinationen aufweisen und somit den anderen Gefährten gegenüber gewisse Vorteile im Kampf ums Dasein voraus haben. Verbesserter Fortpflanzungserfolg wäre ihnen hold, die Vererbungslinien der benachteiligten Brüder und Schwestern hingegen würde in den Hintergrund gedrängt und letzten Endes gänzlich des Feldes verwiesen.

Im Idealfall würden sich vorteilhafte Merkmalskombinationen aufgrund fortgesetzter positiver Selektion weiter ausprägen und letztlich zum Entstehen einer neuen Art führen. Die Giraffen hätten laut dieser Theorie ihren erheblichen Hals dadurch erhalten, dass diejenigen Tiere, die zufällig mit längeren Hälsen bestückt waren, sich im Konkurrenzkampf mit anderen Artgenossen am besten zu behaupten wussten, in dem sie die höher gelegenen Blätter der Baumwipfel besser als Nahrungsquelle erschließen konnten.

In dieser Erweiterung der Evolutionstheorie liegt nun auch der Hauptunterschied zur Theorie Lamarcks, der nicht von zufälliger Variation und nachfolgender passiver Selektion durch Umweltfaktoren sprach. Lamarck legte vielmehr den Schwerpunkt seiner Begründung für die Evolution auf die *aktiven* Reaktionen, die Organismen angesichts veränderter Umweltbedingungen an den Tag legen. Durch Gebrauch und Nichtgebrauch von Körperteilen sollte sich deren Beschaffenheit langsam ändern, durch Gewohnheitsbildung an Stabilität gewinnen und schließlich an die Nachkommen vererbt werden.

Trotz dieses Unterschieds weisen beide Theorien auch Gemeinsamkeiten auf, denn Darwin war überzeugter Lamarckist, wenn er auch die Bedeutung der Vererbung erworbener Eigenschaften zu verschiedenen

Zeiten seines Lebens unterschiedlich einschätzte. Grundsätzlich aber bezog er die lamarckistische Sichtweise in seine Evolutionstheorie stets mit ein. Denn auch hier würde die natürliche Selektion verständlicherweise ansetzen und geeignete Individuen fördern können. Genau wie Lamarck schrieb er ausführlich über die erblichen Variationen von Tieren und Pflanzen unter dem Einfluss der Domestikation durch den Menschen, um den Prozess der Artentstehung zu verdeutlichen.[60]

Im Laufe der Jahre verstärkte sich Darwins Neigung, zunehmend mehr auf den Lamarckismus zu bauen, bis er schließlich sogar lamarckistischer wurde als Lamarck selbst es je gewesen war. Leidenschaftlich sammelte er Berichte über jegliche merkwürdige Vererbungsvorkommnisse, wobei u. a. Elternteile auch Verstümmelungen auf ihre Kinder vererbt haben sollen. Beispielsweise sollen Nachkommen eines Mannes, der Finger verloren hatte, mit gleichgestalteten Händen geboren worden sein; eine Katze, die ihres Schwanzes verlustig ging, soll ebensolche Kätzlein geworfen haben; in Kulturen, die ihre Knaben zu beschneiden pflegen, sollen diese bereits mit kürzeren Vorhäuten das Licht der Welt erblicken, usw.[61]

Lamarck indessen ging niemals so weit, dergleichen Dinge zu behaupten. Denn all diese von außen zugefügten Verletzungen haben nichts gemein mit dem aus innerem Antrieb heraus erfolgendem Gebrauch oder Nichtgebrauch von Organen als gewohnheitsbildende Reaktion auf Umwelteinflüsse. Deswegen dürfen derartige Überlegungen auch nicht als lamarckistisch bezeichnet werden, sondern nur als darwinistisch.

In fortgeschrittenem Alter vertrat Darwin schließlich die Meinung, dass Zufallsvariationen und natürliche Selektion *nicht* genügen würden, um die Evolution ohne solche Zusatzmechanismen wie die Vererbung erworbener Eigenschaften hinreichend zu begründen.[62] Zur Erklärung, wie diese Art der Vererbung funktionieren könnte, stellte Darwin seine Theorie der „Pangenesis" auf.[63] Kleine Körperchen, genannt „Gemmulae", würden in den Organismen bis in die letzten Winkel hinein zirkulieren und Informationen über die vor Ort herrschenden Bedingungen aufnehmen und speichern können. Bei der Zeugung von Nachwuchs würde immer eine Anzahl Gemmulae weitergegeben, so dass die dort gespeicherte Information zum Wirken käme und die Nachkommen sich getreu ihrer elterlichen Vorbilder ausbilden können.

Diese Seite Darwins wird von heutigen Biologen gerne verschwiegen – entweder aus Unkenntnis, oder um ihrem Held die Schmach, Ultra-Lamarckist gewesen zu sein, zu ersparen. Darwins Evolutionstheorie wird in Schul- oder Lehrbüchern gewöhnlich mit seiner Selektionstheorie gleichgesetzt, die den Lamarckismus überwunden hätte. Dies ist allerdings so nicht richtig.

Wir sehen auch in unserer historischen Betrachtung der Evolutionstheorie, dass die Geschehnisse, die mit ihrer Entwicklung verknüpft sind, gerne vereinfacht oder verfälscht dargestellt werden, um dem Laien ein möglichst glattes und lückenloses Bild zu vermitteln. Es ist daher nicht weiter verwunderlich, dass nahezu alle heutigen Biologen fälschlicherweise der Meinung sind, Lamarcks Evolutionstheorie sei durch Darwin widerlegt worden.

Wie aber kommt es dann, dass der „Darwinismus" als reine Selektionstheorie in aller Munde ist, obwohl er eigentlich nur einen begrenzten Ausschnitt des Standpunkts bezeichnet, den Darwin selbst vertrat? Einen großen Schritt in diese Entwicklungsrichtung haben wir dem bereits erwähnten Alfred Russel Wallace zu verdanken, dem Dritten im Bunde des Dreigestirns, das uns den Grundstein für Evolutionstheorien legte.

Alfred Russel Wallace (1823-1913)

Der 6. August im Jahre 1852 dürfte einer der schrecklichsten Tage im Leben des Alfred Wallace gewesen sein. Gegen 9 Uhr morgens klopfte der Kapitän des Schiffes, mit dem Wallace sich malariakrank auf der Heimreise von einer vierjährigen Forschungsreise durch die unerforschten Tropenwälder Amazoniens befand, höflich an seine Kabinentür und bekannte: „Ich bedauere, Ihnen mitteilen zu müssen, dass das Schiff in Flammen steht."

Bald zeigt sich dem verzweifelten Passagier, dass all seine Früchte der mühevollen und teilweise sehr schmerzvollen Strapazen im Urwald nicht mehr zu retten sind. Tausende nie zuvor von westeuropäischen Augen erblickte Kleintiere sowie viele größere Bälge brutzeln bereits im Innenraum des Schiffes, Affen und Vögel versuchen, sich in Panik zu befreien und kommen dennoch bis auf einen einzigen traurig zugerichteten Papagei in den Flammen um. Wallace kann lediglich einige Notizen retten, dann muss er sein brennendes Lebenswerk hinter sich lassen. Er stürzt, zu fiebergeschwächt, um sich richtig am Seil festhalten zu können, in das Rettungsboot und reißt sich dabei beide Handflächen auf.[64]

Neun kräftezehrende Tage treibt nun das elende Häuflein vernichteter Existenzen samt einem ebenso elendigen Papagei bei Zwieback und Wasser in der Ungewissheit, ob sie jemals gerettet werden würden, über die offene See. Am zehnten Tag schließlich naht die Rettung, und ein Schiff bringt sie durch einen schweren Sturm hindurch letztlich doch noch sicher nach England.

Hier erfährt Wallace zu seiner großen Freude, dass sein weitsichtiger Agent Samuel Stevens die südamerikanische Naturaliensammlung wesentlich höher versichert hatte, als er gehofft hatte. Schon bald erklärt er daher alle Schwüre, niemals mehr ein Schiff zu besteigen, für nichtig und bricht bereits im März 1854 zu einer zweiten, noch bemerkenswerteren Unternehmung auf, dieses mal in Richtung Südostasien. Insgesamt acht Jahre wird er im malayischen Inselarchipel unterwegs sein. Sage und schreibe 125 660 Tiere, darunter unzählige Käfer und Insekten sowie handgroße Schmetterlinge, seltene Paradiesvögel, Meerestiere aller Art, aber auch Krokodile und Orang-Utans schiffte er nach England. Mehr als 1 300 neue, bis dato unbekannte Tierspezies konnte er beschreiben.

Auf dieser Reise begründete er zudem die Wissenschaftsdisziplin der Biogeographie. Denn er stellte fest, dass die Lebewesen bestimmter großräumiger geographischer Regionen zwar grundsätzlich zu den selben Verwandtschaftskreisen zu rechnen sind, sich aber manchmal auch scharf von Lebensformen eng benachbarter Regionen unterscheiden können. Diese Beobachtungen veranlassten ihn, eine Einteilung der Erde in sechs große Faunenregionen vorzunehmen, die noch heute ihre Gültigkeit besitzt.

So bezeichnet z. B. die durch Indonesien verlaufende „Wallace-Linie" eine imaginäre Grenze zwischen Bali und Borneo einerseits und Sulawesi und Lombok andererseits, die grob gesagt die Welt der Fasane, Tiger, Nashörner bzw. der eigentlichen Säugetiere von der Welt der Kakadus,

Paradiesvögel, Kängurus, Koalas bzw. der Beuteltiere scheidet. Schon Wallace erklärte diesen Sachverhalt richtig, in dem er während der Eiszeiten trockenfallende Landverbindungen zwischen den vielen Inseln des malayischen Archipels postulierte, so dass die Tiere zwischen ihnen hin- und herqueren konnten. Nur entlang der beschriebenen Grenzlinie aber, die an manchen Stellen kaum 30 Kilometer breit ist, war das Wasser zu tief, so dass dieser Meeresstreifen zu jeder Zeit besonders für Säuge- oder Beuteltiere so gut wie unpassierbar blieb. All dies konnte mittlerweile bestätigt werden. Ein schmaler, aber tiefer Graben zieht sich zwischen den genannten Inseln hindurch.

Diese Expedition von Wallace gilt noch heute als die erfolgreichste Ein-Mann-Unternehmung eines Naturforschers. Und endlich war auch sein Jugendtraum in Erfüllung gegangen – vielleicht sogar reichhaltiger, als es ohne das vorangegangene Trauma des feurigen Untergangs seiner ersten Sammlung der Fall gewesen wäre.

Wallace war genau wie Darwin von Thomas Malthus inspiriert, und während eines fiebrigen Malaria-Anfalles führten seine Überlegungen zur Artenvariation auf Inseln zu einer Evolutionstheorie, worin wie in den frühen Überlegungen Darwins die natürliche Selektion ein zentraler Faktor bei der Entstehung von neuen Arten ist. Wallace stand schon länger in losem Kontakt zu seinem Vorbild Darwin und wusste, dass auch dieser sich mit der mysteriösen Frage der Artenvariation beschäftigte. Also schickte er 1858 von einer kleinen tropischen Insel aus eine Ausarbeitung seiner Gedanken an Darwin, der, wie wir bereits wissen, davon schockiert war und regelrecht wachgerüttelt wurde, nun selbst möglichst schnell eine lesbare Version seiner Theorie zu publizieren. In gewisser Hinsicht haben wir die Publikation von Darwins revolutionärem Buch also Wallace zu verdanken!

Obwohl Wallace im direkten Vergleich mit Darwin der erste Autor war, der eine Abhandlung über die Selektionstheorie zur Publikation einreichte, fiel der Ruhm der Nachwelt von Anfang an ausschließlich Darwin als ihrem Begründer zu – wer kennt heute schon Wallace? Der bescheidene Tropenfreund nahm daran aber zu keiner Zeit Anstoß, denn er war sich sofort darüber im Klaren, dass Darwin schon Jahre vor ihm umfangreiches Material zusammentragen hatte, um seine Version der Evolutionstheorie auszuarbeiten. Dankbar nahm er es an, mittels seiner kurzen Schrift praktisch von einem Tag auf den anderen ein geachteter Mann des englischen Wissenschaftsestablishments geworden zu sein – wenngleich er, auf verschiedenen tropischen Inseln Schmetterlingen und Paradiesvögeln hinterherjagend, noch jahrelang davon überhaupt nichts wusste.

Zum Zeitpunkt seiner Heimkehr war jedoch die Diskussion um Darwins Evolutionstheorie bereits voll entbrannt. Wallace war hochzufrieden, im Gefolge dieses berühmten Mannes und seiner einflussreichen Wissenschaftlerfreunde an der sich vollziehenden naturwissenschaftlichen Revolution teilzuhaben. Darwins *Über die Entstehung der Arten* begeisterte ihn so sehr, dass er es gleich mehrfach las und ihm 1864 schrieb:

> „Was die Theorie der natürlichen Selektion angeht, werde ich stets behaupten, dass sie tatsächlich Ihre und allein Ihre ist. Sie haben sie in derart vielen Details ausgearbeitet, die ich niemals bedacht hatte, und zwar Jahre bevor ich auch nur den ersten Lichtstrahl auf dieses Thema fallen sah. Mein Aufsatz hätte niemanden überzeugt. Für sich allein wäre er allenfalls als geistreiche Spekulation registriert worden, während Ihr Buch die Naturforschung revolutioniert hat."[65]

Bis zum Tode Darwins verband die beiden Männer eine freundschaftliche Beziehung, von der Wallace nicht zuletzt auch in materieller Hinsicht profitieren konnte, da Darwin sich in vielerlei Hinsicht für seinen jüngeren Kollegen einsetzte. Wallace gehörte schließlich zu den erlesenen Sargträgern, die Darwin 1882 zur letzten Ruhe in die Londoner Westminster Abbey trugen, wo er neben Isaac Newton beigesetzt wurde. Diese bemerkenswerte Freundschaft der beiden großen Naturforscher bildet einen deutlichen Kontrast zu dem unerfreulichen Verhältnis zwischen Lamarck und Cuvier und kann vielen heutigen Wissenschaftlern als Vorbild für den respektvollen Umgang miteinander auch unter nicht ganz einfachen Situationsbedingungen dienen. Dies umso mehr, da das Verhältnis zwischen Darwin und Wallace durch teilweise sehr konträre wissenschaftliche Auffassungen geprägt war, die fast schon mit denjenigen der Materialisten und Kreationisten von heute vergleichbar sind.

Denn trotz der Publikation einiger vielbeachteter Werke, den Früchten seiner Reisen, stellte Wallace für viele der damaligen Wissenschaftler ein *enfant terrible* dar, weil er sich ebenfalls zu allerlei umstrittenen Themen temperamentvoll zu Wort meldete. Dies reichte von Pamphleten gegen Zwangsimpfungen, verschiedenen sozialistisch geprägten Beiträgen über Landnutzung und Politik bis hin zu seinem öffentlichen Einsatz für den Spiritismus, seiner großen Leidenschaft, die er mit regelmäßigen Teilnahmen an Séancen auffrischte. Unermüdlich zog er gegen die Wissenschaftler zu Felde, die parapsychologischen Erscheinungen gegenüber ablehnend eingestellt waren. Er appellierte immer wieder an die objektive Aussagekraft der streng überprüften Experimente, denen er beiwohnte oder die er sogar selbst unternahm — jedoch vergeblich. Darwin und andere Forscher würdigten zwar seinen Scharfsinn und die offenkundige Beherrschung der wissenschaftlichen Arbeitsweise, die ihm immerhin zur eigenständigen Formulierung der Selektionstheorie und weiterer wichtiger Entdeckungen verholfen hatte, aber sie folgten ihm nicht auf seinen Exkursen in die Grenzgebiete der naturwissenschaftlichen Forschung.

Beeinflusst durch unter anderem seine parapsychologischen Erfahrungen kam Wallace zu dem Schluss, dass Variation und natürliche Selektion die Evolution zwar in großen Zügen, nicht aber vollständig erklären können. Im rein biologischen Bereich könnte sie immerhin eine wichtige Rolle spielen, dennoch müsste an verschiedenen kritischen Punkten wie der Entstehung des Lebens oder des menschlichen Bewusstseins eine ergänzende organisierende „Lebenskraft" postuliert werden, die „gewissen Gestaltungen des Stoffes alle die Charaktere und Eigenschaften verleiht, welche das Leben bedingen."[66]
Die Ebene dieser Lebenskraft war für ihn die letztlich entscheidende, denn sie deute „auf eine Welt des Geistes, dem die materielle Welt durchaus untergeordnet ist."[67] Die gesamte Welt sei als eine unermesslich große Einheit aufzufassen, in welcher sich der Geist in aufsteigender Reihe als unbewusstes, bewusstes und letztlich intellektuelles Leben manifestiert.
Wallace lebte von dem Gedanken durchdrungen, höhere geistige Intelligenzen würden die materielle Evolution auf ihren verschiedenen Komplexitätsebenen organisieren. Des Menschen Aufgabe sei es, durch

moralische Erziehung ein kooperatives Zusammenleben und den geistigen Fortschritt auf der Erde zu verwirklichen. In seinem Spätwerk von 1911 führt er all dies noch ein letztes mal in aller Deutlichkeit aus.[68] Seinen Lebensabend verbrachte Wallace wieder mit seiner ersten Liebe, der Botanik, und widmete sich der Zucht von exotischen Raritäten, die ihn an seine ungezählten Abenteuer in den Tropen erinnerten. Bis zu seinem Tod im Jahr 1913 war Wallace eine respektierte Persönlichkeit des damaligen Englands. Vorschläge, ihn wie Darwin in der Westminster Abbey die letzte Ruhe finden zu lassen, wurden von seiner Familie abgelehnt, die einen natürlichen Friedhof als passender befand. Ein alter fossilisierter Baumstamm markiert nun sein Grab – als Symbol seiner innigen Verbundenheit mit den Pflanzen und allem Leben, das je diesen Planeten geziert hat.

Erst nach seinem Tode verschwand Wallace allmählich aus dem Bewusstsein der Öffentlichkeit. Allerdings blieb besonders eine der Auswirkungen seines Schaffens erhalten:
Im Jahr 1889, einige Zeit nach Darwins Tod, veröffentlichte Wallace ein erfolgreiches für die Allgemeinheit gedachtes Buch, das er Darwin zu Ehren *Darwinismus* nannte.[69] Ihm verdanken wir also diesen Begriff, und es schließt sich nun der Bogen zum Ende des letzten Abschnitts, in dem wir fragten, wieso der Darwinismus nur noch einen Teil dessen verkörpert, was Darwins Evolutionstheorie eigentlich ausmachte. Wallace vertrat in seinem Buch die Auffassung, dass die Vererbung erworbener Eigenschaften im Vergleich zur natürlichen Variation und Selektion zu vernachlässigen sei und bezweifelte grundsätzlich die Wirkungsweise der Pangenesis. Im Darwinismus der Prägung von Wallace finden wir also eine Reduktion des komplexen darwinschen Denkens auf die Selektionstheorie, was insbesondere in der Öffentlichkeit das Bild vom Darwinismus und der Evolution nachhaltig prägen sollte.

Das weitere Schicksal der Evolutionstheorie

Die drei Begründer der Evolutionstheorie warteten demnach mit drei verschiedenen Möglichkeiten auf, über welche Wege sich die Evolution vollziehen könnte:

1. Ein organisierend auf die Materie einwirkendes Lebensprinzip, mit dem geistige oder psychische Qualitäten assoziiert werden (Wallace)
2. Die Vererbung erworbener Eigenschaften (Lamarck, Darwin)
3. Zufällige Variation mit anschließender Selektion der überlebenstauglichsten Individuen (Wallace, Darwin)

Werfen wir nun noch einen Blick auf das weitere Schicksal dieser drei Varianten der frühen Evolutionstheorie.

Die erstgenannte Variante hat sich niemals im Gefilde der gestrengen mechanistischen Naturwissenschaft etablieren können. Sie folgt im Wesentlichen einer *dualistischen* Ansicht, nach der im Evolutionsgeschehen ein immaterielles oder auch geistiges Wirkungsprinzip mitbestimmend für die Entfaltung der Materie in Richtung wachsender Komplexität ist.
Zwar gab es immer wieder bedeutende Persönlichkeiten, die wie Wallace lebensspezifische Wirkungsprinzipien hinter den verschiedenen Evolutionsphänomenen am Werke sahen, allerdings gehörten diese stets zur ausgesprochenen Minderheit. Sie galten als Vertreter des bereits in der Einleitung des Buches vorgestellten *Vitalismus*. Wir erinnern uns: Im Vitalismus wird davon ausgegangen, dass die Entstehung, die Evolution und die Funktionsweise der Lebewesen nicht ausschließlich auf den Gesetzmäßigkeiten der unbelebten Materie beruhen können. Es muss ein lebensspezifisches Organisationsprinzip existieren, dass die Eigengesetzlichkeit der Organismen und ihre Ausdifferenzierungsprozesse in Richtung immer größerer Komplexität ermöglicht.

Eine solche den Lebewesen inhärente, organisierende Eigendynamik postulierten zu Anfang des letzten Jahrhunderts einige namhafte

Biologen, von denen Richard Woltereck (1877-1944), Jakob von Uexküll (1864-1944) und besonders Hans Driesch (1867-1941) zu nennen sind. Driesch war einer der bedeutendsten Pioniere der Entwicklungsbiologie, wandte sich jedoch später der Philosophie zu und konnte mit seiner „Philosophie des Organischen" eine Schar begeisterter Zuhörer erreichen. Wie praktisch alle neueren Vitalisten nimmt Driesch Abstand von direkt auf organische Materie wirkenden „Lebenskräften". Er formuliert vielmehr Hypothesen, wie die Entwicklung der Lebewesen von ganzheitlichen Organisationsmustern reguliert werden könnte, die nur den Anschein erwecken, es wäre hierbei eine konkrete Kraft am Werk. Da die Ursprünge des Vitalismus auf Aristoteles zurückgehen, nannte Driesch diese regulierende Instanz in bewusster Anlehnung an das formbildende Prinzip in der Philosophie des alten Griechen *Entelechie*.[70]

Ein weiterer wichtiger Vertreter des Vitalismus war der Philosoph und Nobelpreisträger Henri Bergson (1859-1941). Bergson postulierte einen *élan vital* (zumeist übersetzt mit „Lebensschwungkraft"), der eng mit Bewusstseinsqualitäten assoziiert ist und als bewegendes, schöpferisches Prinzip die Evolution der Lebewesen vorantreibt.[71]

Vornehmlich Bergson und Driesch prägten eine neue Ausarbeitung des Vitalismus, die jetzt auch die aufsteigende Evolution der Lebewesen mit umfasste. Denn zur Blütezeit des klassischen Vitalismus war noch gar nichts über deren Evolution bekannt.

Ähnlich wie für Wallace war auch für den stark von Bergson beeinflussten Paläontologen und Jesuiten Pierre Teilhard de Chardin (1881-1955) das Universum durch ein Bewusstsein belebt, das sich über die Evolution zunehmend entfaltet. Die Evolution schreite dabei nach einem lebensschwungartigen biologischen Gesetz zu wachsender Komplexität und Bewusstheit voran, wobei mit wachsender Bewusstheit die Entwicklung der Lebensformen mehr und mehr durch seelische Kräfte kanalisiert würde.[72]

Später sprach der renommierte Zoologe Sir Alister Hardy (1896-1985) von einer geistig-psychischen Ebene, die der Ausbildung von biologischen Arten zugrunde liegen könne, einer Art „Speziesplan".[73]

In jüngerer Zeit macht Rupert Sheldrake mit seiner Theorie der morphischen Felder von sich reden. Diese sollen sowohl für die körperliche Formbildung der Lebewesen verantwortlich sein als auch für parapsychologische Phänomene wie z. B. Telepathie.[74]

Wie bei Wallace besteht bei Driesch, Bergson, Hardy und Sheldrake ein ausgeprägter Hang zur Erforschung des Parapsychologischen. Alle betonen, dass ein vollständiges biologisches Weltbild nur mittels der wissenschaftlich-philosophischen Einbeziehung auch dieser eher unauffälligen, aber trotzdem ungemein bedeutungsvollen Phänomene erzielt werden kann. Auf Driesch, Bergson, Hardy und Sheldrake werden wir später noch ausführlicher zurückkommen, denn immerhin beschäftigt sich dieses Buch mit den möglichen Verknüpfungen der Evolution und der Parapsychologie.

Es bliebe noch zu erwähnen, dass der bereits im ersten Buchteil beschriebene Organizismus zu guten Stücken aus dem betont ganzheitlich geprägten Denken der Vitalisten hervorging. Im Organizismus wird allerdings ausdrücklich das Konzept eines den Lebewesen innewohnenden Wirkungsprinzips abgelehnt. Das Charakteristikum des Lebens liegt den Organizisten zu Folge vielmehr in „Organisationsmustern" oder „organisierenden Beziehungen" der Untereinheiten eines Lebewesens begründet. Der Organizismus mit seiner Betonung der Selbstorganisationsprozesse, die wie in anorganischen Systemen auch im Reich des Lebendigen stattfinden sollen, gilt daher vielfach als vermittelnder „dritter Weg" zwischen den entgegengesetzten Anschauungen des materialistischen Mechanismus und des Vitalismus.

Der zweite der drei zu Anfang dieses Abschnittes genannten möglichen Evolutionsmechanismen, die Vererbung erworbener Eigenschaften, hielt sich verhältnismäßig lange als akzeptierte Forschermeinung und zog sich nur sehr widerwillig unter Austragung heftiger Rückzugsgefechte aus den Gefilden der Evolutionsbiologen zurück.

Die Geschichte der Theorie der Vererbung erworbener Eigenschaften gehört zu den fesselndsten Episoden der gesamten Naturwissenschaftsgeschichte und verdient eigentlich eine umfassende, ausschließlich ihr gewidmete Abhandlung. Dafür ist hier leider nicht der Platz. Nie ist jedenfalls in der Biologie um ein Thema erbitterter gestritten worden, nie sind Zungen, Stifte und Schwerter in schärferer Form gekreuzt worden, nie wurde hierbei mehr geschummelt und gelogen, und nie ereigneten sich in jüngerer Vergangenheit derartige menschliche Tragödien unter Wissenschaftlern, wie sie mit den Namen Paul Kammerer[75] (1880-1926) oder Nikolaj Vavilov[76] (1887-1943) verbunden sind – ganz zu schweigen von den unzähligen unter Josef Stalin (1879-1953) in Sibirien angesiedelten Menschen, die unter erbärmlichsten Lebensbedingungen vergebens darauf warteten, dass Weizen und Rinder unter den extremen Klimaverhältnissen vorteilhafte Anpassungserscheinungen erwarben und erfolgreich an ihre Nachkommen vererbten.

Ein Experiment, dass der Vererbung erworbener Eigenschaften zumindest in der westlichen Welt schon früh einen entscheidenden Stoß versetzte, wurde von dem Freiburger Biologen August Weismann (1834-1914) durchgeführt. Weismann, früher wie nahezu alle seine Zeitgenossen selbst ein überzeugter Lamarckist, rückte unter dem Eindruck seiner eigenen Forschungsergebnisse an Schmetterlingen nach und nach davon ab. Neugierig geworden, ob an all den von Darwin und anderen Kollegen gesammelten Anekdoten über verstümmelte Eltern, die ihre „erworbenen" Deformationen an ihre Nachkommen weitergaben, tatsächlich etwas dran sei, richtete er schließlich ein einfaches, aber grausiges Experiment aus:
Er ließ 22 Generationen von Mäusen die Schwänze abschneiden, wonach die 23. Generation aber immer noch mit normal entwickelten Schwänzen geboren wurde. Dieses Ergebnis wird noch heute gerne als die klassische Widerlegung des Lamarckismus zitiert.[77]
Es stimmt aber in hohem Maße wunderlich, dass Weismann selbst, den Biologen, die sein Experiment wiederholten, sowie all jenen Gelehrten, die den Lamarckismus damit als abgehakt betrachten, der dicke Schnitzer in diesem Versuchsansatz und dem daraus gezogenen Schluss nicht aufgefallen ist. Denn in diesem Experiment wurde nur gezeigt, dass passiv zugefügte Verstümmelungen nicht an Nachkommen weiter-gegeben werden, womit immerhin Darwins Ultra-Lamarckismus widerlegt war.
Echte lamarckistische Änderungen hingegen entstehen ihrem Urheber zufolge hingegen ausschließlich als *Reaktionen* auf Umweltbedingungen oder Reize, gehen also auf (re-) aktive, organismische Bedürfnisse und Impulse zurück.

Wenn man mit Weismanns drastischen Versuchsmaßnahmen überhaupt eine lamarckistische Vererbung hätte beobachten können, so hätte diese sich demnach einzig am Heilungsprozess der zugefügten Wunden gezeigt, und die experimentelle Fragestellung hätte lauten müssen: Heilen die Schwanzstummel der Mäuse nach 22 Generationen etwas schneller oder besser als diejenigen der ersten kupierten Generation?

Diesen entscheidenden Aspekt in die Untersuchung mit einzubeziehen unterließen Weismann und verschiedene Wiederholungstäter aber völlig, und wir dürfen daher die Möglichkeit, dass bei der Interpretation der hier erzielten Ergebnisse das Kind mit dem Bade ausgeschüttet wurde, nicht ausschließen.

Interessanter Weise kommt tatsächlich in den letzten Jahren die von den meisten Biologen längst abgeschriebene Vererbung erworbener Eigenschaften wieder zu unverhofften neuen Ehren, und das auch noch im Zusammenhang mit Evolutionsfragen.[78] Es muss allerdings unverzüglich betont werden, dass es sich hierbei nur um Teilaspekte der Vererbung erworbener Eigenschaften handelt – nicht etwa um den Schmied, der aufgrund seiner anhaltenden Auseinandersetzung mit dem Amboss Nachkommen mit gewaltigem Bizeps zeugt. Wie dem auch sei: Die Diskussion ist wieder aufgeflammt! Es scheint, das letzte Wort ist noch immer nicht gesprochen.

Doch im 20. Jahrhundert gewann die dritte Variante der postulierten Evolutionstriebfedern, die Theorie der Variation und Selektion, zunehmend und unwiderstehlich an Bedeutung. Außer mit seinem wirkungsvollen Mäuse-Experiment hatte August Weismann noch in vieler Hinsicht entscheidenden Anteil an dieser Entwicklung. Er gilt daher zu recht als der bedeutendste Urheber einer Evolutionslehre, wonach die Geschehnisse der Evolution ohne die Vererbung erworbener Eigenschaften erklärt werden können. Selbst erste genetische Erklärungsmodelle zieht er dazu heran.

Über intensive Forschungsarbeiten am Mikroskop gelangte Weismann zu der allmählichen Erkenntnis, dass die Keime oder Gemmulae Darwins, welche die Ausgestaltung von Organismen und auch die Übertragung von Information an Nachkommen bewerkstelligen sollten, nicht wie angenommen im Blut zirkulieren können. Er lokalisierte die informationstragenden Körperchen vielmehr im stationären Zellkern der

Zellen von Lebewesen, und hier sogar schon in den Chromosomen, die er „Idanten" nannte.

Denn Weismann beobachtete an bestimmten Tierspezies, dass schon in den frühesten Stadien der Teilung von befruchteten Eizellen diejenigen Zellen, aus denen später die Geschlechtszellen hervorgehen, dauerhaft von allen anderen abgesondert werden und sich nicht an der komplexen Ausdifferenzierung der Gewebe in mannigfache Organe oder Gliedmaßen eines Tieres beteiligen. Weismann sah keine Möglichkeit, wie Information über die aktuellen Lebensumstände eines Tieres in die von aller Umwelterfahrung abgekoppelten Zellkerne der Keimzellen in den Geschlechtsorganen gelangen könnten, um von dort aus auf die Nachkommen weitergegeben zu werden.

Weismann postulierte weiterhin, dass das Keimplasma von Elternpaaren vor der Befruchtung von neuen Keimzellen in zwei gleiche Teile geteilt werden müsse, um dann jeweils wieder ein Ganzes zu bilden. Dies konnte erst viel später bestätigt werden.

Anhand dieser Befunde formulierte Weismann seine Theorie der durch die Generationen verlaufenden Keimbahn, die vollkommen von den eigentlichen Körperzellen getrennt ist. Das in der Keimbahn enthaltene Keimplasma bestimmt zwar die Ausgestaltung eines Körpers, jedoch haben all die Lebenserfahrungen des solcherart erschaffenen Individuums keinerlei rückwirkende Einflussmöglichkeiten auf die Keimbahn selbst.[79]

Der konservative und für Darwin entflammte Ernst Haeckel (1834-1919), Lamarckist der hartgesottensten Sorte und berühmt-berüchtigter Wegbereiter für die Evolutionstheorie im deutschen Sprachraum, wies empört auf diese Entwicklung hin und nannte diese neue Lehre „Weismannismus", da sie mit Darwins ursprünglichen Ideen kaum noch etwas gemein habe.[80]

Diese Bezeichnung setzte sich allerdings nicht durch, vielmehr erfreute sich besonders in Darwins Mutterland die Bezeichnung „Neodarwinismus" größerer Beliebtheit. Die Vorsilbe „Neo-" weist hierbei darauf hin, dass den neuen genetischen Erklärungsversuchen für Vererbungsvorgänge eine zunehmend größere Bedeutung beigemessen wurde.

Einiges von der Theorie Weismanns konnte zwar im Laufe der Zeit korrigiert und verfeinert werden, aber im Wesentlichen besitzen seine etwa hundert Jahre alten Grundsätze noch immer Gültigkeit unter den Biologen. Nach der Entschlüsselung des genetischen Codes der DNS durch James Watson und Francis Crick im Jahr 1953 wurde aus der Lehre der von den Körperzellen getrennt verlaufenden Keimbahn, von seinen Nachfolgern „Weismann-Doktrin" benannt, das „Zentrale Dogma der Genetik". Es besagt nunmehr: Der Fluss der Information erfolgt stets von der Erbsubstanz, der DNS, zu den einen Organismus ausgestaltenden Proteinen. Niemals aber können die Organismen vermittels der Proteine Information auf die DNS der Keimzellen übertragen.

Für Weismann stellte sich mit der Annahme dieser konstanten und kontinuierlichen Keimbahn jedoch das kniffflige Problem, wie denn die vielen individuellen Variationen innerhalb der Nachkommenschaft von Eltern einer Spezies zustande kommen.

Er nahm hierfür zwei Mechanismen an: Zum einen hatte sich seiner Ansicht nach die Sexualität nur wegen der mit ihr einhergehenden Teilung und Wiedervereinigung von Keimplasma entwickelt, um dadurch die Keimbahnen der Geschlechtspartner zu durchmischen und variierende Nachkommen zu erzeugen. Zum anderen postulierte er spontane, winzige Änderungen innerhalb des Keimplasmas, die veränderte körperliche Erscheinungsbilder nach sich zögen. Diese Modifikationen des Keimplasmas sollten aber ausschließlich von innen heraus mittels noch unverstandener Prozesse vor sich gehen, in jedem Falle aber ohne die Beteiligung äußerer Umwelteinflüsse. An den unterschiedlich ausgestalteten Individuen sollte dann die natürliche Selektion ansetzen, der Weismann eine herausragende Rolle im Evolutionsgeschehen zusprach.

Genau wie heutige Biologen zumeist die erheblichen Bedenken verschweigen, die Darwin und Wallace bezüglich der von ihnen selbst entwickelten Selektionstheorie hatten, wird kaum jemals erwähnt, dass Weismann mit der heutigen Evolutionstheorie sicher ebenfalls nicht einverstanden gewesen wäre. Denn trotz seiner Theorien konnte er den heutigen Zustand der Natur „unmöglich als das Resultat eines Zufalls, vielmehr nur als das Resultat eines planmäßig gerichteten, großartigen Entwicklungsprozesses" denken.[81]

Jedenfalls fanden Weismanns Theorien über die Vererbung im Jahre 1900 neuerliche Nahrung, als unabhängig voneinander gleich drei Forscher die über 35 Jahre unbeachtet gebliebenen Arbeiten des damals bereits verstorbenen Augustinermönches Johann Gregor Mendel (1822-1884) über Merkmalsvererbung bei Platterbsen wiederentdeckten. Dieser fand nach langwierigen Versuchen heraus, dass sich gewisse Merkmale seiner Versuchspflanzen wie z. B. Fruchthülsenfarbe (grün oder gelb) und Oberflächenbeschaffenheit der Früchte (glatte oder geriffelte Schale) in reiner Ausprägung, aber stets in vorhersehbaren Zahlenverhältnissen in den Nachfolgegenerationen wiederfanden – eine mühsame Zählarbeit! Das heißt: Bestimmte im Erbgut vorhandene Variationen können unverändert weitergegeben werden, ohne sich dabei abzuschwächen.

Damit war ein Haupteinwand der Evolutionsgegner empfindlich getroffen, die oftmals damit argumentiert hatten, dass neue nützliche Eigenschaften der Elterngeneration sich in der Nachfolgegeneration bereits wieder auf die Hälfte reduzieren müssten, wenn der zweite Geschlechtspartner noch die üblichen, alten Merkmalsausprägungen zur gemeinsamen Zeugung beisteuert. In der Enkelgeneration wäre nur noch ein Viertel der wertvollen Neuerscheinung ausgeprägt und eine vorteilhafte Errungenschaft würde demnach viel zu schnell verblassen, als dass sie einer positiven Selektion unterliegen könne, welche sie aus der Masse der bereits vorhandenen herausschälen würde.

Einer der Wiederentdecker von Mendels alter Publikation, Hugo de Vries (1848-1935), sorgte in den Jahren danach weiterhin mit seiner „Mutationstheorie" für zusätzlichen Trubel in Biologenkreisen. Anhand ausgiebiger Studien über die Variabilität von Nachtkerzen, ironischerweise Pflanzen mit dem wissenschaftlichen Namen *Oenothera lamarckiana*, folgerte er, dass sich entgegen der Annahme Darwins (und Lamarcks) die Evolution doch in größeren Sprüngen vollziehe. Er beobachtete, dass plötzlich Änderungen an den Pflanzen auftreten können (wie z. B. viel größere Blüten als üblich), die nicht als Reaktionen auf veränderte Umweltbedingungen verstanden werden können, und die zudem noch vererbbar zu sein schienen.

Diese spontanen vererblichen Änderungen, welche ja bereits Weismann postuliert hatte, bezeichnete de Vries als *Mutationen*. Es folgte eine aufregende Debatte über die Bedeutung der Selektion im Evolutionsgeschehen, und um Haaresbreite wäre die Selektionstheorie selbst aus der Evolutionstheorie herausgefiltert worden: War die ihr in der Vergangenheit zugebilligte zentrale Rolle im Evolutionsgeschehen überhaupt gerechtfertigt? Immerhin schienen neue Arten auch ohne sie völlig spontan entstehen und überleben zu können!

Nach langen Diskussionen konnte dieser scheinbare Widerspruch ab etwa 1930 von verschiedenen Biologen gemeinsam gelöst werden, indem sowohl die Mutation als auch die Selektion einen angemessenen Platz in einer neuen Form der Evolutionstheorie zugewiesen bekamen, der sogenannten Synthetischen Evolutionstheorie. Synthetisch heißt sie deswegen, weil sie Erkenntnisse aus verschiedenen biologischen Disziplinen wie Genetik, Populationsgenetik, Biochemie, Biostatistik und Ökologie zusammenfasst. Dabei bezeichnet sie die aktuelle Version des biologischen Denkens, die heute auch unter dem Begriff des Neodarwinismus geführt wird.

Als wichtige Elemente der Synthetischen Evolutionstheorie bzw. des Neodarwinismus sind neben den Mutationen und der Selektion noch die *Isolation*, die *Gendrift* und die *Allele* zu nennen. Schließen wir unsere historische Betrachtung der Evolutionstheorie mit der Erläuterung ab, was unter diesen Begriffen zu verstehen ist.

Als isolierte Populationen von Lebewesen bezeichnet man solche, die mit keiner anderen Population genetisches Material austauschen können. Der Isolation wird in der modernen Evolutionstheorie zentrale Bedeutung zugemessen. Denn ohne eine wie auch immer geartete Trennung von Populationen kann keine neue Art aus einer Stammform entstehen, da etwaige mutative Neuerungen immer wieder durch Rückkreuzungen in der Masse der Durchschnittsindividuen untergehen müssten.[82]

Die Isolationen sollen zumeist aufgrund geographischer Trennung zustande kommen wie z. B. durch Gebirgsketten, große Wasserflächen oder verschiedene Tiefenzonen von Gewässern.

An dieser Stelle kann der Gendrift nun eine wichtige Funktion zukommen. Diese bezeichnet eine zufällige Änderung der Zusammensetzung des Genpools einer Population, die nicht durch Selektion hervorgerufen wurde. Viele Gene können nämlich in verschiedenen

Zustandsformen vorliegen. So kann z. B. ein Gen rosa oder weiße Blütenfarbe hervorbringen, je nach dem, welche Variante dieses Gens die betreffende Pflanze besitzt.

Diese verschiedenen Zustandsformen sind die erwähnten Allele. Da sehr viele Gene in unterschiedlichen Ausprägungen vorkommen, liegt im Genpool einer Population von Individuen zumeist ein buntes Gemisch von Allelen vor.

Wird nun ein zufällig betroffener Teil dieser Population aufgrund von beispielsweise Naturkatastrophen isoliert oder auf entfernte Inseln verschlagen, kann in ihr durchaus eine nicht repräsentative Verteilung von Allelen vorliegen, die sich deutlich von derjenigen der Ausgangspopulation unterscheidet: Gendrift hat stattgefunden.

Die Nachkommen solcher Teilpopulationen können sich daher von ihren Vorgängern unterscheiden und positive Selektionsprozesse in Gang setzen, die vorher in der Masse aufgrund zu häufiger Rückkreuzung mit alt bekannten Allelen nicht möglich gewesen wären. Die Wahrscheinlichkeit solcher Veränderungen durch Gendrift steigt daher, je kleiner die Individuenanzahl der abgekoppelten Population ist. Diese Hoffnungsträger neuer Entwicklungen nennt man auch Gründerindividuen.

Stranden solche Pioniere auf bislang konkurrenzfreiem Terrain, können sie sich in erstaunlicher Weise weiterentwickeln. Ein bekanntes Beispiel für den möglichen weiteren Ablauf solcher Veränderungen stellen die Darwin-Finken auf Galapagos dar. Man geht davon aus, dass sie sich nach ihrer Ankunft auf dem noch kleinvogelarmen Archipel hauptsächlich über die Ausprägung verschiedener Formen des Nahrungserwerbs voneinander isoliert und in verschiedene noch miteinander kreuzbare Unterarten aufgespalten haben. Ein vergleichbarer Artbildungsprozess scheint auf Hawaii bereits weiter fortgeschritten zu sein. Dort haben sich die Kleidervögel schon in echte Arten differenziert, die sich nicht mehr miteinander kreuzen lassen. Besonders auffällig haben sich auf Hawaii die Fruchtfliegen entwickelt, von denen über tausend verschiedene Arten bekannt geworden sind.

Stets aber können die betreffenden Populationen und Individuen ausschließlich dasjenige zum Ausdruck bringen, was im Inneren ihrer Zellkerne durch die DNS kodiert vorgegeben wird. Jegliche echte und stabile Neuerung muss daher irgendwann durch zufällige Mutation entstanden sein und sich in der nachfolgenden Selektion bewährt haben. Dies gilt für neue Gefiederfärbungen, andere Schnabelformen usw., aber auch ganz genauso für jegliches neue Verhaltensmuster, das in veränderten Nahrungsgewohnheiten oder modifiziertem Balzverhalten inklusive des Gesangs resultiert.

Die Entschlüsselung des genetischen Codes der DNS krönte in den Augen vieler Wissenschaftler die mühevolle Suche nach den letzten Mechanismen, die dem gesamten Evolutionsgeschehen zugrunde liegen. Nun ließ sich ganz konkret demonstrieren, wie sich aus den langen DNS-Molekülen in der Keimbahn eindeutig definierte Proteine herstellen lassen, die wiederum nach streng vorgegebenen Regeln den gesamten Aufbau des Körpers einschließlich sämtlicher Verhaltensweisen und Instinkte bewerkstelligen.

Das hieß aber auch, dass die Auswirkungen von Mutationen des genetischen Materials in allen Einzelheiten untersucht werden konnten. Man hoffte dabei unter anderem, auf diese Weise nachvollziehen zu können, wie sich aus den anfänglichen Urzellen die vielzelligen Lebewesen bis hin zu Orchideen, Ameisen, Vögeln oder eben Menschen entwickeln konnten. Nirgendwo existierte eine noch so geringe Notwendigkeit, hierfür auf die Vererbung erworbener Eigenschaften oder – noch schlimmer – auf ein vitalistisches Lebensprinzip zurückgreifen zu müssen. Da Lebewesen letztlich nichts anderes als biochemisch gesteuerte Maschinen darstellen, müsste sich auch die Evolution einzig mit den Mitteln der Physik, der Chemie und dem obligatorischen Zufall erklären lassen. Der „Genetische Determinismus" trat seinen Siegeszug durch sämtliche biologischen Disziplinen an.

Mit diesen Betrachtungen sind wir am Ende unserer Betrachtung der Entwicklung der Evolutionstheorie angelangt. Es hat zwar auch unter materialistisch gesonnenen Biologen immer wieder Kritik an der Synthetischen Evolutionstheorie gegeben, jedoch fand sie zumeist nur wenig Anklang – nicht zuletzt, weil tatsächlich häufig nur weitere ungelöste Fragen aufgeworfen wurden, aber wenig zusätzlicher Erklärungswert geliefert wurde. Die Synthetische Evolutionstheorie besitzt daher nach wie vor in weiten Wissenschaftlerkreisen breite Anerkennung und wird vom Gros der

Biologen als das mit Abstand plausibelste Modell des Evolutionsgeschehens angesehen.

Dass Evolution im Sinne von fortschreitenden Artaufspaltungen stattfindet, kann mittlerweile nicht mehr bestritten werden. Zahlreiche fossil dokumentierte Entwicklungslinien wie von den Foraminiferen (kleine, einzellige Meerestiere mit harter Schale), Ammoniten oder gewissen Wirbeltiergruppen zeigen dies ebenso deutlich wie auch die erst in jüngerer Vergangenheit entstandenen Artenschwärme der hawaiianischen Fruchtfliegen oder der Buntbarsche in den großen afrikanischen Seen. Es existieren zahlreiche weitere Hinweise dafür, dass sich neue Lebensformen wie Höhlenfische oder Parasiten, die von den Menschen eingeführten Kulturpflanzen leben, sogar innerhalb nur weniger Jahrtausende oder Jahrhunderte herausbilden können.[83]

Aber: Lässt sich die gesamte Evolution inklusive ihres Fortschreitens zu immer größerer Komplexität wirklich so einfach über zufällige Mutationen und natürliche Selektion innerhalb isolierter Populationen erklären, wie es von den Evolutionsbiologen behauptet wird?

Um diese Frage zu beantworten, werden wir jetzt die Tragfähigkeit von Mutation und Selektion als zentrale Säulen des Neodarwinismus ausführlich untersuchen. In Kapitel 5 prüfen wir die Entwicklungsmöglichkeiten, welche zufällig auftretende Mutationen überhaupt mit sich bringen, um im 6. Kapitel zur kritischen Betrachtung der Selektion fortzuschreiten. Zum Abschluss des Buchteils über die biologische Evolution werden in Kapitel 7 noch weitere evolutionäre Problemstellungen vorgestellt, die eine separate Betrachtung verdienen – so z. B. die Evolution der Pflanzengallen und diejenige des menschlichen Bewusstseins.

5. Mutation

Eine Bestandsaufnahme

Als Darwin seine Selektionstheorie auf die Variationen der Individuen einer Art aufbaute, wusste er noch nichts von Genetik und Mutationen. Heute wissen wir jedoch ziemlich gut Bescheid, welche Faktoren für solche Variationen verantwortlich sein können. Beispielweise können Umwelteinflüsse wie Ernährung, Temperatur oder Feuchtigkeit erhebliche Schwankungen bei der Merkmalsausprägung von Lebewesen verursachen. Diese werden allerdings normalerweise nicht erblich fixiert, was schließlich einer Form von Vererbung erworbener Eigenschaften gleichkommen würde.[84]

Für echte evolutionäre Weiterentwicklung kommen nur stabile Änderungen in den Genen in Frage. Das sollen die spontan und in aller Regel *unabhängig* von äußeren Umwelteinflüssen auftretenden Mutationen sein.

Da jede Mutation einen ungewollten, außerplanmäßigen genetischen Unfall darstellt, sind die Konsequenzen, so sie überhaupt wirkungsvoll in Erscheinung treten, in den allermeisten Fällen zutiefst negativ für die betroffene Kreatur. Es gibt viele verschiedene Möglichkeiten, wie sich ungefragt Fehler in das Erbgut von Organismen einschleichen können. Die beiden wichtigsten Formen von Mutationen sollen hier kurz vorgestellt werden.

(1) *Punktmutationen*: Diese Form von Mutationen ist die landläufig bekannte. Hierbei wird eine falsche Base bzw. ein falsches Nukleotid in den DNS-Strang eingebaut. Das kann zur Folge haben, dass die solcherart veränderte Nukleotid-Sequenz jetzt eine andere Aminosäure als vorgesehen in das von ihr kodierte Protein einbaut.

Manchmal kann bereits eine einzige Punktmutation zum Tode führen oder schwere Krankheiten hervorrufen. Ein gut bekanntes Beispiel beim Menschen liefert eine Krankheit namens Sichelzellenanämie, bei der die roten Blutkörperchen sichelförmig deformiert sind. Sie wird von einem Protein verursacht, das nur an einer einzigen Position eine falsche

Aminosäure trägt und deswegen seine Funktion nicht mehr richtig ausüben kann. Da das Lebensmilieu von Malariaerregern durch diesen Blutdefekt ebenfalls beeinträchtigt wird, bleiben Menschen mit dieser Mutation von der Malaria verschont. Dafür sind sie aber grundsätzlich weniger vital als Menschen ohne Sichelzellenanämie.

Punktmutationen müssen sich aber nicht unbedingt bemerkbar machen. Zumeist ändert ein einziger Fehler in einem beispielweise 1 000 Basenpaare langem Gen das von ihm kodierte Protein in seiner Form und Funktion überhaupt nicht oder nur sehr unwesentlich. Ein Blick in die modernen Datenbanken zeigt, dass noch Proteine, bei denen bis zu 50 Prozent aller Aminosäuren unterschiedlich sind, fast immer eine praktisch identische Funktionen ausüben. Alleine das Hämoglobin, das Molekül, welches in seinem Zentrum den Sauerstoff bindet und im Blut zu den Orten des Verbrauchs transportiert, kommt beim Menschen in Hunderten verschiedenen Varianten vor, doch fast alle üben ihre Aufgabe gleichermaßen effektiv aus.

Die menschlichen Hämoglobinsequenzen sind bereits zu 1 Prozent von denen des Schimpansen verschieden, obwohl sie in beiden Organismen die gleiche Aufgabe erfolgreich erfüllen. Bei weiter entfernt verwandten Tieren wie Hunden oder Echsen wächst die Differenz weiter und beträgt beim Karpfen immerhin 50 Prozent. Gene können demnach sehr viele verschiedene Punktmutationen aufweisen, auch ohne ihre Funktion massiv zu verändern oder ihren Trägern nennenswerten Schaden zuzufügen.

Auf diese Weise kommt es zur Entstehung der bereits beschriebenen unterschiedlichen Allele eines Gens. Diese können sich hinsichtlich ihrer Auswirkung auf den Organismus in bestimmten Umweltsituationen gleichen oder auch leicht unterscheiden, und entsprechend des resultierenden Überlebenserfolges wird ihre Häufigkeit in einer bestimmten Population entweder zu- oder abnehmen.

(2) *Duplikationen*: Sie stellen unter den vielen verschiedenen Möglichkeiten, wie bei der Vervielfältigung des DNS-Fadens die Dinge schief laufen können, eine eminent wichtige Mutationsform dar. Hierbei wird ein Gen kopiert und an einer anderen Stelle im Erbgut wieder eingefügt.

Häufig besitzen die solcherart verunfallten Gendoppel keine Funktion mehr, da die für ihre Proteinherstellung zuständigen Regulationseinheiten an der neuen Position keinen Zugriff mehr auf sie haben. Falls die ungefragte Platznahme der Kopie an einer beliebigen Position im DNS-Strang keine wichtigen Gene zerstört haben sollte, fristen diese funktionslosen Duplikate ein verhältnismäßig unbeachtetes Dasein im Erbgut als sogenannte *Pseudogene.*

Dafür stellen sie allerdings eine hervorragende Spielwiese für den Zufall dar, der hier frei experimentieren und beliebig viele Punktmutationen erzeugen kann, die keinerlei Einfluss auf das aktive Stoffwechselgeschehen haben. Veränderungen in Pseudogenen werden also niemals bemerkt, bis nicht nach vielen Jahrtausenden oder Jahrmillionen, also unzählige Generationen später, diese durch weitere zufällige Mutationen doch wieder in den Einzugsbereich erfolgreicher Proteinherstellung geraten. Hier darf sich dann zeigen, was sich in der Zwischenzeit alles in dem Duplikat des Ausgangsgens ereignet hat, das sich jetzt mehr oder minder von seinem Zwilling unterscheidet.

Wirkt sich das neue Protein auf die bereits bestehenden Strukturen in irgend einer Weise förderlich aus, wird sein Besitzer samt Nachkommen positiv selektiert; ist es hingegen von Nachteil, was die Regel sein sollte, werden seine Träger über kurz oder lang ausgemerzt. Auf diese Weise sollen die etwa 30 000 verschiedenen Gene des Menschen zusammen gekommen sein, ausgehend von den wenigen informationstragenden Polymeren der hypothetischen Urzelle.

Ein weiterer sehr wichtiger Sachverhalt der Genetik ist, dass jedes höhere Lebewesen jeweils einen Satz Erbmaterial von sowohl seiner Mutter als auch seinem Vater mitbekommt. Diese werden nicht als einheitliche Blöcke, sondern in verschiedenen kleinen Päckchen geliefert. Im Fall des Menschen sind das die jeweils 23 *Chromosomen*, zusammen also 46.

Besitzt ein Gen auf einem dieser Chromosomen eine schädliche Mutation, kann der Ausfall dennoch fast immer durch das zweite Exemplar des Gens vom anderen Elternteils kompensiert werden. Eine solche Mutation nennt man *rezessiv.* Sie tritt äußerlich nur dann voll in Erscheinung, wenn beide von den Eltern mitgegebenen Gene den selben Defekt aufweisen.

Das hat Vor- und Nachteile: Der Vorteil besteht darin, dass die zumeist schädlichen rezessiven Mutationen bei Lebewesen nur selten zur Ausprägung kommen. Aber für die Evolutionsbiologen besteht der

Nachteil darin, dass positiv selektierbare Mutationen ebenfalls nur hochgradig selten zu Tage treten. Dies ist ausschließlich dann der Fall, wenn zufällig beide aufeinandertreffenden Elternteile die selbe Mutation tragen.

Ein Beispiel von rezessiven Mutationen mit nachteiligen Konsequenzen bei Menschen sind die Träger von gleich zwei defekten Sichelzellen-anämie-Genen, denn sie sterben meist früh. Auch der bei vielen Tieren verbreitete Albinismus kommt auf diese Weise zustande.

Rezessive Mutationen, welche die Bildung von neuen Strukturen oder höheren Komplexitätsgraden verursachen, sind bislang nicht bekannt. Doch gesetzt den Fall, es erschiene im Evolutionsverlauf tatsächlich ein auf solche Weise vorteilhaft mutiertes Individuum: Wenn es sich einen normalen Geschlechtspartner sucht, was die Regel ist, wird die Ausprägung des vorteilhaften Merkmals bei dessen Nachkommen sofort wieder unterdrückt, verschwindet von der Bildfläche und muss warten, bis wieder zufällig Träger des selben Defekts aufeinander treffen. Entsprechend mühevoll und langwierig gestaltet sich die Ausbreitung und Selektion von angeblich vorteilhaften, rezessiven Genen – falls sie überhaupt jemals gelingt.[85]

Schlägt hingegen der Effekt einer beliebigen Mutation aber auch dann durch, wenn das zweite Gen des anderen Elternteils noch die Normalform trägt, spricht man von einer *dominanten* Mutation. Das Gute daran ist, dass eine positive Merkmalserscheinung sich hier viel effektiver ausbreiten könnte; die schlechte Nachricht aber ist, dass zumindest bei höheren Tieren keine gewinnbringenden dominanten Mutationen bekannt sind – sie scheinen vielmehr stets nachteilhafte bis tödliche Effekte nach sich zu ziehen.

Sehen wir nach dieser Einführung in das Wesen der Mutationen genauer, was die in der wissenschaftlichen Praxis gewonnenen Forschungsergebnisse über ihre Auswirkungen auf Organismen zu sagen haben. Ist es gerechtfertigt, Mutationen als entscheidende, kreative Variationsursache zu begreifen, welche von der Selektion bloß noch in die richtigen Richtungen kanalisiert werden müssen, um höhere Komplexitätsebenen und neue Qualitätseigenschaften ins Reich des Lebendigen einzuführen? Die wichtigsten Erkenntnisse hierzu stammen aus der sogenannten Mutationsforschung. Dabei kurbelte man mit künstlichen Mitteln wie

Röntgenstrahlen die normalerweise relativ niedrigen Mutationsraten von Organismen kräftig an, um im Anschluss daran zu untersuchen, was alles an interessanten oder gar vorteilhaften, kommerziell verwertbaren Mutanten entstehen könne. Weiterhin hoffte man, neue Erkenntnisse zum Verständnis der Evolutionsvorgänge zu gewinnen. Hatte man doch jetzt endlich eine direkte experimentelle Methode zur Hand, mit der im Detail analysiert werden konnte, wie stabile Variationen spontan entstehen und sich weiterentwickeln können!

Dreierlei zeitraffende Hilfsmittel zur Erforschung der Artvariation durch Mutationen standen den Biologen damit zur Verfügung: Beschleunigte Mutationsraten, gezielte Kombination von mutiertem Erbmaterial und systematische Selektion der daraus entstehenden Nachkommen für weiterführende Züchtungen.

In vielen Ländern dieser Welt wurde die Mutationsforschung mit großem Aufwand betrieben. Man hat inzwischen eine immense Anzahl von Mutationen erzeugt – insgesamt mehrere Milliarden bis Billionen. Die meisten induzierte man bei für die Landwirtschaft interessanten Pflanzen wie Getreide oder Mais. Aber auch in den Modellorganismen der Genetiker, anhand derer die genaue Entwicklung von Lebewesen auf molekularer oder zellulärer Ebene erforscht wird, wurden mittlerweile sehr viele erzeugt. Zu diesen Modellorganismen zählen seit vielen Jahrzehnten die Fadenwürmer *Coenorhabdites elegans*, die kleine Fruchtfliege *Drosophila melanogaster* oder unter den Pflanzen der Ackerschmalwand *Arabidopsis thaliana*.

Der Begeisterung über die zunächst dokumentierte Vielfalt der Ergebnisse wich jedoch zunehmende Ernüchterung. Bei den Pflanzen musste man feststellen, dass deutlich weniger als 0,01 Prozent der Mutationen einen für den kommerziellen Gebrauch vorteilhaften Effekt auf ihre Träger hatten,[86] und bei den Tieren, deren Überlebenstauglichkeit erheblich empfindlicher von Mutationen getroffen wird, war der Erfolg so gering, dass noch nicht einmal Zahlenwerte angegeben werden können. Die vorteilhaften Pflanzenmutanten beschränkten sich auf solche, bei denen ein ursprünglich vorhandenes Merkmal wegfiel: Man erhielt Lupinen ohne Alkaloide, Raps ohne Erucasäure oder Erbsen ohne Fiederblätter. Neue Strukturen, Organe oder auch Spezies traten weder bei Tier noch Pflanze jemals auf. Insbesondere bei den Tieren waren die Mutanten fast immer deutlich benachteiligt. Vormals vorhandene und funktionstüchtige Strukturen wie Flügel, Augen und Stoffwechselwege fielen weg oder wurden auf verschiedenste Weisen untauglich gemacht.

Weiterhin scheinen den Variationsmöglichkeiten der betreffenden Organismen unerwartete Grenzen gesteckt zu sein. Neue Mutanten, die auch äußerlich noch nicht da gewesene Erscheinungsbilder hervorriefen, traten immer seltener auf. Fast jede körperliche Modifikation war aus vorangegangenen Versuchen schon bekannt, obwohl ihnen z.T. gänzlich andere Mutationen im Erbmaterial zu Grunde lagen. Die ewige Wiederkehr des Gleichen zeichnete sich drohend am Horizont ab, ohne dass vielversprechende Artvariationen aufgetaucht wären.

Das Spektrum der von Organismen tragbaren Mutationen ist demnach begrenzt. Wolf-Ekkehard Lönnig fasst diese Beobachtungen in dem Gesetz der *Rekurrenten Variationen* zusammen: Mögen auch noch so viele genetische Mutationen erzeugt werden – die körperliche Plastizität und Strapazierfähigkeit von Lebewesen ist limitiert. Mutationen, die überhaupt erkennbare Auswirkungen nach sich ziehen, können aufgrund arteigener Konstitutionen immer nur auf mehr oder weniger ähnliche Weise kompensiert werden. Außerhalb dieser Regulationsgrenzen sind die genetischen Störungen zu gravierend, um überhaupt noch einen lebensfähigen Organismus aufbauen zu können.[87]

Daher sinkt mit zunehmender Anzahl von Mutations-Versuchen die Wahrscheinlichkeit, bislang unbekannte Erscheinungsformen von Organismen zu erhalten, asymptotisch gegen Null. Das gilt in den Laboratorien natürlich genau so wie in der freien Natur, und das wiederum sind schlechte Nachrichten für die angeblich auf zufälligen Mutationen beruhende Evolution: Denn woanders als an den bei vielen Arten schon erschöpfend bekannten, wenig erbaulichen rekurrenten Mutantenspektren kann auch die natürliche Selektion nicht ansetzen.

Die geplagten Pflanzen und Tiere haben uns dank der künstlichen Beschleunigung der Mutationsprozesse so viele ihrer verfügbaren Mutationsmöglichkeiten offenbart, wie normalerweise in Millionen von Jahren nicht auftreten würden. Das Ergebnis, das unzählige Male von unabhängig voneinander arbeitenden Forschergruppen immer wieder in übereinstimmender Manier erzielt wurde, spricht für sich: Durch zufällige Mutationen und anschließende gezielte Selektion entstehen keine neuartigen Organe, Strukturen oder auch Arten. Selbst Defektmutanten, die unter optimaler menschlicher Pflege kommerziell verwertbar wären, treten kaum jemals auf. Folgerichtig wandten sich die Mutationsforscher nach etwa 40 Jahren enttäuscht von diesem aussichtslosen und unverhältnismäßig teuren Spiel mit dem Zufall ab – nicht zuletzt auch deswegen, weil sich mit herkömmlichen Kreuzungs- und Züchtungsmethoden erheblich bessere Erfolge erzielen ließen. Genehmigungen weiterer Gelder für Forschungsvorhaben wurden zunehmend spärlicher und die beschriebene Form der Mutations- forschung gehört heute bereits der Vergangenheit an.

Noch ein Wort zum Menschen: Man kennt auch hier bereits über 5 000 verschiedene Mutationen, die zum großen Teil unter das Gesetz der rekurrenten Variationen fallen, d. h. sich in identischen Erscheinungs- bildern manifestieren. Es existiert auch hier kein einziger Fall von positiv interpretierbaren Mutationen. Vielmehr gelten alle, die eine erkennbare Auswirkung zeigen, im medizinischen Sinn als Missbildungen oder Krankheiten.[88]

Im Gegensatz zu diesen erfolglosen ungerichteten Mutationsexperi- menten stehen allerdings einige Versuchergebnisse, bei denen hauptsächlich Bakterien gezielt bestimmten Bedingungen ausgesetzt wurden, die sie in ihrem normalen Lebensumfeld nicht antreffen würden. So wurden ihre Nährmedien mit Giften wie Antibiotika versehen, oder es wurden ihnen die üblichen Nahrungsmittel entzogen und durch solche ersetzt, die fremd und unverdaulich für sie waren.
Das Überraschende war nun, dass einige der Bakterienstämme sich in erstaunlich kurzer Zeit an die neuen Lebensumstände gewöhnten. Sie brachten bestimmte nützliche Mutationen tausendfach häufiger hervor als unter normalen Wachstumsbedingungen, wiesen Modifikationen ihrer Stoffwechselwege auf, womit sie die neuartigen Nährstoffe verdauen konnten, oder bauten binnen kürzester Zeit Resistenzen gegen verschiedenste Gifte auf.[89]
Viele dieser Mutationen traten nur unter Applikation der experimentellen Schikanen auf, nicht aber unter normalen Lebensbedingungen. In der

Regel kehrten die mutierten Stämme sogar wieder zu ihrer Ausgangsform zurück, sobald sich die Lebensverhältnisse wieder normalisierten.[90]
Dies scheint darauf hinzudeuten, dass viele Bakterien unter Stress, der
durch veränderte Umweltbedingungen hervorgerufen wird, mit erhöhter
Mutationsaktivität reagieren.

Ähnliche Phänomene findet man auch bei höheren Tieren wie
Würmern, Milben, Insekten und sogar Nagetieren. Manche Arten legen
geradezu unheimliche Fähigkeiten hinsichtlich ihrer Pestizidresistenz an
den Tag und fordern damit die Forschungslabors zur Entwicklung von
immer neuen Giften heraus. Zum Teil gelingt es den verfolgten
Insektenarten sogar, bereits innerhalb einer einzigen Brutzeit Resistenzen
gegen neue Pestizide zu erwerben.[91]

Solcherlei genetische Adaptationen waren eine große Überraschung für
die Biologen, denn demnach scheinen zumindest manche Organismen
innerhalb gewisser Grenzen die Fähigkeit zu besitzen, genetisch gezielt
auf veränderte Umweltbedingungen reagieren zu können – und das ist
nicht gerade, was ein neodarwinistischer Evolutionsbiologe unter
zufälliger Variation versteht.

Dennoch handelt es sich bei diesen Beispielen ausschließlich um solche
aus dem *stoffwechselphysiologischen* Bereich. Die Versuchsorganismen
konnten also lediglich das, was sie auch sonst zu tun pflegten, jetzt auch
in anderen Stoffwechselmilieus tun. Sie haben sich dabei weder stark
verändert oder fortentwickelt, und bis heute wurde nicht beobachtet,
dass sie sich noch weiter transformieren ließen bis hin zur Bildung einer
neuen stabilen Art.

Mutanten, die aufgrund neuartiger *körperlicher* Veränderungen einen
Selektionsvorteil besaßen, konnten in den Mutationszüchtungen nicht
nachgewiesen werden.

Gleichwohl muss man sich hüten, vorschnell zu urteilen, denn vielleicht
zeigt sich der Nutzen einer vermeintlich schädlichen Mutation erst
später. Als auf körperlicher Ebene durchaus bevorteilte Mutanten
könnten vielleicht die flügellosen Insekten auf den sturmumtosten Inseln
der Südmeere angesehen werden – womöglich weitere Defektmutanten,
die sich letztlich nur durch den Wegfall eines ehemals erfolgreichen
Merkmals auszeichnen, nicht aber durch die Hervorbringung eines
neuen. Doch selbst bei diesen Freilandfliegen mit reduzierten Flügeln
fällt auf, dass die Reduktionen sich harmonisch in das Gesamt-

erscheinungsbild ihres Körpers einfügen – im Gegensatz zu den künstlich mutierten Fliegen, die erkennbar unharmonische Verunstaltungen und Fehlkonstruktionen an ihrem Flugapparat aufweisen.

Und kurzbeinige Schafe, dickere Getreidekörner oder Korkenzieherwuchs bei Pflanzen mögen zwar für den Menschen wünschenswert sein, haben aber keinen objektiven Selektionsvorteil in der freien Natur. Solche Mutanten können sich ohne den beständigen Schutz durch den Menschen nicht behaupten, da sie den Wildformen gegenüber in manch anderer Hinsicht benachteiligt sind.

Dies ist ein wohlbekannter und vielfach beobachteter Effekt bei von Menschenhand gezüchteten Pflanzen und Tieren. Denn das Vertrackte an den Genen ist, dass sie meistens bei der Ausprägung mehrerer unterschiedlicher Merkmale ihre Nukleotide mit im Spiel haben. Ändert sich also ein Merkmal vielversprechend durch eine Mutation, tauchen im Schlepptau zugleich so viele anderweitige Nachteile auf, dass der neue Hoffnungsträger dennoch in der freien Natur vergehen würde. Fast alle Mutantenstämme in den Labors und auf den Feldern der Wissenschaftler lassen sich nur durch sorgfältige Hege und Pflege einigermaßen gesund erhalten und zeigen zudem die starke Tendenz, sich im Laufe der Generationen wieder zur stabileren Wildform zurückzuentwickeln.

Schon lange weiß man, dass aus vielen gewissenhaft selektierten Stämmen von mutierten Fruchtfliegen mit ungewöhnlichen Verhaltensweisen oder krummen Beinen ohne fortgesetzten Selektionsaufwand alsbald wieder gesunde Fliegenkinder hervorgehen werden – selbst die Nachkommen von augenlosen Mutanten können nach acht bis zehn Generationen schon wieder normal entwickelte Augen besitzen.[92] Es ist in diesem Zusammenhang besonders interessant, dass der Aufbau der neuen Augen oder Fühler von *anderen* Genen als den normalerweise dafür zuständigen, jetzt aber defekten Genen übernommen wird. Wie dies vor sich geht, ist bislang unbekannt, und es erinnert an die rätselhafte Fähigkeit von Bakterien, unter gewissen Umweltbedingungen mehr Mutationen zu erzeugen als sonst üblich, wobei sie auch so manchen Treffer erzielen und erfolgreich überleben.

Auch bei Pflanzen „entdeckte" man kürzlich ein sehr bemerkenswertes Phänomen, nämlich den *Ersatz* von defekten Genen, die für die Blütenbildung zuständig sind. Selbst wenn beide Elternteile ausschließlich über das mutierte Gen verfügten, traten in der Nachkommengeneration einige Individuen auf, die wieder die richtige Gensequenz trugen und Blüten ausbildeten.[93] Derartige Erscheinungen waren jedoch schon den frühen Genetikern bekannt, ohne dass sie damals wie heute angemessen gewürdigt würden.[94]

Jedenfalls scheint die ursprüngliche Ausgangsform bei allen Organismen eine unwiderstehliche Anziehungskraft zu besitzen, die etwaige Nachkommen von Mutanten wieder in ihren Bann zieht. Sollten also tatsächlich Mutationen auftreten, denen man einen potentiellen Selektionsvorteil attestieren könnte, so könnten sich ihre Träger nur dann längerfristig erhalten, wenn sie dauerhaft einem ernsten Selektionsdruck ausgesetzt wären, welcher exakt zu der aufgetretenen Mutation passt und der in seiner Stärke etwa demjenigen vergleichbar wäre, den die Menschen gezielt mit ihren Händen und Apparaturen Generation für Generation ausüben. Dies dürfte in der Natur nicht allzu häufig der Fall sein.

Doch die Genetiker fabrizierten noch weitere bemerkenswerte Erscheinungsbilder von Mutanten. Als bestechende Beispiele für den Beginn möglicher neuer Evolutionsrichtungen werden gerne Individuen von *Drosophila* vorgestellt, deren Anblick eindrückliche Erinnerungen hinterlässt: Anstatt von Fühlern wachsen Beine auf dem Kopf der Fliegen, oder zu einem Flügelpaar kommt ein identisches zweites Paar dazu. Das sind aber schon die Highlights der grundsätzlich bemitleidenswert verunstalteten Tierchen, die regelmäßig missgebildete Beine, Flügel oder sonstige Körperteile aufweisen, und auch hinsichtlich ihrer geschlechtlichen Potenz nicht sonderlich viel erwarten lassen. Doch auch für keine dieser Supermutanten ist ein evolutionärer Vorteil erkennbar. Mit einem nutzlosen Beinpaar am Kopf lassen sich keine süßen Fruchtsäfte oder Alkoholika lokalisieren, und zwei identische Flügelpaare mögen zwar beeindruckend aussehen, aber fliegen tut das Geschöpf damit nicht besser: Es ist so gut wie flugunfähig, da den zusätzlichen Flügeln jegliche Muskulatur fehlt und sie damit zu massiven Störfaktoren werden.
Allem Anschein nach hat sich selbst unter den als sehr variationsfreudig bekannten Vertretern der Fruchtfliegen auf Hawaii nichts Vergleichbares

etablieren können. Ihre über tausend verschiedenen, vom Scheitel bis zur Kralle harmonisch und wohlproportioniert anzuschauenden Arten sowie die ungezählten weiteren Spezies anderswo auf der Welt unterscheiden sich wohltuend von den künstlich erzeugten *Drosophila*-Mutanten.

Fassen wir zusammen: Nach dem gegenwärtigen Stand des Wissens sind Mutationen ziemlich seltene Ereignisse. Man kann die Mutationsraten künstlich erhöhen und mit diesem Trick den hypothetischen Evolutionsablauf um Millionen von Jahren abkürzen. Neue Arten, neue Strukturen oder neue Organe wurden hierbei jedoch nicht geschaffen, und nach allen äußerlich sichtbaren Mutationen greift mit langem Arm das Gesetz der rekurrenten Variationen. Ausnahmslos alle bekannten Mutationen modifizieren vorhandene Merkmale oder vernichteten sie. Hinweise auf neuartige Entwicklungsansätze in Richtung höherer Komplexitätsgrade fehlen bislang.

Andererseits scheinen sich Mutationsraten mit gezielten stresserzeugenden Versuchsansätzen steigern zu lassen. Es sind sogar einige Fälle bekannt, in denen die derartig gereizten Zuchtstämme überdurchschnittlich erfolgreiche Stoffwechselanpassungen zeitigten. Überlässt man Mutantenstämme jedoch ihrem Schicksal, kehren sie sehr oft innerhalb weniger Generationen wieder zu ihrer Normalform zurück.

Das Fazit bezüglich experimentell erzeugter Mutationen als Quell vorteilhafter erblicher Variationen lautet daher:

Zufällige oder künstlich angeregte Mutationen brachten selbst unter größtem labortechnischen Aufwand keine neuartigen, stabilen Lebensformen hervor, die als beweiskräftige Beispiele einer evolutionären Entwicklung dienen könnten.

Es muss als sehr wahrscheinlich gelten, dass sich dies mit *zufälligen* Mutationen, die im Freiland auftreten, ebenso verhält.

Doch nebst diesen Erfahrungswerten aus der Praxis gibt es auch eine ganze Reihe von theorethischen Überlegungen, welche die Skepsis gegenüber dem Evolutionsfortschritt durch zufällige Mutation erhärten. Wenden wir uns auch ihnen zu.

Variation contra Mutation

Ein viel beanspruchtes Argument zur Verteidigung der Macht der Mutationen stellt das Konzept der vielen kleinen Schritte dar, die sich letztlich zu großen Differenzen aufsummieren sollen. Obwohl in der Mutationsforschung bislang noch keine Lebensform über kleine aufeinanderfolgende Mutationsschritte in eine andere überführt werden konnte, hält sich diese Ansicht hartnäckig bei vielen Biologen. Denn im Freiland lassen sich viele Beispiele dafür finden, dass Arten sich anscheinend dennoch über langsame Veränderungen fortentwickeln, wie beispielsweise durch die Darwin-Finken nahegelegt wird.

Diese als „Gradualismus" bekannte Denkrichtung der erfolgreich selektierbaren kleinen Schritte geht auf Darwin selbst zurück, der sich Evolution nur auf diese Weise fortschreitend denken konnte. Doch schon sein enger Freund und Mitstreiter aus den aller ersten Tagen der Formulierung der Selektionstheorie, Thomas Huxley (1825-1895), hegte diesbezüglich andere Ansichten. Er postulierte die Notwendigkeit größerer, einschneidender Veränderungen, die das Individuum direkt auf eine ganz neue Ebene der Tüchtigkeit hieven.

Neuerer Höhepunkt dieser alten Debatte waren bis vor wenigen Jahren die scharf gewürzten gegenseitigen Anfeindungen zwischen Richard Dawkins, dem Gradualisten, und dem Paläontologen Stephen Jay Gould. Die Gegner des Gradualismus wenden ein, dass die vielen winzig kleinen Entwicklungsschritte zu klein dimensioniert sind, um der Selektion überhaupt eine nennenswerte Angriffsfläche zu bieten. Sollten sie sich tatsächlich im Laufe der Zeit aus der Masse der unveränderten Mitstreiter herausschälen können, würden echte Weiterentwicklungen unendlich zäh und langsam verlaufen – was allerdings dem bekannten Fossilbericht widerspreche. Denn oftmals findet über viele Millionen Jahre hinweg tatsächlich keine gravierende Weiterentwicklung von Organismen statt, doch plötzlich erscheinen mit einem Schlag zahlreiche neuartige Lebensformen mit nie zuvor gesehenen Konstruktionsplänen auf der Erde. Solche Ereignisse haben sich im Verlauf der Evolution mehrmals ereignet. Das bekannteste hiervon dürfte zugleich das erste seiner Art sein, die sogenannte „Kambrische Explosion". Hierbei traten auf einen Sitz so gut wie alle heute noch bekannten Tierstämme mit verschiedenen Arten in Erscheinung, und zum ersten mal in der Erdgeschichte wurden größere Mengen an Fossilien von vielzelligen Organismen hinterlassen.

Ein solches sprunghaftes Auftreten neuer Grundtypen von Lebensformen ist noch immer rätselhaft, denn es lassen sich anhand des Fossilmaterials keine nachvollziehbaren Abstammungslinien ableiten, aus denen sich diese Urformen entwickelt haben könnten. Das gilt sowohl für die mit der Kambrischen Explosion aufgetauchten Organismen, aber auch für zahlreiche spätere Ereignisse dieser Art wie das plötzliche Erscheinen der vielen verschiedenen Grundformen von Säugetieren, die sich zu den heutigen Huftieren, Walen, Fledermäusen, Raubtieren oder Nagetieren entwickelt haben. Sind die Ausgangsformen allerdings erst einmal erschienen, lassen sich von dort an häufig eindrucksvolle Weiterentwicklungen dokumentieren. Das Auftauchen der Grundformen scheint demnach nicht langsam und graduell, sondern schnell und in Schüben vonstatten gegangen sein, weswegen Gould und andere Kritiker des Gradualismus ihre Theorie der evolutionären Sprünge oder „Saltationen" entwickelt haben.[95]

Insbesondere bei derartigen Entwicklungsschüben ist die Mutation jedoch ziemlich in der Zwickmühle, denn sie muss an zwei Fronten gleichzeitig kämpfen: Zum einen muss sie hinreichende Unterschiede fabrizieren, an denen die Selektion ansetzen kann, zum anderen darf sie nicht zu stark in den bereits existierenden Bauplan der Lebewesen eingreifen und zu einer Verminderung von deren Fitness führen. Dass die von großen Veränderungen heimgesuchten Tiere diesbezüglich einen sehr schweren Stand haben, konnte in der besprochenen Mutationsforschung in nachdrücklicher Klarheit gezeigt werden.

Zudem dürfte es nicht die Regel sein, dass ein möglicherweise tüchtigeres Monster seine potentiellen Geschlechtspartner von seiner größeren Fitness überzeugen kann, sind doch sämtliche die Paarung betreffenden Verhaltens- und Erkennungsmuster streng auf die im normalen Variationsrahmen liegenden Artgenossen abgestimmt. Jede auffällige Abweichung von der vertrauten Norm wird von allen Lebewesen insbesondere bei dem heiklen Geschäft der Fortpflanzung zunächst einmal mit berechtigtem Argwohn betrachtet. Daher wird auch von vielen Verfechtern der rapiden Entwicklungsschübe mittlerweile so argumentiert, dass sich zu gewissen Zeiten diese kleinen Veränderungsschritte sehr stark gehäuft hätten, um entsprechend schnell die neuartigen Lebensformen entstehen zu lassen.

Das Problem mit allen Theorien von winzigen Veränderungen aber ist: Die kleine durch Mutation bedingte Variation wird sich kaum von der normalen, durch Umwelteinflüsse bedingten Variation unterscheiden. Betrachten wir zu dieser Thematik ein Beispiel aus dem Tierreich, und zwar die vielzitierte Giraffe. Sie wird in jedem Schulbuch als Lehrbeispiel der darwinistischen Selektionstheorie dargestellt und verdient daher auch hier eine entsprechende Würdigung.

Darwin baute seine Selektionstheorie bekanntlich auf der Beobachtung auf, dass die Angehörigen einer Art variieren. Von diesen sollten sich letztlich diejenigen Individuen, die sich im Kampf um die Ressourcen am besten bewähren, gegenüber ihren benachteiligten Artgenossen durchsetzen und für den langsamen Artenwandel verantwortlich sein.

Zunächst ist festzuhalten, dass die Ausmaße der geschlechtsreifen Giraffen tatsächlich variieren. Schon die ausgewachsenen Bullen sind grundsätzlich höher als erwachsene Kühe, die Differenz beträgt hierbei rund einen Meter. Die Gradualisten nehmen nun eine sehr langsam fortschreitende mutationsbedingte Längung des Halses an, Darwin spricht von ein bis zwei Zoll pro Zwischenschritt – das sind 2,5 bis 5 Zentimeter. Wenn sich tatsächlich Varianten mit etwa 3,5 Zentimeter längeren Hälsen gegenüber den anderen erfolgreich durchsetzten, stellt sich jedoch sofort die dringliche die Frage, aus welchem Grund die rund 100 Zentimeter kleineren Weibchen nicht schon längst ausgestorben sind! Zumal Bulle und Kuh keineswegs gemeinsam durch die Weiten der Savanne schreiten und sich die belaubten Zonen der Baumkronen entsprechend ihrer Halslänge aufteilen. Sie gehen zumeist getrennte Wege.

Der Fossilbericht trägt zur Klärung der Entstehung der Giraffen nichts bei. Es sind keinerlei Zwischenformen bekannt, die von den frühen Giraffenvorfahren zu den heutigen Giraffen überleiten. Darwin und die Gradualisten tun dennoch sehr gut daran, wenn sie möglichst kleine Entwicklungsschritte für die Längung des Giraffenhalses postulieren. Denn ein im Verhältnis zur Körpergröße um nur fünf Prozent verlängerter Hals könnte bereits für mangelhafte Blut- und Sauerstoffversorgung im Gehirn sorgen, die verlängerte Luftröhre könnte das nicht nutzbare Totvolumen jedes Atemzuges insbesondere bei Kampf- oder Fluchtmanövern entscheidend vergrößern, oder es könnten verfrühte Verschleißerscheinungen der noch nicht optimal an die neue Situation angepassten Halswirbel und Muskeln auftreten.

Die fortgesetzte Höhenzunahme des Giraffenhalses muss zudem wohlkoordiniert mit anderen notwendigen und mutativ verursachten Neuentwicklungen erfolgen, welche keinesfalls unproblematisch sind. Zu nennen wären die Evolution des Herzens und der Lunge zu erhöhter Leistungsfähigkeit, die Herausbildung von Rückstauklappen für das Blut in den Halsarterien, damit es überhaupt in den Kopf befördert werden kann und nicht wieder zurücksackt, der den Blutdruck im Kopf reduzierende Mechanismus für die Gelegenheiten, bei denen das Tier sein Haupt beispielsweise zum Trinken senkt (das „Wundernetz" genannte System von sehr fein verzweigten Adern), die zusätzlichen Schutzmechanismen für die Kapillargefäße in den unteren Beinregionen, die ansonsten unter dem immensen in ihnen herrschenden Blutdruck platzen müssten, die an den Halswirbeln auftretenden neuen Ansatzflächen für neue kräftigere Muskeln oder die besonders muskulöse Speiseröhre, welche die aufgenommene Nahrung zum Wiederkäuen etwa drei Meter hoch zurück zum Gebiss transportieren muss und so fort.

Bei jeder dieser Neuentwicklungen muss immer die eine zufällige Mutation auf die andere warten – oder man nimmt den noch unwahrscheinlicheren Fall an, dass alles gleichzeitig und gemeinsam durch zufällige Mutationen entstand. Es scheint jedenfalls fragwürdig, ob große Mutationssprünge hierbei in der Lage gewesen wären, die überlebenswichtige Feinabstimmung all dieser unterschiedlichen Veränderungen sofort gebrauchsfertig und positiv selektierbar mitzuliefern.

Der gradualistische Entstehungsweg scheint also der einzig vorstellbare zu sein – obwohl die natürliche Variabilität der Giraffenkörpergrößen größer ist, als die von den Gradualisten geforderten zentimetergroßen Mutationsschritte, welche die angeblich tödlich wirksame Ursache gewesen sein sollen, kurzhalsige Giraffenindividuen nachhaltig zu eliminieren. Wir stehen also vor einem Rätsel, dessen Lösung nicht ersichtlich ist.

Zudem ist bekannt, dass Giraffen überwiegend in der feuchten Regenzeit, wenn also die gesamte Serengeti saftig ergrünt und blüht, ihre Nahrung von den Bäumen zupfen – in der harten und entbehrungsreichen Trockenzeit aber, wenn also die natürliche Selektion ihren unbarmherzigen Griff um die zu kurz geratenen Individuen schließen sollte, fressen sie hingegen von niedrigen Büschen und beugen dazu stets den Hals herunter.[96] In diesem geneigten Zustand scheint der Fressvorgang sogar schneller und besser zu funktionieren als langhalsig ausgestreckt. Weibliche Tiere fressen derartig gerne mit waagrecht gehaltenem Hals, dass man dieses Verhalten sogar als ein Kriterium für die Geschlechtsbestimmung im Freiland heranziehen kann.

All diese Beobachtungen deuten darauf hin, dass der überlange Hals vielleicht unnötig, wenn nicht sogar nachteilig ist, und sie widersprechen der häufig postulierten Verlängerung des Giraffenhalses durch innerartliche Variation und nachfolgende natürliche Selektion. Später im Buch werden wir noch ein anderes neodarwinistisches Erklärungsmodell kennen lernen, das die Giraffenevolution zumindest etwas plausibler erscheinen lässt.

Biologische Wahrscheinlichkeiten und Unwahrscheinlichkeiten 1: Der Bakterienmotor

Im vorherigen Abschnitt wurde erwähnt, dass die gemeinsame und gleichzeitige Entstehung der organischen Neuerungen des Giraffenhalses unwahrscheinlicher ist, als eine graduelle Herausbildung, bei dem immer ein kleiner Mutationsschritt auf den anderen folgt. Dies sollten wir ausführlich begründen, da viele Biologen sich über das Ausmaß dieser Unwahrscheinlichkeit gar nicht im Klaren sind und unterschwellig mutmaßen, irgendwie wird es in dieser oder jener Situation schon zu derartigen Ereignissen gekommen sein.

Genau wie man Wahrscheinlichkeiten für das zufällige Zustandekommen von Polymeren bestimmter Länge in der Ursuppe berechnen kann, ist dies auch innerhalb gewisser Grenzen für das zufällige gemeinsame Zustandekommen neuer Merkmale von Organismen möglich. Letzten Endes sollen schließlich alle Ausprägungen von organischen Strukturen auf dem komplexen Zusammenspiel von biochemischen Molekülen unter der Regie der DNS basieren.

Ein aufschlussreiches diesbezügliches Rechenexempel verdanken wir Reinhard Junker und Siegfried Scherer.[97] Die Autoren führen eine beispielhafte Kalkulation durch, in der die Wahrscheinlichkeit der zufälligen und spontanen Entstehung einer einfachen molekularen Maschine angegeben wird. Gegenstand der Untersuchung sind die sechs Elektrorotationsmotoren des Bakteriums *Escherichia coli*, mit deren koordinierter Aktivität dieses sich in flüssigen Medien fortbewegen kann. Der einzelne Motor gilt in seinem Aufbau als relativ gut erforscht. Er misst gerade einen dreißigmillionstel Millimeter und setzt sich aus über 40 Proteinen zusammen, welche die aus dem Motor ragende Geißel in gemeinschaftlicher Zusammenarbeit in Drehung versetzen. Dazu kommen noch weitere 8 Proteine, die chemische Signale an der Außenseite des Bakteriums aufnehmen und nach innen an die verschiedenen Motoren weiterleiten, um das ganze Tier in die gewünschte Richtung schwimmen zu lassen. Manche Bakterienmotoren können ihre Geißel bis zu 15 000 mal pro Minute um ihre eigene Achse drehen! Die Energie für den Kurbelprozess wird über ein elektrochemisches Ladungsgefälle bereitgestellt, indem bestimmte Ionen durch die Zellmembran des Bakteriums hin und hertransportiert werden.

Junker und Scherer reduzieren nun die Anzahl der für einen hypothetischen frühen Bakterienmotor notwendigen Proteine von über vierzig auf fünf, die an der Signalweiterleitung beteiligten Proteine von acht auf zwei.
Sieben Proteine dürften nun wirklich das absolute Minimum sein, mit dem sich ein motorähnlicher Urahn in irgendeiner Weise vorteilhaft für das Bakterium auswirken könnte. Diese sieben repräsentieren:

1. ein die Geißel aufbauendes Protein
2. ein Winkelstück, an dem auf der Außenseite des Bakteriums die Geißel befestigt ist und sie in eine bestimmte Richtung weisen lässt
3. die Aufhängung des Winkelstücks in der Zellmembran
4. eine durch die Aufhängung bis ins Zellinnere reichende Rotationsachse
5. ein Motorprotein, welches die Rotationsachse antreibt
6. ein Rezeptorprotein, das an der Außenseite der Zellmembran chemische Signale über die Umwelt empfängt
7. ein Protein, welches das empfangene Signal durch das Zellinnere zum Motor transportiert und die Bewegung einleitet

Die Autoren gehen stets von der Annahme aus, diese sieben Neuheiten müssten gleichzeitig entstanden sein, da durch vereinzeltes, zeitlich aufeinanderfolgendes Auftreten der Motoren-Komponenten kein greifbarer Selektionsvorteil erkennbar sei. In der Tat könnte keines dieser Proteine ohne die anderen irgendeine Funktion übernehmen, die dem Bakterium etwas nützen würde. Dann aber hätten sie nach neodarwinistischen Evolutionsvorstellungen alsbald wieder von der Weltbühne verschwinden müssen.

Bevor Proteine neuartige Funktionen übernehmen können, müssen sie in aller Regel an *vielen verschiedenen* Positionen verändert sein. Dies geschieht in der DNS durch entsprechende vorhergehende Mutationen. Wir haben bereits gehört, dass Proteine, bei denen bis zu 50 Prozent aller Aminosäuren unterschiedlich sind, immer noch häufig die gleichen Funktionen ausüben. Anstatt aber hier Hunderte von Mutationsschritten für die Hervorbringung neuer Proteine mit geänderter Funktion anzunehmen, begnügen wir uns hier mit deren drei.

Weiterhin nehmen wir an, dass ausgerechnet diese drei Mutationen in irgendeiner Weise einen vorteilhaften Funktionswechsel für die hier relevante Problemstellung der Motorenkonstruktion aufweisen – Tausende von anderen (zumeist schädlichen!) Möglichkeiten wären ja ebenso denkbar.

Das alles bedeutet bis jetzt: Für jedes der sieben neuen Proteine brauchen wir drei Mutationen, zusammen also 21.

Sodann weisen die Autoren darauf hin, dass für die sieben mutierten Gene zuvor noch Duplikationen der Ursprungsgene vorliegen müssen, denn es ist unmöglich, dass aktiv in den Stoffwechsel eingebundene Bakteriengene einfach zusätzlich neue Proteine produzieren, während gleichzeitig weiterhin die alten in funktionstüchtiger Form gebildet werden. Diese duplizierten Pseudogene sind es, an denen die Mutationen sich vollzogen haben, und sie müssen nun zur rechten Zeit mit den passenden Veränderungen wieder ins Erbgut eingefügt werden. Insgesamt kommen wir demnach auf 21 + 7 = 28 gemeinsam notwendige Mutationen für unsere Urform des Bakterienmotors.

Nehmen wir nun noch an, unsere Gene hätten die Länge von 1 000 (= 10^3) Basenpaaren, und die Mutationsrate der Bakterien läge mit 10^{-8} (das bedeutet, alle 100 000 000 Basenpaare tritt eine Mutation auf) zehn mal höher als heute, so haben wir alle Zutaten für unsere ungemein optimistische Wahrscheinlichkeitsrechnung beisammen.

Die Wahrscheinlichkeit, dass eine Mutation in einem beliebigen Gen auftritt, liegt hier bei

$$10^3 \times 10^{-8} = 10^{-5}$$

Diese Wahrscheinlichkeit muss nun 28 mal mit sich selbst multipliziert bzw. potenziert werden, denn 28 ist die Anzahl der Mutationen, die wir für unsere Kalkulation benötigen:

$$(10^{-5})^{28} = 10^{-140}$$

Das ist eine unvorstellbar kleine Zahl. Sie bezieht sich allerdings wohlgemerkt nur auf die Wahrscheinlichkeit, dass eine Bakterienzelle bei der nächsten Zellteilung die sieben neuen Proteine erhält. Nun leben schon seit sehr langer Zeit Bakterien auf dieser Welt, und das auch in nicht zu knapper Zahl. Manche Evolutionsbiologen winken hier wieder mit den Behauptungen, diese Zeit sei einmal mehr der Held der Handlung gewesen, da in den unvorstellbar großen Wassermassen der Ozeane dieses Ereignis sicher dennoch ab und an aufgetreten sein müsse. Man kann aber auch grob abschätzen, wie viele Bakterien jemals auf der Erde gelebt haben können – vom Anbeginn des Lebens an bis zum heutigen Tag. Die hierfür angegebene Obergrenze beträgt 10^{46}.

Demnach beträgt die Wahrscheinlichkeit, dass eines von allen Bakterien, die jemals gelebt haben, die erforderlichen Mutationen zuwege gebracht hat:

$$10^{-140} \times 10^{46} = 10^{-94}$$

Auch damit ist uns nicht viel geholfen, wir erinnern uns: Selbst die Gesamtzahl aller Atome im Universum wird „nur" auf 10^{80} geschätzt. Junker und Scherer machen nun noch weitere Konzessionen, indem sie die Einfügung der Pseudogene weglassen, die Signalübertragung anstatt auf zwei auf nur noch ein einzige neues Protein beschränken und noch ein weiteres Motorenprotein streichen. Wir brauchen jetzt also nur noch fünf neue Proteine vermittels drei Einzelmutationen, die in aktiven Genen stattgefunden haben sollen, also insgesamt 15. Die Wahrscheinlichkeit, dass diese im Verlauf der gesamten Erdgeschichte irgendwo in einer Bakterienzelle entstanden sind, beträgt damit:

$$(10^{-5})^{15} \times 10^{46} = 10^{-29}$$

Zum Vergleich: Es ist immer noch etwa 1 000 000 000 000 000 000 000 mal wahrscheinlicher, gleich beim ersten Versuch sechs Richtige im Lotto zu ziehen.

Und das, obwohl wir unter extrem optimistischen Annahmen gerechnet hatten: Wir kamen von einem Motorsystem mit etwa 50 interagierenden Komponenten und beschränkten uns zuletzt auf die Berücksichtigung von deren fünf; wir gingen von einer zehn mal höheren Mutationsrate als heute aus; wir nahmen allen belegten Fakten zum Trotz an, dass durchschnittlich drei Mutationen ausreichen, um für die Motorkonstruktion nützliche Funktionsänderungen an den Proteinen hervorzubringen; wir verzichteten auf die normalerweise als notwendig vorausgesetzten Genduplikationen; und wir berücksichtigten außerdem nicht, dass sämtliche bakterienmotorrelevanten Gene zufällig unter die Kontrolle einer gemeinsamen und sinnvollen Regulationsinstanz geraten sein müssen.

Bei all dem dürfen wir obendrein nicht vergessen, dass hier auch das gesamte Bakterium einfach als existent vorausgesetzt wurde. Wie allerdings der erste Teil des Buches bereits in aller Ausführlichkeit gezeigt hat, ist jedoch allein dessen Auftauchen auf der Erde mit einer die Vorstellungskraft über alle Maßen strapazierenden Unwahrscheinlichkeit verknüpft.

Es scheint jedenfalls erwiesen zu sein: Der Bakterienmotor kann nicht über eine gleichzeitig stattfindende Hervorbringung von fünf neuen Proteinen entstanden sein.[98] Und dies ist eine sehr wichtige Erkenntnis, denn das gilt natürlich gleichermaßen für alle jemals auf diesem Planeten entstandenen biologischen Strukturen, die auf der molekularen Ebene mehr als fünf notwendigerweise gemeinsam agierende Gene umfassen.

Damit verbleibt im Rahmen des Neodarwinismus nur noch die Möglichkeit, dass sich solche Systeme langsam durch streng nacheinander erfolgende gradualistische Proteingeburten herausbilden. Derartige Szenarien haben zudem den großen Vorteil, vom statistischen Gesichtspunkt aus wahrscheinlicher zu sein als die gleichzeitige Entstehung von verschiedenen aufeinander abgestimmten Einheiten. Denn die Unwahrscheinlichkeiten der einzelnen Veränderungsschritte müssen im graduellen Szenario nur addiert werden, während sie bei der gleichzeitigen Entstehung von Systembestandteilen miteinander multipliziert werden müssen. Wir sahen, dass man auf diese Weise schnell zu grotesken Gesamt-Unwahrscheinlichkeiten gelangt.

Wie könnte aber ein solches gradualistisches Entstehungsszenario für den Bakterienmotor aussehen? Hier ein Vorschlag.
Erst tritt nach einer Reaktivierung eines hinreichend mutierten Pseudogens ein einzelnes neues Protein auf, das eine Geißel an der Außenmembran eines Bakteriums aufbaut. Möglicherweise kann sein Besitzer deswegen besser in flüssigen Medien umhertreiben, was ihm einen positiven Selektionswert zukommen lassen könnte. Dann tritt vielleicht in der Nähe der Geißelverankerung zufällig ein neues Membranprotein auf den Plan, welches den Geißeln eine größere Bewegungsfreiheit an der Basis ermöglicht, ohne deren Befestigungsweise dabei zu schwächen. Nach dem Erscheinen des nächsten hinreichend mutierten und reaktivierten Pseudogens tritt ein Protein auf, das vielleicht in irgendeiner Weise den elektrochemischen Gradienten in der Umgebung der Geißeln modifizieren kann und sie dadurch in

Vibration versetzt. Vielleicht gab es zu dieser Zeit viel mehr Geißeln, die zudem noch kürzer waren. Gemeinsam könnten diese die Position des Bakteriums in der Flüssigkeit ein winziges Stückchen weit verlagert haben, wo es dann mehr Nahrung fand; oder die Geißeln erzeugten lediglich einen kleinen Flüssigkeitsstrom, der neue Nährstoffe herbeistrudelte. Sodann könnte sich ein weiteres Protein zwischen Zellwand und Geißel schieben, welches zugleich erste Drehbewegungen ermöglichen würde und alle Geißeln in die selbe Richtung weisen ließe... Und so weiter und so fort, bis irgendwann 50 Gene den optimierten Geißelmotor formieren, so wie er heute zu finden ist.

Das wäre sozusagen der bis auf die niedrigst mögliche Ebene heruntergefahrene Gradualismus – immer nur ein neues Protein nach dem anderen. Da es bei dieser Form des evolutionionären Wandels immer nur um einzelne neue Proteinmoleküle oder um einzelne von ihnen umgesetzte Reaktionsprodukte gehen kann, möchte ich diese Form des Gradualismus ab hier den *Molekulargradualismus* nennen.

Solche molekulargradualistische Gedankengänge sind zwar sehr spekulativ und theoretisch, aber zumindest im eben geschilderten Fall noch vorstellbar. Bei Giraffenhälsen sieht die Sache jedoch schon schwieriger aus, da kaum jemals einzelne Proteine merkliche Selektionsvorteile für die angesprochene Entwicklung der vielen neuen notwendigen Strukturen bewirken könnten.

Dies gilt um so mehr für noch erheblich komplexere Organe wie beispielsweise das Wirbeltierauge. Wir sollten auch darauf ausführlicher eingehen. Denn hier kann besonders gut gezeigt werden, wie viele Neodarwinisten die mit der Evolution von wirklich komplexen Organen verbundenen Probleme zu lösen vorgeben, obwohl sie dabei noch nicht einmal zu den eigentlich kritischen Fragen vordringen.

Biologische Wahrscheinlichkeiten und Unwahrscheinlichkeiten 2: Das Auge

Die molekulare Ebene ist die tiefste von allen Organisationsebenen der Lebewesen und eignet sich daher von allen am besten für kritische

Überprüfungen möglicher Entwicklungswege. Hier sehen wir die elementaren Grundbausteine der Organismen am Werk. Keine der übergeordneten Ebenen bietet solch geeignete Untersuchungsparameter wie präzise bestimmbare Mutationsraten, Kettenlängen von Genen und Proteinen, oder auch vollständige Bestandsaufnahmen aller beteiligten Komponenten von Stoffwechselwegen, Signalverarbeitungswegen oder Minimotoren.

Wie wir sahen, sind dennoch bereits auf dieser verhältnismäßig überschaubaren Ebene die wahren Entstehungswahrscheinlichkeiten nur sehr schwierig objektiv zu beurteilen. Es ist daher nicht weiter verwunderlich, dass sich bei Modellen, die Entstehungswahrscheinlichkeiten auf höheren, gröber aufgelösten Ebenen zu errechnen versuchen, noch erheblich größere, nahezu grenzenlose subjektive Interpretationsfreiräume eröffnen, wobei allerdings entscheidende Details oftmals sträflich vernachlässigt werden. Wir werden nun ein diesbezüglich sehr unrühmliches Beispiel kennen lernen. Es betrifft wie angekündigt eines der größten Wunder des Lebens: Das Auge.

Seit Darwins Zeiten dient die Entwicklung des Auges geradezu als Paradebeispiel für eine anschauliche Demonstration dessen, auf welche Weise die Evolution selbst die kompliziertesten Organe einzig über zufällige Mutation und Selektion in angemessener Zeit hervorbringen kann. Wer nämlich die Geschichte mit dem Auge glaubt, ist leicht geneigt, auch alle anderen unwahrscheinlichen, gemeinhin aber als „wahrscheinlich" bezeichneten Evolutionsgeschichten zu glauben.

Die im Folgenden zu besprechende neodarwinistisch geprägte Studie mit dem vielversprechenden Titel „Eine pessimistische Schätzung für die Zeit, die ein Auge für seine Evolution braucht" stammt von Dan Nilsson und Susanne Pelger.[99] Sie besitzt gehörigen Bekanntheitsgrad und wird von Evolutionsbiologen sehr gerne zitiert, da sie gezeigt hat, dass aus primitiven Augenvorläufern binnen 364 000 Jahren ein vollständiges Fischauge inklusive der Linse entstehen kann. Pessimistisch wurde sie deshalb genannt, weil in ihr angeblich sehr entwicklungshinderliche Annahmen zugrunde gelegt wurden und die Augenentwicklung realistisch gesehen in noch erheblich kürzeren Zeiträumen erfolgen können müsste. Das klingt gut, denn Augen haben sich in der Evolution wahrscheinlich 40 bis 70 mal unabhängig voneinander entwickelt, weswegen die dem zugrundeliegenden Mechanismen nach neodarwinistischem Evolutionsverständnis nicht allzu schwierig zu bewerkstelligen sein dürfen.

Das Ergebnis der Studie wurde über ein mathematisches Computermodell gewonnen. Wir finden eine zusammenfassende Darstellung dieser Modellrechnung auch in dem Buch „Gipfel des Unwahrscheinlichen" von Richard Dawkins. In diesem Buch versucht er, auf systematische Weise komplexe Evolutionsphänomene als triviale Selbstverständlichkeiten darzustellen.[100] Dawkins ist mit den Autoren der Studie persönlich bekannt und gilt als scharfzüngiger, aber unterhaltsam zu lesender Verfasser zahlreicher populärwissenschaftlicher Bücher über evolutionstheoretische Fragen. Er ist einer der diesbezüglich einflussreichsten Meinungsbildner, und heutzutage kommt niemand, der sich intensiver für Evolution interessiert, an seinen Büchern vorbei. Ich orientiere mich im Folgenden an seiner in dem genannten Buch gegebenen Darstellung der Studie.

Der primitive Augenvorläufer, der sich auf dem Computerbildschirm angeblich zu einem linsenbestückten Fischauge entwickelt, stellt sich in seiner Seitenansicht als ein lineares Gebilde aus drei übereinander liegenden Schichten verschiedenen Materials dar, ähnlich wie ein Teppich, dem man auf seine Kante schaut. Die unterste Linie repräsentiert eine lichtundurchlässige Schicht, die darüber befindliche Linie eine lichtempfindliche Lage mit Sehzellen, und die oberste Linie eine Schicht aus durchsichtiger Gallertsubstanz.

Es mussten natürlich operationale Regeln festgelegt werden, nach der die Augenentwicklung verlaufen soll. Diese gaben vor, auf welche Aspekte des Augenvorläufers sich die Mutationen auswirken können. So konnte die Dicke der Schichten variieren, desgleichen ihre Krümmungsebene und ihre Form, auch der Lichtbrechungsindex der durchsichtigen Schicht konnte an vielen verschiedenen Positionen unterschiedlich verändert werden.

Ein Veränderungsschritt wurde mit jeweils einer Mutation gleichgesetzt. Diese konnten in molekulargradualistischer Manier stets nur einzeln auftreten, nicht gemeinsam mit anderen. Ob eine Mutation erfolgreich war oder nicht, wurde auf mathematischem Weg anhand der Effizienz des Auges beurteilt, wobei steigende Effizienz gleichbedeutend war mit steigender Annäherung an die Form des Fischauges, welches in der Tat im Vergleich zu seinen Vorgängern als sehr effizient angesehen werden kann.

Den verschiedenen in das Modell einfließenden Eigenschaften des Augenvorläufers wurden hierfür Zahlenwerte zugemessen, und unter der Voraussetzung, dass jeder Veränderungsschritt die jeweils betroffene Größe um 1 Prozent verändert, konnte ermittelt werden, ob seine Tauglichkeit fiel oder stieg. Nur diejenigen Veränderungen, die Zahlenwerte steigen ließen, wurden sodann für die folgenden Rechenschritte weiterverwendet.

Das erstaunliche Resultat der Studie: Das aus drei parallel zueinander gelagerten Linien bestehende Gebilde biegt sich in nur 1 829 auf zufällige Weise generierten Zwischenschritten zu einem halbmondförmigen Gebilde, das dem Querschnitt eines Fischauges ähnelt!
Dieser Halbmond wird rundherum von der lichtundurchlässigen Schutzschicht begrenzt, nur in der Mitte der geraden Seite wird er durch eine Kugel des durchsichtigen Materials unterbrochen, in welcher der Brechungsindex im Verhältnis zur umgebenden durchsichtigen Masse optimiert und verdichtet wurde – die Linse! Nur auf der Innenseite der gekrümmten Seite des Halbmondes finden wir die lichtempfindlichen Sehzellen – die Netzhaut! Die durchsichtige Schicht hat sich zu dem den Hohlraum ausfüllenden Glaskörper ausgedehnt und sich sogar noch ein Stück weit schützend über die verdichtete Linse hinweg nach außen geschoben. Fertig ist das Fischauge!
Dann behaupten die Autoren, dass sich jeder der 1 829 Schritte innerhalb von rund 200 Generationen durch natürliche Selektion soweit etabliert hat, dass der nächste Mutations- und Selektionsschritt erfolgen kann. So kommt man dann auf insgesamt 364 000 Generationen, innerhalb derer sich aus dem besagten Vorläufer das komplette Fischauge entwickelt hat. Die Geschlechtreife von niederen Meerestieren bis hin zu kleinen Fischen wird zumeist binnen eines Jahres erreicht. Es sollte daher sicher möglich sein, in natura diese Entwicklung in weniger als 400 000 Jahren nachzuvollziehen.
Das ist nun tatsächlich ein bemerkenswertes Ergebnis. Die Tatsache, dass die Studie von international anerkannten Augen-Experten vorgelegt wurde, unterstreicht ihre Seriosität. Deswegen kommentiert Dawkins das

Ergebnis mit den Worten: „Der Einwand, für die Evolution des Auges sei nicht genug Zeit gewesen, ist also nicht nur einfach falsch, sondern er ist zutiefst, entschieden und schmählich falsch."[101]

Lassen wir uns dadurch nicht einschüchtern und betrachten den Sachverhalt ganz objektiv. Das Auge ist ein sehr gut untersuchtes Organ, und jedes bessere Lehrbuch über Tierphysiologie, Entwicklungsbiologie oder Anatomie (aber auch das Internet) enthält ausführliche Darstellungen des augenscheinlichen Sachverhalts. Holen wir also die Lupe hervor und untersuchen, in wie weit diese verdächtig wirkende Modellrechnung realistisch ist.

Die offensichtlichsten Fehler der Autoren drängen sich geradezu von selbst auf. Sie gehen gewissermaßen davon aus, dass das Auge inklusive der kognitiven Verarbeitung des Gesehenen (denn ohne diese wäre die Evolution von Augen absurd) nur aus den drei Gewebetypen „lichtundurchlässige Schicht", „Netzhaut" und „durchsichtige Schicht" besteht. Das ist mitnichten der Fall. Weitere neue Gewebe und Fähigkeiten in Hülle und Fülle müssen entstehen, damit ein Fischauge funktionieren kann. Nur die *wichtigsten* von ihnen sind:

- die pechschwarze Pigmentschicht, die verhindert, dass das eingetretene Licht im Innenraum des Auges hin und her reflektiert wird. Mit der Lichtundurchlässigkeit alleine ist es nicht getan, erst die *vollkommene Schwärze* gewährleistet ein reflektionsfreies und damit brauchbares Sehen.
- die Sklera oder Lederhaut. Sie ist ein festes Gewebe, das den gesamten Augapfel schützend umhüllt und ihm eine stabile Form gibt. Beim Menschen ist sie als das Weiße im Auge auch von außen zu sehen.
- die Iris. Sie ist ein lichtundurchlässiges Gewebe, in dem unter anderem die Zellen sitzen, die dem Auge seine Farbe verleihen. Sie reguliert mittels spezieller Muskeln den Lichteinfall ins Augeninnere. Die Durchblutung dieser Gewebe erfolgt über besondere, schraubig gewunden verlaufende Blutgefäße, die sämtliche Bewegungen der Iris problemlos mitmachen, ohne

dabei gedehnt, gequetscht oder in ihrem Durchmesser verändert zu werden.

- die Hornhaut. Sie schützt das vordere Auge, muss zugleich aber glasklar sein. Das Material, aus dem die Hornhaut gebildet wird, das Kollagen, ist vollkommen verschieden von dem gallertartigen Material des ebenfalls durchsichtigen Glaskörpers im Augeninneren. Dieser besteht zu 98 Prozent schlichtweg aus Wasser. Erst die in bestimmten Winkeln zueinander angelegte Anordnung verschiedener Kollagenschichten macht es möglich, dass das Licht ungehindert durch die Hornhaut durchtreten kann.
- die gleichfalls glasklare Linse. Sie ist keineswegs ein „Glaskörperklumpen", wie Dawkins schreibt. Wie die Hornhaut besteht sie aus vollkommen andersartigem Material als der Glaskörper und hat außer der Durchsichtigkeit nichts mit den Materialien der Hornhaut und des Glaskörpers gemein. Die Bildung der Linse kann keinesfalls auf eine „Änderung im Brechungsindex" des Glaskörpers zurückgeführt werden.
- der filigran gebaute Aufhängungsapparat für die Linse. Die daran ansetzenden Muskeln für die Fokussierung des Bildes könnte man vielleicht als nicht unbedingt überlebensnotwendig vernachlässigen.
- am Augapfel ansetzende Muskeln. Selbst Dawkins misst Muskeln, die das Auge in seiner Höhle bewegen, sehr große Bedeutung bei. Denn diese erst ermöglichen es Fischen, ein Bild einigermaßen stabil zu betrachten, da sowohl das abgebildete Objekt als auch das fokussierende Subjekt zumeist in Bewegung sind.
- spezifische Versorgungsgefäße. Diese durchziehen das Auge, um die nicht durchbluteten durchsichtigen Augenpartien mit Nährstoffen zu versorgen oder auch um überschüssiges Wasser aus dem Augeninneren abzuführen. Im Fötus wird während früher Stadien der Augenentwicklung sogar der Glaskörper von sichtbaren Blutgefäßen durchzogen, die später vollständig zurückgebildet werden – auch nicht ganz alltäglich. Ursprünglich haben wir es bei der „durchsichtigen Schicht" ja nur mit einer

simplen, von den benachbarten Zellen abgesonderten Gallert-
schicht zu tun!

- im höchsten Maße frappierende Nervenzellen, welche auf
  hochkomplex verschalteten Bahnen die von den Sehzellen
  kommenden Informationen schon in der Netzhaut beginnen zu
  verrechnen (Kontrastverschärfung, Farbsehen), sie danach bün-
  deln und durch den Blinden Fleck aus dem Auge hinaus führen
  und schließlich an das Gehirn weiterleiten. Eine wichtige
  Zwischenstation wird hierbei im Mittelhirndach erreicht, wo die
  Netzhaut von den Nervenfasern wie ein zweidimensionaler Plan
  nochmals nachgebildet wird.

- die mit exakt mit der Augenentwicklung koordinierte Evolution
  der Sehrinde im Großhirn, inklusive aller Verrechnungsmodi
  und Selektionsprozesse der ankommenden Datenmassen. Die
  Funktionsweise des Gehirns ist diesbezüglich bis heute nur
  ansatzweise verstanden.

- entsprechend angepasste Mutationen auf der Verhaltensebene.
  Denn auch das Verhalten der Fische ist laut den Neodarwinisten
  einzig auf die in der DNS niedergeschriebene Erbinformation
  zurückzuführen. Was aber soll ein Fisch mit einem Auge, wenn
  er damit nichts anzufangen weiß? Ohne dass beispielsweise eine
  entsprechende Mutation dem Fischgehirn gebietet, sofort beim
  Auftauchen einer bedrohlichen Silhouette einen kräftigen, in alle
  verfügbaren Flossen schießenden Nervenimpuls abzuschicken,
  um davon zu flitzen, wird ihm das Auge nicht viel nützen.

Ich erspare es uns angesichts dieses aufgezählten Materials, von denen
jeder einzelne Punkt es mit etlichen Bakterienmotoren aufnehmen
könnte, nun wieder die Schlacht der Wahrscheinlichkeiten zu schlagen.
Eine kurze Überlegung reicht aus, um die Absurdität des Szenarios von
Nilsson, Pelger und Dawkins zu verdeutlichen:

Man schätzt, dass am Aufbau des Auges über 2 000 verschiedene Gene
beteiligt sind. Gehen wir davon aus, dass für die Ausbildung des
primitiven dreischichtigen Augenvorläufers der Autoren bereits 200
Gene von Nöten gewesen waren, so kommen wir immer noch auf die

stattliche Anzahl von etwa 1 800 neuen Genen für das Fischauge, die sich über zufällige Duplikationen, anschließende Mutationen und die rechtzeitige Reintegration der Pseudogene dazugesellt haben müssen.

Das ist interessant, denn mit 1 800 neuen Genen liegen wir überraschend dicht an den von den Nilsson und Pelger errechneten nötigen 1 829 Zwischenschritten bis zur Entwicklung des Fischauges. Dieses scheinbar identische Ergebnis sieht aber nur auf den ersten Blick vielversprechend aus. In Wahrheit könnte der Unterschied größer nicht sein.

Im Fall der von Nilsson und Pelger errechneten Zwischenschritte wird über 364 000 Jahre hinweg im Durchschnitt alle 200 Jahre jeweils eine einzige, für die Augenentwicklung positiv selektierbare Mutation postuliert. *Demnach müsste jede einzelne dieser Mutationen dem Auftreten eines neuen augenrelevanten Gens entsprechen, das mit einem vorteilhaften funktionsneuen Protein im Gepäck erscheint.*

Alle etwa 200 Jahre müsste sich das Erbmaterial in vollkommener Harmonie um das jeweils neue Pseudogen verlängern, das just zu dieser Zeit zufällig aus seinem Mutationsschlaf geweckt und wieder in den aktiven Kampf ums Überleben geworfen wurde.

Dann müsste das solcherart bereicherte Erbgut mit seinem Besitzer die letzte Erbgut-Version innerhalb der nächsten 200 Jahre aus dem Dasein drängen, um bereits nach weiteren 200 Jahren der wiederum nächsten Version nach Anhängung eines noch erfolgreicheren augenrelevanten Pseudogens das Feld zu räumen. Immer so weiter, 364 000 Jahre lang, und die verschiedenen neuen Gewebetypen und kognitiven Fähigkeiten der obigen Aufzählung würden, einer nach dem anderen, ins Dasein treten und die ihnen zugemessenen Aufgabenstellungen optimieren.

Kein Wort fällt über Mutationsraten, Populationsgrößen, die grundsätzliche Schädlichkeit von Mutationen oder darüber, dass wir es hier aufgrund der Geschlechtlichkeit der vermeintlichen Fischvorläufer mit einem vorwiegend rezessiven Vererbungsgeschehen zu tun haben. Oder etwa auch darüber, dass die Artbildung im neodarwinistischen Evolutionsmodell stets in voneinander isolierten Populationen vonstatten gehen soll. Jede nennenswerte Neuerung, die sich gegenüber der Ausgangsform abhebt und deren Träger sich nicht mehr mit der Ausgangsform kreuzen, müsste demnach in einer z. B. geographisch isolierten Region entstanden sein. Wie aber darf man sich vorstellen, dass dies alle 200 Jahre geschieht?

Nach allem, was man bislang über Genetik und Auswirkungen von Mutationen weiß, ist die besprochene Studie mitnichten eine „pessimistische Schätzung", sondern sie ist eine derartig realitätsferne Phantasterei, dass es sich nicht einmal lohnt, den Taschenrechner überhaupt nur anzuschauen.

Ein weiteres schweres Defizit der Studie ist, dass sie die drei ursprünglichen Schichten einfach als gegeben voraussetzt. In keiner Weise werden z. B. die dem Sehvorgang zugrundeliegenden molekularen Mechanismen berücksichtigt. Wer jedoch einen genaueren Einblick in den Chemismus der Sehzellen gewonnen hat, den wird vielleicht bereits hier ein gewisser Zweifel überfallen, ob diese durch den erneut in höchstem Maße strapazierten Zufall zustande kommen konnten. Das ausgefuchste Prinzip, mit dem das in die Zelle einfallende Photon aufgefangen wird, auf welche Weise es Konfigurationsänderungen an den Sehpurpurmolekülen hervorruft, wie die daran anschließende Enzymkaskade mit zahlreichen exakt aufeinander abgestimmten Teilnehmern in Gang gesetzt wird, wie die Signalweiterleitung funktioniert und wie schließlich der Ausgangszustand der Sehzelle wieder hergestellt wird: Das ist alleine schon so beeindruckend und komplex wie 15 Bakterienmotoren zusammen genommen.
Außerdem ist ein Auge trotz seiner runden Form ein dreidimensionales Objekt. Seine Evolution sowie sein wohlkoordinierter Aufbau dürften daher erheblich schwieriger zu bewerkstelligen sein als die Krümmung von drei Strichen zu einem Halbmond auf dem Computerbildschirm.

Die in der besprochenen Publikation aufgestellten Behauptungen sind derartig ungeheuerlich, dass man sich fragen muss, wie ein renommiertes Fachjournal überhaupt dazu kommen konnte, sie abzudrucken. Dennoch ist es sehr lehrreich, sich mit solchen Fallstudien auseinander zu setzen. Man lernt dabei sehr gut, die stets als wissenschaftlich, objektiv und vorurteilsfrei beschriebene Argumentationsweise vieler Neodarwinisten kennen. Besonders in den Büchern von Dawkins schwingt auf nahezu jeder Seite unter seiner siegesgewiss vorgetragenen Überzeugungsarbeit fahrlässige Simplifizierung komplexer Sachverhalte mit.
Und in einem weiteren für die breite Masse gedachten Buch über Evolutionsfragen liest sich eine lakonische Zusammenfassung der

fraglichen Studie über die Strichkrümmungen sogar schon so: „Man schätzt, dass die komplette Entwicklung eines komplexen Organs wie eines voll funktionstüchtigen Auges ungefähr 2 000 Stufen oder 400 000 Generationen benötigt."[102] Hier werden selbst die ersten drei Zellschichten des Augenvorläufers nicht einmal mehr erwähnt. Dafür wird aber suggeriert, das Auge könne von Null auf Hundert innerhalb dieser Zeit entstehen.

Die Proklamation derartiger Behauptungen ist ein sicherer Weg, die Glaubwürdigkeit der Evolutionsbiologie als Wissenschaft mittelfristig zu untergraben und liefert reichlich Nahrung für jeden, der wie die Kreationisten ohnehin an der historischen Evolution zweifelt.

Der Aufbau der Augenlinse bei Wirbeltieren

Wie ist also das Wirbeltierauge oder auch nur seine Linse entstanden? Die Wahrheit lautet: *Wir wissen es nicht!* Laut dem Fossilbericht traten erste fischartige Tiere vor etwa 570 Millionen Jahren bei der Kambrischen Explosion zusammen mit einer Vielzahl von anderen Tierformen auf. Diese Urfische, genannt Kieferlose, besaßen bereits zwei voll entwickelte Augen. Potentielle Vorfahren dieser Kieferlosen sind fossil nicht überliefert – genau wie bei allen anderen zu Beginn des Kambriums lebenden Tierarten. Zwar gab es auch vor der Kambrischen Explosion schon mehrzellige Tiere, aber diese scheiden als mögliche Urahnen aufgrund zu starker Differenzen im Körperbauplan aus. Es lässt sich also nicht sagen, wie viel Zeit die Fische wirklich zur Verfügung hatten, ihr Sehorgan zu entwickeln. Entwicklungsgeschichtliche Zwischenstufen der Fischaugenentwicklung sind nicht bekannt.

Doch um zu zeigen, wie komplex die Ausbildung von beispielsweise der Linse des Fischauges in Wirklichkeit ist, möchte ich nun einen groben Überblick darüber geben. Dieser zeigt, wie falsch die Behauptungen von Nilsson oder Dawkins sind.

Schon sehr früh in den Entwicklungsstadien einer Larve im Fischei wachsen aus der Zellmasse, die dereinst das Gehirn bilden wird, zwei Äste nach vorne in die Kopfregion hinein. Die Enden dieser Auswüchse, die Augenblasen, werden später zu den Augen.

Auf ihrem Weg in die Randbereiche des späteren Kopfes senden sie verschiedene Substanzen aus, die ihnen vorauseilen und die äußersten Zonen des Kopfpols lange vor ihnen erreichen. Auf das Signal dieser Botenstoffe hin schnürt sich aus dessen Außenhaut jeweils ein eigenständiges Bläschen oberhalb der Augenblasen ab, wandert ihnen ein kleines Stück ins Innere hinein entgegen und kommt zentral vor ihnen zu liegen. Diese neuen Bläschen werden die späteren Linsen.

Die Zellen dieser Bläschenschicht beginnen, sich auf verschiedene Weisen zu teilen. Das Resultat ist ein verschachteltes Konglomerat von turm- und schlauchartigen Zellen, die mit der Zeit den gesamten Innenraum des Bläschens ausfüllen. Diese Türme und Schläuche bestehen hauptsächlich aus einem Protein mit dem bezeichnenden Namen Kristallin. Mit zunehmendem Wachstumsfortschritt werden fast alle sonstigen Bestandteile dieser Zellen wieder zurückgebildet und verschwinden, sogar die Zellkerne lösen sich auf. Das mit Kristallin erfüllte Bläschen wird zunehmend durchsichtiger.

Währenddessen schreitet natürlich auch die Entwicklung des Augenbechers fort, und auch die Blutgefäße, welche die sich entwickelnde Linsenblase durch den Glaskörper hindurch mit Nährstoffen und Sauerstoff versorgt haben, lösen sich auf.

Die Entwicklung der Linseblase induziert ihrerseits mittels spezifischer Signalstoffe in dem sich darüber befindlichen Außenhautgewebe die Ausbildung der Hornhaut, wofür sich die betreffenden Zellen in viele verschiedene Typen ausdifferenzieren müssen. Ein bestimmter Zelltyp beginnt, mehrere Schichten aus exakt angeordneten Kollagenmolekülen zu bilden. Exakt abgemessene Wassermengen und Wasserdrücke sorgen für die korrekte Krümmung der entstehenden Hornhaut, damit später ihr Brechungsindex auf denjenigen der Linse abgestimmt ist.

Mit Abzug des Wassers aus der zukünftigen Hornhaut beginnt auch das Kollagen durchsichtig zu werden. Mittlerweile wurde auch das filigrane Irisgewebe ausgebildet, woran die Linse mittels einer Aufhängung positioniert wird. Wussten Sie eigentlich, dass die Augenlinse ein lebendiges Körperorgan ist? Ihre äußere Zellschicht besitzt nämlich noch lange die Fähigkeit, Zellen abzuschnüren und sie in ihr Inneres wachsen zu lassen, so dass immer frisches Kristallin für den klaren Durchblick sorgt. Auch wenn wir diese Zellen selbst nicht sehen können, wird uns doch das Erlahmen dieser Fähigkeit im Alter zunehmend bewusst: Linsentrübungen und etwaige Operationen sind die bekannte Folge.

Und auch die Hornhaut ist kein totes durchsichtiges Fenster, sondern eine sensible Schicht Haut. Sie wird von für uns unsichtbaren Nervenzellen innerviert, die man besonders dann gut zu spüren bekommt, wenn z. B. Sandkörner auf sie gelangt sind. Die Hornhaut muss stets mit Nährstoffen sowie Feuchtigkeit versorgt werden, auf dass sie immer lupenrein bleibe.

Die eingangs beschriebene Migration von Zellgruppen durch den Kopfpol der Larve ist ein außerordentlich komplexes Geschehen und wird gleichzeitig von vielen unterschiedlichen Faktoren gesteuert – so z. B. durch Informationen, die den Zellgruppen unterwegs von verschiedenen Nachbarzellen in Form bestimmter Erkennungsmoleküle übermittelt werden, durch gelöste Substanzen, die ihnen aus den im Zielbereich liegenden Geweben entgegen diffundieren und damit die Richtung weisen oder von den Oberflächenstrukturen und inneren Zustandsbedingungen der wandernden Zellen selbst.

Fragen wir die Neodarwinisten, wie denn nun die Linse des Wirbeltierauges im Laufe der Evolution entstanden ist, erhalten wir praktisch keine Antwort. Es ist bezeichnend, dass Dawkins, Nilsson und wenige weitere Autoren die einzigen Ausnahmen sind, denn sie argumentieren mit der nachweislich falschen Annahme der „Änderung des Brechungsindex des Glaskörpers". Doch so kann es definitiv nicht gewesen sein, da die kristallinhaltigen Zellen eine vollkommen eigenständige Bildung sind, die mit der Gallerte des Glaskörpers aber auch gar nichts zu tun haben. Dies zeigt die embryonale Entwicklungsgeschichte der Linse in aller Deutlichkeit.

Alles, was zur Evolution des Auges von Neodarwinisten immer wieder vorgebracht wird, sind allgemeine Darstellungen der hypothetischen Evolutionsreihe von ersten lichtempfindlichen Zellansammlungen über flache Napfaugen, dann vertiefte Becheraugen, dann Hohlkörperaugen und schließlich Hohlkörperaugen mit einer Linse, wie sie die Wirbeltiere aufweisen. Doch all diese Augentypen stehen in keinerlei evolutiver Verwandtschaft zueinander, sondern sie gehören zu solch unterschiedlichen Lebewesen wie Einzellern, Würmern, Schnecken, Muscheln, Tintenfischen oder Menschen und haben sich jeweils unabhängig voneinander entwickelt. Diese Reihe verweist zwar auf zunehmende Komplexität im Aufbau dieser Augentypen, aber sie erklärt nicht, *wie* diese Komplexität in den einzelnen Entwicklungslinien realhistorisch zustandekam oder wie die Linse des Wirbeltierauges entstanden ist.

Füllen wir an dieser Stelle jene Lücke und überlegen einmal konkret, wie sich überhaupt nach neodarwinistischem Verständnis eine Linse gebildet haben könnte. Es sind lediglich drei verschiedene Möglichkeiten denkbar.

1. Die Linse entstand auf einen Schlag und enthielt im Reifestadium bereits die vollkommen durchsichtigen Kristallin-Zellen, deren Brechungsindex auch die Fokussierung des Objektes auf der Netzhaut in positiv selektierbarer Weise förderte.
Dazu wäre jedoch eine ganze Batterie von neuen Genen notwendig. Wir sahen anhand des Bakterienmotors, dass dies kaum möglich ist. Selbst unter den modernen Biologen geht niemand von einem solchen Szenario aus.

2. Die Linse entstand – wie auch von Nilsson und Dawkins gefordert – auf molekulargradualistischem Weg, und zwar zentral in der Lichteintrittsöffnung des Auges. Dann muss man allerdings annehmen, dass sie zunächst nicht durchsichtig war. Genau das sind die kristallinbildenden Zellen auch in ihren frühen Entwicklungsstadien. Andernfalls landen wir wieder im ersten Szenario.
Eine solche Entwicklung ist allerdings unmöglich, denn *undurchsichtige Zellen in der Pupille des Auges* wären keinesfalls positiv selektierbar.

3. Die durchsichtigen Kristallin-Zellen entstanden nicht in der Eintrittsöffnung des Auges, sondern haben sich erst später in diese zentrale Position verlagert und die Linse gebildet.
Auch hier müssen wir konstatieren: Ein positiv selektierbarer Vorteil ist für die Entwicklung von vollkommen durchsichtigen Zellen, die *außerhalb des Sehbereichs* liegen, nicht erkennbar. Dieses Modell wird von gegenwärtigen Biologen daher auch nicht vertreten.

Das Fazit aus all dem kann nur lauten: Es ist tatsächlich mit dem neodarwinistischen Evolutionsmodell unerklärbar, wie sich die Augenlinse entwickelt haben könnte. Und genau hierin liegt wohl auch der Grund, warum die Neodarwinisten uns noch immer keine durch praktische Forschungsergebnisse gestützte sowie aus theoretischer Sicht plausible Schilderung von möglichen Wegen der Augenevolution gegeben haben.

Man darf daher weiterhin vermuten, dass bei entsprechend tiefgehender Betrachtung auch die auf angeblich graduell-mechanistischem Weg erfolgte Entstehungsgeschichte vieler anderer Organe sehr viel unwahrscheinlicher ist, als gerne behauptet wird.

Unwahrscheinlichkeiten im Gesamtzusammenhang eines vernetzten Organsystems

Wir wissen bereits, dass die Wahrscheinlichkeit des gleichzeitigen Entstehens von unabhängig voneinander angelegten Molekülen oder Organen, die zu einer gemeinsamen funktionalen Einheit gehören, sehr schnell groteske Gesamt-Unwahrscheinlichkeiten erreicht. Doch die zweite neodarwinistische Alternative, der molekulargradualistische Evolutionsweg, erscheint zumindest in einigen Fällen als kaum vielversprechender.

Denn man muss zusätzlich noch berücksichtigen, dass z. B. die Linse sich nicht unabhängig vom Rest des Auges entwickelt hat. Es wurden im Auge viele weitere Organe vorgestellt, die – obwohl sie für sich genommen eigenständige Entwicklungswege beschritten haben – zu jeder Zeit exakt aufeinander abgestimmt sein müssen. Beispiele hierfür waren die Netzhaut, die Iris, die Hornhaut, die Augenmuskeln, die Versorgungsgefäße oder die erforderlichen datenverarbeitenden Regionen im Gehirn.

Das selbe Prinzip gilt natürlich auch auf höherer Ebene für ganze Organismen. Beispielsweise hat sich das Herz gewiss unabhängig vom Auge entwickelt, desgleichen die Lunge, das Skelett, die Nieren oder das Immunsystem. Aber dennoch ermöglichte erst das koordinierte

Zusammenspiel all dieser gemeinsam evoluierenden Organe die Entstehung der Landwirbeltiere.

Auch wenn sie eigenständige Entwicklungswege beschreiten: Die Entwicklungsstadien verschiedener Organe passen immer genau zusammen und bilden eine einzige funktionelle Einheit im unteilbar vernetzten Gesamtsystem eines Lebewesens.

Betrachten wir auch hierzu ein Beispiel aus dem Tierreich, und zwar die mindestens sechs bis zehnmal unabhängig voneinander aufgetretene Fähigkeit von Süßwasserfischen, größere Mengen an Elektrizität zu erzeugen – entweder nur zur Wahrnehmung ihrer Umwelt, oder sogar auch zum Erlegen von Beute mit gezielten Stromstößen.

Die diesen Entwicklungen zugrunde liegenden molekulargradualistischen Evolutionsschritte sind noch erheblich schwieriger nachzuvollziehen als diejenigen, die bei der Augenevolution beteiligt gewesen sein müssen. Denn sie betreffen diesmal den gesamten Fisch, dessen Organe sich gleichzeitig an allen Ecken und Enden sowie innen und außen als eine einzige funktionelle Gesamtheit verändert haben müssen. Diese Art biologisch erzeugter Elektrizität ist deswegen besonders bemerkenswert, weil sie in Muskelgewebe erzeugt wird, das dann nicht mehr zur Fortbewegung eingesetzt werden darf.

Das elektrische System funktioniert nämlich nur, wenn die Körperhaltung des Fisches immer die gleiche ist. Daher können die entsprechenden Muskeln nicht gleichzeitig als Antriebskraft und Stromgenerator gedient haben, weswegen ein mögliches molekulargradualistisches Übergangsszenario zwischen beiden Funktionen schwer vorstellbar ist. Die in normalen Muskeln auftretenden elektrischen Entladungen sind viel zu schwach und unkoordiniert, um sie für etwas nutzbar zu machen. Nennenswerte Energiemengen entstehen erst durch die gemeinsame Aktivität vieler hintereinander geschalteter Muskelsegmente, die dann aber bereits ihre Bewegungsfunktion eingebüßt haben müssen.

Diese biologischen Batteriebestandteile müssen weiterhin zu ihrer gegenseitigen Verstärkung exakt gleichzeitig angeregt werden. Deshalb müssen die Nervenimpulse zu den weiter vom Gehirn entfernten Bereichen etwas schneller wandern als zu den näher gelegenen. Dies wird durch verschiedene Nervendurchmesser oder durch zusätzliche Umwege derjenigen Stränge erzielt, welche die näher am Gehirn gelegenen Elektrozellen innervieren.

Einen weiteren sehr kritischen Punkt bei dieser Muskelumwandlung stellt die elektromagnetische Isolierung des Muskelgewebes dar. Da Strom durch die mit Ionen und Salzen erfüllten tierischen Körpergewebe sogar besser geleitet wird als durch das Umgebungswasser, muss der Fisch von Beginn an eine Vielzahl sehr diffiziler Zusatzanpassungen und nichtleitende Gewebeschichten entwickeln, um überhaupt ein Spannungsgefälle aufbauen zu können und das elektromagnetische Feld an den vorgesehenen Körperstellen ins umgebende Wasser ein- und austreten zu lassen.

Für die exakte Wahrnehmung der Feldlinien, die entsprechend den in der Nähe befindlichen Gegenständen deformiert werden, besitzen elektrische Fische über die gesamte Hautoberfläche verteilt in Abständen von etwa zwei Millimetern sehr sensible Sinnesporen, die wie winzige Becheraugen konstruiert sind. In ihrer Höhlung befindet sich eine hochgradig leitfähige Gallertmasse.

Am Grund dieser Becher werden die Feldlinien gebündelt, mit feinen Sinneszellen registriert und auf noch nicht genau bekannte Weise in elektrische Nervenimpulse umgewandelt, die dann in speziellen, stark vergrößerten Gehirnbereichen verarbeitet werden müssen. Der weitaus größte Teil der Gehirne elektrischer Fische dient einzig und allein diesem Zweck.

Die Feldsensoren müssen zudem von Anfang an derart konzipiert werden, dass sie den selbst erzeugten Stromimpulsen gegenüber unempfindlich sind und auch die elektrischen Entladungen anderer Fische ausblenden können.

Zu guter Letzt braucht der elektrische Fisch noch angemessene Verhaltensweisen, Instinkte sowie langgestreckte Flossensäume auf seiner Rücken- oder Bauchseite, die ihm durch fortgesetzte Wellenbewegungen ein Fortkommen gänzlich ohne körperliches Schlängeln ermöglichen. Nur so kann der Elektroapparat überhaupt zuverlässig umweltbedingte Feldveränderungen wahrnehmen und der Fisch überleben. Selbst wenn er um die Kurve schwimmt, bleibt er dabei so steif, als ob er einen Besenstiel verschluckt hätte. Und um dem Ganzen noch die Krone aufzusetzen: Auch die Kommunikation mit arteigenen

Konkurrenten oder Geschlechtspartnern findet nahezu ausschließlich über elektrische Entladungsmuster statt!

Doch nicht nur die einzelnen Organe eines Tieres müssen immer exakt aufeinander abgestimmt arbeiten. Das gilt genauso für diejenigen Fälle, in denen Systeme mehrerer Individuen gemeinsam evoluieren, wie bei den staatenbildenden Insekten mit den verschiedenen Kastenmitgliedern, die jeweils spezifische Aufgaben im Staat übernehmen, oder auch für die Beuteltiermütter mit ihren Babys, die ja irgendwann noch aus Reptilieneiern gekrochen sein müssen. Hier wird jede einseitige Veränderung der eng ineinander verzahnten Instinkte, der Brustdrüsen, der Beutel und der Saugvorrichtungen im Säuglingsmäulchen fast immer Schaden nach sich ziehen. Es ist kaum vorstellbar, wie sich beispielsweise der Beutel der Beuteltiere auf molekulargradualistische Weise *unabhängig* vom Gebärvorgang und den Fähigkeiten des kleinen Neugeborenen entwickelt haben könnte – ausgehend von einer unspektakulären Hautfalte auf dem Bauch eines entsprechend mutierten Vorfahrs der Beuteltiermütter.

Oder nehmen wir die magenbrütenden Froscharten: Bei diesen verschluckt das Weibchen ihre eigenen Eier nach der Ablage. Die Eier sondern im Magen ein die Magensäureproduktion hemmendes Hormon ab, der Magen verdaut sie daher nicht. Er nimmt vielmehr eine uterusähnliche Funktion an, und die Kaulquappen wachsen in ihm sicher auf. Doch anstatt wie sonst üblich auf aktive Nahrungssuche zu gehen, ernähren die Quappen sich einzig und allein von einem für Froscheier ungewöhnlich großen Dottersack. Die Froschmutter hingegen fastet während dieser Zeit, bis sie eines Tages bis zu 25 kleine Fröschlein in die Freiheit rülpst. Diese Fortpflanzungsstrategie muss sich für alle Beteiligten auf Rasiermessers Schneide entwickelt haben, inmitten des Sturms der Unwahrscheinlichkeiten.

Die Liste von staunenswerten Neubildungen alleine im Tierreich ließe sich nahezu beliebig verlängern, zum Beispiel um die Entwicklung des Sonarsystems der Delfine und Fledermäuse.
Es ist in solchen Fällen keineswegs so, dass die Häufigkeit des Auftretens eines neuen Organs im Lauf der Evolution mit der Einfachheit und der Wahrscheinlichkeit, es zu konstruieren, gleichzusetzen ist. Wenn sich das

Auge im Tierreich tatsächlich 40-70 mal unabhängig voneinander entwickelt haben sollte, heißt dass nicht, dass es besonders einfach ist, über zufällige Mutationen solche Augen zu konstruieren. Dies wird jedoch von Neodarwinisten oftmals suggeriert. Dem entgegengesetzt ist wachsende biologische Komplexität grundsätzlich mit wachsender mechanistischer Unwahrscheinlichkeit gleichzusetzen.

Und eingedenk dieser Tatsachen sieht man staunend, wie die überwundene Unwahrscheinlichkeit uns aus allen Ecken und Winkeln dieser Welt tausendfach entgegenschwimmt, blickt, raschelt und singt. Es gibt ja nicht nur den winzigen Geißelmotor, das Wirbeltierauge und den elektrischen Fisch, sondern Hunderte, Tausende, sogar Millionen vergleichbare kleine und große Wunder! Man schätzt alleine die Anzahl der verschiedenen Tierspezies auf bis zu 50 oder 100 Millionen!
Unter dem beschriebenen Gesichtspunkt könnte man jedes einzelne Tier als ein sich selbst genügendes Denkmal einer trotzig verwirklichten Unwahrscheinlichkeit begreifen – bis in jedes Organ, in jede Zelle hinein, bis in die sonderbarsten Eigentümlichkeiten seines Verhaltens und seines Körperbaus hinein.

Was allerdings dazu geführt hat, dass all diese Unwahrscheinlichkeiten immer und immer wieder aufs Neue überwunden worden sind, können die zufälligen Mutationen nicht erklären. Noch immer sind die neodarwinistischen Evolutionsbiologen uns einen handfesten Beweis schuldig, dass nichts als der reine Zufall diese Werke zu vollbringen vermochte.
Die Ergebnisse der Mutationsforschung waren enttäuschend und deckten sich mit den Erkenntnissen aus der präbiotischen Forschung. Anstatt dass neue Dimensionen des zufällig Machbaren eröffnet und anschaulich gemacht worden sind, weisen die Ergebnisse deutlich darauf hin, dass die zugrundegelegte Forschungshypothese einer zufälligen, mechanistischen Komplexitätszunahme unzureichend ist.

Ein Wort zur Selbstorganisation

Die Organizisten haben diesen Sachverhalt mittlerweile anerkannt und stellen der Mutation einen tatkräftigen Gehilfen zur Seite, um die rätselhaften qualitativen Neuerscheinungen und Komplexitätszunahmen der Organismen begründen zu können: Die bereits im ersten Buchteil diskutierte Selbstorganisation. „Selbstorganisation ist die Grundlage für die Entstehung des Lebens und die Evolution", schreibt Robert Wesson.[103] Allein die Tatsache, dass sich die Welt aus zunehmend komplexeren Bausteinen aufbaut, wird bereits als Phänomen der Selbstorganisation begriffen. Die Elementarteilchen setzen sich zu Atomen zusammen, diese zu immer komplexeren Molekülen, diese zu Zellen, diese zu vielzelligen Lebewesen mit mannigfachen Organsystemen, diese wiederum zu Vergesellschaftungen und im Fall des Menschen zu Kulturen.

Konkrete Beispiele von biologischer Selbstorganisation reichen von den Faltungsweisen der Aminosäureketten zu Proteinen, den zielstrebig wandernden embryonalen Zellgruppen, die gemeinsam mit anderen Zellen Organe aufbauen, der vollständigen Regeneration von amputierten Gliedmaßen bei Amphibien bis hin zur Umwandlung einer filigran gemusterten, oftmals bizarr behaarten Raupe in einen prächtigen Schmetterling, bei dem sogar die Musterungen auf Vorderflügeln und Hinterflügeln exakt aufeinander abgestimmt sind. Doch die wahre Selbstorganisation findet beim Aufbau des Menschengehirns statt: 100 Milliarden Neurone und 1 Billionen Begleitzellen formieren sich auf kaum nachvollziehbare Art zu diesem frappierenden Organ, welches ausgewachsen über 100 Billionen (10^{14}) Verrechnungsstellen verfügt und in der Lage ist, sich eigenverantwortlich der aktuellen Situation angemessen umzuprogrammieren. Werden bestimmte Gehirnbereiche beschädigt, können andere den Funktionsverlust zum Teil kompensieren. Liegen andere Teilbereiche aufgrund eines Gliedmaßenverlustes brach, übernehmen sie neue Aufgaben; werden bestimmte Areale besonders beansprucht, vergrößern sie sich und bilden vermehrt Schaltstellen zwischen den Neuronen aus.

Doch bei der Betonung der Wichtigkeit von Selbstorganisationsprozessen im Evolutionsverlauf, die im Übrigen beim Gros der Neodarwinisten auf keine große Sympathie stößt, wird gerne darauf verwiesen, dass die Fähigkeit der Materie zur spontanen Selbstorganisation keinerlei Hilfestellungen von immateriellen oder geistigen Wirkungsprinzipien benötige. Konkrete Beweise können hierfür jedoch nicht geliefert werden.

Denn, gesetzt den Fall es gäbe tatsächlich so etwas wie ein Lebensprinzip, das sich nicht oder nur sehr schwer mit physikalischen Messapparaturen detektieren ließe und sich hauptsächlich indirekt über die Ordnungsbildung in Organismen bemerkbar macht: Wie sonst könnte es beobachtet werden, wenn nicht über „sich selbst organisierende" Molekülumgruppierungen, wie sie in höheren Lebensformen und insbesondere in deren Gehirnen stattfinden? Die Frage, ob wir es hier mit vitalistischen Lebensprinzipien oder materiellen Selbstorganisationsphänomen zu tun haben, lässt sich daher besonders in höheren Organismen nicht anhand der Beobachtung von einzelnen Molekülreaktionen entscheiden.

Welcher Auffassung man zuneigt, entscheidet sich vielmehr schon vorweg an der grundsätzlichen Einstellung, die man dem Leben gegenüber einnimmt.

Die enge Verwandtschaft von Vitalismus und Organizismus kommt auch in der teilweise zum Verwechseln ähnlichen Wortwahl zum Ausdruck. Von Bertalanffy, einer der Gründerväter von Selbstorganisationstheorien, schreibt beispielsweise zur Entstehung des Lebens: „Dieser Vorgang ist nur in Gegenwart ‚organisierender Kräfte' möglich."[104] Dies klingt nach purem Vitalismus, wüssten wir nicht aus anderen Äußerungen, dass er den Vitalismus strikt ablehnt. Und Fritjof Capra, einer der bedeutendsten Vordenker des modernen Organizismus, schreibt: „Die evolutionäre Veränderung [wird] als Ergebnis der dem Leben innewohnenden Tendenz gesehen, Neues zu erschaffen, einer Tendenz, die gegebenenfalls von der Anpassung an sich verändernde Umweltbedingungen begleitet wird."[105] Eine Aussage, die wortwörtlich von Henri Bergson und anderen Vitalisten stammen könnte.

Organizisten sehen das Geheimnis der Entwicklungsvorgänge des Lebens dennoch einzig in den „Organisationsmustern" oder in der „Konfiguration von Beziehungen" von interagierenden Teilen von Systemen begründet.

Ein höherer Erklärungsgehalt im Vergleich zum Vitalismus kommt dem Organizismus in der Biologie damit allerdings nicht zu. Es wird lediglich ein bekanntes Phänomen mit neuen beschreibenden Begriffen belegt. Diese können sich jetzt allerdings auch Materialisten zu eigen machen, um sich aus dem Dilemma der wenig produktiven Mutationen und der zunehmenden Verkomplizierung der Lebensprozesse zu befreien.

So faszinierend die Selbstorganisation für sich genommen auch sein mag: Zur Klärung der Frage, ob die Evolution auf rein physikochemischen Gesetzmäßigkeiten beruht oder nicht, trägt sie nur wenig bei – sie befindet sich exakt in derjenigen Grauzone, in der sie sowohl Materialisten als auch Vitalisten für sich reklamieren können. Und derjenige Biologe, der sich zu sehr auf die rätselhafte Fähigkeit der Materie zur Selbstorganisation beruft, läuft damit unweigerlich Gefahr, sich dem Vorwurf des Vitalismus auszusetzen. In die modernen Lehrbücher der Biologie hat das Konzept der Selbstorganisation als Evolutionsfaktor auch noch keinen Einzug gehalten. Es gilt nach wie vor die zufällige Mutation als alleiniger schöpferischer Impulsgeber.

Doch obwohl zufällige Mutationen von den Neodarwinisten als einzige kreative Evolutionsimpulse angesehen werden, behauptet dennoch keiner, dass sie die alleinigen Triebfedern der Lebensentfaltung sind. Mutationen vermögen nämlich nur Nahrung zu sein für die gestrenge Richterin über jegliche Variation: Die natürliche Selektion. Ist sie es etwa, die Form, Farbe und Verhalten aus dem sich zufällig und ziellos wandelnden Urschlamm zu modellieren verstand? Die bloße Möglichkeit reizt zu einer weiteren kritischen Untersuchung.

6. Selektion

Charles Darwin ist uns bereits als Kritiker seiner eigenen Selektionstheorie bekannt. Er selbst wies sogar darauf hin, dass, wenn auch nur *ein einziger Gegenbeweis* zu ihr entdeckt werden würde, die ganze Theorie in sich zusammen stürzen müsse.

Tatsächlich ist es allerdings ein schwieriges Unterfangen, zur heutigen Variante der Selektionstheorie Gegenbeweise zu finden. Dies liegt bereits in der logischen Konstruktion ihres Grundaxioms begründet, dem Überleben des Tüchtigsten. Schicken wir daher konkreten Problembeispielen der Selektionstheorie eine generelle Betrachtung der Denkweise voraus, die ihr zugrunde liegt.

Dass die natürliche Selektion existiert und wirkt, ist ein offensichtliches und mittlerweile überall akzeptiertes Faktum. Jeder Pflanzensoziologe kann z. B. auf die gut nachvollziehbare räumliche Abfolge von Pflanzenvergesellschaftungen in Hochmooren verweisen, die streng von der Nährstoffverfügbarkeit vorgegeben wird. Jede Pflanzenspezies ist hier an bestimmte Lebensbedingungen optimal angepasst, außerhalb derer sie zunehmend in Kümmerformen auftritt und von denjenigen Arten verdrängt wird, deren Wachstumsoptimum sich im dort herrschenden Nährstoffmilieu befindet. Auch verdrängen manchmal ortsfremde Pflanzen und Tiere die einheimischen Spezies, wie beispielsweise die Ausbreitung des orientalischen Riesenspringkrauts oder des amerikanischen Ochsenfroschs in unseren Landen zeigt. Ein berühmtes Beispiel von in der Gegenwart ablaufenden, direkt beobachtbaren Selektionsprozessen sind die britischen Birkenspanner, die in Zeiten der sich durch Luftverschmutzung verdunkelnden Birkenstämme ebenfalls in zunehmend dunkleren Lebensformen auftraten. Die hellen Varianten sollen nämlich wegen ihrer auffälligen Erscheinung auf dem sich verdüsternden Untergrund bevorzugt Vögeln als Mahlzeit zum Opfer gefallen sein.[106]

Die sich in unserem Zusammenhang stellende Frage ist jedoch, in wiefern die natürliche Selektion zusammen mit ihrem Bruder Mutation *alle* Entwicklungen der Lebewesen inklusive der Zunahme ihrer

Komplexität zufriedenstellend erklären kann. Dass eine wirkungsvolle Tarnfarbe als eine vorteilhafte Eigenschaft angesehen werden darf, die über Leben und Tod entscheiden kann, ist durchaus einzusehen. Aber worin liegt z. B. der selektionfördernde Vorteil der unterschiedlichen Blattformen von verschiedenen Eichen- oder Ahornarten? Oder der Formenfülle der Blätter und Blüten von Wiesenblumen, von denen ein großer Teil auch noch von den selben Bienen und Hummeln erfolgreich bestäubt wird? Was ist wichtig an der Punktanzahl auf den Flügeldecken von Marienkäfern? Was ist der überlebenswichtige Vorteil der seltsamen Paarungsrituale von Haubentauchern oder Kranichen? Oder derjenige der verschiedenen Geweihformen der Säugetiere, von denen manche dauerhaft getragen werden, manche hingegen alljährlich neu gebildet werden, manche sehr klein oder unnötig groß erscheinen – und manche sogar gleichermaßen von Männchen wie Weibchen getragen werden? Aufgrund welches Vorteils hatte der Urmensch schon vor Millionen von Jahren ein dem unsrigen vergleichbares, riesiges, energieverzehrendes Gehirn? Er konnte dessen Möglichkeiten noch nicht ansatzweise ausschöpfen, aber bereits damals waren die Strukturen vorgezeichnet, die uns heute Lesen und Schreiben ermöglichen. Man sagt, selbst wir wüssten bestenfalls einen Bruchteil von dem zu nutzen, was die grauen Zellen uns eigentlich ermöglichen würden.

Als neutraler Betrachter dieser Aufzählung könnte man ebenso gut schlussfolgern, dass besonders die letzteren der oben genannten Beispiele konkrete Nachteile für ihre Besitzer darstellen müssen. Sie sind verschwenderisch, gefahrvoll oder im Fall der Paarungsrituale überflüssig kompliziert. Tausende von Fällen belegen, dass es auch einfacher geht. Aber erst die grundsätzliche Voraussetzung der Neodarwinisten, dass alle Überlebenden zugleich die Tüchtigsten sind, macht es notwendig, allem einen eindeutigen, positiven Selektionswert zuschreiben zu müssen.
Schon früh wiesen Kritiker der Selektionstheorie darauf hin, dass eine universelle Anwendung des Axioms vom Überleben des Tüchtigsten auf alle Bereiche der Evolution letztendlich wenig handfesten Erklärungs-wert besitzt. Der Selektionstheorie droht dann nämlich die Gefahr, sich lediglich im Kreise zu drehen: Wenn die Tüchtigsten sich dadurch auszeichnen, dass sie überleben, müssen demzufolge alle Überlebenden zugleich die Tüchtigsten sein. Die Überlebenden sind die Tüchtigsten,

und die Tüchtigsten sind die Überlebenden! In der Tat ist es völlig unmöglich, diesen Zirkelschluss zu durchbrechen. Wir finden auf diesem Erdball ja ausschließlich tüchtige Individuen vor! Alles Lebendige, was überhaupt existiert, kann daher von den Neodarwinisten als Beweis für die Richtigkeit der Selektionstheorie angesehen werden. Auch wenn ein Lebewesen noch so skurrile Verhaltensweisen oder anatomische Besonderheiten an den Tag legt: Sie müssen ihm in der Entwicklungsgeschichte zum Vorteil gereicht haben, denn sonst wären sie der Selektion zum Opfer gefallen und gar nicht erst entstanden. Das heißt: Zu *allen* Eigenschaften *aller* Lebewesen *muss* eine Geschichte konstruiert werden können, die den positiven Selektionswert der Merkmale herausstellt – so seltsam diese auch sein mag. „Für ein zu beobachtendes oder anzunehmendes Merkmal kann ein plausibler adaptiver Wert immer gefunden werden" heißt es z. B. in einem bekanntem Biologiebuch.[107] Bei vielen dieser angeblich plausiblen Erklärungen stellt sich allerdings die berechtigte Frage, ob nicht der Mensch hierbei der Natur in unzulässiger Weise seine allzu menschlichen Denkschemata überstülpt.

Denn welchen konkreten Adaptionswert besitzen beispielsweise die bemerkenswerten Streifen der Zebras? Schon hier gehen die Erklärungen der Biologen auseinander. Sie reichen von der Annahme, die Zebrastreifen dienen als eine Tarnvorrichtung im schwankenden Steppengras über die diametral entgegengesetzte Behauptung, sie seien ein auffälliges Signal für die Angehörigen einer Herde bis hin zu der Hypothese, sie wirken als die Körperstruktur der Zebras auflösender Schutz vor nahenden Stechinsekten, die Böses mit des Tieres Rücken im Schilde führen. Aber alle drei Interpretationen erklären nicht, warum der nördliche Nachbar des Zebras, der mit ihm entfernt verwandte Somalia-Wildesel, nur an den Beinen die typischen Streifenmuster aufweist und ansonsten einfarbig ist, und warum eine südafrikanische Zebra-Variante, das 1883 von Menschenhand ausgerottete Quagga, hingegen nur an Hals und Kopf gestreift war.

Welche Ansichten im Extremfall bei menschlichen Deutungen von artspezifischen Merkmalen herauskommen können, sei am Beispiel des „Handicap-Prinzips" von Amotz Zahavi verdeutlicht, das in den letzten Jahrzehnten als Erweiterung des Neodarwinismus zunehmend breitere Anerkennung in Biologenkreisen findet.[108] Es besagt letztlich, dass selbst

Behinderungen oder „Handicaps" für Organismen konkrete Selektionsvorteile bieten können. Gerne wird der Pfau als Beispiel dafür angeführt. Daher sei seine Evolution auch hier diskutiert – und zwar zunächst nach der klassischen neodarwinistischen Theorie, danach unter zu Hilfenahme des Handicap-Prinzips.

Das prachtvolle Federkleid des Pfaus hat die Menschen schon immer fasziniert. Aber seit Darwins Zeiten musste man sein Zustandekommen auch mit der Selektionstheorie erklären können. Der männliche Pfau ist auffällig laut, bunt und besitzt vor allen Dingen eine derartig lange und unförmige Schleppe aus Schwanzdeckenfedern, dass ihm im Vergleich zu Pfauendamen das Fliegen sichtbar erschwert ist. Auch sonst wirkt er nicht sonderlich behände bei der Bewältigung von Bewegungsmanövern im Unterholz oder im Geäst von Bäumen, wo er seine immense Silhouette zum Ruhen und Schlafen aufzubaumen pflegt. Zudem ist er nicht im Entferntesten daran interessiert, sich in irgend einer Weise an der Brutpflege oder der Jungenaufzucht zu beteiligen.

Warum also sollte sich Frau Pfau mit einem solchen Typen einlassen, oder besser gefragt: Vermittels welches Selektionsdruckes konnte sich ein solch „tüchtiges" Wesen überhaupt entwickeln? Frau Pfau ist selbst schuld daran. Sie war es, die sich immer nur die schillerndsten Männchen mit den längsten Schleppen für die Paarung heraussuchte. Denn diese Individuen schienen zu versprechen, im Besitz der besten männlichen Gene für den gemeinsamen Nachwuchs zu sein. Allerdings schien es gleichzeitig ratsam zu sein, die Jungen alleine durchzubringen, da die ständige Anwesenheit der großen bunten Gecken wahrscheinlich eher einen Nachteil für die erfolgreiche, in angemessener Heimlichkeit erfolgende Aufzucht der Küken dargestellt hätte. Auch dafür hielt das Erbgut über zufällige Mutationen die entsprechenden Verhaltens-programme parat.

Es wurden seitens der Weibchen also dauerhaft die hübschesten Männchen selektiert, und die Entwicklung des Pfauengefieders nahm seinen Lauf bis hin zu dem prächtigen heutzutage beobachtbaren Stadium. Etwa zeitgleich müssen in dieser Zeit die entsprechenden Verhaltensmutationen aufgetreten sein, welche die Balzrituale des Männchens und die entsprechenden Reaktionen seitens des Weibchens entstehen ließen und koordinierten.

So lautet die gängige Erklärung der Biologen, und das Fachwort für den Evolutionsvorgang bei Tierarten, bei denen eines der beiden Geschlechter zunehmend bunt wird oder sonstigen Schmuck trägt, nennt sich *sexuelle Selektion*. In der Tat existieren mittlerweile viele Belege aus nahezu allen Ordnungen der Wirbeltiere und Gliedertiere dafür, dass Besitzer auffälliger Strukturen von den jeweiligen Geschlechtspartnern um so eher bevorzugt werden, je prächtiger ausgestalteten Zierrat sie vorweisen können. Bevorzugen Weibchen demnach Männchen häufig tatsächlich aufgrund ihrer überlegenen Pracht?

Ja – und nein! Wie weiter oben bemerkt, kann man den Pfauenhahn genauso gut für einen nicht besonders tüchtigen Vogel halten. Genau das tut auch Zahavi. Ihm zufolge kann man die schwere, lange Schleppe tatsächlich als handfestes Handicap ansehen, das einen Nachteil im alltäglichen Überlebenskampf bedeutet. Zahavi nimmt daher an, dass die eigentlichen Qualitäten des Pfauenmannes im Verborgenen liegen: Genau wie von zwei gleichzeitig im Ziel ankommenden Dauerläufern derjenige, der bei dem Rennen einen schweren Teppich hinter sich herzog, unweigerlich als der Fittere von beiden ausgewiesen werden muss, zeichnet sich der fittere Pfau nach Zahavi umso mehr dadurch aus, desto mehr auffällige und hinderliche Eigenschaften er mit sich herum trägt, es aber dennoch schafft, so gut wie weniger belastete Konkurrenten zu überleben.

Demnach soll sich die Pfauenschleppe nicht etwa dadurch herausgebildet haben, dass der jeweils größte und schönste aller Pfauenmänner den Damen signalisierte: „Seht, ich bin der Prächtigste von allen! Ich habe daher die besten Gene!", sondern vielmehr: „Seht, ich lebe! Ich leiste mir zwar den Luxus eines sehr hinderlichen und auffälligen Schweifs, jedoch schaffe ich es trotzdem, damit erfolgreich zu überleben! Einzig meine besseren Gene, die ich hiermit empfehle, ermöglichen es mir, mit dieser Belastung genauso gut zu überleben wie mancher Konkurrent, dessen Schleppe nicht so lang und bunt ist wie meine." Ein überraschender, aber nicht unlogischer Gedankengang! Und natürlich lässt er sich problemlos auf vielerlei Merkmalserscheinungen in der Natur anwenden, deren unmittelbarer evolutionärer Nutzen nicht direkt erkennbar ist.

Nach Zahavi wären also die tüchtigsten Individuen diejenigen, die sich durch besondere Untüchtigkeit auszeichnen, es aber dennoch schaffen, sich erfolgreich fortzupflanzen. An dieser Stelle, da wachsende Untüchtigkeit als positiver Selektionsfaktor und somit als Tüchtigkeitskriterium begriffen wird, offenbart sich der willkürliche und tautologische Charakter des Prinzips vom Überleben des Tüchtigsten in aller Deutlichkeit.

Doch was noch viel erstaunlicher ist: Es offenbart sich ebenso der weiträumige Spielraum, den die natürliche Selektion den Lebewesen hinsichtlich ihrer Ausgestaltung und Lebensweise zugesteht. Müssen einem angesichts solcher Nachteile, wie sie der männliche Pfau und zahlreiche andere Vogelarten aufgrund der sexuellen Auslese in Kauf nehmen, nicht grundsätzliche Zweifel an der Griffigkeit der natürlichen Auslese kommen? Wenn man mit derartig auffälligem und hinderlichem Äußeren problemlos überleben kann, kann es die natürliche Selektion im normalen Alltagskampf gar nicht so genau nehmen.[109]
Theoretisch könnten demnach alle Hähne von kurzschwänzigen Hühnervogelarten wie z. B. den Rebhühnern auch mit extrem verlängerten Schwänzen überleben, wenn nur die Hennen es so wollten. Und andererseits könnte man vermuten, dass auch manches Weibchen mit einem langen Schwanz sehr gut überleben kann. Tatsächlich besitzen viele Fasanenhennen beachtliche Schwanzlängen, wenn sie auch nicht ganz an diejenigen der Männchen heranreichen. Auch die verschiedenen Aras und zahlreiche Sitticharten existieren langschwänzig und dazu noch ziemlich bunt – und diesmal weisen *beide* Geschlechter diese hinderlichen und weithin sichtbaren Merkmale in gleicher Dimension auf! Mit einem schnittigen Stoß ließe sich der Flug jedoch unzweifelhaft besser steuern. Wie kommt es nun zu derartigen Entwicklungen wie bei den Aras und Sittichen? Schon Darwin erklärte den Selektionsdruck für in beiden Geschlechtern vorkommendes Zierrat mit *wechselseitiger* sexueller Selektion, wobei die Partner den jeweils anderen aufgrund besonders schön ausgeprägter Merkmale bevorzugen und als einen würdigen Fortpflanzungspartner erachten.[110] Beobachtungen an verschiedenen Vogelarten wie Schopffalken, Blaufußtölpeln, Schwarzen Schwänen oder auch Blaumeisen scheinen diese Vermutungen zu bestätigen.

Eine alternative Erklärung für Buntheit in beiden Geschlechtern besteht in der *genetischen Kopplung* der Merkmalsausprägung. Hierbei suchen sich die Weibchen wie bei der herkömmlichen einseitigen sexuellen Selektion stets die schmuckhaftesten Männchen aus. Aber da die betreffenden Merkmale in Genen verankert sind, die immer in beiden Geschlechtern zur Ausprägung kommen, werden auch die Weibchen selbst von der wachsenden Zierde erfasst, ohne dass es für sie notwendig bzw. mit einem greifbaren Selektionsdruck verbunden wäre. Als Beispiel können hier vielleicht die Fasanenhennen mit ihrem unscheinbaren Gefieder aber dennoch langen Schwänzen dienen.

Doch egal, welche Erklärungen wir für all diese Phänomene der sexuellen Selektion heranziehen: Die natürliche Auslese scheint hier relativ wenig zu bedeuten und großzügig bemessene Entfaltungsmöglichkeiten für die verschiedenen Arten zur Verfügung zu stellen.

Versuchen wir, Überlegungen zur wechselseitigen oder genetisch gekoppelten sexuellen Selektion auf andere Tierarten zu übertragen, zum Beispiel auf die bereits diskutierte Giraffe. Wir haben schon gesehen, dass die natürliche Auslese nicht erklärt, warum der Giraffenhals über molekulargradualistische Zwischenschritte überhaupt so lang werden konnte, wie er heute ist. Wenn man aber die Giraffenevolution mit der Annahme erklärt, dass hier wechselseitige oder gekoppelte sexuelle Selektion vorgelegen hat, hätten wir schon weniger Nöte. Wir könnten postulieren, die kürzeren Tiere wären einfach nicht in dem Maße zum Fortpflanzungserfolg gekommen wie ihre längeren Vettern. Folgende Beobachtungen sprechen für diese Theorie: Bei den zum Teil recht gefährlichen Kämpfen der Giraffenbullen, wobei mit ausholendem Schwung der behörnte Kopf auf den Hals des jeweiligen Gegners gedonnert wird, gewinnen zumeist die langhälsigsten Tiere – und diese kommen als ranghöchste Bullen bevorzugt in den Genuss, die brünstigen Giraffenkühe zu begatten. Die langen Hälse der Giraffenweibchen wären demnach durch genetisch gekoppelte sexuelle Selektion zu erklären.[111]

Die Giraffenevolution stellt damit ein weiteres Beispiel dafür dar, wie dehnbar die Erklärungen der Evolutionsbiologen bezüglich beobachtbarer Merkmale an Lebewesen sind. Und derartige auf sexueller Selektion basierende Evolutionsszenarien ließen sich (genau wie das

Handicap-Prinzip) vielleicht auf viele andere rätselhafte Entwicklungen von Merkmalen übertragen, deren unmittelbarer, überlebensnotwendiger Überlebensvorteil nicht so leicht ersichtlich ist, besonders nicht in den Anfangsstadien der hypothetischen Evolution gewisser Merkmale.

Tatsächlich gibt es vielerlei auch durch Fossilmaterial belegte Beispiele aus der Evolution, wobei über lange Zeiträume hinweg erstaunlich geradlinige Entwicklungstrends befolgt worden sind. Man spricht dann von einer *Orthogenese*.

Sehr häufig bildete sich hierbei eine anfangs kaum wahrnehmbare Struktur im Laufe von Jahrmillionen zu beachtlicher Größe aus, was in aller Regel mit einer ebenso kontinuierlichen Größenzunahme der Tiere einherging. Als ein berühmtes Beispiel gilt die Evolution der ausgestorbenen Brontotheria, die den heutigen Nashörnern sehr ähnlich waren. Die ursprünglichen Vertreter dieser Tiere waren etwa hundegroß und hornlos. Im Laufe der Jahre nahmen sie an Größe zu und bekamen einen Knubbel auf der Nase, dann wuchsen sie weiter und bekamen ein kleines Nasenhorn, und zu guter letzt stapften gigantische Kreaturen mit einem sehr beachtlichen zweigipfligen Horn oberhalb ihrer Nüstern über die Erde. Danach starben sie aus.

Überzeugende Erklärungen für derartig kontinuierliche, unumkehrbare und offensichtlich eigendynamisch fortschreitende Entwicklungen lassen sich über zufällige Mutationen und natürliche Selektion nicht ableiten. Bestenfalls wechselseitige oder gekoppelte sexuelle Selektion könnte hierbei als Erklärung dienen.

Aber es gibt noch weitere Beispiele für Orthogenesen, wobei noch nicht einmal die sexuelle Selektion eine Rolle gespielt haben kann. Um nur ein Beispiel zu nennen: Die Ammoniten machten aus den Innenwänden ihrer zunächst sehr einfachen Wohnkammern zunehmend filigran verzweigte Labyrinthe, über deren evolutionären Sinn und Zweck bis heute gerätselt wird. Diese Entwicklung hat nicht das geringste mit einer etwaigen Partnerwahl zu tun und scheint auch für das erfolgreiche Überleben nicht notwendig zu sein, wie die lange währende Existenz auch der einfacher gestalteten Formen belegt.

Betrachten wir noch einige weitere Beispiele, die verdeutlichen, wie wenig griffig die natürliche Selektion in manchen Fällen zu sein scheint. Es ist z. B. nicht zu verstehen, wieso die Neodarwinisten jegliche unauffällige Gefiederstruktur bei Vögeln als überlebensnotwendigen, tarnenden Selektionsvorteil deuten, der sich unter dem Druck der natürlichen Selektion herausgebildet hat. Denn der in Europa allgegenwärtige Mäusebussard kommt in allen möglichen Farbkombinationen von dunkelbraun bis fast schneeweiß daher. Nehmen wir die Adler: Warum ist das Großgefieder der echten Adler und Fischadler quer gebändert, das der Seeadler-Arten hingegen nie? Und die Grau- und Purpurreiher mögen aufgrund ihres Gefieders tatsächlich in Ufernähe von Gewässern gut getarnt sein – aber Silber- und Seidenreiher, die z.T. den selben Lebensraum und eine vergleichbare Ernährungsweise mit ihnen teilen, sind hingegen strahlend weiß! Dafür ist die ebenfalls weiße Schneeeule im schneereichen, aber auch sehr düsteren Nordwinter tatsächlich schlecht zu sehen – jedoch gerade während der grünen, hellen und warmen Jahreszeit leuchtet sie auf ihrem Nest für hungrige Füchse, die sich sehr für junge Schnee-Eulen interessieren, weithin sichtbar, desgleichen für jedes potentielle Beutetier. Oder: Welchen unbedingt notwendigen Überlebenswert besitzen die Stoßzähne der Elefanten, wenn die Kühe der asiatischen Elefanten im Gegensatz zu denjenigen Afrikas auch ohne sie auskommen?

Bewegen wir uns kurz wieder auf die molekularbiologische Ebene zurück. Hier wird in der neodarwinistischen Evolutionstheorie angenommen, dass die natürliche Selektion über kurz oder lang bereits Träger von wenigen überflüssigen Molekülen aufgrund der unnötigen Materialverschwendung ausmerzt. Bedenkt man aber, dass manche Fischarten in jeder Zelle 350 mal so viel Erbmasse besitzen als andere Fischarten, dass viele Liliengewächse, die erheblich weniger komplex organisiert sind als wir Menschen, dennoch bis zu 100 mal so viel Erbsubstanz pro Zelle besitzen wie wir (nämlich bis zu 300 Milliarden Nukleotide) und dass manche einzelligen Lebewesen sogar bis zu 1 Billiarde Nukleotide enthalten, so wird auch diese Annahme zunehmend fragwürdiger.

Fazit zur Wirkungskraft der natürlichen Selektion

Man könnte aus dem oben Gesagten durchaus folgern: Grundsätzlich scheint es sich so zu verhalten, dass im Evolutionsprozess einer Spezies lediglich die essentiellsten Merkmalskomplexe gewährleistet bleiben müssen, die mit Ernährung und Fortpflanzung zusammenhängen. Die angebrachten Beispiele legen nahe, dass Körpergestaltung, Körperschmuck, Körperfarbe, Verhaltensweisen und vieles mehr nicht der natürlichen Selektion unterliegen. Theoretisch könnte nahezu die *gesamte* Evolution auf diesem Weg vorangeschritten sein, und das hätte mit der Theorie der natürlichen Variation und anschließenden Ausmerzung durch restriktive Umweltbedingungen nicht mehr sehr viel gemein. Denn dann würden ganz überwiegend die Angehörigen einer Art selbst dafür verantwortlich sein, ihren Nachkommen über genetische Veränderungen einen Entwicklungsweg in die Zukunft zu bahnen, anstatt nur passives Opfer der Lebensumstände zu sein.

Die Evolution der Lebewesen könnte sich in diesem Szenario innerhalb weiträumiger Selektionsgrenzen abspielen und in nahezu jede beliebige Richtung fortschreiten. Nur wer diese Grenzen überschreitet, den trifft der Bann der Dezimierung, der auch ansonsten durch Naturkatastrophen, Umweltveränderungen, Verfall der Stabilität des Erbguts oder durch das Auftreten von überlegenen Konkurrenzspezies in Kraft tritt. Der natürlichen Selektion kommt hier hauptsächlich die Aufgabe des Ausmerzens von schädlichen Mutationen oder von anderweitig kranken, schwächlichen oder alten Individuen zu. Sie hat somit große Bedeutung für die Erhaltung eines gesunden und stabilen Genpools der Arten. Zur Entfaltung von evolutiven Neuheiten kann sie jedoch nur wenig beitragen. Die oben angeführten Beispiele deuten keineswegs auf einen derart erbitterten Überlebenskampf hin, dass jedem Merkmal einer existierenden Lebensform auch eine eindeutige, durch die natürliche Selektion herausgearbeitete Existenzberechtigung zugesprochen werden muss.

Neutrale Evolution

Die Macht der natürlichen Selektion im Evolutionsgeschehen kann man also durchaus bezweifeln. Das tun folglich auch einige Biologen, denen die Reduktion der Evolutionsmechanismen auf möglichst wenige, einfache Prinzipien in diesem Fall zu weit geht. Motoo Kimura wies zum Beispiel mittels mathematischer Modelle nach, dass auch Veränderungen, die weder vorteilhaft noch nachteilhaft für ihre Träger sind, im Erbgut von Populationen dauerhaft fixiert und verbreitet werden können.[112] Man spicht in diesen Fällen von *neutralen Mutationen*. Diese kennen wir schon vom menschlichen Hämoglobin, das in über hundert so gut wie gleichwertigen Formen vorkommt. Sie müssen somit durch Mutationen entstanden sein, die hinsichtlich ihrer Auswirkungen neutral waren.

Kimura begründete die „Neutrale Theorie", nach der die Entstehung von neuen Arten hauptsächlich durch die Gendrift unterschiedlicher Allele erfolgt und individuenarmen Gründerpopulationen eine wichtige Rolle zugemessen wird. Wie eben gefordert, übernimmt die natürliche Selektion in der Neutralen Theorie überwiegend die Rolle des Ausmerzens schädlicher Mutationsträger, und positiv selektierbare Mutationen werden im Vergleich zur neodarwinistischen Synthetischen Theorie als erheblich seltenere Ereignisse angesehen.

Diese Annahmen machen aber die Entwicklung von qualitativ neuen, mit Komplexitätszunahme einhergehenden selektierbaren Eigenschaften nicht wahrscheinlicher, sondern eher *noch* unwahrscheinlicher. Abgesehen davon, dass nicht jedes sichtbare Merkmal von Organismen zwangsläufig eine positiv selektierbare Funktion verkörpern muss, unterscheidet sich die Neutrale Theorie also nur wenig von den schon kritisierten neodarwinistischen und molekulargradualistischen Modellen.

Der bereits erwähnte Paläontologe Stephen Jay Gould vertritt eine der neutralen Theorie verwandte Denkrichtung. Auch für ihn ist es wahrscheinlich, dass durch Mutationen verursachte Merkmale nicht durch die natürliche Selektion herausgearbeitet werden. Solange hierbei nicht unmittelbare Nachteile für die betroffene Kreatur die Folge sind, könnten sich zufällige Errungenschaften lange erhalten und sich später durch weitere Modifikationen tatsächlich als vorteilhaft erweisen.

Anders als bei Kimura erfolgt nach Gould ein Entwicklungsschritt in der Evolution aber nicht durch sanftes genetisches Hindriften zu neuen Arten. Er grenzt sich von den Gradualisten ab, indem er nach langen, relativ statisch verlaufenden Zeitperioden rasche Entwicklungsschübe im Genom der Organismen postuliert.

Für Gould ist beispielsweise das große Gehirn unserer Vorfahren als eine solche zufällige, nicht nachteilige aber dennoch weitestgehend ungenutzte Überproduktion entstanden, die es uns jetzt ermöglicht, mit den damals entstandenen Strukturen lesen und schreiben zu lernen. Wie dieser neutrale Zuwachs an Komplexität aber zustande kam, bleibt dabei jedoch offen.

Betrachten wir in diesem Zusammenhang ein aufschlussreiches Beispiel zu hypothetischen neutralen Mutationen aus der Säugetierevolution. Wir finden hinter dem Trommelfell der Säugerohren (also auch hinter unserem) drei Knöchelchen namens Hammer, Amboss und Steigbügel. Diese bilden gemeinsam eine Schallbrücke zwischen dem Trommelfell und dem Innenohr, wo die ankommenden Schallwellen letztendlich in elektrische Impulse umgewandelt und an das Gehirn weitergeleitet werden.

Bei den Vögeln, Reptilien, Amphibien und auch den frühen Säugetiervorfahren bildet jedoch nur ein einziger Knochen diese Verbindung aus, und zwar derjenige, der sich bei uns zum Steigbügel gewandelt hat. Wenn man sich vergegenwärtigt, dass die Amphibien und Reptilien seit geraumer Zeit überleben und wie weit sich diese Ohrkonstruktion insbesondere bei den Vögeln hat perfektionieren lassen (man denke z. B. an die Eulen) sollte man annehmen, dass sie kaum zu verbessern ist. Dennoch haben sich zwei korpulente und massige Knochen, die einstmals im Ober- und Unterkiefer der Säugervorfahren lagen und zeitweise sogar die kritische Funktion des Kiefergelenks ausübten, von dort wegverlagert, auf winzige Ausmaße verkleinert und sich auch noch zwischen das Trommelfell und den Steigbügel geschoben.[113] Das erstaunt, denn es kann keinerlei Selektionsdruck bestanden haben, ein funktionierendes Kiefergelenk durch andere Knochen zu ersetzen, noch nicht einmal ein sexuell bedingter.

Es kann sich also bei diesen heiklen Modifikationen nur um neutrale Mutationen und Veränderungen gehandelt haben. Und das, obwohl die genetische Kontrolle des Aufbaus von Kauapparat und Gehörorganen verschiedenen Regulationseinheiten unterstehen. Es ist daher schwierig, realhistorisch nachzuvollziehen, wie sich ein einzelner Knochen aus dem Unterkiefer über die Beteiligung am Kiefergelenk noch weiter in die obere Hälfte des Kopfes hineinschieben konnte und sich dabei vollkommen anderen Kontrollmechanismen unterwarf, ohne dabei in irgendeiner Form Nachteile für diesen Bereich des Kopfes und die Beißfähigkeit nach sich zu ziehen. Und warum haben sich überhaupt die beiden aus unterschiedlichen Regionen stammenden Kiefergelenk-knochen zusammengetan, gemeinsam auf einen Bruchteil ihrer Ausgangsgröße verkleinert und sind dann ausgerechnet auf die komplizierte Reise in die Höhlung des Mittelohrs hinein gegangen? Wie haben sie sich dort, wo schon ein bestens funktionierender Schallüber-tragungsapparat bestand, *auf molekulargradualistische Weise und ohne jegliche Funktionsbeeinträchtigung* langsam zwischen Trommelfell und Steigbügel geschoben? Wie hat der Amboss es dabei geschafft, sich mit dem Hammer im Schlepptau aus dem Knochenverband des Schädels zu lösen, genau an der Spitze des Steigbügels anzudocken und sich ihm hinterher in den freien Raum der Mittelohrhöhle hinauszuschwingen – immer noch den Hammer hinter sich herziehend? Dazu mussten sich natürlich vielerlei Nervenverschaltungen und Muskeln mitverändern. Hammer und Amboss wurden sogar mit besonderen Muskeln ausgestattet, mit denen sie sich fest zusammenziehen können, wenn wir möglichst ungedämpfte Schallübertragung wünschen – das aber leistet der steife Steigbügelknochen bei Reptilien und Vögeln ohnehin.

Sollte dennoch diese Modulationsfähigkeit des Schallübertragungs-apparates einen überlebensnotwendigen Selektionsvorteil mit sich bringen, hätte es eine Brücke aus zwei Knochen doch sicher auch getan. Warum aber müssen es gleich *drei* sein?

All diese umfangreichen und ungemein kritischen Veränderungen müssen jedenfalls durch neutrale Mutationen zustande gekommen sein, denn Verbesserungen waren weder nötig noch möglich, noch haben sie sich de facto ergeben. Die Neodarwinisten behaupten, dass ohne Not und einen fundierten Selektionsdruck die Komplexität von Lebewesen nicht wachsen dürfe. Doch warum gibt es dann das hochkomplexe Mittelohr der Säuger? Der Neodarwinismus liefert einmal mehr keine befriedigenden Antworten.

Wenn aber zunehmende Komplexität dennoch auf solche Weise vermittels *neutraler* Mutationen erwirkt werden könnte und zur Bildung von Strukturen wie dem Säugermittelohr führen würde, wenn solcherart vielleicht auch die molekulargradualistische Entstehung eines Bakterienmotors oder eines elektrischen Fisches bewerkstelligt würde: Dies alles würde bestätigen, dass die Theorie der natürlichen Selektion nur geringen evolutiven Erklärungswert besitzt, da es bei neutralen

Mutationen nichts zu selektieren gibt. Wir müssten wie schon bei den vorherigen Überlegungen zur sexuellen Selektion zu dem unvermeidlichen Schluss kommen: Die Entwicklung der Lebensformen schreitet zumindest teilweise nach eigenen Dynamiken und Gesetzlichkeiten voran. Etlichen Merkmalen von Lebewesen kann jedenfalls kein eindeutiger Selektionsvorteil zugesprochen werden. Sie müssen damit als neutral, als durch einseitige, wechselseitige, gekoppelte sexuelle Selektion bedingt oder als orthogenetisch bedingt gewertet werden.

Organismische Selektion

Bei den verschiedenen Varianten der sexuellen Selektion kommt den Organismen als Entscheidungen treffende Individuen eine zentrale Rolle bei der Herausbildung oder Verstärkung von Merkmalen zu. Auch sind sie die Träger der über neutrale Mutationen oder orthogenetische Entwicklungstrends entstandenen Strukturen, die sich offenbar unabhängig von den äußeren Umwelteinflüssen ausbilden. Daher möchte ich diese Selektionsformen in ihrer Gesamtheit als *organismische Selektion* zusammenfassen und sie von der natürlichen Selektion abgrenzen, die hingegen sehr wohl durch die äußeren Umweltbedingungen verursacht wird.

Der Begriff der organismischen Selektion soll hierbei sowohl dem aktiven als auch dem passiven Prinzip einer vornehmlich auf die Lebewesen selbst ausgerichteten Evolutionsweise gerecht werden. Das aktive Prinzip drückt sich beispielsweise bei Partnerwahl der sexuellen Auslese aus. Das passive Prinzip wird durch eigendynamische Orthogenesen wie derjenigen der Entwicklung des Säugermittelohrs repräsentiert, wobei die Säugetiervorfahren sich in Richtung höherer Komplexität entwickelten, ohne dass sie selbst, die Umwelt oder das weibliche Geschlecht dafür verantwortlich gemacht werden könnten. Im Fall der Zebrastreifen, Giraffenhälse oder der Brontotherier-Evolution könnten sich beide Prinzipien natürlich auch durchdringen.

Die organismische Selektion ist demnach eine allgemeine Begriffsbildung, worin unterschiedliche Evolutionsprinzipien vereint sind. Nichtsdestoweniger zeigt der Begriff dort, wo er zum Einsatz kommt, unmissverständlich an, dass die in Frage kommende Struktur oder

Eigenschaft in der Evolution des Organismus selbst begründet liegen muss und nicht in passiv wirkenden Umweltfaktoren. Mit anderen Worten: Die Verwendung des Begriffs zeigt immer an, dass hier die natürliche Selektion kaum eine Erklärungskraft besitzt. Er regt dadurch im jeweiligen Einzelfall zum Nachdenken über anderweitig in Frage kommende Entwicklungsursachen an.

Warum es weiterhin angemessen ist, einen übergeordneten Begriff für Selektionsweisen zu finden, welche die Rolle der Organismen im Evolutionsgeschehen betonen, wird sich im letzten Teil des Buches zeigen, in dem die Ergebnisse der parapsychologischen Forschung in Bezug zu den ungelösten Evolutionsproblemen gesetzt werden.

Das eigentlich Neue an diesem organismischen Evolutionsszenario ist, dass den Lebewesen ein erheblicher Entfaltungsfreiraum zugebilligt wird, innerhalb welchem die natürliche Selektion nur begrenzt Einfluss nimmt. Ihr wird damit eine viel bescheidenere Bedeutung als Evolutionsfaktor zugemessen als sonst üblich ist. Doch wie qualitativ neuartige Organe und Strukturen überhaupt entstehen, kann an dieser Stelle auch mit der organismischen Selektion nicht schlüssig erklärt werden. Auch diesbezüglich sei auf den letzten Buchteil verwiesen, wo entsprechende Möglichkeiten erörtert werden.

Jetzt möchte ich noch eine weitere Spielart der Selektionstheorie vorstellen, die in Kreisen moderner Biologen weithin akzeptierte Gen-Selektionstheorie. Sie spielt besonders im Zusammenhang mit der bedeutenden Frage eine Rolle, *warum sich Lebewesen überhaupt fortpflanzen*.

Entscheidend an der Gen-Selektionstheorie ist, dass hier das gesamte Evolutionsgeschehen vom Standpunkt des Gens aus betrachtet wird. Alle Entwicklung vollzieht sich ausschließlich zum Wohl und Wehe der Gene, die sich hierfür Überlebensmaschinen – genannt Körper – konstruiert haben. Diese Auffassung ist in eindrücklicherer Formulierung als der „genetische Egoismus" bekannt, da hierbei „egoistische Gene" in den ahnungslosen Lebewesen am Werke sein sollen.

Die Gen-Selektionstheorie und der genetische Egoismus

Der in allen Lebewesen vorhandene Imperativ, sich fortpflanzen zu müssen, ist eines der größten Rätsel im Reich des Lebendigen. Erst auf den zweiten Blick offenbart sich, dass wir es hierbei mit einem eigentlich recht seltsamen Phänomen zu tun zu haben. Denn: Warum könnte beispielsweise ein flügge gewordener Albatros persönliches Interesse daran haben, Nachwuchs zu zeugen? Was hat er als Individuum davon? Er schwebt jahrelang alleine über den Wellenkämmen der Ozeane, ohne auch nur ein einziges mal nachhaltig Land aufgesucht zu haben. Zweifelsohne scheint er es nicht zu benötigen.

Aber nach vier bis acht Jahren unterbricht er zum ersten mal sein einsames Vagabundendasein, stellt sich pünktlich zu einem bestimmten Termin auf gewissen Inseln zur Paarung ein und beginnt, ein riesiges Küken heranzuzüchten, das regelmäßig gehörige Mengen an Fisch vertilgt. Diese müssen natürlich erst einmal gefangen und herbeigeschafft werden. Von seinem Nachwuchs wird der einsame Wanderer niemals auch nur einen einzigen Fisch zurückbekommen. Auch sonst wird ihm keinerlei Dank erwiesen.

Dieser arbeitsaufwendigen Prozedur unterwirft sich der Altvogel etwa alle zwei Jahre einmal, bis er irgendwann stirbt, ohne jemals einen konkreten Überlebensvorteil durch seine mit großer Selbstaufopferung aufgezogenen Nachkommen gehabt zu haben – vermutlich hatte er ausschließlich Nachteile. Denn Lebewesen überleben erwiesenermaßen dann am besten, wenn sie sich ausschließlich um ihr eigenes Wohl kümmern und sich nicht um das kraftraubende Paarfindungs- und Erziehungsgeschäft bemühen. Wenn die Nahrung knapp ist, beweisen sie dies jedes mal aufs Neue, indem sie dann einfach auf die Fortpflanzung verzichten und sich zunächst einmal selbst versorgen. Bei vielen Tierarten gilt der eigene Nachwuchs mit Erreichen der vollen Körpergröße überdies als gefährlicher Konkurrent um Nahrung und Fortpflanzungspartner, so dass er oftmals gewaltsam aus dem heimischen Revier vertrieben wird. „Im eigenen Hause also beherbergt die Individualität ihren Feind", schrieb daher Henri Bergson.[114]

Könnte daher der Albatros nicht genauso gut auch ohne das lästige Brutgeschäft leben? Wahrscheinlich schon. Doch wenn es den Pflanzen und Tieren freigestellt gewesen wäre, ob und wie häufig sie sich fortpflanzen, wäre die Evolution wahrscheinlich nicht sehr weit fortgeschritten. Tatsache aber ist, dass die regelmäßig stattfindenden Paarungs- und Erziehungsgeschäfte das individuelle Leben erheblich verkomplizieren, oft sogar gefährden, obwohl keinerlei einsichtige Notwendigkeiten für ihre Durchführung vorliegen.

Kann der Imperativ der Fortpflanzung also damit erklärt werden, dass er den einzelnen Individuen nützt? Seit Darwin wird schließlich immer wieder betont, dass die natürliche Selektion am Individuum ansetzt. Dieses ist die Einheit, an dem sich Tauglichkeit oder Untauglichkeit aufs deutlichste erweisen und woran erbarmungslos über Leben und Tod entschieden wird. Dennoch müssen letztlich alle Wesen sterben, und im Tode sind sie alle gleich. Einmal gestorben, gibt es nichts, was sie noch von ihrem verlebten Leben haben könnten – völlig unabhängig davon, wie tüchtig sie sich darin erwiesen haben.[115] Den Individuen können die Fortpflanzung und die Evolution nach neodarwinistischer Interpretation also nicht dienen.

Wem aber dienen dann Fortpflanzung und Evolution, wenn nicht den Individuen, an denen sie doch ansetzt? Ist es vielleicht die Familie oder der Zusammenhalt der gesamten Art? Wohl kaum, denn die Pflanzen, Pilze und auch viele Tiere interessieren sich nicht besonders für ihre Angehörigen. Bei einigen Tierarten ist es noch nicht einmal ungewöhnlich, dass selbst enge Familienmitglieder für den eigenen Überlebensvorteil getötet werden.

Was aber ist es dann, das sich unabhängig von allen vergänglichen materiellen Erscheinungen durch die Zeiten erhalten will und ein dauerhaftes Interesse daran hat, den Faden der Generationen nicht abreißen zu lassen? Die verbreitetste neodarwinistische Antwort auf diese Frage besteht in der Behauptung, die in den sterblichen Organismen verborgen liegenden Gene seien das Bindeglied, das sich durch die Generationen zieht und den Individuen den Imperativ der Fortpflanzung in den Leib schreibt.

Aktueller Hauptexponent dieser „Gen-Selektionstheorie" genannten Hypothese ist der uns schon bekannte Richard Dawkins. Seinen Gedanken hat er in dem Erstlingswerk „Das egoistische Gen" fulminant Ausdruck verliehen und sich damit einen bleibenden Platz unter den führenden Evolutionstheoretikern geschaffen.[116] Wie kommen die Gen-

Selektionisten aber ausgerechnet darauf, dass das Gen den Individuen den Imperativ der Fortpflanzung aufzwingt?

Dasjenige, was jedes Lebewesen nahezu unverändert überdauert, ist seine genetische Erbinformation, die es in den Chromosomen verpackt an die nächste Generation weiterreicht. Wie wir schon bei der Betrachtung der zufälligen Entstehung der ersten Zellen aus der Ursuppe gesehen haben, geht man davon aus, dass gewisse längere Moleküle irgendwann anfingen, sich zu vervielfältigen und so einen Selektionsprozess in Gang zu setzen, der zur Bildung von immer komplexeren Strukturen führte.

Die Gen-Selektionisten ziehen nun eine kontinuierliche Linie von diesen alten Zeiten bis zum heutigen Tag und beschreiben die Körper der Lebewesen als riesige Zusatzmoleküle, die lediglich dafür zu sorgen haben, dass der Vervielfältigungsprozess der sich in den Keimzellen replizierenden DNS-Moleküle nicht abreißt. Da die Körper nur eine Art Wegwerfverpackung im Dienste der Interessen von Genen sein sollen, bezeichnet Dawkins letztere als „egoistisch". Doch es muss noch genauer definiert werden, was unter einem egoistischen Gen zu verstehen ist.

Kaum ein Gen besteht für sich alleine. Das Genom eines Organismus ist eine hochgradig verwickelte Angelegenheit mit unzähligen miteinander vernetzten Wechselbeziehungen und hierarchisch strukturierten Ebenen. Ein Gen hat daher viele Auswirkungen auf verschiedene Aspekte eines Organismus, und jeder dieser Aspekte wird wiederum von vielen verschiedenen Genen beeinflusst.

Warum spricht man angesichts der unauflöslichen Vernetzung von Genen nicht besser vom „egoistischen Genom"? Der hauptsächliche Grund ist die Sexualität. Bei jedem Fortpflanzungsakt wird die Gesamtheit der Gene kräftig durchmischt, indem die väterlichen und mütterlichen Chromosome auf die Nachkommen verteilt werden. Häufig tauschen auch noch die beiden jeweils zusammengehörigen, stets paarig vorliegenden Chromosome von Vater und Mutter ganze Teile von sich wechselseitig aus, so dass jedes Chromosom aus väterlichen und mütterlichen Anteilen bestehen kann.

Das heißt, in jedem Individuum findet sich lediglich eine sehr vorübergehende Kombination von Genen und Chromosomen, die in dieser Zusammenstellung nicht auf die nächste Generation vererbt werden kann. Das einzelne, viel kleinere Gen stellt daher die einzige

Einheit dar, die überhaupt mehrere aufeinanderfolgende Generationen verhältnismäßig unverändert überleben kann.

Dawkins definiert das Gen deswegen wie folgt: „Ein Gen ist definiert als jedes beliebige Stück Chromosomenmaterial, welches potentiell so viele Generationen überdauert, dass es als eine Einheit der natürlichen Auslese dienen kann. ... Ein Gen [ist] ein Replikator mit hoher Kopiergenauigkeit. Kopiergenauigkeit ist ein anderes Wort für ‚Langlebigkeit in Gestalt von Kopien', und ich werde dies einfach mit Langlebigkeit abkürzen.“[117]

Allerdings nehmen die Ereignisse, in denen die Chromosomenstücke der Eltern miteinander ausgetauscht werden, und auch die verschiedenen Formen von Mutationen keinerlei Rücksicht auf bestehende Gene. Willkürlich fahren sie zwischen den trauten Zusammenhalt erfolgreicher Basensequenzen. Daher folgt logisch: „Jetzt kommt der wichtige Punkt: Je kürzer eine genetische Einheit ist, desto länger – in Generationen gemessen – wird sie wahrscheinlich leben.“ Und, so muss noch ergänzt werden, um so genauer und damit erfolgreicher wird sie sich natürlich replizieren.

Kennen wir derartige Überlegungen, dass die Kürzesten stets die Erfolgreichsten sind, nicht schon irgendwoher? Ja, natürlich! Bei der Betrachtung von künstlich hergestellten sich vervielfältigenden präbiotischen Nukleotid-Sequenzen konnte sogar experimentell nachgewiesen werden, dass, je kürzer die Polymere durch Kopierfehler und Kettenabbruch werden, der Replikationserfolg der verbleibenden Ketten um so größer ist!

Doch schon damals erwiesen sich die anhand dieser Befunde gezogenen Schlussfolgerungen als äußerst fragwürdig, denn: Müsste dann nicht die natürliche Selektion notorisch die Entstehung längerer Polymere verhindern, anstatt immer komplexere Strukturen entstehen zu lassen und schlussendlich das Leben hervorzubringen? Wenn die Forscher diese Experimente noch weiter hätten laufen lassen, wären die zunächst erfolgreichen Replikatoren sicherlich an ihrer beständig zunehmenden Kürze zugrunde gegangen.

Das selbe gilt auch hier: Wenn die jeweils kürzesten DNS-Sequenzen sich am besten replizieren lassen – warum hat das Genom dann einen Längenzuwachs von mehreren hundert Millionen Basenpaaren erfahren, der den Replikationserfolg der kurzen egoistischen Nukleotid-sequenzen in ein unüberschaubares Wirrwarr von gegenseitiger Abhängigkeit verstrickt? Welchen Einfluss besitzen individuelle, möglichst kurze DNS-Sequenzen überhaupt noch in den riesigen Genomen mit mehreren hundert Millionen weiteren Nukleotiden? Warum konnten sich überhaupt derartig komplizierte Riesenmoleküle wie die Lebewesen ausbilden, wenn der evolutive Trend nach sowohl logischen Überlegungen als auch experimentell nachgewiesenen Ergebnissen immer in Richtung abnehmender Komplexität weist? Die Antwort auf diese Fragen bleibt Dawkins uns schuldig.

Der genetische Egoismus erweist sich weiterhin dort als besonders problematisch, wenn begründet werden muss, warum so viele egoistische Gene mit ihren dazugehörigen Überlebensmaschinen im Laufe der Evolution ihre Fortpflanzungstätigkeit einfach aufgegeben haben. Dies geschah auf zwei unterschiedlichen Organisationsebenen jeweils viele Male unabhängig voneinander. Zum ersten Mal, als die Gene mit ihren Membranhüllen sich zu vielzelligen Organismen zusammen schlossen, das zweite Mal bei der Evolution von Staaten bildenden Insekten. Betrachten wir beide dieser evolutiven Einschnitte ruhig etwas genauer, insbesondere aber den zweiten.

Der Übergang von Einzelligkeit zu Vielzelligkeit

Der Übergang zur Vielzelligkeit muss verwundern, denn sobald eine Zelle sich geteilt hat, befindet sie sich gemäß der Selektionstheorie in Konkurrenz zu ihrer eigenen Mutterzelle im Kampf um Nahrungsressourcen. Sie kennt nur noch ihre eigene Vervielfältigung als erstrebenswertes Lebensziel an. Weshalb gaben dann bei vielzelligen Lebewesen alle Zellen außer den Keimzellen die Fortpflanzungsfähigkeit auf? Welchen Vorteil haben die kurzen DNS-Sequenzen einer Zelle, wenn sie sich einfach an die Mutterzelle anhängen und ihr alleine die seit Millionen von Jahren wie der kostbarste aller Schätze gehütete Replikationsfähigkeit überlassen? Die fragliche Sequenz kann ja noch nicht einmal „wissen", dass in der Zelle nebenan das gleiche Gen existiert. Sie ist vollkommen blind in ihrem mechanisch verursachten, streng nach den Gesetzen der Chemie und Physik ablaufenden Drang, eine weitere Kopie ihrer selbst herstellen zu müssen.

Die neodarwinistische Erklärung lautet, letztendlich sollen die Gene in den ersten Vielzellern insgesamt größeren Erfolg dabei haben, sich zu vervielfältigen, als wenn es jeder Teilnehmer für sich allein erledigt hätte. Doch was geben teilungsfähige Zellen eigentlich von sich weiter? Auf der materiellen Ebene: Rein gar nichts. Sie ziehen fremde Moleküle aus fremden Atomen herbei, um eine *Information*, die Erbinformation nämlich, zu kopieren und wieder in die Umwelt zu entlassen.

Doch wer misst den Gesamtgehalt an weitergegebener Information und erklärt den egoistischen Genen in den fortpflanzungs*un*fähigen Zellen, dass ihr Verzicht sich in kommenden Generationen schlussendlich zum Wohl der Gesamtinformationsweitergabe auszahlen wird? Und wieso könnte das für Moleküle überhaupt von Interesse sein? Führen wir mit solchen Denkmodellen nicht wieder neue Varianten des Vitalismus in die Evolutionstheorie ein und gestehen, dass sich die Vielzelligkeit letztlich nicht über rein mechanistische Molekülvervielfältigungen erklären lässt?

Am Ende der Entwicklung steht bei höheren Tieren jedenfalls ein Bruchteil von fortpflanzungsfähigen Keimzellen einem gigantischen Zellhaufen gegenüber, dessen Mitglieder auf die generationsübergreifende Weitergabe von eigenen Kopien verzichtet haben.

Daneben kommt es sowohl bei niederen Tieren wie z. B. Seeanemonen als auch bei Pflanzen häufig vor, dass auch aus dem Körpergewebe direkt weitere Nachkommen über Knospungen oder Ableger gebildet werden können. Dies ist für etwaige Verbreitungsbestrebungen von egoistischen Genen die mit Abstand effektivste und einfachste Methode, da sie hierbei direkt zu 100 Prozent identische Replikationen in die Umwelt entlassen können. Dennoch ging diese so äußerst nützliche und vorteilhafte Fähigkeit des Körpergewebes bei höheren Tieren zunehmend verloren, was gegenüber der Erklärungskraft der Theorie von egoistischen Genen sehr skeptisch stimmen muss. Falls die egoistischen Gene jemals Macht besessen haben, wurde sie ihnen hier jedenfalls genommen, ohne dass ein besonderer Grund dafür ersichtlich wäre.

Sehen wir nun, was die Gen-Selektionstheorie zur Erklärung der Evolution von Insektenstaaten mit ihren unzähligen unfruchtbaren

Staatsbürgern beizutragen hat. Denn auch die grundsätzliche Unfruchtbarkeit von Tieren scheint vom Standpunkt der egoistischen Gene aus zunächst nicht nachvollziehbar zu sein. Denn jedes Tier sollte schließlich stets danach trachten, wo immer möglich konkrete Kopien seiner Gene herzustellen.

Staatenbildende Insekten

Richard Dawkins spricht allerdings davon, dass staatenbildende Insekten der Theorie der egoistischen Gene einen der „spektakulärsten Triumphe" beschert haben.[118] Diesen sollten wir genauer prüfen. Denn wenn er sich als nachvollziehbar erweisen sollte, hätte das neo-darwinistische Evolutionsmodell tatsächlich einen großen Pluspunkt zu verzeichnen.

Wir finden beeindruckende Staatensysteme hauptsächlich bei den Termiten und den Hautflüglern. Zu letzteren gehören die Hummeln, Bienen, Wespen und auch die Ameisen. Nur einigen von diesen Hautflüglern verdankt die Gen-Selektionstheorie ihren angeblichen Triumph. Und um die Hintergründe dazu verstehen zu können, müssen wir zunächst genauer auf die Art und Weise eingehen, wie bestimmte Bienen- oder Ameisenarten ihre Gene der nächste Generation vermachen.

Die Königin ist gewissermaßen das einzig normale Geschöpf in einem Ameisenhaufen. Sie pflanzt sich fort und besitzt einen doppelten Satz an Chromosomen in vollendeter Ausführung, jeweils einen Satz von ihrem Vater und einen von ihrer Mutter.

Wenn sie Nachkommen zeugt, muss sie deswegen zunächst Keimzellen produzieren, die anstatt des doppelten Chromosomensatzes nur noch den einfachen Satz beherbergen. Würde sie dies nicht tun und ihre Eizellen mit doppeltem Chromosomensatz von männlichen Spermien mit ebenfalls doppeltem Chromosomensatz befruchten lassen, hätte die nächste Generation bereits vier Chromosomensätze, die darauf folgende acht, dann 16, dann 32, dann 64 usw.

Es liegt auf der Hand, dass eine solche Zeugungsmethode kein gutes Ende nehmen würde. Diese Reduktionsteilung von doppelt bestückten Zellen zu nur noch einfach bestückten Keimzellen im Vorfeld ihrer

Befruchtung ist gleichzeitig derjenige Schritt beim Fortpflanzungsgeschäft, wo bei vielen Pflanzen und Tieren die Chromosomen von Vater und Mutter etwa zu gleichen Teilen auf die entstehenden Keimzellen aufgeteilt werden. Der einfache Chromosomensatz der Eier setzt sich also zu rund 50 Prozent aus Chromosomen der Königinmutter und zu 50 Prozent aus solchen des Königinnenvaters zusammen. Trifft nun ein Ei mit einfachem Chromosomensatz auf ein Spermium mit einfachem Chromosomensatz, findet die Befruchtung statt, und jedes Mal wächst ein neues Wesen mit doppeltem Chromosomensatz heran.

Eine erfolgreich verpaarte Königin sucht oder baut sich sofort nach ihrem Hochzeitsflug eine kleine Höhlung und fängt sehr bald damit an, ihren nahezu unendlichen Strom an Eiern zu produzieren. Dabei besitzt sie die Gabe, genau festzulegen, welches Geschlecht die den Eiern entschlüpfenden Ameisen bekommen sollen. Vermittels einer verschließbaren Klappe an der Speicherkammer für die empfangenen Spermien kann sie genau die erwünschte Spermienmenge dosieren, die in ihrem Leib auf die heranreifenden Eier treffen soll. Aus Eiern, die den Königinnenkörper verlassen, ohne mit einem Spermium befruchtet worden zu sein, entschlüpfen automatisch Ameisenmänner. Die Drohnen besitzen also nur einen *einfachen* Chromosomensatz! Ameisenmännchen brauchen demzufolge auch keine Reduktionsteilung durchzuführen, sondern geben immer nur ihre ohnehin schon einfache genetische Ausstattung an ihre Nachkommen weiter.
Befruchtet die Königin aber Eier mit Spermien, entsteht immer ein weibliches Tier. In der ganz überwiegenden Anzahl der Fälle wird dies eine sterile Arbeiterin sein, aber mit verschiedenen Tricks wie veränderter Nahrungszusammensetzung oder chemischen Signalstoffen können aus einer weiblichen Larve auch Königinnen heranwachsen. Diese werden später gemeinsam mit den Drohnen zum Hochzeitsflug aus dem heimischen Nest entlassen, und der Zyklus der Koloniegründung beginnt von neuem. Die Stammhalterin eines Ameisenstaates verbleibt in aller Regel bis zu ihrem Tod als Alleinherrscherin im Bau. Manche von ihnen, wie diejenigen der bei uns sehr häufigen schwarzen Wegameise *Lasius niger*, können deutlich über 20 Jahre alt werden! Nach dem Tod der Königin erlischt allmählich das Leben der gesamten

Kolonie, denn neue Königinnen werden für das eigene Nest nicht gezüchtet.

Für die Theorie der Gen-Selektion ist es nun sehr wichtig, sich die genauen Verwandtschaftsverhältnisse zwischen den in einer Kolonie lebenden Tieren zu betrachten. Dabei kommt den verschiedenen Ausprägungen der Gene, den Allelen, große Bedeutung zu. Denn die Nukleotidsequenzen der Gene unterscheiden sich bei nicht näher verwandten Individuen ein wenig. Daher werden sie in diesem Zusammenhang einfach als „nicht verwandt" bezeichnet, obwohl sie natürlich alle der selben Spezies angehören.

Die Königin als Tier mit doppeltem Chromosomensatz gibt auch nach der Reduktionsteilung noch zu 100 Prozent eigene Allele, die sie selbst besitzt, an ihren Nachwuchs weiter. Aber bei der Erzeugung von Arbeiterinnen wird von ihrem Gatten noch ein weiterer, zu 0 Prozent mit ihr selbst verwandter Chromosomensatz mit fremden Allelen beigesteuert. Nach dieser Zusammenlegung von Erbmaterial ist die Königin vom Standpunkt ihrer Allele aus nur zu durchschnittlich 50 Prozent mit ihren eigenen Töchtern bzw. Arbeiterinnen verwandt.

Das gilt sowohl bei den Ameisen als auch bei uns Menschen. Doch bei dem Verwandtschaftsgrad zwischen menschlichen und ameislichen *Geschwistern* verhält es sich dagegen sehr verschieden.

Bei den Menschen bekommen die Geschwister sowohl von der Mutter als auch vom Vater ein buntes Gemisch an großelterlichen Genen mit. Die Eizelle der Mutter trägt auf ihren Chromosomen jedes Mal in anderer Kombination jeweils zu 50 Prozent Allele von Oma und Opa mütterlicherseits; das Spermium des Vaters entsprechend beliebig kombinierte Allele zu jeweils 50 Prozent von Oma und Opa väterlicherseits. Die durchschnittliche Wahrscheinlichkeit, dass Geschwister die selben Allele miteinander teilen, liegt demnach wieder bei 50 Prozent.

Die durchschnittliche Verwandtschaft zwischen den Ameisen-Arbeiterinnen, die ja allesamt Schwestern sind, ist jedoch viel größer. Das kommt so: Hier kann der Vater immer nur die gleichen Chromosome und somit Allele weitergeben, nämlich die von Oma. Einen Opa väterlicherseits gibt es ja gar nicht! Das heißt: Die Arbeiterinnen bekommen vom Vater stets zu 100 Prozent die selben Allele in die

174

Wiege gelegt. Zusammen mit den nur zu durchschnittlich 50 Prozent identischen Allelen von der Mutter sind die Arbeiterinnen also im Mittel zu 75 Prozent miteinander verwandt.

In diesem erhöhten Verwandtschaftsgrad wittert Dawkins den besagten spektakulären Triumph für die Gen-Selektionstheorie. Das Rätsel, warum die wackeren Arbeiterinnen tagein, tagaus für ihre Königin schuften, ohne sich dabei aber selbst fortpflanzen zu wollen, ist gelöst: Es macht für die egoistischen Gene in ihren Körpern mehr Sinn, generationenlang ihre zu 75 Prozent mit ihnen verwandten Geschwister aufzuziehen und zu vervielfältigen, als nur zu 50 Prozent verwandte eigene Nachkommen zu zeugen!

Mit diesem Gedankengang ließe sich der ansonsten mit der Gen-Selektionstheorie nicht zu begründende Altruismus der Arbeiterinnen nüchtern erklären.

Aber dennoch wirft er sofort neue Fragen auf: Warum hat sich dieses Fortpflanzungssystem dann nicht vielmals im Tierreich entwickelt, sondern nur bei den Hautflüglern? Schon die Termiten machen es ganz anders, und auch bei den Hautflüglern folgt die Ernüchterung auf dem Fuße. Der oben geschilderte Fall stellt nämlich nur einen Spezialfall unter den mannigfachen Organisationsformen ihrer Insektenstaaten dar. Die Realität erweist sich wieder als erheblich komplizierter als in den Berechnungen von Dawkins und den Gen-Selektionisten dargestellt. Sehr viele Hautflüglerspezies besitzen nämlich viele verschiedene Königinnen in ihrem Staat, die sich auch noch mit verschiedenen Männchen verpaart haben. Dies ist zum Beispiel der Fall bei unseren Waldameisen, deren verstorbene Königinnen auch stets durch Nachfolgerinnen ersetzt werden. Deswegen können ihre Staaten auch viele Jahrzehnte hindurch existieren und ein buntes Gemisch an Allelen enthalten. Und die Königinnen von Honigbienen können sich bis zu 20 mal mit verschiedenen Männchen paaren!

In solchen Fällen kommen die Verwandtschaftsverhältnisse unter den Schwestern natürlich gehörig durcheinander und betragen unter Umständen nur noch weniger als 10 Prozent.[119] Aber auch in diesen Fällen ziehen alle Arbeiterinnen an einem Strang ihre fast schon bedrohlich fremdartigen Stiefgeschwister auf und verzichten auf die Reproduktion ihrer eigenen Gene.

Wie erklärt Dawkins nun diesen Sachverhalt, der für die Theorie der egoistischen Gene doch außerordentlich bedenklich ist? Er muss ihm natürlich bekannt sein. Aber erst ganz am Ende der sich über zahlreiche Seiten hinziehenden Zelebrierung dieses „spektakulären Triumphes" der Gen-Selektionstheorie gesteht er, dass die Verwandtschaftsverhältnisse zwischen Arbeiterinnen „in extremen Fällen" bis auf 25 Prozent absinken können (wie erwähnt, können es tatsächlich weniger als 10 Prozent sein). Eine Besprechung oder Erklärung dieser Problematik folgt jedoch überhaupt nicht! Er beendet das Thema nach einem kurzen Ablenkungsmanöver einfach auf flapsige Weise mit dem Holzhammer: „Jetzt dreht sich mir der Kopf, und es wird höchste Zeit, dieses Thema abzuschließen."[120]

Ich möchte an dieser Stelle der Natur etwas mehr Ehre zukommen lassen und mit einigen Fakten zum Thema Nachkommensproduktion aus der Welt der Hautflügler aufwarten. Es gibt hier tatsächlich sämtliche Abstufungen von primitiven kleinen Vergesellschaftungen von Individuen, deren Mitglieder alle noch gleichberechtigt nebeneinander existieren, bis hin zu den berühmten hochorganisierten Bienen- und Ameisenstaaten. Nur einige Beispiele:
Je nach Art kann es eine oder mehrere Königinnen geben – ja selbst *innerhalb* mancher Ameisenarten wie den Feuerameisen besteht die Option, entweder eine große oder mehrere kleine Königinnen zu besitzen; Königinnen können sich mit einem oder mehreren Männchen paaren; die Arbeiterinnen können gelegentlich oder häufig selbst noch Eier legen und dabei Männchen und seltener sogar auch weitere Weibchen zeugen; es kommen sowohl Männchen mit einfachem als auch mit zweifachem Chromosomensatz vor; die Männchen können sich mit ihren eigenen Schwestern oder Stiefschwestern direkt im Bau verpaaren oder auch in der weiten Welt nach weniger verwandten Partnerinnen suchen. In Kolonien vieler primitiverer Arten haben sich bis heute überhaupt keine Kastenunterschiede zwischen den weiblichen Tieren ausgebildet. Manche Arten benötigen weder eine Königinnen-kaste noch Männchen. Hier legen die Arbeiterinnen einfach jungfräulich gezeugte Eier. Sogar einander völlig fremde und nicht verwandte Individuen können sich bei manchen Arten zu halbsozialen Kolonien zusammenschließen, wobei einige von ihnen sodann die eigene

Reproduktionstätigkeit einstellen. Manchmal schmuggeln sich Arbeiterinnen sogar einfach in fremde Staaten ein, um dort den Rest ihrer Tage zu verbringen!

Besonders bei den Bienen sind die weitaus meisten Arten seit vielen Millionen Jahren auf den niederen Ebenen der Staatenbildung stehen geblieben, haben es also niemals zum vollendeten Sozialstaat mit den 75 Prozent Allel-Verwandtschaft geschafft.

Des weiteren sind sogenannte Sklavenhalterameisen erwähnenswert, bei denen Sklavenameisen – geraubte Individuen anderer Ameisenarten – nahezu alle Ämter außer der Kriegsführung im Sklavenhalterstaat übernehmen. Die Sklavenhalterameisen, die oftmals sogar im eigenen Bau deutlich in der Minderzahl sind, verzichten also freiwillig darauf, zahlreiche Kopien der eigenen Gene zu erzeugen und lassen völlig artfremde Tiere die ehemals ihren eigenen Schwestern und Töchtern zugedachte Tätigkeiten ausführen.

Situationen, bei denen im Ameisenvolk die magischen 75 Prozent des Allel-Verwandtschaftsgrads zwischen Arbeiterinnen überhaupt auftreten, scheinen also eher ein Sonderfall innerhalb einer riesigen Palette von unterschiedlichen Möglichkeiten zu sein. Und somit entpuppen sich die Staaten der Hautflügler als eines der beweis-kräftigsten Argumente *gegen* die Theorie vom egoistischen Gen, denn die meisten Fortpflanzungsstrategien lassen sich gerade *nicht* aus ihr ableiten. Es scheint vielmehr so zu sein, dass unter all den verschiedenen Varianten zwangsläufig eine zu finden sein muss, zu der auch die Gen-Selektionstheorie passt. Dass solch ein Sonderfall als einer der „spektakulärsten Triumphe" dieser Theorie dargestellt wird und die viel zahlreicheren Gegenbeispiele schlichtweg übergangen werden, lässt nichts Gutes für weniger spektakuläre Triumphe der Gen-Selektionstheorie erwarten.

Mit Fug und Recht könnte man genauso gut die Gene als überlebensnotwendige Betriebsanleitung oder sogar als wehrlose Sklaven der lebenslustigen Individuen bezeichnen, welche einfach nur ihren jeweilig zugedachten Überlebensstrategien und Aufgaben nachgehen. Dabei brauchen die Lebewesen weder einen bewussten noch unbewussten Bezug zu ihrer genetischen Identität zu haben.

Welchem Herren – wenn nicht den egoistischen Genen – dienen die vergänglichen Individuen von Einzellern, Albatrossen oder Insektenstaaten denn dann? Wer oder was bringt solche merkwürdigen Vergesellschaftungen von Zellen oder Tieren hervor, die weder den Familien, sterblichen Einzelwesen, noch den hypothetischen egoistischen Nukleotisequenzen nützen? Auf die Frage nach dem Grund des Imperativs der Fortpflanzung hat die moderne Evolutionstheorie bislang keine befriedigende Antwort geliefert. Auch hierzu wird im vierten Teil dieses Buches jedoch ein möglicher Lösungsversuch vorgestellt.

Doch das Repertoire von staunenswerten Entwicklungen in der Natur ist riesig. Und wenn man nur tief genug schürft, lassen sich auf allen biologischen Organisationsebenen weitere Beispiele finden, die sich gut eignen, die Erklärungskraft von Mutation und Selektion weiter zu durchleuchten und dabei neue problematische Aspekte für die neodarwinistische Theorie aufzuzeigen. Im folgenden und letzten Kapitel zu Evolutionsfragen werden zur Abrundung dieses Themas noch einige wichtige davon diskutiert, beginnend auf der molekularen Ebene und schließend mit der Evolution gewisser Qualitäten des menschlichen Bewusstseins.

7. Weitere wunderliche Evolutionsbeispiele

Alternative DNS-Codierungen und Mehrfach-Codierungen

Fangen wir bei der Betrachtung weiterer wunderlicher Evolutionsbeispiele wieder auf der kleinsten Ebene an. Man machte in den letzten Jahrzehnten die sensationelle Entdeckung, dass manche Lebewesen einen anderen DNS-Code besitzen, als der ganz überwiegende Teil der Organismen. Dieser Code, mit dem sich wie beschrieben bestimmte Aminosäuren durch die Abfolge von jeweils drei Nukleotiden eindeutig zuordnen lassen, ist daher keineswegs universal, wie lange Zeit angenommen wurde. Es werden zunehmend mehr Lebewesen wie Hefen, Algen, kernhaltige Einzeller sowie Bakterien bekannt, die hiervon auf jeweils verschiedene Weisen abweichen. Bei ihnen kodieren z. B. Nukleotid-Triplette, die einst für eine spezifische Aminosäure standen oder als Kopierstop-Signal fungierten, nun andere Aminosäuren oder schlichtweg gar nichts!

Wie ein Lebewesen eine solch gravierende Mutation, die jedes einzelne von hunderten funktionstüchtigen Proteinen betreffen würde, überhaupt überleben kann und sogar noch derart tüchtige Nachkommen zeugt, die sich gegenüber bereits vorhandenen Lebensformen erfolgreich durchsetzen, ist sehr schwer vorstellbar. Die einzig denkbare Alternative zu solchen Supermutationen besteht darin, dass das Leben mehrfach unabhängig voneinander entstanden ist und dass die Organismen mit anderem DNS-Code Nachfahren von unterschiedlichen Stammvätern sind. Doch dass das Leben gleich mehrmals mit jeweils nahezu identischem Replikationscode entstanden ist und dann noch unabhängig voneinander nahezu identische Lebewesen in Gestalt von Hefen, Algen, Bakterien usw. hervorgebracht hat, gilt selbst in Biologenkreisen als nicht plausibel.

In die selbe Kerbe schlägt eine weitere spektakuläre Entdeckung aus der Molekularbiologie: Es sind in höheren Tieren DNS-Abschnitte bekannt geworden, die *gleichzeitig* verschiedene Gene repräsentieren: Ein erstes funktionstüchtiges Protein wird durch „normales" Ablesen dieser Nukleotidsequenz gebildet, ein anderes Protein aber, in dem die *selbe*

Sequenz um ein Nukleotid verschoben gelesen wird, und ein drittes, indem *nochmals* die selbe Sequenz um ein Nukleotid verschoben abgelesen wird! Das ist wahrhaft ein phänomenales Gen, von dem sich, egal welche Nukleotid-Triplett-Reihenfolgen gelesen werden, jeweils ein anderes überlebensnotwendiges Protein synthetisieren lässt! Auch wie die Entstehungsgeschichte dieser unglaublichen Verquickung von funktionstüchtigen Genen ausgesehen haben mag, ist über zufällige Mutationen und Selektion schwer nachzuvollziehen.

Homologie

Bewegen wir uns nun auf eine höhere Organisationsebene und betrachten ein Problem, das die Organe betrifft, die ein Lebewesen aufbauen. Es handelt sich um die sogenannte Homologie. Als homolog gilt ein Organ eines Lebewesens dann, wenn sein Grundbauplan einem Organ einer anderen Lebensform gleicht. Dabei können diese Organe durchaus verschiedene Funktionen ausüben. Bekannte Beispiele dafür sind Menschenarm, Vogelflügel und Vorderbein des Pferdes. Diese Gliedmaßen werden sehr unterschiedlich eingesetzt, aber ihr Knochenbauplan beruht auf den selben Grundelementen.

Das Homologiekonzept spielt in der vergleichenden Anatomie der Tiere eine große Rolle, denn es lassen sich anhand der fossil überlieferten Veränderungen von Organen Aufschlüsse über evolutionäre Entwicklungslinien von Lebensformen ableiten. Man nimmt gemeinhin an, dass gemeinsamen Bauplänen wie denjenigen von Menschenarm, Vogelflügel oder Pferdebein ein gemeinsamer genetischer Komplex zugrunde liegt, dessen fundamentale Grundlagen sich kaum mehr ändern lassen. Dabei gilt: Je fundamentaler eine Struktur ist, um so weniger sollte ihr Bauplan im Laufe der Evolution geändert werden können.

Grundlegende Organe sollten also der neodarwinistischen Evolutionstheorie zu Folge stets von den gleichen Genen und somit vom gleichen embryonalen Ursprungsgewebe gebildet werden, selbst wenn die Einzelheiten bei verschiedenen Tierarten verschieden ausfallen. Doch dies ist keineswegs der Fall. Greifen wir ein Beispiel von vielen möglichen heraus: Die Speiseröhre, die jedem Wirbeltier gemeinsam ist. Sie wird bei Haien, Salamandern, Fröschen oder Reptilien von jeweils verschiedenen Embryonalgeweben ausgebildet! Das heißt, ihr Aufbau folgt jeweils anderen Bildungsprinzipien und genetischen Instruktionen. Es ist auch hier schwer fassbar, wie dies durch zufällige Mutationen zustande gekommen sein soll, und worin der jeweils entscheidende Selektionsvorteil lag. Es ist vielmehr in hohem Maße erstaunlich, dass diese Veränderungen, bei denen elementare Körperbildungsprozesse entscheidend umgemodelt worden sind, überhaupt möglich waren, ohne das Gesamtgefüge des jeweiligen Organismus empfindlich zu stören. Die Modifikationen des Aufbaus der Speiseröhre erwecken den Anschein, dass genau wie bei den vorangegangenen Schilderungen der DNS-Codierungen ein ganzheitlich vernetztes Organisationsprinzip am Werke ist, welches über die lineare Kausalität von Mutation und Selektion hinausgreift.

Gallenbildung

Begeben wir uns noch eine Organisationsebene höher, nämlich auf die Ebene winzig kleiner Insekten: Den gallenbildenden Insekten und ihren Gesinnungsgenossen wie gallenbildende Milben oder Würmer. Es lohnt sich, bei diesem Beispiel etwas ausführlicher zu verweilen. Denn es wurde bereits erwähnt, dass Darwin der Meinung war, ein einziges Gegenbeispiel zur natürlichen Selektion würde ausreichen, um das darauf aufbauende Evolutionskonzept umzuwerfen. Wie könnte ein solches Beispiel aussehen? Hören wir den Altmeister selbst:

„Natürliche Zuchtwahl kann niemals in einer Spezies irgend ein Gebilde erzeugen, was für dieselbe mehr schädlich als wohltätig ist. .... Eine genaue Abwägung zwischen Nutzen und Schaden, welchen ein jeder Theil verursacht, wird immer zeigen, dass er im Ganzen genommen vortheilhaft ist. ... Wird etwa in späterer Zeit bei wechselnden Lebensbedingungen ein Theil schädlich, so wird er entweder abgeändert oder die Art geht zugrunde, wie ihrer Myriaden zu Grunde gegangen sind. ... Liesse sich beweisen, dass irgendein Theil der Organisation einer Species zum ausschliess-lichen Besten einer anderen Species gebildet worden sei, so würde meine Theorie vernichtet, weil eine solche Bildung nicht durch natürliche Zuchtwahl hätte hervorgebracht werden können."[121]

Diese Aussage Darwins gilt sowohl für körperliche Merkmale als auch für Verhaltensweisen. Dementsprechend hat sich bei den Evolutionsbiologen eine langwierige Debatte über „altruistisches" Verhalten von Lebewesen entzündet, wobei auch die bereits besprochenen Staaten bildenden Insekten mit ihrem arbeitswütigen, aber unfruchtbaren Fußvolk eine große Rolle spielten. Grundtenor bei diesen Diskussionen ist stets: Selbst wenn Tiere oder Pflanzen scheinbar altruistische Tendenzen an den Tag legen, tun sie es letztlich doch wieder nur zum eigenen Vorteil (d. h. aus Egoismus), da sich ihr Verhalten langfristig auch für sie bzw. ihre egoistischen Gene positiv auszahlen wird.
Beispiele hierfür sind die Symbiosen zwischen Lebensformen. Bei dieser Form von Lebensgemeinschaft helfen sich die beteiligten Partner gegenseitig – allerdings profitiert auch jeweils der eine vom anderen. Das ist z. B. bei den Flechten der Fall, die allesamt aus einer Vergesellschaftung von Algen und Pilzen bestehen. Die Algen stellen mittels der Photosynthese gewonnene Kohlenstoffe in Form von Zuckern für die Pilze bereit, diese hingegen liefern den Algen Mineralstoffe und stellen das für die Algen nötige Wasser zur Verfügung.
Am anderen Ende der Skala von auf Lebenspartner angewiesenen Organismen stehen die selbstsüchtigen Parasiten. Diese nehmen sich von ihren Wirten ungefragt was sie brauchen und fügen ihnen häufig beträchtlichen Schaden zu. Hier liegt der Vorteil einzig auf Seiten der Parasiten, ihre Opfer gehen jedoch leer aus – falls sie die fremde Heimsuchung überhaupt überleben. Würde nun ein Wirt noch besondere Anpassungen entwickeln, um seinem Parasit die Arbeit zu erleichtern, wäre dies in der Tat mit der Selektionstheorie unvereinbar. Und auf genau solche Fälle spielt Darwin in dem obigen Zitat an.

Nun gibt es aber eine ganze Reihe von Beispielen in der Natur, auf welche diese kritische Situation zuzutreffen scheint. Die Rede ist von den Gallenbildungen, die man bei vielen Pflanzenarten auch in Mitteleuropa häufig antreffen kann. Hierbei wird von einer Vielzahl von kleinen Tierarten das Gewebewachstum der Pflanzen angeregt, welche sodann eine schützende Hülle um das sich entwickelnde Tier bilden, die oftmals holzartig verhärtet ist und in der äußeren Schicht sehr hohe Konzentrationen an ungenießbaren, fraßhemmenden Bitterstoffen beinhalten kann – daher der Name „Galle". Die Innenseite der Höhlung wird hingegen mit zartwandigen nähstoff- und wasserreichen Härchen, pinselartigen Strukturen oder Gewebeschichten ausgekleidet, die in exakt dem Maße nachwachsen, wie sie von dem Tier abgeweidet werden. Diese nährstoffreichen Zellen werden von speziellen Leitbündeln mit den nötigen Substanzen versorgt.

Gallenbildende Insektenspezies gibt es weltweit zu Tausenden, sie finden sich unter Wespen, Mücken, Läusen, Wanzen, Motten und Käfern, doch auch die erwähnten Milben und Würmer treten als Gallenbildner auf. Diese Lebensstrategie hat sich demnach viele Male unabhängig voneinander entwickelt und sich offensichtlich sehr gut bewährt. Denn: Sie ist alt. Fossile Gallen sind uns bereits aus der Zeit vor etwa 200 Millionen Jahren bekannt, sie existierten also schon zur Morgenröte der Blütezeit der Dinosaurier.

Haben wir es hier mit einem Fall von Symbiose zu tun? Nein, denn die Pflanze ist auf jeden Fall ohne den Gallinsekten-Befall besser dran. Einzig das Tier scheint von dieser ungleichen Gemeinschaft zu profitieren. Haben wir es hier dann nicht mit einem ganz normalen Fall von Parasitismus zu tun, bei der sich die Tiere auf Kosten der Pflanzen bereichern? Ja, lautet die meistgehörte Antwort. Doch bei genauerem Hinsehen entpuppt sich der Sachverhalt als nicht ganz so trivial. *Denn es ist nicht das Tier, das die Galle bildet, sondern die Pflanze selbst!* Sie bringt tatsächlich all die Strukturen hervor, die exakt an den tierischen Fremdling im eigenen Gewebe angepasst sind!

Wie das im Detail vor sich geht, ist immer noch nicht vollständig geklärt. Man weiß allerdings, dass die Tiere stets den notwendigen Ausgangsreiz liefern. In vielen Fällen werden bereits vom Muttertier, welches das Ei ablegt, oder vom Ei selbst Substanzen auf das Pflanzengewebe übertragen, die das Gewebewachstum anregen. Manchmal sorgt aber auch das frisch aus dem Ei geschlüpfte Jungtier an einer frei gewählten Stelle auf der Pflanze eigenverantwortlich dafür. Hat die Gallenbildung einmal eingesetzt, ist auch eine fortgesetzte Wachstumsstimulierung für die Ausdifferenzierung der Galle von Nöten, die jeweils vom Insassen gemäß seiner Bedürfnisse vermittelt wird.

Hierbei kommt es nun zu einer beeindruckenden Formenvielfalt, da sich jede gallenbildende Spezies ganz charakteristische Häuser bauen lässt, an denen sie meistens auch leicht zu identifizieren ist. Wir finden da Kugeln, Ovale, Teller, Mützen, Sonnenhüte, Spitzhüte, pilzartige Strukturen auf einem Stiel, zapfenartige Gebilde, Sterne, Hörner, Flaschen; Haar-, Borsten- oder Stachelbüschel aller Formen und Größen sowie verschiedenste flache oder hochgewölbte unregelmäßige Formen. Es gibt große, vielstöckige Hotels sowie verstreute Häuschen mit nur jeweils einem Einzelzimmer. Die Farben reichen über gelb, braun und grün zu sattem, leuchtenden rot; manche sind sogar hübsch gemustert. Sie wachsen auf Blättern, an und in Stängeln, in Knospen, in Blüten, in Samenanlagen und an Wurzeln. Oftmals bahnen sich die tierischen Insassen zu gegebener Zeit selbst einen Weg nach draußen durch die Gallenwand.

Allerdings gibt es auch zahlreiche Gallenarten, deren Gewebe sich exakt zur richtigen Zeit für die flüggen Insassen von selbst öffnet – sei es noch auf der Mutterpflanze innerhalb der selben Vegetationsperiode oder erst nach einer geschützten Überwinterung am Boden. Viele Gallen weisen in solchen Fällen differenzierte Gewebestrukturen auf, die verschiedene Variationen von Türen, Deckeln oder Verschlüssen ausprägen, aus denen das Tier in die Freiheit entlassen wird, oder die Gallen an vorgesehenen Stellen vom Blatt lösen und mitsamt dem künftigen Überwinterer auf den Boden fallen lassen. Seltener finden sich sogar besonders hartschalige Gallen, die sich nochmals innerhalb der ursprünglichen Galle entwickeln – eine Galle in einer Galle, die den Bewohner zusätzlich gegen Parasitenbefall schützt. *Aber all diese mannigfachen Konstruktionen werden vom Genom der Wirtspflanzen kodiert und ausgebildet, nicht von den Tieren!* Letztere sondern lediglich relativ unspezifische Wachstumshormone ab, um ihre Anwesenheit zu bekunden und die Differenzierungsprozesse der Pflanzengewebe einzuleiten, aufrecht zu erhalten und zu regulieren. Sie unterscheiden sich somit deutlich von z. B. den parasitischen Viren, die ihr eigenes Erbmaterial in die Wirtszellen injizieren, um es dann von der befallenen Zelle ausprägen und vervielfältigen zu lassen.

Die gallenbildenden Pflanzen verfügen also über normalerweise ungenutzte Gene, die nur in Anwesenheit der Tiere vielerlei Formgestalten und Gewebetypen in sinnvoller zeitlicher Reihenfolge aufbauen. Jede Tierspezies induziert dabei seine eigene charakteristische Galle, die genau auf die jeweiligen Bedürfnisse abgestimmt ist – alleine das Genom der Eiche hält mindestens 132 verschiedene Konstruktionspläne für ebenso viele verschiedene Gallentierarten bereit!

Haben wir dann hier nicht den gefürchteten Fall vor uns, wobei „irgendein Theil der Organisation einer Species zum ausschliesslichen Besten einer anderen Species" gebildet wird? Denjenigen Fall, da ein Wirt noch zusätzlich besondere Anpassungen für unnütze Schmarotzer entwickelt hat? Denn einen erkennbaren Nutzen haben die Pflanze von den Tieren nicht – aber dennoch kodieren und erzeugen sie die Wachstumsprozesse der Gallen höchstpersönlich.

Die Neodarwinisten behaupten: Nein. Sie haben auch eine passende Erklärung dafür parat und sehen ihre Selektionstheorie sogar bestätigt. Für sie stellen – ganz im Sinne des unwiderlegbaren Axioms vom Überleben der Tüchtigsten – die Gallenbildungen erfolgreiche Verteidigungsstrategien gegen Pflanzenschädlinge dar, die sich im Laufe der Evolution ausgebildet und bewährt haben. Ein auf der Pflanze eingetroffener Schädling wird laut dieser Interpretation nämlich durch die Galle gefangen und eingekapselt, an schädlichem Blattfraß gehindert und in seiner unerwünschten Schmarotzertätigkeit auf einen eng umrissenen Raum konzentriert. Es sollen dadurch die Blattflächen für die wichtige Photosynthese erhalten bleiben oder noch unbefallene Knospen von Fraß verschont bleiben, was letztlich einen positiv selektierbaren Vorteil für das vom Insekt befallene Gewächs darstellen soll. Eine „genaue Abwägung zwischen Nutzen und Schaden, welchen ein jeder Theil verursacht", wie Darwin sie empfiehlt, lässt allerdings Zweifel an dieser Interpretation aufkommen. Eine Vielzahl von Beobachtungen scheint ihr vielmehr zu widersprechen.

- Die gallenbildenden Tiere haben es fertig gebracht, Substanzen nachzubauen, die den spezifischen Wachstumshormonen der jeweiligen Wirtspflanzen äußerst ähnlich sind, und sie in den Wirt zu injizieren. Nur aufgrund dieser Ähnlichkeit können sie überhaupt kontrollierte Wachstumsprozesse im Pflanzengewebe einleiten. *Dieser bemerkenswerte Nachbau von Chemikalien war die Idee der Tiere*, und nicht die der Pflanzen. Deswegen kann ein

Gallentier auch nur auf seinen Wirtspflanzen eine Gallenbildung einleiten, nicht aber auf jedem beliebigen Gewächs.

- Weiterhin darf die Erschaffung dieses speziellen Sekrets und die nachfolgende Bildung der pflanzlichen Gefängnisse zu keiner Zeit von Nachteil für die Tiere gewesen sein, denn sonst hätte sich diese Strategie in der Evolution nicht bewährt und wäre sofort wieder verschwunden. All die vielen verschiedenen gallenbildenden Tierspezies müssen also zu jeder Zeit ihrer Entwicklung davon profitiert haben. Und das wäre ein merkwürdiger Verteidigungsmechanismus der Pflanzen, der über Millionen von Jahren hinweg kontinuierlich das Gedeihen ihrer Feinde fördert.

- Die Wirtspflanzen sind offensichtlich in der Lage, als Reaktion auf den Insektenbefall große Mengen an Bitterstoffen zu produzieren und in die Galle einzulagern. Warum geschieht dies dann nur in der äußeren Schicht und nicht in der inneren, wodurch das Schadinsekt selbst frühzeitig an Fraß und Weiterentwicklung gehindert werden könnte? Zudem fressen zahllose Insektenarten friedlich an Blättern der gallenbildenden Wirtspflanzen, ohne dass sie zur Schadensbegrenzung eingekapselt werden. Nicht einmal die potentiell in sehr hohen Konzentrationen verfügbaren Bitterstoffe werden in diesen Fällen von den Pflanzen synthetisiert und zur Verteidigung eingesetzt. Ausschließlich die Gallentiere sind demnach für die Anregung dieser hohen pflanzlichen Bitterstoffproduktion zuständig. Die Pflanze sollte im Fall der Interpretation der Gallen als Verteidigungsmechanismen jedoch alles daran setzen, das Haus des unwillkommenen Schmarotzers nicht auch noch auf sein Geheiß hin an genau der richtigen Stelle mit wirksamen Bitterstoffen gegen etwaige Fressfeinde zu schützen.

- Die langsame Einkapselung mittels Darbietung verlockender hochwertiger Nährstoffe mag vielleicht wirklich sehr sinnvoll sein, um Schaden frühzeitig einzugrenzen. Aber warum werden die Tiere dann bis zum Ende versorgt, das schließlich in der Geschlechtsreife und der erneuten (manchmal massenhaften) Nachkommenserzeugung gipfelt, die häufig auch noch direkt auf der gleichen Wirtspflanze vollzogen wird? Und warum werden in manchen Fällen sogar besonders schützende Innengallen ausgebildet? Sogar die Sauerstoffversorgung der Galleninsassen wird durch die Ausbildung spezieller luftdurchlässiger Zellen stets sicher gestellt. All dies müsste keinesfalls sein.

- Das Pflanzengenom stellt wie erwähnt in vielen Fällen sogar Programme zur Verfügung, die geschlechtsreifen Tiere in den Gallen zur rechten Zeit an dafür vorgesehenen Orten durch Öffnungen in die Freiheit zu entlassen. Welchen Selektions-vorteil bezieht die Pflanze aus der Hervorbringung solcher Gene für Gallenöffnungen? Die ursprünglichen Gallentiere haben sich früher stets selbst einen Weg in die Freiheit durch die Gallen-wand gefressen – aber jetzt wird ihnen sogar noch eine Türe eingebaut! Wäre es nicht erheblich sinnvoller, die Schädlinge ihren eigenen Kräften zu überlassen und ihnen das Leben dabei so schwer wie möglich zu machen – ja, sie am besten für immer einzukapseln und damit unschädlich zu machen?

- Einzelexemplare von Wanzen, Läusen oder Milben, die an Blättern oder Stängeln Pflanzensäfte *saugen*, reduzieren weder die photosynthesefähigen Blattflächen, noch zerstören sie Knospen. Daher sollte auch keine Notwendigkeit bestehen, *zusätzlich* zu der Versorgung der meist winzig kleinen Tiere die verhältnis-mäßig riesigen Gallen zu produzieren, die oft ein Tausendfaches der Energie- und Nährstoffmenge verschlingen, welche ihre Insassen normalerweise für die Entwicklung benötigen würden. Gallinsekten messen nur in Ausnahmefällen mehr als 2-4 Millimeter, die dazugehörigen Gallen können aber Durchmesser von mehreren Zentimetern erreichen!

- In vielen Fällen zieht die durch Gallenbesatz bewirkte Vermin-derung der Vitalität von Blättern den Ausbruch von sonst nur latent vorhandenen Pilzinfektionen im Blattgewebe nach sich. Dies ist bei gewöhnlichem Blattfraß nicht der Fall. Denn dann werden die existierenden Nähr- oder Abwehrstoffe gegen Pilzbefall nicht in die Galle weitergeleitet, sondern stehen dem Blatt selbst voll zur Verfügung.

- Sehr oft sind nicht die Blätter von Gallenbildung betroffen, sondern lebenswichtige und kostbare Organe wie Knospen, Blüten oder Samenanlagen. Sie alle werden durch Gallenbildungen nachhaltig zerstört, wohingegen Fraßschäden insbesondere an knospenden Blättern häufig wieder ausgeglichen werden können. Auch hier gilt: Die gallenbildenden Insekten sind meist winzig, die Gallenwucherungen aber vergleichsweise riesig und beeinträchtigen die Funktionstüchtigkeit von Organen dementsprechend. Bestimmte Gallmückenarten (z. B. diejenige mit dem bezeichnenden Namen *Phytophaga destructor*, = „zerstörerischer Pflanzenfresser") können die Wirtspflanzen bzw. alle ihre Verbreitungseinheiten flächendeckend vernichten. Welchen Selektionsvorteil birgt diese Verteidigungsstrategie für die befallenen Pflanzen, die sich noch nicht einmal mehr fortpflanzen können?

Nach Abwägung der hier geschilderten Verhältnisse lässt es sich kaum abstreiten, dass die Gallen von den gallenbildenden Tieren induziert und zu ihren Gunsten ausgebaut werden. *Die Tiere* aktivieren im Pflanzengenom entwickelte oder schlummernde Fähigkeiten, aber *die Pflanze* baut sodann die Behausungen auf. Und das tut sie, ohne dass sie selbst einen selektierbaren Vorteil daraus zieht – und zwar seit vielen Millionen Jahren.

Es spielt dabei keine Rolle, dass die Wirtspflanzen die Gallen nur auf Geheiß der Gallentiere erzeugen, denn die Pflanzen leisten vermittels der in ihrer DNS kodierten Information zum Aufbau der Gallen den Löwenanteil an der gemeinsam erwirkten Konstruktion. Sie sitzen damit unbestreitbar am längeren evolutiven Hebel. Dies wird schließlich auch in der bizarren Interpretation der Gallen als vorteilhafte Verteidigungsmaßnahmen betont.

Die Evolution der Gallenbildung ließe sich besser als ein Beispiel von ganzheitlich angelegter organismischer Selektion begreifen, wobei die natürliche Selektion relativ wenig mitzureden hatte. Wenn überhaupt, dann nur in dem Sinne, dass sich die Pflanzen dem tierischen Überlebenserfolg untergeordnet hätten – und damit wäre nach Darwin höchstpersönlich die Selektionstheorie vernichtet.

Sexualität

Betrachten wir nun die Sexualität und die Frage, warum es sowohl bei höheren Pflanzen als auch Tieren zwei verschiedene Geschlechter gibt. Ähnlich wie das bereits umrissene Phänomen der Fortpflanzung ist auch die Sexualität nur auf den ersten Blick eine biologische Selbstverständlichkeit. In den Biologiebüchern lernen wir seit August Weismann, dass die Sexualität sich entwickelt hat, um bei der Nachkommenproduktion die Vermischung von Genen bzw. Allelen zweier Individuen zu ermöglichen. Hierdurch soll das Genmaterial einer Population durchmischt werden und das Variationsspektrum ihrer Angehörigen erweitert werden. Somit wird der Sexualität ein entscheidender Anteil bei der Ausbildung selektierbarer Merkmale zugesprochen. Aber wie ist sie entstanden – und: Ist sie *wirklich* notwendig?

Einen sich teilenden Einzeller sollte gemäß der Gen-Selektionstheorie eigentlich kaum etwas dazu bewegen können, sein kostbares Erbmaterial mit dem eines fremden Individuums zu vermischen. Bei der normalen Teilung eines Bakteriums ist die entstehende Tochterzelle stets zu 100 Prozent mit der Elternzelle verwandt, das ist das absolute Maximum. Und jede Mutation ist aufgrund des nur einfach vorhandenen Gensatzes dominant – ein Schlaraffenland für egoistische Gene und die durch zufällige Mutationen fortschreitende Evolution! Es mutet seltsam an, dass erfolgreich überlebende Lebewesen irgendwann dazu übergegangen sind, einen zweiten, ihnen unbekannten Satz an DNS in sich aufzunehmen, um ihn vor der Fortpflanzung in einem aufwendigen und komplizierten Trennungsprozess (der natürlich erst einmal über zufällige Mutationen entwickelt werden muss) wieder auseinander zu sortieren, nur um jetzt ein Gemisch aus eigenen und fremden Allelen weiterzugeben. Ob es evolutionstheoretisch gesehen wirklich sinnvoll ist, eine persönlich bewährte und erfolgreiche Überlebensstrategie mit unbekannten Faktoren zu verwässern?
Weiterhin verzichten die zweigeschlechtlichen Individuen auch noch auf die stets dominanten Mutationen, denn eine vorteilhafte Mutation wird ab jetzt in der überwiegenden Mehrzahl der Fälle durch das intakte Partnergen weitestgehend überdeckt. Einen größeren Hemmschuh für die evolutive Artentfaltung kann man sich kaum vorstellen. Zusätzlich

verloren die sexuellen Lebewesen ein gutes Stück ihrer Autonomie. Konnten sie sich bislang fortpflanzen wo und wie es ihnen beliebte, sind sie nun auf eine oftmals mühsame und gefährliche Partnersuche angewiesen. Damit nicht genug: Es wurden überdies zwei unterschiedliche Formen von Keimzellen entwickelt, die großen Eier und die kleinen Spermien. Die Produktion dieser beiden ungleichen Verbreitungseinheiten muss natürlich mit der Entwicklung entsprechend verschieden gestalteter innerlicher und äußerlicher Geschlechtsorgane einhergehen – aber stets im Gleichtakt, damit sie immer alle zueinander passen. Dabei kann der Paarungsvorgang noch von grotesken Verhaltensweisen begleitet sein, deren Selektionsvorteil nicht recht ersichtlich ist.

Zum Beispiel besitzen viele Plattwürmer sowohl männliche als auch weibliche Geschlechtsorgane, mit denen sie sich wechselseitig befruchten. Manche tun dies mit großer Inbrunst. Sie richten sich dazu auf, stülpen ihre säbelartigen Penisse aus und liefern sich ein regelrechtes Gefecht, wobei das Ziel darin besteht, dem Gegenüber die eigenen Spermien direkt in den Körper zu injizieren. Das Resultat sind oftmals zwei erfolgreich befruchtete, aber arg verletzte Plattwürmer.

Doch natürlich läuft nicht jede Paarung bei den niederen Tieren auf diese gewaltsame Weise ab. Und da viele von ihnen beide Geschlechter in ihrem Organismus vereinen und sich ansonsten innerhalb der Grenzen ihrer artspezifischen Variabilität weitestgehend gleichen, mag eine geradlinige Evolutionslinie hin zu anderen Lebensformen noch vorstellbar sein. Warum aber nun die meisten höheren Tiere auch noch dazu übergegangen sind, innerhalb einer Spezies zwei verschiedene Lebensformen zu entwickeln, die jeweils nur noch eines der beiden möglichen Geschlechtsorgane tragen – Weibchen und Männchen – stellt bereits das nächste ungelöste Rätsel dar. Ihr Aussehen und ihre Lebensstile können sich derartig auseinander entwickeln, dass die zwei Geschlechter manchmal wie zwei verschiedene Arten wirken. Dennoch muss auch diese Entwicklung jederzeit exakt aufeinander abgestimmt werden. Und das, obwohl jede vorteilhaft selektierbare Mutation, die nur auf *eines* der beiden Geschlechter Auswirkungen hat, damit nur noch bei der Hälfte aller möglichen Nachkommen zur Ausprägung gelangt.

Nach diesen einfachen theoretischen Überlegungen müsste die Evolution natürlicherweise dahin tendieren, Geschlechtsunterschiede zu verwischen und äußerlich ähnliche Artgenossen hervorzubringen – so wie es bei sehr vielen niederen Lebewesen tatsächlich der Fall ist. Dann gibt es keine zusätzlichen Barrieren zwischen fortpflanzungswilligen Individuen und es bestehen die besten Chancen, dass sich eine potentiell vorteilhafte Mutation auch auf alle Nachkommen auswirkt. Entgegen dieser Erwartungen hat die Komplexität der Fortpflanzungsweisen und die Geschlechterdifferenzierung im Evolutionsverlauf einmal mehr beständig zugenommen, ohne dass allerdings schlüssig erklärt werden könnte, wie und warum es genau geschah.

Da wir aber jetzt schon einmal im Reich der sich sexuell fortpflanzenden Lebensformen angelangt sind, können wir auch hier noch etwas verweilen. Es lassen sich wieder viele Beispiele finden, die nicht in das neodarwinistische Evolutionsmodell mit gestrenger natürlicher Selektion passen wollen. Es folgt eine kleine Auswahl.

Beginnen wir bei den Bettwanzen, die ähnlich wie die Plattwürmer mit einer wenig geschmackvollen, aber dennoch sehr bemerkenswerten Begattungsstrategie aufwarten. Die Männchen der Bettwanzenarten haben sich nämlich darauf verlegt, einfach den Bauchpanzer ihrer Weibchen zu durchbohren und ihren Beitrag zur Nachwuchserzeugung in deren Leibeshöhle zu entlassen – anstatt in die normalerweise dafür vorgesehene Geschlechtsöffnung, die zu den inneren Geschlechts-organen führt. Die Spermien verteilen sich dann im Körper des Weibchens und zirkulieren zusammen mit der Körperflüssigkeit, bis sie ihr vorgesehenes Ziel, die eng bei den Ovarien liegenden Samenbehälter, auf diesem Umweg erreichen.

Diese seltsame Fortpflanzungsweise ist offensichtlich bei unterschied-lichen Arten verschieden weit entwickelt. Die Männchen mancher Arten stechen noch relativ willkürlich auf ihre Weibchen ein, so dass jede Begattung deutliche Narben hinterlässt; bei anderen Spezies besitzen die Weibchen aber speziell perforierte Bereiche am Unterleib, die für den kopulativen Einstich vorgesehen sind. Von dort aus ziehen sich dann Gewebekanäle bis zu den Geschlechtsorganen, so dass sich das alte, bereits vorhandene Thema in neuer, sekundärer Variation wiederholt. Sogar der Geschlechtsapparat der Männchen ist für diese neuartige

Einsatzform oftmals modifiziert worden. Worin der positiv selektierbare Nutzen dieser Verhaltensweise liegt ist unklar, zumal die Weibchen an derartigen keineswegs steril ausgeführten Operationen auch zugrunde gehen können. Zu allem Überfluss hat sich diese Sexualpraktik bei den Wanzen wahrscheinlich mehrere Male unabhängig voneinander entwickelt, da die perforierten Körperstellen für den zu erwartenden Einstich bei unterschiedlichen Arten an zu verschiedenen Orten liegen, als dass sie sich voneinander ableiten ließen.[122]

Doch nun sollen ästhetischere Lebensformen gewürdigt werden: Die Orchideen. Nebst ihrer außergewöhnlichen Vielgestaltigkeit und Schönheit zeichnen sie sich durch Befruchtungsstrategien aus, die an Kompliziertheit kaum zu überbieten sind. Obwohl es nicht einleuchtet, warum ein relativ unspezialisiertes Gewächs, das von vielen verschiedenen Insektenarten erfolgreich bestäubt werden kann, sich zunehmend auf einige wenige Tierarten beschränkt, bis es am Ende vollständig vom Wohlergehen einer einzigen Spezies abhängig ist, wurde dieser Weg innerhalb zahlreicher Pflanzenfamilien inklusive der Orchideen unzählige Male unabhängig voneinander beschritten. Die Orchideen haben sich diesbezüglich auch in unseren Breiten mit solch bemerkenswerten Vertretern wie der Fliegenragwurz und ihren Verwandten einen Namen gemacht.

Eine große Anzahl von Pflanzen bzw. Blüten bestäubt sich bevorzugt selbst. Da mag es weiterhin verwundern, warum viele andere Blumen wie auch die Fliegenragwurz so immensen Wert darauf legen, von fremden Pflanzenindividuen befruchtet zu werden. Doch sie tun es, und zwar mit einem recht ausgefallenen Trick: Anstatt das Insekt auf die übliche Weise mit kräftigen Signalfarben und süßem Nektar zum Blütenbesuch zu verleiten, hat diese Pflanze die Fähigkeit entwickelt, den Sexuallockstoff des Weibchens einer bestimmten Bienenspezies nachzubilden und in die Umgebung zu verströmen. Der Bienerich, aufmerksam geworden ob dieses den Luftraum schwängernden Parfüms, eilt nun geschwinden Fluges in die vielversprechendste Richtung, in welcher er das Objekt seiner Begierde vermutet. Und siehe – er muss nicht lange suchen: Dort, auf einem unscheinbaren Pflänzchen, da sitzt ja die duftende Schönheit! Sofort lässt sich das lüsterne Insekt auf der vermeintlichen Braut nieder –

doch welche Enttäuschung! Es handelt sich natürlich nur um eine erstaunlich genaue Nachbildung des Weibchens, bestehend aus Kopf, Fühler, Körperumriss und Behaarung, inklusive eines bläulich schimmernden Flügelspiegels auf dem Rücken.

Bei den vergeblichen Kopulationsversuchen klebt sich das männliche Tier den Pollen in Form von zwei bestielten Paketen an die Stirn, so dass es nun wie der sprichwörtliche Gehörnte wieder von dannen ziehen muss. Sobald der Bienenmann das nächste mal hoffnungsvoll eine solche trügerische Blüte aufsucht, werden die beiden Pollenpakete durch seine Bewegungen automatisch auf der Narbe deponiert, dem Eintrittstor zu den weiblichen Keimanlagen der Blüte. Hierbei heftet sich zugleich das nächste Hörnerpaar auf sein Haupt. Die eigentliche Befruchtung der Samenanlagen mit dem auf der Narbe deponierten Pollen kann nur dann erfolgen, wenn dieser nicht von den Blüten der selben Orchideenpflanze stammt. Dafür sorgt ein ausgeklügeltes Erkennungssystem auf molekularer Ebene.

Das ist gewiss eine kunstvolle Strategie, die Anlass zu großer Bewunderung gibt. Dennoch scheinen manche ihrer Details gar nicht notwendig zu sein, da andere Orchideenarten aus dem Formenkreis der Ragwurze sich mehr oder weniger mit der Aussendung von imitierten Sexuallockstoffen begnügen und sich dennoch erfolgreich fortpflanzen. Sie bringen sehr variabele Blüten hervor, die auf verschiedenen Pflanzenindividuen sehr verschieden aussehen können und dabei keinem der sie bestäubenden Insekten wirklich ähnlich sehen. Heimische Beispiele hierfür sind die Hummelragwurz oder die Spinnenragwurz.[123]

Andererseits treiben es manche Orchideen noch erheblich weiter als die Fliegenragwurz, so z. B. die australische Hammerorchidee. Auch sie sondert Sexuallockstoffe ab, aber die wohlgeformte Insektenattrappe sitzt gleich dem Metallkopf von üblichen Haushaltshämmern am Ende eines längeren Stieles, der an seiner Basis mit einem Scharniergelenk am Blütenboden befestigt ist. Dieses Gestell ragt jedoch zu weit aus der Blüte hervor, als dass ein paarungswilliges Kerbtier mit seinem Kopf an die Pollensäcke oder Narben stoßen könnte. Landet nun ein entsprechendes Insekt darauf und bemüht sich bewegungsreich klammernd um die Begattung, löst sich eine unter Spannung stehende Vorrichtung im Scharniergelenk und hämmert das Blendwerk mitsamt dem verdutzten Passagier gegen die hintere Blütenwand, wobei unweigerlich die beiden verräterischen Hörner auf dessen Stirn zu haften kommen. Diese werden samt dem Insekt beim nächsten Begattungsversuch auf einer anderen Blüte mit einem weiteren kraftvollen Hieb auf deren Narbe genagelt.

Auch andere Pflanzen nehmen es mit der Fremdbestäubung sehr genau. Bei vielen Primelarten kommen zum Beispiel zwei verschiedene Blütentypen vor, und jedes Pflanzenindividuum besitzt immer nur eine der beiden Varianten. Diese Varianten können sich nur wechselseitig befruchten, wofür ein anatomischer Unterschied im Blütenbau sorgt. Keine Blüte kann also von einer anderen Blüte des selben Pflanzenindividuums befruchtet werden. Dafür nimmt die Primel aber in Kauf, im Durchschnitt nur von jeder zweiten Artgenossin bestäubt werden zu können. Diese merkwürdige Errungenschaft tritt bei etwa 18 Pflanzenfamilien unabhängig voneinander auf. Noch andere Blumen wie die Blutweiderich-Arten haben sogar drei verschiedene Bestäubungstypen von Blüten entwickelt! Hier kann also eine Pflanze nur von jedem dritten Exemplar aus der Nachbarschaft erfolgreich bestäubt werden.

Solche Entwicklungen sind mit erheblichem genetischen Mehraufwand verbunden, der sich nur unter einem entsprechend starken Selektionsdruck herausgebildet haben kann. Aber worin könnte dieser bestehen? Die weitaus meisten Pflanzen kommen bestens ohne Hammermechanismen oder drei verschiedene Blütentypen aus. Ja, viele verzichten sogar vollkommen auf die Fremdbestäubung! Schon innerhalb der Orchideen gibt es viele Arten, die genau dies tun.
Von der auch in unseren Breiten beheimateten und eng mit der Fliegenragwurz verwandten Bienenragwurz wissen wir, dass sie einfach die Stiele ihrer Pollenpakete auf die eigenen Narbe herunter biegt und sich selbst befruchtet, wenn kein Insekt erscheint und fremde Pollenhörner auf den Narben ihrer Blüten deponiert. Genau wie abertausend andere Pflanzenspezies überlebt sie mit dieser inzestuösen Fortpflanzungsstrategie prächtig. Manche Orchideenarten bilden noch nicht einmal mehr Blüten aus: Sie befruchten ihre Blüten schon innerhalb der Knospen, indem dort die Pollen direkt auf die Narbe wachsen! Insbesondere bei Pionierpflanzen wie einjährigen Unkräutern,

die schnell auf veränderte Umweltbedingungen reagieren, ist die Selbstbestäubung weit verbreitet – bei uns u. a. beim Hirtentäschel und dem Klebrigen Labkraut. Selbiges gilt auch für Pflanzen an Extremstandorten oder in isolierten Lagen wie z. B. Inseln. Diese sind aufgrund ihrer autonomen Lebensweise häufig sogar zum Ausgangspunkt verschiedenster Evolutionslinien geworden.

Doch nicht einmal diese Selbstbefruchtung scheint für erfolgreiches Bestehen von Pflanzen erforderlich zu sein. Viele Arten vermehren sich sogar vollkommen ohne geschlechtliche Aktivitäten jedweder Art. Hierbei bilden sie einfach die vorhandenen weiblichen Samenanlagen zu vollständigen Samen aus, ohne dass überhaupt ein Austausch von Genmaterial zwischen männlichen Pollen und den Samenanlagen der Blüten stattfinden muss. Auch diese Fortpflanzungsstrategie haben sich ausgesprochen überlebenstüchtige Pflanzenvertreter wie der allgegenwärtige Löwenzahn oder die Brombeersträucher zu eigen gemacht, sie dominieren oftmals ganze Pflanzengesellschaften. Dennoch besitzen viele dieser Pflanzen nach wie vor große, auffallende, leuchtende Blüten und bieten den eigentlich überflüssigen Insekten stattliche Mengen an Pollen oder Nektar an, wie es der eifrig summende Blütenbesuch von Löwenzahn- oder Brombeerblüten deutlich anzeigt.[124]
Jetzt bleibt nur noch zu erwähnen, dass diese Art von geschlechtsloser Nachkommenszeugung natürlich auch im Tierreich verbreitet ist, wenn auch nicht in dem Maße wie bei den Pflanzen. Wir finden diese Jungfernzeugung hauptsächlich bei niedern Tieren wie Würmern bis hin zu Milben und Insekten, wobei besonders verschiedene Gespenst- oder Stabschreckenspezies darauf verzichten, männliche Tiere zu erzeugen. Auch etwa 30 verschiedene Echsenarten vermehren sich auf die besagte Weise, ohne dass sie im Vergleich zu den im selben Areal lebenden zweigeschlechtlichen Verwandten in irgendeiner Weise benachteiligt zu sein scheinen.

Jetzt wären wir wieder beim Ausgangspunkt unserer Überlegungen zur Sexualität angelangt, wo wir fragten, ob sie wirklich notwendig ist. Wie die Beispiele zeigten, kann man offenbar tatsächlich auf sie verzichten. In vielen Fällen scheint es äußerst fragwürdig, ob der angebliche Vorteil der

Rekombination all die komplizierten, oftmals auch noch sehr gefährlichen Sexualpraktiken rechtfertigt.

Eine natürliche Selektion, die ausschließlich am einzelnen Individuum und dessen Genen ansetzt, würde jedenfalls viel besser zu einer geschlechtslosen Welt passen als zu derjenigen, die wir hier und heute vorfinden. Und anstatt auf die natürliche Selektion und restriktive Umweltbedingungen könnten wir das Entstehen der Sexualität wahrscheinlich erneut besser auf organismische Selektionsweisen zurückführen.

Die Evolution des Menschen und des Bewusstseins

Schwingen wir uns jetzt zum Abschluss unserer Betrachtungen von ungelösten Problemen der neodarwinistischen Evolutionstheorie noch in das Reich des Bewusstseins und des menschlichen Geistes auf.

Im Verlauf der Evolution stechen gewisse Entwicklungstendenzen hervor. Zunächst ist dies eine immer wieder feststellbare Aufsplitterung von ursprünglichen Ausgangsformen in zahlreiche neue Arten. Meistens ging diese Aufspaltung mit zunehmender körperlicher Komplexität einher, bis sie bei Orchideen, Laubbäumen, Insekten und Wirbeltieren den derzeitigen Höhepunkt erreichte. Doch im Tierreich fällt weiterhin auf, dass auch der Grad von Bewusstheit beständig zunahm. Selbst Dinosaurier und frühe Säugetiere besaßen noch ein vergleichsweise winziges Gehirn, das nur einen Bruchteil der Gehirngröße von heutigen Säugetieren ausmacht – obwohl die grundlegenden Lebensäußerungen dieser Tiere nahezu identisch zu heute lebenden Arten gewesen sein müssen. Das gilt für viele frühere Pflanzenfresser, aber auch für die früheren Fleischfresser, die sich im Körperbau kaum von heutigen Raubtieren wie Tigern oder Wölfen unterschieden und demzufolge einen sehr ähnlichen Lebensstil geführt haben müssen. Ist die Größe der heutigen Gehirne also wirklich unverzichtbar?

Die selbe Frage können wir in Bezug auf uns Menschen stellen. Unter den Wissenschaftlern gilt es als ausgemachte Tatsache, dass wir und die heute lebenden Menschenaffen von gemeinsamen affenartigen Vorfahren abstammen, wobei die Entwicklungslinien von Gorillas und

Schimpansen einerseits und den Menschen andererseits sich vor fünf bis zehn Millionen Jahren getrennt haben sollen. Die wesentlichsten Änderungen, die menschenähnliche Primaten innerhalb dieser Zeit durchgemacht haben, waren die völlige Aufrichtung der Körperstatur für den zweibeinigen Gang und die immense Größenzunahme des Gehirns.

Doch auch die Gehirne der Affen- und Menschenvorfahren hatten bereits sehr beachtliche Volumina, und der Grund dafür ist durchaus unklar. Denn selbst die heutigen Menschenaffen führen ja keineswegs einen derartig kniffligen oder außergewöhnlichen Lebensstil, der die ihnen verfügbaren intelligenten Leistungen mit Notwendigkeit abverlangen würde.

Das wundersamste Beispiel diesbezüglich stellt der Gorilla dar. Wie viele andere Säugetiere lebt auch er in kleinen Gruppen, und obwohl er über ein furchterregendes Gebiss und gigantische Muskelkräfte verfügt, vertilgt er ausschließlich pflanzliche Kost. Natürliche Feinde kennt er kaum. Alles, was er also tun muss, ist sich sein tägliches Grünzeug zu besorgen. Dies erledigt er dann auch in äußerst geruhsamer Manier. Die Berggorillas halten sich zu diesem Zweck bevorzugt am Boden auf, die Flachlandgorillas begeben sich hingegen zumeist in Bäume.

Damit haben wir die kuriose Situation vor uns, dass in den Baumwipfeln der Tropen sich zum einen geistig minderbemittelte Säugetiere wie das Faultier träge durchs Geäst schieben, und zum anderen die klugen Gorillas genau dem selben Geschäft nachgehen. Da sich die Ernährungsweise beider Spezies kaum unterscheidet und sich der Alltag der Gorillas nicht wesentlich komplizierter gestaltet als der des Faultiers, ist es schwierig, einen natürlichen Selektionsdruck zu erkennen, welcher die Intelligenzleistungen zwingend erforderlich gemacht hätte, die wir beim Gorilla vorfinden. Natürlich könnte man die sozialen Geschäfte der Gorillafamilien hier ins Feld führen. Doch eine soziale Lebensweise an sich rechtfertigt nicht die Ausprägung überdurchschnittlicher Intelligenzen. Man findet vielmehr auf allen Entwicklungsstufen des tierischen Lebens sowohl solitäre als auch vergesellschaftete Lebensformen, wie in unserem Fall die einzelgängerischen Orang-Utans belegen. Nebst anderen geistigen Glanzleistungen vermögen aber Gorillas wie die in San Franzisko lebende Koko bis zu 2 000 verschiedene gesprochene Worte der englischen Sprache sowie 1 000 bildliche Zeichen zu verstehen, mit denen sie Sätze aus drei bis sechs Wörtern konstruiert. Koko bezeichnet Zebras von sich aus als „Pferd Tiger", beantwortet die Frage nach dem, was Gorillas tun, wenn sie sich freuen, mit „Gorilla umarmen" und diejenige nach dem, was Gorillas denken, wenn sie sich ärgern, mit „Toilette Teufel".[125] Man darf daher annehmen, dass Gorillas weitaus intelligenter sind, als sie in ihrer Rolle als gemütliche Grünfutterkonsumenten mit Notwendigkeit sein müssten.

Oftmals bedeutet das individuelle Lernenmüssen bestimmter Fähigkeiten im Vergleich zum zielsicheren Instinktverhalten erheblichen Zeitverlust und birgt zudem das große Risiko, verhängnisvolle Fehler zu begehen. Es ist ein aus vielen Beispielen in der Natur (von Fruchtfliegen bis zum Menschenaffen und Menschen) bekanntes Phänomen, dass aggressive und körperlich starke Individuen ihre vermeintlich intelligenteren Kollegen dominieren, währenddessen sich bestenfalls in besonderen Not- oder Stresssituationen die Fähigkeit bewähren kann, einen neuen Ausweg zu finden.

Warum also das ohnehin überraschend große Gehirn der Menschenvorfahren dann beim *Homo sapiens* noch einen derartigen zusätzlichen Entwicklungsschub erfahren hat, bleibt unklar. Es verleitete wie bereits erwähnt einige Wissenschaftler wie Stephen Jay Gould zu der Annahme, es sei lediglich eine zufällige neutrale Überproduktion, die erst später ihr ungeahntes Potential erkennen ließ. Das wiederum steht im Widerspruch zur Theorie der natürlichen Selektion, nach der bereits winzige, zu nichts nütze Materialverschwendungen baldiger Reduktion bis hin zur Auslöschung erliegen. Andere Autoren sind daher mit dieser neutralen Erklärung der Größenzunahme des Gehirns entsprechend wenig einverstanden und begründen den vermeintlich notwendigen Selektionsdruck für größere Gehirne sogar durch sexuelle Selektion.[126] In beiden Fällen aber hätten wir es jedoch wieder mit Erklärungen zu tun, die dem Umfeld der organismischen Selektion entstammen.

Nebst der Volumenzunahme der Gehirnkapsel vollzogen sich jedoch noch weitere rätselhafte Veränderungen in den Vorfahren des Menschen, die letztlich zu dem heutigen Niveau unseres Bewusstseins inklusive unseres persönlichen „Ich"-Erlebens führten.

Emil du Bois-Reymond (1818-1896), einer der Begründer der experimentellen Physiologie, formuliert das Mysteriöse dabei in einem berühmten Vortrag von 1872 wie folgt:

> „Welche denkbare Verbindung besteht zwischen bestimmten Bewegungen bestimmter Atome in meinem Gehirn einerseits, andererseits den für mich ursprünglichen, nicht weiter definierbaren, nicht wegzuleugnenden Tatsachen: ‚Ich fühle Schmerz, fühle Lust; rieche Rosenduft, höre Orgelton, sehe Roth'? ... Es ist eben durchaus und für immer unbegreiflich, dass es einer Anzahl von Kohlenstoff-, Wasserstoff-, Stickstoff-, Sauerstoff- usw. Atomen nicht sollte gleichgültig sein, wie sie liegen und sich bewegen, wie sie lagen und sich bewegten, wie sie liegen und sich bewegen werden. Es ist in keiner Weise einzusehen, wie aus ihrem Zusammensein Bewusstsein entstehen könne.“[127]

Die Frage, wie menschliches Bewusstsein aus bestimmten atomaren Konstellationen im dreidimensionalen Raum abgeleitet werden könne, beantwortete er mit der berüchtigten Behauptung: „Ignorabimus“ – „Wir werden es niemals wissen.“
Trotz seines Alters hat diese Behauptung bislang nichts von ihrer Aktualität verloren. Wir wissen es zumindest bis heute nicht. Noch immer ist die Entstehung und die Funktionsweise des Ich-Bewusstseins inklusive seiner persönlichen Erinnerungen ein ungelöstes neurophysiologisches Rätsel, was eingedenk der Tatsache, dass nicht einmal die beim Sehvorgang beteiligten Verrechnungsvorgänge im Gehirn durchschaut werden, kaum verwundert.[128]

Besonders die Macht des geistigen Ichs über körperliche Vorgänge stellt hierbei abgründige, nicht einmal ansatzweise verstandene Problemstellungen dar. Mag es manchem vielleicht noch nachvollziehbar erscheinen, dass das psychische Befinden einer Person dieses oder jenes Krankheitsbild tendenziell häufiger oder seltener auftreten lässt, so wird die Sache schon komplizierter, wenn man die heilende Wirkung von völlig wirkungslosen Placebo-Medikamenten auf kranke Personen betrachtet, oder auch das dem entgegengesetzte Phänomen, dass kerngesunde Hypochonder alle Symptome der eingebildeten Krankheit vollendet ausprägen können. Ähnliches gilt von sogenannten Scheinschwangerschaften. Noch rätselhafter wird es, wenn über vorsätzlichen Willenseinsatz körperliche Prozesse manipuliert werden, die normalerweise unbewusst, autonom und abgekoppelt vom Ich-Bewusstsein des Individuums reguliert werden.

So ist es ein mittlerweile hinreichend bekanntes Phänomen, dass sich über bewusste, willensbedingte Steuerung solche physiologische Parameter wie Herzrhythmus, Blutdruck, Körpertemperatur und vieles andere verändern lassen.[129] Erheblich weiter treiben es östliche Yogis, von denen heutzutage sogar die Wissenschaft akzeptiert, dass sie komplette Stoffwechselwege inklusive Herzschlag oder Atmung auf nahezu Null herunterfahren können. In diesen merkwürdigen Zuständen können sie zum Teil tagelang verharren, bis sie sich langsam wieder ins Leben zurückregulieren. Ferner sind sie bekanntlich in der Lage, sich „schmerzfrei" an verschiedensten Körperstellen zu durchbohren, sich ihre Zungen abzuschneiden und wieder anzusetzen – und das, ohne dabei auch nur einen einzigen Tropfen Blut zu verlieren oder Narben zurückzubehalten.

Erst kürzlich haben sich tibetische Mönche durch Vermittlung des Dalai Lama bereit erklärt, ihre durch jahrelange Meditationspraxis erworbenen geistigen Fähigkeiten von Neurophysiologen untersuchen zu lassen. Das Fazit einer Studie zur Untersuchung von fundamentalen bei der Bildverarbeitung ablaufenden Geschehnissen, auf die das Bewusstsein normalerweise nicht den geringsten Einfluss hat, lautet:

> „Die meditationsspezifischen Veränderungen der visuellen Funktion, die hier beobachtet wurden, liefern neue Belege dafür, dass ... verschiedene Arten von Meditation und Trainingsdauer zu erkennbaren kurz- oder langfristigen Veränderungen auf der neuronalen Ebene führen."[130]

Das klingt unspektakulär, ist jedoch harter Tobak: Wie es scheint, schafft sich das Ich ein Gehirn gemäß seinen eigenen Vorstellungen, indem es nicht nur Gehirnmaterie und physiologische Prozesse nach Bedarf aktiv umorganisiert, sondern auch in die tieferliegenden Steuerungsprozesse nachhaltig eingreift.[131]

Ähnlich eindrückliche Auswirkungen auf den Körper lassen sich auch beim ungeübten Westeuropäer unter geeigneter Hypnose induzieren. Es sind gut dokumentierte Fälle bekannt, in denen hypnotisierte Personen mit Allergien unter entsprechenden Suggestionen auf normalerweise allergieauslösende Substanzen nicht reagierten, dagegen aber massive Symptomentwicklungen bei üblicherweise vollkommen harmlosen Stoffen zeigten. Man kann Versuchspersonen vermittels Hypnose auch taub, stumm, blind oder schmerzunempfindlich werden lassen. Weiterhin kennen wir kataleptische Starren, bei denen Testpersonen nur mit Füßen und Schultern auf je einem Stuhl aufliegen, ihren Körper dazwischen aber vollkommen waagrecht in der Schwebe halten, steif wie ein Stock. Ist die Starre vollendet ausgeprägt, kann man sich sogar auf die Körpermitte dieser Person setzen oder stellen, ohne dass sie unter dem Gewicht nachgibt. Hierzu sind immense Körperkräfte notwendig, über welche die Versuchspersonen im normalen Wachbewusstsein niemals verfügen. Ferner können durch zimmertemperierte Gegenstände wie Münzen Brandwunden inklusive Blasenentwicklung auf der Haut ausgelöst werden, wenn der Versuchsperson suggeriert wird, es handele sich um ein Stück glühende Kohle. Mit zu den bemerkenswertesten unter Hypnose erzielten Resultaten zählen sicher die Fälle, in denen genetisch bedingte Erbkrankheiten geheilt werden konnten.[132]
Bei all diesen phantastisch anmutenden Beispielen handelt es sich um mittlerweile von der Naturwissenschaft anerkannte Phänomene.

Wie jedoch das Bewusstsein oder das Unterbewusstsein des Menschen sich gleich dem Baron von Münchhausen am eigenen Schopf aus den Lagebeziehungen von für sich genommen toten Kohlen- oder Sauerstoffatomen herauszieht, um durch selbstbestimmte Verordnungen wiederum auf Lagebeziehungen von anderen Atomen zurückzuwirken, stellt einen vollkommen unverstandenen Vorgang innerhalb der Evolution von Gehirnen und Organismen dar. Mit der neodarwinistischen Lebensvorstellung kann es jedenfalls nicht erklärt werden.

Das gilt ganz genauso für die rätselhaften parapsychologischen Phänomene wie Telepathie oder Psychokinese. Diese schließen sich nahtlos an die beschriebenen Auswirkungen an, die über (Auto-)Suggestion oder Hypnose erzielt werden können. Diese parapsychologischen Phänomene liefern daher einen wichtigen Beitrag zur Demonstration der Unvollständigkeit des gegenwärtigen biologischen Weltbildes, und sie weisen gleichzeitig aber auch den Weg zu einer erweiterten Fassung des selben.

Deshalb wenden wir uns jetzt den Gefilden der parapsychologischen Forschung zu. Vielleicht offenbaren sich dort Einsichten, die uns auf der Suche nach Evolutionsfaktoren einen Schritt weiter bringen.

Teil 3

Parapsychologie

8. Auftakt

„Durch ihre Unglaubwürdigkeit entzieht sich die Wahrheit dem
Erkanntwerden."

Heraklit[133]

Die Parapsychologie ist ein Forschungsfeld, das in seiner Bedeutung für
die Biologie und die Evolutionstheorie kaum überschätzt werden kann.
Da wahrscheinlich viele Leser nur wenig mit den bisher geleisteten
Forschungsarbeiten auf diesem Gebiet vertraut sind, werden in diesem
Buchteil die wichtigsten hiervon in einer historischen Skizze vorgestellt.
Als parapsychologische Phänomene bezeichne ich hier Telepathie
(Gedankenübertragung), Hellsehen (direkte Wahrnehmung von
Gegebenheiten an entfernten Orten), Präkognition (Vorauswissen um
zukünftige Ereignisse) und Psychokinese (mentale Einwirkung auf
Materie).

Im jetzigen Kapitel folgt zunächst ein Exkurs über die Einstellung, mit
der die etablierte Wissenschaft der Parapsychologie gegenübersteht.
Danach folgt die historische Skizze der parapsychologischen Forschung
anhand wichtiger Studien und Ergebnisse. Dabei handelt es sich um eine
reine Bestandsaufnahme, um dem Leser einen gründlichen Einblick in
die wichtigsten Errungenschaften dieser seit langem etablierten
Wissenschaftsdisziplin zu geben. Es soll hierbei deutlich werden, wie
vielseitig und umfangreich das bislang zusammengetragene Material ist,
und dass die geringschätzige Haltung des Großteils der Wissenschaftler
gegenüber der Parapsychologie nicht gerechtfertigt ist. Kapitel 9 befasst

sich mit den parapsychologischen Phänomenen bei uns Menschen, in Kapitel 10 werden wir uns auch den Tieren zuwenden.

Mögliche Erklärungsmodelle für diese Phänomene folgen jedoch erst ab Kapitel 11 im vierten Buchteil, worin diese in Bezug zu den ungelösten Evolutionsfragen gesetzt werden, die in den ersten beiden Buchteilen besprochen wurden.

Beginnen wir jetzt die Bestandsaufnahme der Parapsychologie damit, die Meinung wichtiger Vertreter des wissenschaftlichen Establishments über sie kennen zu lernen.

> „Es [die Beschäftigung mit der Parapsychologie] ist nichts als Zeitverschwendung. Ernsthafte Wissenschaftler beschäftigen sich mit realen Dingen. Wir haben keine Zeit, uns mit Behauptungen zu beschäftigen, von denen wir sowohl im Herzen als auch im Kopf wissen, dass sie von Grund auf unsinnig sind."
>
> Peter Atkins[134]

> „Das Paranormale ist Quatsch. Diejenigen, die es uns verkaufen wollen, sind Betrüger und Scharlatane. Und manche von ihnen sind dadurch reich und fett geworden, dass sie uns auf den Arm nehmen."
>
> Richard Dawkins[135]

Das sind schwere Geschütze, die gegen die Parapsychologie und die sie betreibenden Forscher in Stellung gebracht werden. Und sie unterscheiden sich nicht von denjenigen, mit denen sich die Parapsychologen nun schon seit etwa 150 Jahren immer wieder konfrontiert sehen. Ein Unterschied zu früher besteht jedoch darin, dass es mittlerweile eine Vielzahl von finanziell sehr gut ausgestatteten Organisationen gibt, welche die Rechtgläubigkeit der Naturwissenschaft definieren und auch mit beträchtlichem Erfolg in der Öffentlichkeit proklamieren. Eines der Lieblingswörter ihrer Mitglieder ist „Skepsis", daher bezeichnen sie sich selbst gerne als Skeptiker. Unter diesen Skeptikerorganisationen gibt es einige, die alles daran setzen, die parapsychologische Forschung öffentlich in ein schlechtes Licht zu rücken. Das CSICOP (*Comitee for the Scientific Investigation of Claims of the Paranormal*) ist wohl die einflussreichste hiervon, die gerade angeführten Zitate stammen von prominenten Mitgliedern dieser Vereinigung.[136]

Allerdings ist von dem stolz im Namen des CSICOP getragenen Ziel, das „Paranormale" mit wissenschaftlicher Methodik zu untersuchen, kaum etwas zu sehen. Die meisten Mitglieder von Organisationen wie CSICOP, *The Skeptics Society*, COPUS (*Comittee for the Public Understanding of Science*) oder auch der bedeutendsten deutschen Skeptiker-Vereinigung, der GWUP (*Gesellschaft zur wissenschaftlichen Untersuchung von Parawissenschaften*), haben kaum jemals eine der wichtigen Publikationen der Parapsychologie gelesen und gestehen wie Peter Atkins auch bereitwillig, dass sie ohnehin keine Lust darauf haben, sich ernsthaft mit diesem Thema auseinander zu setzen oder gar diesbezügliche Forschungsarbeit zu betreiben. Konträr dazu wird aber kaum eine Gelegenheit ausgelassen, die parapsychologische Forschung zu diskreditieren.

Das lässt von vorne herein auf wenig objektive Skepsis schließen. In der Tat wird den Skeptikerorganisationen vom Beginn ihrer Existenz an parteiische, irreführende und sogar bewusst betrügerische Datenmanipulation nachgewiesen.[137] Viele Mitglieder, die sich von den Skeptikerorganisationen eine Bereicherung der wissenschaftlichen Forschung versprochen hatten, wandten sich dementsprechend wieder enttäuscht von ihnen ab, so auch der namhafte Soziologe Marcello Truzzi (1935-2003). Er war Gründungsmitglied des CSICOP und zunächst dessen stellvertretender Vorsitzender sowie Herausgeber der organisationseigenen Zeitschrift. Nach längeren Querelen gab er jedoch Schritt für Schritt alle Ämter freiwillig ab und verließ das CSICOP schließlich in der Ansicht, die Skeptikerbewegung begehe Verrat an ihren eigenen Idealen und sei unfähig, ihre eigene Meinung zu hinterfragen. Truzzi trat der bekannten parapsychologischen Organisation *Parapsychological Association* bei und begründete das *Center for Scientific Anomalies*, um auch die Möglichkeit eines objektiven gegenseitigen Dialoges zu schaffen.

In Deutschland gibt es dazu eine nahezu identische Parallele. Ein Gründungsmitglied der GWUP, der Soziologe Edgar Wunder, wurde nach über zehnjährigem Engagement aus dieser Vereinigung getrieben, da er immer wieder den direkten Austausch mit erfahrenen Parapsychologen suchte. Zusammen mit anderen enttäuschten GWUP-Mitgliedern gründete er sodann die dialogfreudigere *Gesellschaft für Anomalistik* und konstatiert seine alten Weggefährten betreffend:

> „Die Skeptiker verfolgen nicht einmal die parawissenschaftliche Fachliteratur, von eigener Forschungsarbeit gar nicht zu reden. Sie wissen viel zu wenig von der Materie, um tatsächlich ein Urteil fällen zu können. ... Die Skeptiker sind eine Subkultur der Un- und Antigläubigen, die sich gegenseitig in ihren Auffassungen bestätigen. Ihr Zirkel ist relativ geschlossen, was die Kommunikation nach außen betrifft – genau wie in der Esoterikbewegung auch, nur mit umgekehrten Vorzeichen."[138]

Von solcher Hand wird also die Öffentlichkeitsarbeit der Naturwissenschaften gegenwärtig dominiert. Was aber sagen Wissenschaftler, die der Parapsychologie unvoreingenommen gegenüberstehen und sie einer ernsthaften Prüfung unterzogen haben? Hören wir dazu beispielsweise Hans Jürgen Eysenck (1916-1997), seinerzeit einer der bedeutendsten Psychologen und Neurobiologen:

> „Wenn es nicht eine gigantische Verschwörung gibt, bei der etwa 30 Universitätsinstitute in der ganzen Welt beteiligt sind und mehrere hundert hochgeachtete Wissenschaftler in verschiedenen Gebieten (von denen viele ursprünglich den Behauptungen der Parapsychologie ablehnend gegenüber standen), bleibt nur noch die Schlussfolgerung für den vorurteilsfreien Beurteiler übrig, dass es eine kleine Anzahl von Menschen geben muss, die Informationen über psychische Inhalte anderer Menschen oder über äußere Sachverhalte auf Wegen erhalten, die der Wissenschaft noch unbekannt sind."[139]

Dieses Zitat aus dem Jahr 1957 zeigt, dass bereits damals etliche Beweise für parapsychologische Phänomene existierten. Wir werden später einige davon kennen lernen. Es verdeutlicht aber auch die Entwicklung, welche die Parapsychologie seit dieser Zeit durchgemacht hat: Heute, 50 Jahre später, könnte man das Zitat auf über hundert universitäre oder staatliche Institutionen und weit über tausend Wissenschaftler, die zum großen Teil unabhängig voneinander zu übereinstimmenden Ergebnissen gekommen sind, erweitern. Die Regale mancher Bibliotheken dieser Forschungseinrichtungen ächzen unter der Last der Publikationen in verschiedenen Fachzeitschriften und Büchern. Sie als das Ergebnis einer jahrzehntelangen, global angelegten betrügerischen Verschwörung ansehen, scheint noch weit weniger haltbar als vor 50 Jahren.

Das Zitat zeigt weiterhin, dass gebildete und kritische Wissenschaftler parapsychologische Phänomene und Untersuchungen anerkannt haben. Eysenck war nicht nur für seine wissenschaftlichen Leistungen bekannt, sondern auch berüchtigt für seine Kritikfreudigkeit – insbesondere gegenüber der freudschen Psychoanalyse und der Überbewertung des genetischen Einflusses auf die menschlichen Persönlichkeitsentwicklung. Derjenige, welcher der Parapsychologie freundlich gesonnen ist, befindet sich also keineswegs in schlechter und unkritischer Gesellschaft, was auch die folgende bunte Auswahlliste von der Parapsychologie zugeneigten Berühmtheiten der Wissenschaft und des öffentlichen Lebens unterstreichen soll.

Nebst Eysenck besteht seine Gesellschaft aus Arthur Schopenhauer, den Brüdern Alexander und Wilhelm von Humboldt, Johann Wolfgang von Goethe, Arthur Conan Doyle, Charles Dickens, Maxim Gorky, Thomas Mann, William Butler Yeats, Sigmund Freud, Carl Gustav Jung, William James, Charles Richet, Michael Faraday, William Barrett, Oliver Lodge, William Crookes, Karl Friedrich Zöllner, dem Ehepaar Marie und Pierre Curie, Albert Einstein, Thomas Edison, Henry Ford, Camille Flammarion, Alister Hardy, Alfred Russel Wallace, Hans Driesch, Henri Bergson, Arthur Koestler, Abraham Lincoln, Theodore und Franklin Roosevelt, Winston Churchill, Dwight Eisenhower, Lawrence Rockefeller, Maurice Maeterlinck, William McDougall, Wladimir Bechterew, Dimitri Mendelejew, Joseph Thomson, Pascual Jordan, Wolfgang Pauli, David Bohm, Cyril Burt, John Eccles, Norbert Wiener oder Brian Josephson.

Unschwer lassen sich etliche hochkarätige Nobelpreisträger und andere respektierte Berühmtheiten in dieser Aufzählung finden, denen niemand so leicht Betrug oder naive Leichtgläubigkeit unterstellen wird. Es bliebe noch zu erwähnen, dass parapsychologische Phänomene nicht auf eine „kleine Anzahl von Menschen" beschränkt sind, wie Eysenck noch schrieb. Wir wissen heute, dass es sich hierbei um relativ weit verbreitete Fähigkeiten bei Menschen und Tieren handelt, die jedoch in aller Regel nur schwach ausgeprägt sind oder nur in besonders kritischen Situationen in größerem Ausmaß zu Tage treten. Dennoch scheinen sie sich sogar erlernen zu lassen, wenn auch nur in bescheidenem Umfang.[140]

Im Folgenden werden die vier bereits genannten Aspekte der Parapsychologie – Telepathie, Hellsehen, Präkognition und Psychokinese – näher beschrieben. Sie stellen die wichtigsten Forschungsfelder der heutigen Parapsychologen dar. Wer selbst noch keine eigenen parapsychologischen Erfahrungen gemacht hat, dem bleibt für eine Meinungsbildung vorerst nur das Studium der verfügbaren Literatur. Doch diese ist faszinierend und eröffnet ungeahnte Ausblicke auf die Natur des Lebendigen, die einige überraschende Konsequenzen für unser gegenwärtiges biologisches Weltbild nach sich ziehen. Betrachten wir nun die Geschichte dieser ungewöhnlichen, aber ungemein spannenden Naturwissenschaftsdisziplin.

Die Anfänge der parapsychologischen Forschung

Parapsychologische Phänomene bezeichnen Ereignisse oder Kommunikationsweisen, die über Mittel und Wege erfolgen, welche sich nicht der normalen physischen Organisation oder der Sinnesorgane des Menschen bedienen. Dennoch scheinen sie so alt wie die Menschheit zu sein. Zumindest deutet alles darauf hin, wenn wir den alten Überlieferungen und Naturvölkern Glauben schenken wollen. In ausnahmslos allen Kulturen galten Phänomene, die wir heute als Telepathie, Hellsehen, Präkognition oder psychokinetische Fernwirkung bezeichnen würden, als ausgemachte Selbstverständlichkeit. Die Schamanen, Medizinmänner, Voodoo-Priester oder Yogis sollen diesbezüglich besondere Fähigkeiten besessen haben, die sie entsprechend ihrer sozialen Stellung und Funktion einsetzten.[141] Aus Europa kennen wir entsprechende Überlieferungen u. a. von den Druiden, den skandinavischen Schamanen und den antiken griechischen Orakelstätten wie Delphi oder Dodona. Anekdotenhafte Berichte über parapsychologische Phänomene ziehen sich in stoischer Regelmäßigkeit durch die Jahrhunderte und finden sich selbst im Umfeld von hochrangigen Kirchen- oder Staatsmännern sowie von Königen und Kaisern.[142] Bis in die heutige Zeit glaubt auch in der westlichen Welt ein Großteil der Bevölkerung an die Realität von Phänomenen wie Telepathie, und zwar in allen Bildungsschichten.[143]

Das wissenschaftliche Interesse an der Erforschung des Parapsychologischen erlebte mit den Arbeiten Franz Anton Mesmers (1733-1815) über „animalischen Magnetismus" einen ersten Aufschwung. In Mesmers Sitzungen wurden die behandelten Personen öfters vermittels bestimmter Streichbewegungen in eine Art Trance oder Hypnose versetzt. In diesem Zustand waren sie manchmal in der Lage, telepathische, hellseherische oder präkognitive Auskünfte zu geben. Mesmer wandte seine aufsehenerregende Technik vornehmlich als Heilungsmethode an, was natürlich vielerlei kontroverse Diskussionen hervorrief. Heute würden wir sagen, seine bisweilen zweifelsfrei nachgewiesenen Heilungserfolge wurden schlichtweg mittels Suggestion oder Autosuggestion erzielt. Bezüglich des Hellsehens konnte Schopenhauer, dem wohl niemand mangelnde Kritikbereitschaft gegenüber öffentlichen Modeerscheinungen vorwerfen wird, bereits 1850 konstatieren: „Wer heutzutage die Tatsachen des animalischen Magnetismus und seines Hellsehens bezweifelt, ist nicht ungläubig, sondern unwissend zu nennen."[144]

Für weitere Furore sorgte die ab 1850 auftretende Bewegung des Spiritismus, die sich rasch in weiten Kreisen Amerikas und Europas ausbreitete. In spiritistischen Sitzungen wird angeblich Kontakt mit Geistern von Verstorbenen aufgenommen und mit ihnen kommuniziert. Auch parapsychologische Phänomene wie Telepathie oder Psychokinese treten häufig auf. Noch heute besitzt der Spiritismus, vermischt mit christlichen und animistischen Elementen, besonders in Brasilien eine große Anhängerschaft. Es verwundert nicht, dass in diesen Sitzungen, die zumeist in verdunkelten Räumen statt fanden, Betrug und Scharlatanerie prächtig gediehen. Dennoch fanden sich inmitten dieser kuriosen Betriebsamkeiten stets einige vertrauenswürdige Personen, die das Aufsehen von Wissenschaftlern erweckten und gewissenhaften Prüfungen unterzogen wurden. Die Echtheit von manchen parapsychologisch bewirkten Phänomenen konnte immer wieder von namhaften und zunächst skeptischen Wissenschaftlern bestätigt werden.

Die Folge davon war, dass im Jahr 1882 von hochrangigen Gelehrten und Universitätsprofessoren aus Cambridge die *Society for Psychical Research* gegründet wurde (Gesellschaft für parapsychologische Forschung; im Englischen steht *psychic* für parapsychologisch). Sie setzte sich zum Ziel, Ordnung und Struktur in das Durcheinander von fragwürdigen Behauptungen und nachweisbaren Fakten zu bringen. Die *Society for Psychical Research* (im Folgenden SPR) avancierte in vielen Ländern zum Vorbild für weitere Gründungen ähnlicher Vereinigungen und betreibt bis heute aktive Forschung. Ihre Vorsitzenden sowie die Vorstandsmitglieder setzen sich bis heute aus hochkarätigen Wissenschaftlern, Nobelpreisträgern, aber auch aus bedeutenden Persönlichkeiten des öffentlichen Lebens bis hin zu einem ehemaligen britischen Staatspräsidenten zusammen.[145] Einige dieser Vorsitzenden finden sich bereits in der weiter vorne angeführten Personenaufzählung.

Schon bald zeigte sich, dass gewisse immer wieder bestätigte Beobachtungen Ähnlichkeiten besaßen. Deshalb werden die drei Phänomene Telepathie, Hellsehen und Präkognition als wesensverwandte parapsychologische Erscheinungen angesehen. Im Fall der *Telepathie* handelt es sich um einen direkten Informationsübertrag zwischen zwei Lebewesen, womit zumeist zwei Menschen gemeint sind. Doch seit den Anfängen der Forschung gibt es Hinweise darauf, dass dieses auch zwischen Mensch und Tier geschehen kann. Von *Hellsehen* spricht man hingegen dann, wenn ein Lebewesen direkt zu Kenntnissen über Dinge oder Ereignisse gelangt, ohne dass ihm diese Information durch seine Sinnesorgane vermittelt werden konnte. Diese Begebenheiten können durchaus weit in der Vergangenheit liegen, dann spricht man von *Retrokognition*. Im Gegensatz dazu steht die *Präkognition*, wobei Lebewesen Kenntnisse über zukünftig auftretende Geschehnisse erhalten, was noch erheblich erstaunlicher ist als ein kurzer und oft verzerrter Blick in die bereits verflossene Vergangenheit. Denn immerhin gilt die Zukunft insbesondere seit dem Aufschwung der Chaostheorie und der Quantentheorie als verhältnismäßig offen.

Die gerade beschriebenen Typen von parapsychologischen Phänomenen werden gemeinhin unter dem Begriff der „außersinnlichen Wahrnehmung" *(ASW)* geführt, da unsere Sinnesorgane wie Augen, Ohren, Nase oder Haut hierbei keine Rolle spielen können. Wie eng diese beschriebenen Phänomene verwandt sind, wird sich im Folgenden noch genauer zeigen; oftmals lässt sich nicht einmal genau feststellen, welche Form parapsychologischer Aktivität vorliegt.

Das gilt in gewissem Maße auch für die *Psychokinese*. Sie wird dennoch zumeist etwas abgesetzt behandelt, da sie sich dem Wesen nach und im klassischen Fall ihres Auftretens von den eher wahrnehmungsbezogenen ASW-Phänomenen unterscheidet. Bei der Psychokinese wirkt ein Geistiges solcherart direkt auf Materie ein, dass sich an dieser ein Effekt erkennen lässt, z. B. eine Bewegung eines Gegenstandes. Da diese Geschehnisse sowohl dem Energieerhaltungssatz als auch dem gesunden Menschenverstand am aller meisten zu widerstreben scheinen, erregen sie den größten Unglauben und die heftigsten Proteste.

ASW und Psychokinese werden in ihrer Gesamtheit gerne als *Psi-Phänomene* oder einfach nur als *Psi* bezeichnet, wobei dieses Psi nichts anderes repräsentiert als die griechische Bezeichnung des Anfangsbuchstabens des Wortes „Psyche".

Betrachten wir im folgenden Kapitel die Geschichte der Erforschung all dieser Phänomene, beginnend mit der ASW beim Menschen. Danach folgt ein Überblick über die Psychokineseforschung.

Im darauffolgenden 10. Kapitel werden wir uns noch mit den Untersuchungen zum Thema Psi bei Tieren befassen.

9. Telepathie, Hellsehen, Präkognition und Psychokinese

Anekdoten

Eine der ersten Veröffentlichungen von Mitgliedern der SPR war ein umfangreiches Buch, das im Jahr 1886 erschien. Es besteht aus einer umfangreichen Sammlung von Berichten über spontane Fälle von Psi.[146] Hierbei griffen die Autoren zwar auch auf bereits vorhandene Berichterstattungen zurück, aber zum großen Teil rekrutierte sich das Material aus Mitteilungen, die nach vorangegangenen Aufrufen an die britische Öffentlichkeit bei der SPR eingegangenen waren.

Unter den vielen tausend Berichten wurden nach bestimmten Kriterien nur die glaubwürdigsten in die Publikation aufgenommen. Sie mussten a) hinreichend genau geschildert worden sein, es mussten b) alle natürlichen Erklärungen sicher ausgeklammert werden können und sie mussten c) aus erster Hand stammen und sich nach Möglichkeit im Beisein von Zeugen abgespielt haben, die im Idealfall auch zur Richtigkeit der gemachten Angaben befragt werden konnten. Das 1 300 Seiten starke Werk enthält immerhin noch 702 derartiger Fallbeispiele von Psi. Es gilt noch heute als Markstein der parapsychologischen Forschung und diente als Vorbild für viele weitere Sammelwerke. Die Autoren kamen zu einigen wichtigen Erkenntnissen:

1. Spontane ASW-Phänomene wie telepathische Informationsvermittlung treten zumeist in Situationen auf, die für einen der Beteiligten sehr kritisch sind, z. B. bei Unfällen, ernsten Krankheiten oder im Sterbeprozess.
2. Derlei Phänomene treten bevorzugt zwischen eng verwandten oder sehr gut bekannten Familienmitgliedern oder Freunden auf.
3. Die Entfernung der Personen voneinander scheint auf das Zustandekommen der Effekte keinen Einfluss zu haben.
4. Diese Phänomene ereignen sich häufig im Traum oder in Zuständen verminderter geistiger Aktivität und Entspannung.

Doch all dies sind keineswegs notwendige Bedingungen für das Zustandekommen von ASW, letztlich kann sie unter allen möglichen Umständen auftreten. Die geschilderten Fallbeispiele gelten als typisch und gleichen vielfach jenen, die sich bereits in alten Überlieferungen finden und die noch heute immer wieder neu erlebt werden: Angehörige haben Visionen oder Ahnungen, die mit dem Tod, einem Unfall oder anderen Krisen von nahestehenden Person zusammenhängen.

Oftmals wird behauptet, solchen Anekdoten über Gesichte, Träume oder Ahnungen sei keine Beweiskraft zuzumessen. Entsprechende Gedanken oder Gefühle träten häufig auf, würden jedoch normalerweise alsbald wieder vergessen, da sie keinem realen Geschehen zugeordnet werden könnten. Nur dann, wenn sie zufällig mit einem passenden Ereignis zusammenfielen, würden sie damit verknüpft, langfristig erinnert und mit einer unangemessenen Interpretation versehen. Dass dergleichen selektive Erinnerungen ein reales Faktum darstellen, lässt sich nicht bestreiten. Wenn dann noch subjektive Verzerrung der Erinnerung des Erlebten dazukommt, besitzen solche Anekdoten tatsächlich keinerlei Aussagewert und können keinesfalls als Beweis für Psi-Phänomene herangezogen werden.

Aber es müssen folgende Aspekte ebenfalls berücksichtigt werden: Eine zweifelhafte ASW-Erscheinung als echt oder falsch klassifizieren zu wollen, ist eine Sache; und eine wahrheitsgetreue, detaillierte Beschreibung einer entfernt stattfindenden Szenerie zu bewerten, ist ein andere Sache. Der Nobelpreisträger Henri Bergson schilderte 1913 in seiner Antrittsrede zum Vorsitzenden der SPR einen Fall, in dem die Witwe eines Soldaten eine detaillierte Vision des Todes ihres Mannes exakt in dem Moment empfing, als er sich auf dem Schlachtfeld ereignete. In diesem Fall stimmte die Physiognomie des fallenden Soldaten, das Aussehen der anderen beteiligten Personen, die Beschreibung der Szenerie des Schlachtfeldes inklusive des Umstands der tödlichen Verwundung mit der Realität und dem fraglichen Zeitpunkt vollständig überein. Bergson argumentiert: Selbst wenn Tausende von falschen Visionen nachgewiesen werden konnten, würde diese eine Schilderung alleine schon ausreichen, um aufgrund der Unwahrscheinlichkeit, mit der eine solche Vision rein zufällig auftreten könne, das Phänomen der Telepathie oder des Hellsehens als evident zu betrachten.

Abgesehen davon, dass es unzählige derartiger Berichte gibt, die sich im Nachhinein als zutreffende Beschreibungen von entfernt stattfindenden Ereignissen erwiesen haben, darf auch nicht außer acht gelassen werden, dass die Qualität oder die Intensität, mit der sich derartige Visionen manifestieren, sich in aller Regel deutlich von derjenigen normaler Träume oder auch Tagträume unterscheidet. Der Empfänger „weiß" häufig mit untrüglicher Sicherheit, dass sich etwas Kritisches zugetragen hat. Das ist bei normalen Tagträumereien üblicherweise nicht der Fall.

Die Karten-Experimente von Rhine

Gleichwohl mögen anekdotische Beispiele viele Menschen nicht so recht von der Echtheit parapsychologischer Phänomene überzeugen. Das kann man angesichts der Tragweite der Sache auch niemandem verübeln. Die Durchführung von objektiven, wiederholbaren Experimenten gilt insbesondere bei heiklen Fragestellungen als der Königsweg der Wissenschaften und ist stets das wichtigste Mittel der Wahl. Sehen wir nun, was die Parapsychologen diesbezüglich geleistet haben.

Bereits viele der frühen Parapsychologen wie Lodge, Barrett, Crookes, Richet oder Zöllner (sämtlich namhafte Koryphäen auf ihrem jeweiligen naturwissenschaftlichen Forschungssektor) beschritten jahrzehntelang genau diesen Weg: Sie ließen Kartenmotive erraten, Gedanken und Informationen in streng kontrollierten Versuchsreihen mental übertragen, Geschehnisse an fremden Orten schildern und vieles mehr.

Beispielsweise führten 1883 Malcolm Guthrie, Friedensrichter sowie Direktor des University Colleges in Liverpool, unter der Aufsicht von Sir Oliver Lodge (einem der hervorragendsten Physiker seiner Zeit und Präsident zahlreicher Wissenschaftlerorganisationen; er lebte 1851-1940) sehr erfolgreiche Versuche zur Gedankenübertragung durch.[147] Guthrie übertrug hierbei seinen „Empfängern" mit erstaunlicher Präzision einfache, selbst angefertigte bildliche Zeichnungen, die Buchstaben oder kindlichen Strichfiguren ähnelten. Trotzdem wurden solche Versuche niemals ernst genommen, was zum Teil sicher darin begründet lag, dass fast alle Experimente nur in kleinem und privatem Rahmen durchgeführt wurden – an den Forschungsinstituten war für dergleichen kein Platz.

Dennoch beklagte im Jahr 1882 Henry Sidgwick (1838-1900), Professor für Philosophie in Cambridge sowie Gründungsmitglied und Vorsitzender der SPR, es sei ein Skandal, dass der Streit um die Realität parapsychologischer Phänomene immer noch andauere und dass die gesamte gebildete Welt weiterhin in ihrer Ungläubigkeit verharre.[148]

Der lang erhoffte Durchbruch zeichnete sich erst ab 1930 ab, als die umstrittenen Psi-Phänomene Hunderttausenden von gut überwachten Einzelversuchen in technisierten Laboratorien unterzogen wurden – und zwar in universitärem Rahmen. Nun endlich war es möglich, auch hauptberuflich in großem Stil parapsychologische Studien durchzuführen. Verantwortlich für diese neue Entwicklung waren der „Nestor" der amerikanischen Psychologen, William McDougall (1871-1938), und zwei seiner Assistenten, das Ehepaar Joseph und Louisa Rhine. McDougall erhielt 1927 die Möglichkeit, ein neues Institut für Psychologie an der Duke University in Durham (North Carolina, USA) aufzubauen. Diese Gelegenheit nutzte er, um auch eine Abteilung für Parapsychologie einzurichten, woran er seit langem ein großes Interesse hegte. Die Rhines, von Haus aus Biologen, witterten diese Chance und gaben ihre Karrieren als Biologielehrer auf, um sich der Aufgabe zu widmen, die Frage nach dem Wesen der menschlichen Natur unter parapsychologischen Gesichtspunkten neu zu ergründen. Dabei beschränkten sie sich zunächst auf die Untersuchung von Telepathie und Hellsehen durch endlose Wiederholung und Perfektionierung sehr einfacher Experimente.

Die Rhines setzten speziell entwickelte Karten für ihre Versuche ein, die mit fünf unterschiedlichen Zeichen versehen waren. Deren Reihenfolgen im Kartenstapel sollten von den jeweiligen Versuchspersonen erraten werden – entweder einfach so (hellseherisch), oder mit einem für den Ratenden nicht sichtbaren „Sender", der die Karten der Reihenfolge nach intensiv betrachtete (telepathisch). Die statistische Wahrscheinlichkeit, in einem Versuch das richtige Kartenmotiv aus fünf verschiedenen Möglichkeiten zu erraten, liegt bei 1 : 5, was einer prozentualen Wahrscheinlichkeit von 20 Prozent entspricht. Mit jeder weiteren Wiederholung einer solchen Ratesitzung sollte sich die Wahrscheinlichkeit, die richtige Karte zu erraten, zunehmend stabiler bei dem Wert von 20 Prozent einpendeln – wenn nichts als der reine Zufall dabei im Spiel ist.

Weicht hingegen die Trefferquote bei einer sehr großen Zahl von Versuchswiederholungen von diesen 20 Prozent nach oben oder unten ab, ist dies – je nach der Anzahl der durchgeführten Versuche und dem Ausmaß der Abweichung – als ein Zeichen zu werten, dass auch andere Einflüsse beim Raten eine Rolle gespielt haben müssen. In Rhines erster Veröffentlichung von 1934 wurden insgesamt 85 724 Kartenversuche ausgewertet, die mit einigen seiner besten Versuchspersonen durchgeführt wurden. Deren durchschnittliche Trefferquote lag anstatt bei 20 Prozent bei 28,4 Prozent. Die dazugehörige (Un-) Wahrscheinlichkeit, ein solches Ergebnis per Zufall zu erzielen, liegt jenseits aller Vorstellungskraft und beziffert sich auf ein Verhältnis von 1 : 10^{1220}.[149]

Beachten wir hier und bei allen folgenden statistischen Angaben von (Anti-) Zufallswahrscheinlichkeiten stets, dass in der Wissenschaft bereits das Auftreten eines Ereignisses mit einer Wahrscheinlichkeit von 1 : 20 (!) als publikationswürdig und „statistisch signifikant" gilt. Dies bedeutet, dass das erzielte Ergebnis ab dieser Wahrscheinlichkeit nicht als vernachlässigbarer Zufallstreffer angesehen wird, sondern dass seinem Zustandekommen konkrete Ursachen zugrunde liegen müssen.[150] In parapsychologischen Experimenten wie dem obigen, das darauf ausgelegt war, die Realität von Psi zu bestätigen oder zu widerlegen, entsprachen diese konkreten Ursachen natürlich dem tatsächlichen Vorhandensein dieser rätselhaften Fähigkeiten.

Rhines Publikation schlug ein wie eine Bombe. Es brach ein wütender Sturm der Kritik, Entrüstung und Beschimpfung los. Bereits 1935 wurde die parapsychologische Abteilung Rhines aufgrund von privatem und öffentlichem Druck auf die Universitätsverwaltung sowie aufgrund von Spannungen innerhalb des psychologischen Instituts McDougalls von letzterem abgekoppelt und in ein eigenständiges Institut überführt. Dennoch erwies sich manche Kritik an den Versuchen als berechtigt, und bestehende Mängel an der Methodik wurden immer wieder überprüft und nachgebessert. Das Ergebnis: Auch nach diesen Korrekturen brachten Folgeexperimente die statistisch gesehen hochsignifikant überzufälligen Trefferraten nicht zum Verschwinden. Sodann wurde das mathematischen Verfahren samt der statistischen Interpretation kritisiert, bis diese Aspekte schließlich von erfahrenen

Statistikern analysiert wurden. Im Jahr 1937 verkündete Burton Camp, Präsident des Instituts für Mathematische Statistik an der Wesleyan Universität, abschließend:

„Dr. Rhines Untersuchungen haben zwei Aspekte: Einen experimentellen und einen statistischen. Zur experimentellen Seite haben Mathematiker natürlich nichts zu sagen. Auf der statistischen Seite jedoch hat jüngste mathematische Arbeit gezeigt, dass – unter der Annahme, die Versuche wurden auf korrekte Weise ausgeführt – die statistische Analyse tatsächlich gültig ist. Wenn Rhines Forschungen mit Aussicht auf Erfolg angegriffen werden sollen, dann kann dies zumindest nicht auf der mathematischen Seite geschehen."[151]

Um 1940 war die Kritik an Rhines Arbeit so gut wie abgeebbt und das Team der Duke Universität legte eine umfangreiche Zusammenfassung neuerer Ergebnisse vor.[152] Sie beschrieben darin streng kontrollierte Kartentests, die nach Rhines Vorbild in den Jahren 1935-1939 von fast zwei Dutzend verschiedenen Wissenschaftlern durchgeführt worden waren und in 34 Publikationen resultierten. Obwohl die Abweichung von den typischerweise zu erwartenden 20 Prozent an Treffern bei den Rateversuchen nur recht gering war (sie lag hier um 21 bis 22 Prozent) erbrachten viele dieser Studien aufgrund der großen Versuchsanzahl trotzdem hochsignifikante Ergebnisse.

Um zu überprüfen, ob ein beobachteter Effekt vielleicht nur ausnahmsweise einmal zustande kam, ist es wichtig zu untersuchen, ob er sich in weiteren Experimenten anderer Versuchsleiter wiederholen ließ. Hierzu fasst man die Ergebnisse von vergleichbaren Studien zusammen und überprüft ihre insgesamte Signifikanz in einer sogenannten *Meta-Analyse*. Diese Form der Datenanalyse stellt heute insbesondere in medizinischen, psychologischen und soziologischen Forschungszweigen ein sehr wichtiges und häufig verwendetes Werkzeug dar. In unserem Fall erreicht die Signifikanz der Abweichung vom Zufallsniveau in der Meta-Analyse dieser 34 Studien schwindelerregende Dimensionen, da es sich um insgesamt über 900 000 einzelne Rateversuche handelte, die eine Trefferquote von etwa 21,5 Prozent zeitigten.[153] Der Effekt erwies sich demnach als stabil.

Nachdem man also keinerlei Kritik mehr an den Ergebnissen anbringen konnte, verfielen die hartgesottensten Kritiker darauf, zu behaupten, es seien jeweils nur die erfolgreichen Studien publiziert worden, während die nicht erfolgreichen jedoch unterschlagen worden sind. Doch mit mathematischen Mitteln kann man auch dieses Argument überprüfen, indem man berechnet, wie viele Studien von durchschnittlicher Größe unterschlagen worden sein müssten, um die beobachtete Signifikanz hervorzubringen. Mittlerweile wird die Wahrscheinlichkeit, dass positive Effekte lediglich aufgrund der Unterlassung der Publikation von nicht erfolgreichen Studien zustande kamen, häufig bei der Interpretation der Ergebnisse gleich mitberechnet und angegeben. Das Ergebnis lautet in diesem Fall: Es hätten 29 000 nicht erfolgreiche Studien in den Schreibtischschubladen oder Papierkörben von Wissenschaftlern verschwunden sein müssen! Das heißt nichts anderes, als dass pro veröffentlichter Studie 861 nicht erfolgreiche Studien hätten durchgeführt werden müssen. Dies ist wiederum aberwitzig. Fasst man *alle* Studien von 1882 bis 1939 zusammen, in denen Kartenmotive geraten werden sollten (das sind insgesamt 186 Publikationen von dutzenden Wissenschaftlern auf der ganzen Welt, die zusammen über 4,6 Millionen Einzelversuche durchgeführt haben), kommt man auf eine Gesamtwahrscheinlichkeit von mehr als $1 : 10^{21}$ entgegen dem zufälligen Zustandekommen dieser Ergebnisse. Man bräuchte 626 000 unveröffentlichte Publikationen, also 3 300 pro veröffentlichter Publikation, um diesen Effekt zu neutralisieren.[154]

In der Folgezeit wurden noch viele ähnliche Experimente durchgeführt, wobei oftmals nicht mehr die ermüdenden und schnell langweilig werdenden Karten verwendet wurden, sondern bunte, z.T. emotional behaftete Bilder von Tieren oder Menschen, manchmal auch erotische Motive.[155] Grundsätzlich zeigten auch diese Versuche den selben immer wieder kehrenden Effekt, der mit zunehmender Versuchsanzahl in hochsignifikante Dimensionen wanderte.

Aus all diesen Untersuchungen wurden neue wichtige Erkenntnisse gewonnen: Es zeichnete sich ab, dass sich diese über ASW vermittelten Effekte durch viele Wände und verschiedene Abschirmungsmaterialien hindurch oder auch mit zunehmender Entfernung der interagierenden

Personen nicht veränderten. Weiterhin wurde deutlich, dass manche Versuchspersonen besonders begabt zu sein schienen und regelmäßig sehr gute Ergebnisse erzielten, wohingegen das Gros der Teilnehmer nur geringe oder auch gar keine Psi-Fähigkeiten besaß. Allerdings nahm bei praktisch allen erfolgreichen Personen die Trefferquote mit fortschreitender Versuchsdauer ab. Dieses immer wieder beobachtete Phänomen ging als der „Absinkungseffekt" in die parapsychologische Literatur ein und wird mit nachlassender Motivation bei den oftmals recht eintönigen und langwierigen Versuchssitzungen erklärt. Dazu kommt, dass der durchschnittliche ratendende Mensch aus subjektiver Sicht nicht erkennen oder fühlen kann, ob er im Einzelfall mit seinen Angaben richtig liegt oder nicht. Es gibt daher kein direktes Feedback, wodurch die Versuchsperson motiviert werden könnte.

Traum-Telepathie und Ganzfeld-Forschung

Dennoch erschöpfte sich das Interesse an dergleichen Rateversuchen mit der Zeit. Die Frage nach dieser Form von außersinnlicher Wahrnehmung war entschieden, da signifikante Effekte häufig genug von verschiedenen Wissenschaftlern demonstriert worden waren. Nun war es an der Zeit, diese in ziemlich starren und alltagsfernen Bahnen verlaufenden Experimente durch lebendigere, alltagsnähere Varianten zu ersetzen. Man wusste bereits, dass etwa die Hälfte aller parapsychologischen Erfahrungen im Traumzustand stattfinden und machte sich die bisher gesammelten Erfahrungen zu Nutze. Von 1966 bis 1972 führten Wissenschaftler in New York eine erfolgreiche Serie zum Thema „Traum-Telepathie" mit folgender Versuchsanordnung durch.[156]
Drei Personen sind von Nöten. Der „Empfänger" der telepathischen Botschaft legt sich in einem schalldichten und elektromagnetisch abgeschirmten Zimmer zum Schlafen nieder und ist an ein EEG-Gerät angeschlosen. Der „Sender" erhält einen versiegelten Umschlag mit einem zufällig aus einem sorgsam zusammengestellten Bilderpool gewählten Motiv und begibt sich ebenfalls in ein isoliertes Einzelzimmer. Die zur Auswahl stehenden Bilder kennen weder der Sender noch der Empfänger. Der dritte im Bunde, der Leiter des Experiments, kennt das Motiv des ausgesuchten Bildes ebenfalls nicht.

Sobald das EEG anhand gewisser charakteristischer Ausschläge anzeigt, dass sich der Empfänger in einer Traumschlafphase befindet, teilt der Leiter des Experiments dem Sender dies per Klingelsignal mit. Der Sender packt das Bild aus, betrachtet es und versucht, dem Empfänger die gezeigte Szenerie derart zu vermitteln, dass sie irgendwie in seinen Traum eingebaut wird. Nach jeder Traumschlafphase weckt der Versuchsleiter, der den Inhalt des Umschlages immer noch nicht kennt, den Empfänger und lässt den vorangegangenen Traum aufzeichnen.

Diese Aufzeichnungen werden später einem gleichfalls unwissenden Gremium vorgelegt, welches sie mit allen Bildern vergleicht, aus deren Pool das ausgewählte Bild stammt. Diese Bilder, sagen wir acht verschiedene, werden dann von den Richtern in einer Reihenfolge angeordnet, die sich nach der Übereinstimmung mit dem Inhalt der Traumaufzeichnung richtet. Wenn sich das Bild, auf das die Traum-beschreibung passen soll, unter den ersten vier Bildern befindet, wird dies als ein Erfolg des Experiments verbucht, befindet es sich unter den letzten vier Bildern, als ein Misserfolg. Die durchschnittliche Erfolgswahrscheinlichkeit für den Fall, dass die Traumaufzeichnung unter die ersten vier Bilder fällt, beträgt also 50 Prozent. Unterzieht man alle Studien zur Traum-Telepathie von 1966 bis 2002 einer Meta-Analyse (das sind immerhin 47 verschiedene Studien mit insgesamt 1 270 Einzelsitzungen), beträgt das Durchschnittsergebnis jedoch stattliche 59 Prozent mit einer dazugehörigen Antizufallswahrscheinlichkeit von 1 : 22 000 000 000.[157] Es scheint also möglich zu sein, auf telepathischem Wege Informationen in Träume einzubauen.

Aus diesen Traum-Telepathie Experimenten entwickelten sich weitere Versuchsvarianten, wobei die Empfänger nicht mehr schliefen, sondern sich lediglich im Zustand entspannter Wachsamkeit befanden. Dieses experimentelle Design versprach erheblich einfacher und schneller durchführbare Einzelsitzungen sowie raschere Datengewinnung. Dem Empfänger wird hierbei konstant ein „weißes Rauschen" vorgespielt, wie es sich beispielsweise zwischen zwei Radiosendern oder auf einer Leerkassette, die mit erheblicher Lautstärke abgespielt wird, vernehmen lässt. Weiterhin wird ihm jeweils ein halber Tischtennisball vor den Augen befestigt und die ganze Szenerie in sanftes, rotes Licht getaucht. Das Arrangement, in dem sich der Empfänger jetzt befindet, bezeichnet man als „Ganzfeld".

Während der Empfänger auf entstehende visuelle Eindrücke wartet, betrachtet der Sender wie bei den Traum-Telepathie-Experimenten ein per Zufallsprinzip ausgewähltes Bild oder eine Videosequenz und versucht, den gezeigten Inhalt zu vermitteln. Die vom Empfänger wahrgenommenen Eindrücke werden wiederum aufgezeichnet und einer Jury vorgelegt, die ohne Kenntnis des ausgewählten Motives eine Rangliste der zur Verfügung stehenden Materialien anfertigt, je nach hypothetischem Übereinstimmungsgrad zwischen Aufzeichnung und Motiv. Hier ein Beispiel von Sinneseindrücken, die ein Empfänger schilderte, als der Sender ein Bild von Salvador Dali betrachtete, das eine Szene mit dem gekreuzigten Christus zeigt:

> „Ich denke an Führer, geistige Führer, die mich führen, und ich komme in eine Art Hof mit einem König. ... Es ist wie im Himmel. Der König ist so etwas wie Jesus. Eine Frau. Nun schlage ich Purzelbäume durch den Himmel .... Azteken, der Sonnengott ... Ein Hohepriester ... Angst ... Tod ... Gräber. Eine Frau. Gebet ... Beerdigung ... Dunkelheit. Tod ... Seelen ... die Zehn Gebote. Moses ...“[158]

Eine andere Schilderung von Eindrücken, wobei der Sender einen Videoclip betrachtete, in dem eine sich unter zunehmenden Schwingungen aufbäumende Hängebrücke dargestellt ist, welche schließlich in der Mitte aufreißt und ins Wasser stürzt, lautet so:

> „Ein vertikales Objekt, dass sich beugt oder schwingt, fast so etwas, dass im Wind schwankt. ... Etwas wie eine leiterartige Struktur, aber es scheint fast wie im Wind zu wehen. Fast wie eine leiterartige Brücke über einem Spalt, die sich im Wind bewegt. Das ist nicht vertikal, sondern horizontal ... Eine Brücke, eine Drehbrücke oder so etwas. Es ist wie eine von diesen alten englischen Brückentypen, die sich von beiden Seiten öffnen. Der mittlere Teil öffnet sich. Ich sehe, wie er sich öffnet. Er öffnet sich. Da war gerade ein kurzer Eindruck einer alten englischen Steinbrücke, aber dann ging es wieder zurück zu dieser hier, die sich öffnet. Die Brücke hebt sich auf beiden Seiten. Beide Seiten stehen nach oben.

Jetzt schließt sie sich wieder. Sie schließt sich, sie kommt herunter, sie ist geschlossen.""[159]

Im Jahr 1985 lagen bereits 34 Publikationen über Ganzfeldstudien vor, in denen von insgesamt 42 unterschiedlichen Experimenten mit zahlreichen Einzelsitzungen berichtet wurde. Ein führender Vertreter der Ganzfeld-Forschung, Charles Honorton, tat sich mit einem der führenden Skeptiker, Ray Hyman, zusammen, um diese Untersuchungen in einer Meta-Analyse auf ihren Aussagegehalt zu überprüfen. 28 dieser Experimente, bei denen die erwartete Zufallswahrscheinlichkeit bei 25 Prozent lag, ließen sich sinnvoll miteinander vergleichen und zusammenfassen. Doch die erzielte Erfolgsquote lag bei 37 Prozent! Die dazugehörige Antizufallswahrscheinlichkeit betrug 1 : 10 000 000 000. Wäre dieses Ergebnis nur dadurch zustande gekommen, dass die nicht erfolgreichen Studien nicht publiziert worden waren, hätten insgesamt 423 Studien unterschlagen worden sein müssen.

Angesichts der Kosten und des Aufwandes für jede Einzelsitzung kam auch Hyman zu dem Schluss, dies sei schlechterdings nicht möglich. Trotz dieses eindeutigen Ergebnisses (das von verschiedenen Psychologen und Statistikern bestätigt wurde) und der teilweise frappierenden Übereinstimmung zwischen den Berichten der Empfänger und der übermittelten Information sprach sich Hyman jedoch weiterhin dagegen aus, hier einen Beweis für Telepathie zu sehen. Er sah trotz akribischster Vorsichtsmaßnahmen der Experimentatoren immer noch methodische Mängel der experimentellen Vorgehensweise als Ursache für die positiven Ergebnisse an. Daher einigten sich 1986 Honorton und Hyman in einer gemeinsamen Publikation auf definitive Standards, die zukünftige Ganzfeld-Experimente einzuhalten hätten, um auch diesen etwaigen Mängeln Rechnung zu tragen. Würden diese Studien aber nach wie vor positive Resultate zeitigen, müsse man die Realität der beobachteten Effekte anerkennen.[160]

Bei den anschließenden Experimenten, die bis 1989 durchgeführt wurden, befanden sich die Empfänger innerhalb schalldichter, elektromagnetisch abgeschirmter Stahlwände und die experimentelle Prozedur wurde fast vollständig durch automatisierte, computergesteuerte Programme vorgegeben. Es wurden zahlreiche Maßnahmen ergriffen, um bewusste Betrugsmanöver auch bei der Protokollführung auszuschließen. Auch zwei professionelle „Magier", die beruflich darauf spezialisiert waren, Psi-Effekte vermittels Taschenspielertricks zu simulieren, wurden zur Überprüfung des Versuchsdesigns herangezogen. Sie bescheinigten exzellente Sicherheitsvorkehrungen. Und was waren die Ergebnisse? Anstatt ein Zufallsergebnis von 25 Prozent zu erzeugen, lag die Erfolgsquote von 354 durchgeführten Einzelsitzungen bei 34 Prozent, einhergehend mit einer Antizufallswahrscheinlichkeit von 1 : 45 000. Und was war Hymans Kommentar zu diesen Ergebnissen, die exakt nach seinen eigenen Vorgaben gewonnen wurden? Er forderte einfach weitere unabhängige Wiederholungen dieser Studien, bevor er sich auf eine Aussage festlegen ließ. Doch auch diese folgten in weiteren Labors der Welt – und zwar fast immer mit positiven Ergebnissen. In einer Meta-Analyse, die 88 Ganzfeld-Studien mit 3 145 Einzelversuchen im Zeitraum von 1974 bis 2004 berücksichtigt, liegt die durchschnittliche Trefferquote bei 32 Prozent, die Antizufallswahrscheinlichkeit bei über $1 : 10^{19}$.[161]

Sollte man nicht weiterhin annehmen, dass, falls Telepathie ein reales Phänomen ist, auch die Physiologie des Gehirns direkt davon betroffen ist? In ähnlichen Versuchen wie den gerade beschriebenen wurde daher bei Sendern und Empfängern schlichtweg die Gehirnaktivität mittels EEG-Elektroden abgegriffen. Allerdings sollte hier keine Information bewusst übertragen werden. Die Sender wurden vielmehr plötzlichen Blitzlichtern oder Zufallsfolgen von Bildern ausgesetzt, deren Wahrnehmung in entsprechenden Gehirnaktivitäten resultierte. Die erstaunliche Bilanz auch hier: Die Gehirne der Empfänger korrespondierten tatsächlich in statistisch signifikanter Weise mit den Aktivitätsschüben beim Sender![162]

In wieder anderen Studien wurden unbewusste Wahrnehmungen von telepathischen Einflüssen anhand des Hautwiderstandes untersucht. So wurden Sender und Empfänger auf die üblichen Weisen getrennt, aber des Senders Aufgabe bestand lediglich darin, in nach dem Zufallsprinzip ausgewählten Zeitabschnitten an den Empfänger zu denken, ohne irgendeine konkrete Information zu vermitteln. Der Empfänger hatte keine besondere Aufgabe zu erfüllen. Aber der Hautwiderstand verriet über angelegte Elektroden und Messgeräte, dass sich sein emotionaler Zustand signifikant veränderte, sobald der Sender eine aktive Denkphase hatte. Das musste dem Empfänger nicht einmal bewusst sein. Die Ergebnisse vieler derartiger Studien erwiesen sich wieder als hochsignifikant.[163]

Mancher Leser wird mit der Tatsache vertraut sein, dass auch der Bauch und die Gedärme in gewissen Situationen mit veränderten Gefühlen reagieren können, und zwar besonders in aufregenden, gefährlichen oder auch schönen Situationen. In solchen Fällen ist die Physiologie des Darmes natürlich mitbetroffen, und dies lässt sich ähnlich wie bei einem EEG mit entsprechender Gerätschaft messen. Dean Radin und Marylin Schlitz untersuchten daher eine etwaige unbewusste telepathische Reaktion des Darmes, indem sie dem Sender Bilder und Musik verschiedener emotionaler Qualität vorsetzten. Auch hier das Ergebnis: Die Därme der Empfänger reagierten auf traurige oder positive Emotionen mit einer Antizufallswahrscheinlichkeit von 1 : 1100.[164]

Das Gefühl, von hinten angestarrt zu werden und Telefon-Telepathie

Eine gewaltige Serie von Experimenten zu ähnlichen Themen startete in den letzten Jahren der Biologe Rupert Sheldrake. Gegenstand seines Interesses ist die allgemein verbreitete Ansicht, man könne intuitiv spüren, wenn eine andere Person einen von hinten anstarrt. Fast jeder scheint dergleichen bereits erlebt zu haben – sei es, dass er selbst eine aus irgendeinem Grund auffällige Person betrachtete, die sich plötzlich umdrehte und ihm genau entgegen blickte, oder dass er sich selbst aus einem Impuls heraus umdrehte und einem zuvor unbemerkten Beobachter direkt in Gesicht schaute. Sheldrake begann bereits ab 1987 mit ersten konkreten Tests dieser Fähigkeit, zunächst nur innerhalb der Familie. Später ließ er auch in Vorlesungen und Seminaren durch einfache Zufallsentscheide wie Münzwürfe die Probanden auf ein akustisches Zeichen hin von hinter ihnen platzierten Personen anstarren oder eben nicht. Ermutigt durch erste Erfolge zog das Projekt immer weitere Kreise, erfasste Kindergärten, Schulen, Universitäten und Zusammenkünfte aller Art in unterschiedlichen Ländern – stets mit einer durchschnittlichen Erfolgsquote von etwa 54 Prozent anstatt der 50

Prozent, die der Zufallserwartung von Treffern bezüglich der Möglichkeiten „schaut" oder „schaut nicht" zugemessen werden muss. In späteren Versuchsserien wurden die Empfänger manchmal gruppenweise mit verbundenen Augen ins Freie gesetzt, während die Starrer aus dem Inneren von Gebäuden in gehöriger Entfernung durch die Fensterscheiben schauten. Jedes Pärchen bekam einen eigenen Vorgabenzettel mit einer zufällig erzeugten Starr-Sequenz, so dass niemals alle Paare das gleiche zu tun hatten. Auf ein gemeinsames Startsignal hin wurde sodann intensiv gestarrt, oder mit frei schweifendem Blick an etwas völlig anderes gedacht.

Bereits 1999 lag die Antizufallswahrscheinlichkeit von knapp 14 000 Einzelversuchen bei $1 : 10^{20}$.[165] Erneut zeigte sich, dass bestimmte Individuen besondere Begabungen dafür besitzen, den parapsychologischen Starr-Effekt auszuüben oder zu detektieren: Manche Paare erzielten Trefferquoten von 90 Prozent,[166] und eineiige Zwillinge zeigten erheblich bessere Ergebnisse als normale Geschwister oder überhaupt nicht verwandte Kinder.[167]

Die Ergebnisse Sheldrakes wurden von verschiedenen Forschern in den USA und Europa wiederholt und bestätigten den Effekt. Seine Signifikanz beläuft sich nach einer neueren Meta-Analsyse, die 60 Studien mit 33 357 einzelnen Starrversuchen umfasst, auf über $1 : 10^{59}$.[168] Alleine eine einzige Versuchsreihe, die aufgrund unterschiedlicher Methodik nicht in dieser Meta-Analyse berücksichtigt wurde, brachte es von 1995 bis zum Jahr 2002 auf eine Antizufallswahrscheinlichkeit von sage und schreibe $1 : 10^{376}$.[169]

Besonders interessant bei diesen Versuchen ist, dass ernsthaftes Interesse oder die Absicht, eine Person anzustarren, ein entscheidendes Kriterium für den Erfolg ist. Interesseloses Anblicken ruft diesen Effekt offenbar nicht hervor. Der menschliche Wille vermag demnach erheblich mehr zu bewirken, als ihm von der Schulwissenschaft gemeinhin zugetraut wird.

Sheldrake und andere Forscher führten inzwischen auch erfolgreich Experimente durch, wobei die Versuchpersonen in Alltagssituationen durch halbverspiegeltes Glas oder durch Videokameras angestarrt wurden,[170] sowie Versuche, in denen der Starrer über den Umweg von Spiegelkonstruktionen entweder von links oder rechts hinten auf seinen

Partner schaute. Letztere Experimente legen nahe, dass sich sogar die Herkunft der starrenden Blicke erraten lässt.[171] Skeptiker wie Robert Baker, David Marks oder Richard Wiseman legten jeweils verschiedene Publikationen vor, nach denen die Starr-Experimente allerdings nicht funktionieren sollen.[172] Allesamt sind Mitglieder des CSICOP und stehen jeglichem „Paranormalen" von vorne herein ablehnend gegenüber. Obwohl die ersten Versuchsreihen aller drei Autoren sogar die positiven Effekte wiederholten, erkannten sie diese nicht an. Dafür führten sie in nachfolgenden Experimentserien Abwandlungen der Vorgehensweise ein, wodurch sie nicht mehr mit Sheldrakes Experimenten verglichen werden können.[173] Jetzt zeigten die Versuche tatsächlich kein positives Ergebnis mehr, was den Autoren als Beweis gilt, dass es den Starr-Effekt nicht gibt. Am Ende erwies sich in Wisemans Labor jedoch, dass eine Versuchsleiterin, die von der Realität des Starr-Effekts überzeugt war, mit zufällig ausgewählten Studenten signifikant positive Ergebnisse erzielte, während Wiseman selbst dies unter exakt identischen Bedingungen nicht gelang.[174]

Der Effekt, dass skeptische oder ungläubige Versuchsleiter und Probanden im Vergleich zu von Psi-Phänomenen überzeugten Menschen schlechtere, überhaupt keine oder manchmal sogar *signifikant unterzufällige* Wahrscheinlichkeiten produzieren, ist unter den Parapsychologen ein alter Hut und seit Jahrzehnten unter dem Begriff „Experimentator-Effekt" bekannt.

Der Psychologin Gertrude Schmeidler fiel auf, dass ungläubige Versuchspersonen in den üblichen Karten-Tests nach dem Schema der Rhines oft schlechter abschnitten als gläubige. Daher führte sie 1943 ein klassisch gewordenes Experiment durch: Alle Teilnehmer hatten zu Beginn des Versuchs einen Fragebogen auszufüllen, wie sie zum Thema der Parapsychologie stehen und wurden in entsprechende Gruppen eingeteilt. Die gläubigen wurden „Schafe" genannt, die ungläubigen „Ziegen". Die Unterschiede in den Resultaten der beiden Gruppen waren frappierend, besonders weil manche der Ziegen signifikant weniger richtige Antworten lieferten, als nach der Zufallsverteilung zu erwarten gewesen wäre.[175] Deren Unbewusstes setzte offensichtlich alles daran, bloß keine positiven Ergebnisse zu erzielen und schoss gewissermaßen über das Ziel hinaus.

Es existiert mittlerweile eine reichhaltige Literatur zum Thema der Schafe und Ziegen. Schmeidlers Ergebnisse wurden selbst in Ländern wie Argentinien oder Indien erfolgreich reproduziert. Im Jahr 1993 kam eine Meta-Analyse, die alle 73 bis dahin zu dem Thema existierenden Publikationen untersuchte, zu dem Resultat, dass die Wahrscheinlichkeit, dass die Schafe nur zufällig besser abschnitten als die Ziegen, $1 : 10^{12}$ beträgt. Um diesen Effekt zu neutralisieren, hätten pro Studie 1 726 Studien mit gegenteiligen Ergebnissen zurückgehalten werden müssen.[176]

Jeder informierte Skeptiker sollte also wissen: Falls sein Experiment keine Hinweise auf ASW ergibt, könnte es durchaus sein, dass er damit lediglich über den Experimentator-Effekt seine eigene ablehnende Haltung dokumentiert und nicht etwa die nachvollzogene Studie widerlegt. Sollte weiterhin ein anderer Versuchsleiter unter identischen Bedingungen im gleichen Labor bei dem selben Experiment signifikant erfolgreich sein, spricht nach wie vor vieles für die Realität parapsychologischer Phänomene und den Experimentator-Effekt, aber nur wenig für die Widerlegung verschiedener vorangegangener Versuche mit positivem Resultat.

Angeregt durch seine erfolgreichen Starr-Versuche verfolgte Sheldrake noch weitere Ansichten, die in der Bevölkerung verbreitet sind, aber von vielen Wissenschaftlern als Phantasieprodukte abgetan werden. So untersuchte er die Behauptungen, wonach man manchmal im Voraus erahnt, wer am Telefon ist – und zwar schon bevor es klingelt oder während es dies tut.

Ein typisches Versuchsdesign für diesbezügliche Experimente sieht so aus: Die Versuchsperson wählt vier Menschen aus, bei deren Anrufen die betreffende Vorahnung schon öfters aufgetreten zu sein scheint. Jeder Teilnehmer kann bei diesen Versuchen in seiner eigenen Wohnung verbleiben. Dies sind häufig Personen aus dem engeren persönlichen Umfeld wie Geschwister, Eltern oder gute Freunde. Zu einer festgelegten Zeit lost der Versuchsleiter einen der vier potentiellen Kandidaten aus und bittet ihn, eine Minute lang an die Versuchsperson zu denken und sie dann anzurufen. Diese gibt ihre Vermutung laut hörbar kund, bevor sie den Hörer abnimmt. Bei einigen dieser Experimente wurden alle Teilnehmer jeweils mit zeitkodierten Kameras gefilmt. Anstatt die Zufallswahrscheinlichkeit von 25 Prozent zu erreichen, die bei der Auswahl von einer Person aus vier möglichen Kandidaten erwartet werden muss, erzielten manche Probanden Erfolgsquoten von bis zu 85 Prozent. Die dazugehörigen Antizufallswahrscheinlichkeiten bewegen sich in astronomischen Dimensionen.[177] Und genau wie bei Telefonanrufen scheint diese Form der ASW sogar auch bei E-Mail-Verkehr zu funktionieren.[178]

Man könnte nach den bisherigen Betrachtungen und den dazugehörigen Statistiken meinen, eigentlich müssten sich auch Skeptiker erweichen lassen und die Existenz von telepathischer Kommunikation zumindest für möglich halten. Doch dies ist nicht der Fall. Und es ist weiterhin sehr erstaunlich, dass der größte Teil der Wissenschaftler und der Bevölkerung noch nicht einmal über diese Studien und ihre Ergebnisse unterrichtet ist. Doch wir haben bislang nur an einem kleinen Teil der erfolgreichen parapsycho-logischen Forschungen geschürft. Betrachten wir noch weitere Highlights und wenden uns zunächst dem Thema Hellsehen zu.

Hellsehen

Einfache Zeichnungen oder Kartenmotive lassen sich nicht nur für telepathische Experimente einsetzen, sondern auch für die Erforschung des Hellsehens. Während Guthrie und Lodge die erste Variante verfolgten, ließen andere Forscher wie der in Cambridge lehrende Altphilologe Frederick Myers (eine treibende Kraft bei der Begründung der SPR; er lebte 1843-1901) die gezeichneten Bildmotive hellseherisch erraten, ohne dabei einen Sender zu benutzen.[179] Derartige Experimente gelangten 1930 zu unverhofftem öffentlichen Interesse, als der weithin berühmte Verfechter sozialistischen Gedankenguts Upton Sinclair (1887-1968) ein Büchlein mit dem Titel „*Mental Radio*" veröffentlichte.[180] Er beschreibt in dieser sehr unterhaltsamen Schrift eine Vielzahl von erfolgreichen Tests, die er zusammen mit seiner Frau Craig im eigenen Heim vornahm.

Upton fertigte ebenfalls einfache Zeichnungen an, deren Inhalt Craig später auf rein hellseherischem Weg zu erfassen versuchte. Besonders pikant war das Buch deswegen, weil Sinclair sich damit viele emotionale

Reaktionen seiner sozialistischen Gesinnungsgenossen einhandelte, denn sie sahen ihr materialistisches Weltbild durch Sinclairs unerwartete Veröffentlichung gefährdet. Nebst William McDougall betonte kein Geringerer als Albert Einstein (1879-1955), ein Freund der Sinclairs, in einem Vorwort die Seriosität des experimentierenden Ehepaares. Wer auf lockere und amüsante Weise etwas über typische ASW-Experimente in Erfahrung bringen möchte, dem sei dieses Büchlein wärmstens empfohlen.

Derartige Entdeckungen blieben natürlich auch den militärischen Strategen verschiedener Länder nicht verborgen. Insbesondere in den USA und der ehemaligen UdSSR wurden umfangreiche Studien zur außersinnlichen Wahrnehmung vorgenommen. Denn es handelt sich bei ASW natürlich um ein Phänomen, das für militärische oder spionagebezogene Zwecke von höchstem potentiellen Nutzen sein könnte.[181] In den USA wurden von 1973 bis 1994 hauptsächlich am Stanford Research Institute (SRI) und später von der Science Applications International Corporation (SAIC) zahlreiche Studienprojekte durchgeführt und von der CIA, der DIA, der Armee, der Navy oder der NASA gefördert.

Häufig praktizierte Versuche zum Hellsehen beinhalteten einfach das Vorzeigen von Fotografien des Objektes von Interesse oder auch nur die Angabe von geographischen Koordinaten mit dem Zusatz, es handele sich bei der zu beschreibenden Lokalität um eine sowjetische Einrichtung von besonderer Bedeutung. Aufgabe des Perzipienten war es, genaueres über die fragliche Einrichtung in Erfahrung zu bringen. Bei anderen Experimenten sollte der Hellseher aus einer Auswahl von Fotografien denjenigen Ort bestimmen, an dem sich eine andere Person befand – wobei natürlich in diesen Fällen auch der telepathische Aspekt der ASW eine große Rolle spielen kann.

In wieder anderen Versuchsansätzen konnte der Partner außerhalb des Labors ein beliebiges Ziel seiner Wahl aufsuchen, während der Empfänger die bei ihm eintreffenden Eindrücke fortlaufend zu schildern hatte. Seit in den neunziger Jahren des vergangenen Jahrhunderts einige der Informationsrestriktionen gelockert wurden, sind faszinierende Berichte über die ehemals streng geheimen Forschungsprogramme der USA veröffentlicht worden.[182]

Die im Interesse des Militärs beobachteten ASW-Phänomene zeitigten ähnliche Ergebnisse wie diejenigen der sonstigen Psi-Forschung: Die Experimente funktionieren keineswegs immer und oftmals waren die Eindrücke verzerrt – aber manchmal gelangen geradezu spektakuläre Erfolge. Besonders begabte parapsychologische Spione beschrieben geheime Atombombenlaboratorien, unterirdische Mikrowellengeneratoren und vieles mehr korrekt, wie sich oftmals erst später anhand hochaufgelöster Satellitenbilder verifizieren ließ. Sogar der Stapellauf eines neuen russischen U-Boot-Typs aus einer verborgenen und vormals unbekannten Werft wurde von Joe McMoneagle, einem der erfolgreichsten Psi-Spione der USA, auf den Monat genau vorhergesagt.[183] McMoneagle wendet bis heute seine hellseherischen Begabungen an, allerdings nur noch für zivile Zwecke. Im Jahr 2005 präsentierte er seine Künste in Demonstrationsversuchen bereits zum sechsundachzigsten Mal vor den laufenden Kameras größerer Fernsehsender vornehmlich amerikanischer und japanischer Nationalität – und zwar mit einer Erfolgsrate von 88 Prozent.[184]

Von 1981 bis 1995 wurden nicht weniger als fünf verschiedene Gutachterkomitees von der US-Regierung eingesetzt, um die aktuelle Beweislage zu den staatlich geförderten ASW-Forschungen zu evaluieren. Allesamt resümierten, dass hier etwas Hochinteressantes im Gange sei, was mit herkömmlichen wissenschaftlichen Vorstellungen nicht zu erklären sei und das sehr stark auf die Realität der ASW-Phänomene hinweise. Die Untersuchung des Jahres 1995 hatte insbesondere die Forschungsergebnisse der Projekte des SRI und SAIC im Visier. Die Gutachter kamen zu einigen generellen Schlussfolgerungen:

1. Es scheint etwa 1 Prozent von besonders Psi-begabten Individuen in den untersuchten Bevölkerungsanteilen zu geben, die konstant bessere Leistungen erzielen als andere. Dies war besonders deswegen eine wichtige Erkenntnis, da im Falle von fehlerhaftem Versuchsdesign ein solcher personenbezogener Effekt nicht auftreten dürfte.

2. Diese Talente schienen sich durch Training nicht wesentlich verbessern zu lassen. Eine eher unbegabte Person wird wohl

niemals solche Leistungen erbringen können, wie sie die Top-Agenten zu leisten vermochten.

3. Es wurde bestätigt, dass weder verschiedene Abschirmungsmaterialien noch räumliche Entfernungen das Funktionieren der ASW beeinträchtigten.

Die berechneten statistischen Antizufallswahrscheinlichkeiten für die erzielten Resultate bewegen sich bei über 1 : 10^{20}.[185] Eine der beiden leitenden Gutachter dieser Evaluierung, die Statistikerin Jessica Utts von der University of California in Davis, kommentiert abschließend:

> „Es ist [für mich] klar, dass anomale Wahrnehmung möglich ist und dass sie demonstriert worden ist. Diese Schlussfolgerung basiert nicht auf Glauben, sondern vielmehr auf gemeinhin akzeptierten wissenschaftlichen Kriterien. ... Argumente, dass diese Ergebnisse aufgrund von methodischen Fehlern zustande gekommen sein sollen, können nachdrücklich zurückgewiesen werden. Effekte von ähnlicher Größenordnung, wie sie in der von der Regierung gesponsorten Forschung erzielt wurden, ... wurden von zahlreichen Laboratorien auf der Welt wiederholt. Diese Konsistenz kann nicht einfach durch Behauptungen von Fehlern oder Betrug erklärt werden. ... Es wird empfohlen, dass zukünftige Experimente darauf abzielen sollten zu untersuchen, wie dieses Phänomen wirkt und wie es am besten genutzt werden kann. Es besteht nur noch geringer Wert darin, weiter mit Experimenten fortzufahren, lediglich um Beweise zu erhalten."[186]

Eine jüngere Studie aus dem Jahr 2003, in der 653 einzelne derartige hellseherische Experimente zwischen den Jahren 1976 und 1999 untersucht wurden, beziffert die Antizufallswahrscheinlichkeit der Zahl der Treffer auf 1 : 33 000 000.[187]

Präkognition

Schon den frühen Parapsychologen war insbesondere bei der Untersuchung der Phänomene, die bei den spiritistischen Sitzungen auftraten, immer wieder aufgefallen, dass manchmal zukünftige Ereignisse korrekt vorausgesagt wurden. Ebenso war aus Anekdoten und Berichten seit langem bekannt, dass vornehmlich in Träumen zukünftige Erlebnisse vorweggenommen werden können.[188]

Einen Aufschwung auch in der öffentlichen Aufmerksamkeitszuwendung erhielt die Präkognition in Träumen im Jahr 1927 durch das Erscheinen eines Buches von John William Dunne, einem renommierten Flugzeugkonstrukteur, der zu Anfang des letzten Jahrhunderts die britische Luftwaffe mit aufbaute.[189] Hierin beschreibt er seine Erfahrungen, die er mit präkognitiven Träumen gemacht hatte, d. h. mit solchen Träumen, in denen der Träumer Begebenheiten der Zukunft antizipiert. Er stellte anhand auffälliger Übereinstimmungen fest, dass genau wie manchmal in Träumen die Ereignisse der vergangenen Tage aufgegriffen werden, auch diejenigen besonders der nahen Zukunft im Voraus geträumt werden können. Dabei beachtete er natürlich nicht die Themen typischer Alltagsgeschäfte. Denn von echten präkognitiven Träumen kann natürlich nur dann gesprochen werden, wenn es extrem unwahrscheinlich ist, dass das Vorweggenommene und das Eingetroffene rein zufällig übereinstimmen.

Die ganze Kunst des präkognitiven Träumens besteht darin, sich seine Träume genau zu merken und sie stets mit den Ereignissen der folgenden Tage zu vergleichen. Aus eigener Erfahrung kann ich bestätigen, dass es tatsächlich manchmal Träume gibt, die eindeutig zukünftige Ereignisse vorwegnehmen.

Doch auch in den Laboratorien der Welt wurden im Laufe des frühen 20. Jahrhunderts zunehmend Studien durchgeführt, die auf die Untersuchung präkognitiver Fähigkeiten ausgerichtet waren. Hierbei handelte es sich anfangs erneut um sehr einfache Formen von Experimenten, wobei die Versuchsperson die Reihenfolge von Karten erraten sollte, *bevor* sie gemischt wurden; wobei die Augenzahlen von Würfeln oder die Reihenfolge des Aufblinkens bunter Lampen vorhergesehen werden sollte oder auch wobei die Sequenz bestimmter Symbole, die von vollautomatisierten Apparaturen präsentiert wurden, vorauszusagen war.

In zwei Meta-Analysen derartiger Experimente, von denen die eine 113 Publikationen, die andere 22 berücksichtigte, ergaben sich Antizufallswahrscheinlichkeiten für die überzufällig häufig korrekten Voraussagen von 1 : 10^{25} bzw. 1 : 1 100 000.[190] Spektakuläre Erfolge mit präzisen Voraussagen zukünftiger Ereignisse, an denen auch die Öffentlichkeit breiten Anteil nahm, wurden in den 1950er Jahren von W. H. C. Tenhaeff und Hans Bender durchgeführt, den damaligen Leitern der parapsychologischen Institute an den Universitäten von Utrecht und Freiburg. Als Testperson fungierte Gerard Croiset, ein wie McMoneagle mit außergewöhnlicher hellseherischer und präkognitiver Begabung ausgestatteter Sensitiver. In zahlreichen Experimenten vermochte er z. B. exakt das Aussehen von Personen zu beschreiben, die bei einem später stattfindenden gesellschaftlichen Ereignis auf diesem oder jenem Stuhl saßen. Nicht nur das: Oftmals konnte er außerdem etliche zutreffende Auskünfte über ihr vergangenes Privatleben erteilen. Hier liegt also ein gutes Beispiel für Retrokognition vor.[191] Croisets Fähigkeiten waren als derart zuverlässig bekannt, dass selbst die Kriminalpolizei Hollands von ihnen Gebrauch machte. Denn er verstand sich auch auf das Aufspüren von vermissten Personen, deren Leichen manchmal gemäß den Ortsangaben von Croiset gefunden werden konnten.[192]

Versuche zur Präkognition wurden ebenfalls im Rahmen der bereits beschriebenen militärischen Forschungsprogramme und an vielen weiteren Einrichtungen unternommen.[193] Hierbei hatte der Empfänger beispielsweise im Voraus zu beschreiben, wohin sich ein Sender in Bälde begeben würde. Dieser kannte zu dem fraglichen Zeitpunkt sein Ziel noch gar nicht.
Am besten funktionierten diese Experimente interessanter Weise dann, wenn der Empfänger *nach dem Versuch* über den betreffenden Ort informiert wurde oder sogar persönlich dorthin gebracht wurde, wo der Sender sich aufgehalten hatte. Dies zeigte den Wissenschaftlern, dass der Erfolg präkognitiver Wahrnehmung offensichtlich davon abhängt, ob der Empfänger das zu beschreibende Thema später persönlich erleben wird oder nicht. Wurde er nicht über die Resultate unterrichtet, d. h. hatte die Ortswahl der anderen Person später keinerlei Relevanz für sein eigenes Wissen und Erleben, funktionierte die Präkognition deutlich schlechter. Dieses Phänomen ist ungemein rätselhaft und verdeutlicht, wie wenig wir eigentlich von der Natur dieser Welt wissen. Denn hier

scheint ein Ereignis, das erst in der Zukunft stattfinden wird, die Geschehnisse der Gegenwart zu beeinflussen! Dies ist mit dem landläufigen Verständnis von Raum, Zeit sowie von Ursache und Wirkung unvereinbar.

Laborstudien zur Detektierung *unbewusst* verlaufender Präkognition dürfen im Sortiment der parapsychologischen Forschung natürlich nicht fehlen. Dean Radin, einer der derzeit bedeutendsten Parapsychologen, entwickelte hierzu eine ähnliche Methode, wie sie uns schon von den Versuchen zu unbewusster Telepathie bekannt ist. Die Versuchsperson wird wie bei einem Lügendetektor mit Elektroden verkabelt, die den Hautwiderstand registrieren. Dieser reagiert sehr empfindlich auf die winzigen Aktivitätsschwankungen im sympathischen Nervensystem.
Auf einem Bildschirm werden nun, getrennt durch angemessene Pausen, in zufällig generierter Reihenfolge verschiedene Bilder gezeigt. Die meisten stellten angenehme und schöne Motive wie Landschaften dar, doch hin und wieder tauchten sehr emotionale Bilder wie pornografische Szenen oder Abbildungen von Leichen und Autopsien auf. Tatsächlich veränderte sich insbesondere im Zusammenhang mit den erotischen Motiven der Hautwiderstand hochsignifikant – und zwar schon wenige Sekunden vor ihrem Erscheinen![194] Auch andere Parameter wie die Herzschlagfrequenz und das Blutvolumen der Finger zeigten entsprechende Reaktionen. Die Experimente wurden bereits mit gleichfalls hochsignifikanten Ergebnissen in anderen Laboratorien wiederholt.[195] Der menschliche Organismus ist demnach mit faszinierenden Eigenschaften ausgestattet: Verschiedene Organe von ihm sind in der Lage, auf unvorhersehbare, noch in der Zukunft liegende Ereignisse zu reagieren!

Nun wären die wichtigsten Entwicklungen der parapsychologischen Forschung zum Thema ASW beim Menschen so weit umrissen. Was noch zur Abrundung des Überblicks zur Erforschung von Psi beim Menschen fehlt, ist ein Exkurs in das strittigste Forschungsgebiet der Parapsychologie, dasjenige der Psychokinese. Ihr Charakteristikum ist, dass mentale Einflüsse – seien sie bewusst oder unbewusst – einen direkten, am Verhalten von Materie beobachtbaren Effekt ausüben können.

Psychokinese

Obwohl die Psychokinese nichts mit Wahrnehmung von Geschehnissen zu tun hat, sondern sich gerade andersherum auf die mentale Verursachung von Geschehnissen bezieht, so besteht doch ein sehr enger Zusammenhang zwischen ASW und Psychokinese: Wenn beispielsweise ein Mensch Informationen eines anderen Menschen telepathisch empfängt, muss nämlich angenommen werden, dass in diesem Moment auch die Bewegung von biochemischen Molekülen in seinem Gehirn beeinflusst wird, da diese schließlich an jedem Wahrnehmungs- und Denkprozess beteiligt sind. Die bereits beschriebenen Studien, bei denen über die Aufzeichnungen von EEGs ein derartiger Effekt im Gehirn des Empfängers nachgewiesen werden konnte, scheinen dies zu bestätigen. Es wäre demnach aus Sicht des Senders in diesen Fällen von geringfügiger Psychokinese zu sprechen, die auf das Gehirn des Empfängers wirkt. Tatsächlich werden bis zum heutigen Tag die beweiskräftigsten Laboruntersuchungen zur Psychokinese im Rahmen der Erforschung verhältnismäßig kleiner Auswirkungen von mentalen Einflüssen auf Materie durchgeführt.

Pionierarbeit leistete auch hier wieder Joseph Rhine an der Duke University. Ein Besucher behauptete ihm gegenüber, er könne das Fallen von Würfeln geistig beeinflussen. Rhine erkannte, dass sich hier wie bei den Kartenexperimenten ein einfacher Weg dar bot, dergleichen Behauptungen experimentell zu überprüfen. Im Jahr 1934 begann er mit diesen weiteren bahnbrechenden Untersuchungen, die nach acht Jahren Forschung erneut in einer sensationellen Publikation mündeten.[196] In ersten Tests wurden einer oder auch gleich mehrere (bis zu 96!) Würfel auf eine mit Filz bedeckte Oberfläche geworfen oder über schräge Flächen auf horizontale Ebenen kullern lassen. Um auszuschließen, dass durch ungleiche Gewichtsverteilungen bestimmte Würfelseiten vielleicht bevorzugt fielen, wurden abwechselnd alle sechs Würfelseiten als Wurfziele ausgegeben. Später wurden Maschinen mit automatisch rotierenden Behältern eingesetzt, wobei jegliche manuelle Berührung der Würfel ausgeschlossen wurde. In all diesen Versuchen wurden die jeweils gewünschten Augenzahlen tatsächlich etwas häufiger gewürfelt als die übrigen. Obwohl die positiven prozentualen Abweichungen von den durchschnittlichen Wahrscheinlichkeiten, eine bestimmte Würfelseite zu erwürfeln, nur relativ gering waren, erwiesen sie sich angesichts der Datenmasse als statistisch gesehen hochsignifikant – denn insgesamt wurden etwa 700 000 Einzelwürfe durchgeführt!

Das bekannte Muster des Absinkungseffektes, dass die Versuchspersonen am Anfang der Wurfreihen das Fallen der Würfel erheblich besser beeinflussen konnten als gegen Ende, trat ebenfalls mit erstaunlicher, hochsignifikanter Konsistenz auf. Dies war eine sehr wichtige Feststellung. Denn sie zeigte, dass keine systematischen Fehler oder methodische Mängel den Ergebnissen zugrunde liegen konnten. Ein solches wiederkehrendes Ergebnismuster kann nur damit erklärt werden, dass der Erfolg von den jeweiligen Versuchspersonen selbst abhängt.

Im Laufe der nächsten Jahrzehnte wurden zahlreiche Wiederholungen dieser Versuche angestrengt. Dean Radin zählt im Zeitraum von 1935 bis 1989 insgesamt 148 Publikationen alleine im englischen Sprachraum. In einer übergreifenden Meta-Analyse ließen sich 73 Studien, die von über 50 verschiedenen Versuchsleitern publiziert wurden, aufgrund methodischer Gemeinsamkeiten zusammenfassen. Den erzielten Wurfresultaten liegt eine Antizufallswahrscheinlichkeit von mehr als $1 : 10^{96}$ zugrunde.[197] Die hier beschriebene Form der Psychokinese kann demnach als erwiesen gelten.

Wie jedoch geschieht diese Beeinflussung der auf wackligen Bahnen daherkullernden Würfel? Man weiß es nicht, aber manche vermuteten die Erklärung hierfür in Auswirkungen von Quanteneffekten, die auf der allerkleinsten überhaupt denkbaren Ebene ansetzen. Denn je kleiner und leichter ein Ding ist, um so leichter könnte es sich mental beeinflussen lassen.

Quantenprozesse waren jedoch auch grundsätzlich von großem parapsychologischem Interesse. Radioaktive Zerfallsprozesse verlaufen nämlich statistisch gesehen über lange Zeiträume sehr gleichmäßig, wobei aber der exakte Zeitpunkt der einzelnen Zerfallsereignisse nicht vorhergesagt werden kann und sich der Manipulation eines Experimentators entzieht. Diese Zerfallsprozesse erzeugen echte Zufallssequenzen und eignen sich viel besser als holprige Würfel, um technisierte Versuche zur Psychokinese durchzuführen. Die in diesem Zusammenhang interessierende Frage ist: Lassen sich die Zerfallsraten von radioaktivem

Material durch entsprechende Intentionen beschleunigen oder verzögern?

Erste Versuche dazu wurden 1964 an der Sorbonne in Paris von dem renommierten Ethologen Rémy Chauvin mit Uranpräparaten und einem Geigerzähler durchgeführt. Als Versuchspersonen fungierten dabei sieben Kinder bzw. Jugendliche im Alter von acht bis siebzehn Jahren, die jeweils in Intervallen von einer Minute den durchschnittlichen Zerfall von Atomkernen durch Wünschen oder Wollen entweder beschleunigen oder verlangsamen sollten. Ihnen wurde gesagt, dies sei erwiesenermaßen möglich, und als Preis für die besten Leistungen wurden Briefmarken und geringe Geldsummen ausgesetzt. Die Studie erbrachte hochsignifikante Ergebnisse, die allerdings hauptsächlich auf die Leistungen zweier Kinder zurückzuführen waren. Die beiden begabten Versuchpersonen waren in der Lage, den Uranzerfall tatsächlich mit Antizufallswahrscheinlichkeiten von über $1 : 10^{11}$ bzw. $1 : 10^{10}$ zu beschleunigen oder zu verlangsamen.[198]

Diesen Ansatz weiter verfolgend, konstruierte Helmut Schmidt, ein leitender Wissenschaftler des Boeing-Forschungslabors und später der Nachfolger Rhines an der Duke Universität in Durham (nicht zu verwechseln mit dem ehemaligen deutschen Bundeskanzler!), ausgefeilte Zufallsgeneratoren, die auf atomaren Zerfallsprozessen von Strontiumpräparaten basierten. Der Vorteil dieser nahezu vollständig automatisierten Geräte ist, dass ihre Arbeitsweise und die Datenspeicherungssysteme Irrtums- oder Betrugsmöglichkeiten seitens der Experimentatoren praktisch ausschließen und eine schnelle Datenanalyse ermöglichen.

Der erste Apparat von Schmidt basierte auf einem Zähler, der die von den zerfallenden Strontiumkernen abgestrahlten Elektronen registrierte. Dieser Zähler konnte nur von eins bis vier zählen, musste also bei „fünf" wieder bei eins beginnen. Auf dem Gehäuse waren vier verschiedenfarbige Lampen und vier Drucktasten angebracht. Wenn nun eine Versuchsperson eine beliebige dieser Tasten drückte, leuchtete immer diejenige Lampe auf, die dem aktuellen Stand des Elektronenzählers entsprach – beim Stand von „eins" also Lampe eins. Stimmte dies nun mit der Nummer der Taste überein, welche die Versuchsperson gedrückt hat, wurde dies von dem Gerät automatisch als Treffer aufgezeichnet, im anderen Fall als Niete. Der Proband hatte also die Aufgabe, beim Druck auf die Tasten immer die dazugehörigen Lampen aufleuchten zu lassen, d. h. er sollte den Elektronenzerfall beim Betätigen der Taste eins auf den Stand „eins" bringen etc. Die normale Wahrscheinlichkeit, jeweils diejenige Taste zu betätigen, die dem Zählerstand entspricht, liegt bei 1 : 4 bzw. bei 25 Prozent.

Schmidt suchte nun, bis er drei besonders begabte Personen gefunden hatte. Diese sollten bewusst versuchen, positiv oder negativ von der Zufallserwartung abweichende Ergebnisse zu erzielen. Die Resultate bewegten sich bei jeweils etwa 10 000 durchgeführten Einzelversuchen bei der ersten Variante zwischen 26 und 27 Prozent, bei der zweiten Variante bei 22 bis 23 Prozent, einhergehend mit einer statistischen Signifikanz von 1 : 10^{10}.[199]

Die jeweils gewünschten Abweichungen nach oben bzw. unten demonstrieren deutlich, dass die aufgezeichneten Effekte von den Versuchspersonen ausgingen und nichts mit etwaigen Mängeln der eingesetzten Technik zu tun haben konnten.

Allerdings kann man bei diesen Experimenten nicht unterscheiden, ob die Versuchsergebnisse auf Psychokinese oder auf Präkognition zurückzuführen waren, denn die Versuchsperson hätte auch im Voraus ahnen können, welche Taste wann den erhofften Treffer bringen würde. Daher konstruierte Schmidt weitere Apparaturen, die eindeutige Unterscheidungen ermöglichten. Für Tests bezüglich Hellsehen und Präkognition arbeitete er mit bereits vorgefertigten Sequenzen von Zufallsreihen, die sich nicht beeinflussen und verändern ließen. Um die Psychokinese zu untersuchen, baute er zwischen den Elektronenzähler und die vier Lampen einen gewitzten mathematisch-technischen Zwischenschritt ein, welcher die Lampen auf eine Art und Weise aufleuchten ließ, die sich nicht mit Präkognition erklären lassen konnte. Die unterschiedlichen Versuchsvarianten resultierten in gleichermaßen hochsignifikanten Ergebnissen.[200]

Die Experimente von Schmidt erregten auch in Physikerkreisen breites Interesse und wurden an verschiedenen Laboratorien wiederholt. Bereits im Zeitraum von 1959 bis 1989 wurden 152 Publikationen von 68 verschiedenen Autoren veröffentlicht, die über insgesamt 597 Experimente berichteten. Deren gesamte statistische Abweichungen vom zu erwartenden Mittel bewegen sich einmal mehr in astronomischen Bereichen, und es hätten 54 000 nicht erfolgreiche Studien verschwiegen werden müssen, um diesen Effekt zu neutralisieren.[201]

In den Jahren nach 1989 wurden alleine an der Princeton Universität etwa 1 000 weitere Experimente von 108 verschiedenen Forschern durchgeführt, die vergleichbare Resultate liefern. Natürlich ist man längst nicht bei vier blinkenden Lampen stehen geblieben, sondern es können Geräusche, Computergrafiken oder sogar Armbewegungen von Robotern über die Zufallsgeneratoren beeinflusst werden.[202]

Hierbei machte man auch weitere wichtige Entdeckungen. Dazu gehört, dass der Effekt der mentalen Beeinflussung wächst, wenn mehrere Personen zugleich versuchen, ein bestimmtes Ergebnis zu erzielen. Waren zwei Personen beteiligt, war dies besonders dann der Fall, wenn diese Personen unterschiedlichen Geschlechtern angehörten. Weiter erzielten eng verbundene Individuen wie Partner, Freunde oder Verwandte bessere Resultate. Der für Psi typische Absinkungseffekt wurde wie erwähnt ebenfalls beobachtet, und die Entfernung der Versuchsperson von der Zufallsmaschine spielte keine Rolle.

Dean Radin führte kürzlich eine Meta-Analyse für insgesamt 490 verschiedene Studien durch, in denen die Zufallssequenz von entsprechenden Erzeugergeräten mental beeinflusst werden sollte. Die erzielten Abweichungen von der normalen Zufallsverteilung waren insgesamt von geringer Größe, wichen aber dennoch mit einer Antizufallswahrscheinlichkeit von 1 : 50 000 von ihr ab.[203]

Einer der gewichtigsten Nachweise für die Realität von Psi verwischt sich jedoch bei der Gesamtbetrachtung von Studienergebnissen oder auch bei Meta-Analysen: Immer wieder erwiesen sich nämlich Einzelpersonen als außerordentlich Psi-begabt. Sie lieferten auch bei den Psychokinese-Experimenten zuverlässig hochsignifikante Testergebnisse, die – im Gegensatz zu den Gesamtergebnissen – sehr weit über den Zufallserwartung lagen.[204]

Das experimentelle Design der Experimente zur Beeinflussung der Zufallsgeneratoren und die eingesetzten Gerätschaften wurden im Laufe der Jahre immer weiter optimiert und der Kritik von Skeptikern angepasst, bis diese nichts mehr an ihnen aussetzen konnten. Es blieb also nur noch die Betrugshypothese zur Erklärung der Effekte übrig. Doch mittlerweile sind Studien selbst unter Einbeziehung skeptischer

Arbeitsgruppen genauso erfolgreich durchgeführt worden wie zuvor.[205] Es bleibt daher nur noch die Möglichkeit, die Realität von mentaler Beeinflussung quantenphysikalischer Vorgänge zu akzeptieren.

Zu den merkwürdigsten Beobachtungen in diesem Zusammenhang zählen sicherlich die Auswirkung von gemeinschaftlich erlebten Bewusstseinsinhalten auf die Aktivitätsmuster von Zufallsgeneratoren. Die Ergebnisse der ersten diesbezüglichen Versuche knüpften an die Beobachtung an, dass mehrere Personen einen Zufallsgenerator besser beeinflussen können als eine einzelne. So werden beispielsweise einer oder mehrere Zufallsgeneratoren bei Zusammenkünften von Personengruppen installiert, allerdings ohne dass die Beteiligten die Aufgabe haben, diese Generatoren in irgendeiner Weise zu beeinflussen; oftmals wissen sie sogar nicht einmal, dass sich ein solcher im Raum befindet. Das Bemerkenswerte ist nun, dass die von dem Generator erzeugte Datensequenz auch von ganz alleine signifikant vom statistischen Zufallsmuster abweicht, sobald in der miteinander kommunizierenden Personengruppe außergewöhnliche Momente von Einheit, Zusammengehörigkeit oder guter Zusammenarbeit entstehen.[206]
Im Rahmen dieser Experimente, in denen Aspekte des Bewusstseins der Teilnehmer sich offenbar zu einer Art unbewusstem oder auch bewusstem Feld zusammenschließen, das einen gemeinsam erzeugten Effekt bewirken kann, spricht man daher von einem kollektiven „Feld-Bewusstsein".[207]
Mittlerweile hat man derartige Experimente auf den gesamten Planeten ausgedehnt: Bis zum Jahr 2005 wurden 65 miteinander vernetzte, kontinuierlich betriebene Zufallsgeneratoren an verschiedensten Orten auf dem ganzen Erdenrund positioniert. Das Erstaunliche geschieht auch hier: Bei globalen Großereignissen, die gleichzeitig die Aufmerksamkeit von einigen Millionen Menschen in ihren Bann ziehen, verändert sich präzise zur fraglichen Zeit die Sequenz dieser Generatoren statistisch signifikant! Beispiele hierfür sind die Live-Übertragung der Beerdigung von Prinzessin Diana am 31.8. 1997, der Schlag Mitternacht beim Übergang vom alten in das neue Jahrtausend oder die Live-Übertragung der Beerdigung von Papst Johannes Paul II am 8.4.2005. Besonders ausgeprägt aber war die Abweichung von der Zufalls-verteilung in den Stunden der Flugzeug-Attentate in New York am

11.9.2001.[208] Von 1998 bis 2005 hat man nach definierten Kriterien 185 derartige Ereignisse analysiert und eine kumulative Abweichung von der Zufallssequenz der Generatoren mit einer Antizufallswahrscheinlichkeit von 1 : 36 400 festgestellt.[209]

Doch die Fähigkeit des menschlichen Bewusstseins und der Absicht, psychokinetischen Einfluss auf materielle Phänomene auszuüben, scheint keineswegs auf physikalische Geschehnisse wie das Fallen von Würfeln, Quantenzerfallsprozessen oder sonstige elektronisch generierte Zufallssequenzen beschränkt zu sein. Es wurden bereits zahlreiche erfolgreiche psychokinetische Versuche mit verschiedensten biologischen Systemen durchgeführt. So wurden z. B. Enzymaktivitäten,[210] die Gärung von Hefe,[211] das Wachstum von Bakterienkulturen,[212] Pilzkulturen[213] oder Algen[214] mental beeinflusst, ebenso die Rate des Aufplatzens roter Blutkörperchen in einer Salzlösung[215] oder das Wachstum von im Labor kultivierten Tumorzellen.[216] Besonders bemerkenswert sind Versuche, in denen offensichtlich die Mutationsrate von Bakterien psychokinetisch verändert wurde[217] oder auch das Auf- oder Abwickeln der spiraligen DNS-Stränge beschleunigt oder verlangsamt werden konnte.[218] Es wäre außerordentlich interessant zu untersuchen, ob ein etwaiger Zusammenhang zwischen diesen Experimenten und denjenigen besteht, worin gezeigt werden konnte, dass manche Bakterien unter bestimmten Stressbedingungen mit erhöhter Mutationsrate reagieren können.
Eine Reihe von Studien legt weiterhin nahe, dass auch bei höheren Lebewesen psychokinetische Effekte hervorgerufen werden können. So wurde bereits mehrfach das Wachstum von Pflanzen erfolgreich mental manipuliert.[219] Auch Säugetiere waren bereits häufig Gegenstand parapsychologischer Forschung. An der Universität in Durham wurden beispielsweise Paare von Mäusen mit Äther betäubt. Jeweils eine von beiden wurde zufällig ausgewählt und oftmals erfolgreich über entsprechende Suggestion vorzeitig aus der Narkose geweckt.[220] Das Ergebnis war statistisch hochsignifikant und wurde auch von einer anderen Arbeitsgruppe erfolgreich wiederholt.[221] Überdies wurden Wundheilungsprozesse[222] sowie die inneren Heilkräfte von kranken Mäusen und Hamstern psychokinetisch angeregt.[223]

Ähnliche Untersuchungen werden seit vielen Jahren auch mit Menschen durchgeführt. Beispielsweise wurde in klinischen Studien für manche Patienten gebetet, für andere nicht. Weder die untersuchten Patienten noch die betreuenden Ärzte kannten die genauen experimentellen Vorgaben. Es zeigte sich dennoch, dass diejenigen Patienten schneller genasen, für die gebetet wurde.[224]

Derartige Phänomene könnten wiederum sehr eng mit Placeboeffekten, Hypnose oder Autosuggestion verwandt sein, womit ebenfalls beträchtliche Veränderungen an Körpern durch geistige Aktivität erzielt werden können. Mit am erstaunlichsten ist sicherlich die bereits erwähnte Tatsache, dass mit Hypnose sogar angeborene (d. h. genetisch verursachte) Krankheiten erfolgreich behandelt worden sind. Hier muss ein molekularer Defekt in der DNS über mentale Beeinflussung korrigiert oder zumindest auf nachfolgender Stoffwechselebene entschärft worden sein.[225] Von diesen unter Hypnose erzielten Effekten ist es nur noch ein kleiner Schritt zu der Hervorbringung von Stigmata, wobei intensiv religiös veranlagte Menschen sich derartig in die Leidensgeschichte Christi hinein vertiefen, dass auch auf ihren Händen und Füßen Wundbildungen mit entsprechenden Blutungen auftreten – und zwar stets an den Stellen, welche die betroffenen Personen dabei anvisiert hatten. An den Händen zeigen sich Stigmata stets in der Mitte der Handflächen – wie auf den Abbildungen des leidenden oder auferstandenen Christus dargestellt – obwohl die Nägel den Gekreuzigten früherer Zeiten aber stets durch die Handwurzelknochen getrieben wurden, da sie in den Handflächen unweigerlich durch das Gewicht des Körpers ausreißen würden.[226]

Jetzt haben wir uns eine geraume Weile mit unterschiedlichsten Aspekten von Psi bei Menschen befasst und dabei gesehen, dass diese eine wiederholbare, experimentell bestätigte Realität unserer Existenz sind. Da wir uns in diesem Buch mit Parapsychologie und Evolution auseinander setzen, stellt sich natürlich die dringliche Frage: Können Psi-Phänomene auch bei Tieren beobachtet werden? Obwohl diesbezüglich im Vergleich zum Menschen nur relativ wenige Laborstudien durchgeführt worden sind, kläfft, maunzt, fiepst und piepst uns aus allen Regionen dieser Erde eine eindeutige Antwort entgegen: Ja!

10. Psi bei Tieren

Präkognition bei Tieren

Auch dass die Tiere genau wie wir Menschen über ASW-Fähigkeiten verfügen sollen, ist uns aus allen Kulturen des Erdkreises seit ältester Zeit überliefert. Die zahllosen Kulte und Sagen, die sich um Tiere ranken, legen hiervon Zeugnis ab, insbesondere im Zusammenhang mit Berichten über Schamanen oder Heilige.

Im Kontext von präkognitiven Fähigkeiten von Tieren ist seit der Antike dokumentiert, dass sie manchmal Naturkatastrophen wie Erdbeben vorausahnen können und die Menschen durch sehr ungewöhnliches Benehmen entweder gewarnt oder zumindest in großes Erstaunen versetzt haben.[227] Üblicherweise scheinen Tiere etwa 20 Stunden vor Erdbeben ab der Stärke 6,5 auf der Richterskala zunehmend auffällige Verhaltensänderungen an den Tag zu legen. Bevorzugt reagieren offenbar erd- oder höhlenbewohnende Spezies wie Ratten, Fledermäuse oder Schlangen, letztere können sogar in ihrem Versteck vorzeitig aus der Winterruhe erwachen und ans Tageslicht gekrochen kommen, wobei sie unter Umständen erfrieren. Doch letztlich ist keine Tierart ausgenommen: Hunde, Katzen, sämtliche Haustiere von der Kuh bis zum Huhn und der Taube können vor großen Beben verrückt spielen, ja sogar Fische und Würmer!

Dieses Verhalten wird von den meisten Wissenschaftlern immer noch mit hochsensiblen Rezeptoren erklärt, mit welchen die Tiere seismische Erschütterungen im Erdreich registrieren sollen, um sie korrekt als Vorboten heftiger Beben zu interpretieren und entsprechend zu reagieren. Wie das allerdings funktionieren soll, ist bislang völlig unklar. Solche Sinnesrezeptoren wurden bis dato weder bei Wurm, Fisch noch Kuh nachgewiesen – erst recht nicht bei den flugfähigen Vögeln, die sie schließlich noch nicht einmal nötig hätten. Insbesondere bleibt ungeklärt, wie die Tiere die Erschütterungen, die den starken Beben vorausgehen, vom dem üblichen durchs Erdreich zitternden Grummeln unterscheiden können, das in Erdbebenregionen nahezu täglich den Untergrund in kaum merkliche Vibrationen versetzt. Selbst die mit hochmodernster

Technik ausgestatteten Seismologen können dergleichen noch nicht voneinander differenzieren und zuverlässige Erdbebenwarnungen aussprechen. Andere Wissenschaftler versuchen daher, das charakteristische Angstgebaren der Tiere mit verstärktem Auftreten geladener Teilchen in der Atmosphäre zu begründen. Doch dies ist bislang ebenfalls reinste Spekulation.

Endgültig ad absurdum geführt werden die beschriebenen Erklärungsversuche jedoch, wenn man die Tatsache bedenkt, dass Tiere auch vor jeglicher anderen Art von größerem Ungemach warnen und flüchten können. Berichte, wonach sich Tiere in Thailand oder Indien vor dem Eintreffen des Tsunami vom Beben des 26.12.2004 in höhere Lagen retteten, gab es seinerzeit in den Medien zuhauf, und in vielen verwüsteten Regionen fanden sich im Gegensatz zum Menschen anscheinend keinerlei Tierkadaver.[228] Wie aber konnten z. B. die verschiedenen Landtiere Indiens das Nahen einer großen Welle antizipieren? Die durch das Beben ausgelösten Erschütterungen im Erdboden stellten in dieser Entfernung keine ernstzunehmende Gefahr für sie dar und waren ohnehin längst vorüber, als der Tsunami eintraf. Außerdem schienen ausschließlich Tiere in den betroffenen Küstenregionen Anzeichen von Panik und fremdartigem Verhalten zu zeigen, nicht jedoch solche in den sicheren Regionen des Hinterlandes. Weder charakteristische Erdstöße noch Änderungen der Atmosphärenzusammensetzung kommen hierfür als Erklärung in Betracht.[229]

Auch aus Kriegszeiten kennen wir zahlreiche Berichte von Tieren vom Hund bis zum Papagei, die vor Fliegerangriffen regelrecht verrückt wurden. Die Gehörorgane können hierbei keine Rolle gespielt haben. Denn die auffälligen Reaktionen begannen oftmals lange vor den offiziellen Sirenenwarnungen und zu Zeitpunkten, da die Flugzeuge noch Hunderte von Kilometern vom Zielort entfernt waren. Manche Tiere in England warnten angeblich auch vor den deutschen V2-Raketen, obwohl diese mit Überschallgeschwindigkeit flogen.[230] Im deutschen Freiburg wurde nach dem zweiten Weltkrieg einer Ente, die rechtzeitig vor einem Fliegerangriff Alarm schlug, sogar ein Denkmal gesetzt. Man kannte ihr Verhalten bereits aus vorangegangenen Tagen, wobei sie bei Fliegeralarm ein sehr auffälliges und lautes Verhalten an den Tag legte. Als sie dies eines Tages auch ohne den dazu gehörigen

Alarm tat, deuteten viele Menschen ihr Gebaren korrekt und konnten ihr Leben in Sicherheit bringen. Der Vogel aber kam im darauffolgenden Bombenhagel um. Man darf bezweifeln, dass die Ente ein wesentlich besseres Gehör hatte als die vielen Menschen, die um sie herum lebten.

Der Orientierungssinn der Tiere

Nicht minder erstaunlich wie die mysteriöse Fähigkeit der Tiere, Katastrophen im Voraus zu erahnen, ist ihr Orientierungssinn. Diese Behauptung mag vielleicht auf den ersten Blick nicht recht nachvollziehbar sein, wird aber hoffentlich anhand der folgenden Ausführungen verständlich.

Im Rahmen einer grundlegenden Bestandesaufnahme etwaiger ASW-Phänomene bei Tieren sammelte ab 1940 wiederum Joseph Rhine an der Duke University zusammen mit seiner Tochter Sara Feather zahlreiche Anekdoten und Berichte zu auffälligen Verhaltensweisen von Haustieren. Ihre Zusammenstellung der berichteten Fälle von ASW bei Tieren wurde 1962 veröffentlicht.[231] Das ursprüngliche Material bestand aus etwa 500 Berichten, die in fünf Kategorien eingeteilt wurden:

1. Reaktionen auf eine drohende Gefahr für das Tier oder seinen Herrn
2. Reaktionen auf den räumlich entfernt erfolgenden Tod des Herrn
3. Reaktionen, welche die Ankunft des Herrn zuhause vorwegnehmen
4. Heimkehr des Tieres von Orten aus, an denen es nie vorher war
5. Aufspüren des an fremden Orten befindlichen Herrn über größere Distanzen.

Bei Berichten von Fällen der ersten vier Rubriken lassen sich versteckte normale Sinneswahrnehmungen nicht immer ausschließen, bei der fünften ist dies noch am zuverlässigsten möglich. Daher konzentrierten sich Rhine und Feather bei ihrer Publikation auf Fälle dieser Art. Wo immer möglich, legten die Autoren Wert auf Berichte aus erster Hand und die Gelegenheit, die Fälle am besten noch persönlich untersuchen zu können. Es blieben einige vielversprechende Fälle übrig, wobei jeweils das Haustier von seiner Bezugsperson getrennt wurde und ihr zu völlig unbekannten Orten unter Bedingungen folgte, die den Einsatz der normalen Sinnesorgane für die erfolgreiche Herrchenfindung ausschließen.

Als beispielsweise 1945 die Besitzer des Hundes Tony von Illinois an einen 300 Kilometer entfernten Ort in Michigan verzogen, gaben sie ihn der Familie zurück, von der sie ihn bekommen hatten. Er verschwand jedoch bereits einen Tag später. Sechs Wochen später tauchte Tony bei seiner alten Familie in der fremden Stadt in Michigan auf und konnte anhand seines Halsbandes sowie verschiedener körperlicher Merkmale eindeutig identifiziert werden. Selbst die Familie aus Illinois, bei der Tony untergebracht wurde, konnte diese Reise kaum glauben und fuhr nach Michigan, um den wackeren Spürhund zu besichtigen. Dieser Fall konnte von Rhine persönlich überprüft werden.

Einsame Rekordhalterin unter den herrchenfindenden Tieren dürfte wohl die ausnehmend überlebenstüchtige Katze Sugar sein. Unter ähnlichen Umständen wie Tony fand sie ihre Besitzer über die Entfernung von sage und schreibe 2 400 Kilometern an ihrem neuen Zuhause wieder – sie brauchte für diese Reise geschlagene 14 Monate!

Ein anderer gut dokumentierter Bericht, der im Jahr 1940 für einiges Aufsehen sorgte, ist der von Taube 167. Der geliebte Besitzer dieser Taube war ein 12 jähriger Junge, der eines Tages 112 Kilometer Luftlinie von seinem Zuhause entfernt in einem Krankenhaus operiert werden musste. Nach einer Woche im Krankenzimmer hörte er in einer Nacht während eines Schneesturmes etwas am Fenster draußen flattern und benachrichtigte die Krankenschwester. Diese öffnete das Fenster, und herein kam tatsächlich seine Taube mit der Ringnummer 167. Es wurde dem Jungen erlaubt, sie in einem Kasten im Zimmer zu halten, wo sie sich immer noch befand, als seine erstaunten Eltern ihn später in dem Krankenhaus besuchten. Derartige Fälle sind nicht mit herkömmlichen biologischen Sinneswahrnehmungen zu erklären. Sie deuten sehr stark auf tierische ASW-Fähigkeiten wie Telepathie oder Hellsehen, wie wir sie bei uns Menschen bereits ausführlich besprochen haben.

Dieser Schluss wird durch einige vorsätzlich durchgeführte Experimente erhärtet, die bereits anfangs des 20. Jahrhunderts zum Thema des

Heimfindungsvermögens von Tieren vorgenommen worden sind. Der Zoologe F. H. Herrick wurde zufällig auf das außergewöhnliche Heimfindungsvermögen seiner Katze aufmerksam, als diese ihm eines Tages in der Stadt, acht Kilometer von zuhause entfernt, aus einer Tasche entwischte und sich dennoch abends wieder wohlbehalten zu Hause einstellte. Neugierig geworden, transportierte Herrick die Katze danach öfters in geschlossenen Behältern zu verschiedenen ihr unbekannten Orten, um sie dort wieder in die Freiheit zu entlassen – stets tauchte das Tier alsbald wieder in seinem Heim auf.[232]

Ähnliche Versuche führte ab 1931 Professor Bastian Schmid, damals ein bekannter Tierpsychologe, mit verschiedenen Hunden durch. Die Tiere wurden jeweils in Lieferwagen über Umwege zu Örtlichkeiten gebracht, an denen sie nie zuvor gewesen waren und nach ihrer Freilassung aus sicherer Entfernung beobachtet. Zwei von ihnen fanden stets den Weg heim, die anderen nicht. Manche Individuen scheinen also – genau wie bei Menschen – mehr als andere mit ASW begabt zu sein. Auffallend war, dass die erfolgreichen Hunde unterwegs nicht etwa ständig nach dem Weg schnüffelten, sondern nach einer anfänglichen Orientierungs-phase zielstrebig mit erhobenem Haupt in die korrekte Richtung trabten.[233] Später führte Schmid auch Versuche zum Orientierungs-vermögen von Waldmäusen durch, die sich in menschlichen Behausungen niedergelassen hatten. Auch sie setzte er immer wieder an verschiedenen ihnen unbekannten Orten aus. Doch stets kehrten die kleinen Vierbeiner zuverlässig zu ihrem angestammten Haus zurück. Schmid resümierte:

> „Somit sehe ich mich, genau so wie bei den Heimfindeversuchen mit Hunden, veranlasst, die Heimkehrfähigkeit dieser Waldmäuse einem unbekannten Faktor zuzuschreiben, den man allenfalls als absoluten Orientierungssinn ansprechen könnte."[234]

Jedoch haben derartig spannende und kostengünstige Untersuchungen zur räumlichen Orientierung von Tieren erstaunlicherweise über viele Jahrzehnte nicht mehr stattgefunden. Erst Rupert Sheldrake griff diesen naheliegenden, aber lange vernachlässigten Faden in jüngerer Zeit wieder auf. Zunächst startete er ähnlich wie Rhine Aufrufe in der Öffentlichkeit,

Berichte über ASW bei Tieren einzusenden, wobei auch Heim- oder Herrchenfindungsphänomene zum Repertoire gehörten.[235] Schließlich erklärte sich ein Besitzer einer orientierungsbegabten Hündin namens Pepsi sogar bereit, das Tier für Experimente zur Verfügung zu stellen. Ihrem Besitzer war bei verschiedensten Gelegenheiten aufgefallen, dass sie verschiedene ihr vertraute Orte ansteuern konnte, nachdem sie auf eigene Faust von ihr unbekannten Örtlichkeiten ausgerissen war. Sie erschien dann gesund und munter entweder zuhause oder bei Häusern von Verwandten oder Freunden des Herrchens. Sheldrake führte zwei Experimente mit Pepsi von Orten aus durch, die ihr fremd waren. Das erste mal begab sie sich auf vielversprechender Route Richtung Heimat, bis sie den sie verfolgenden Kameramann bemerkte. Das zweite mal, bei dem sie nicht mehr gefilmt sondern mit einem Peilsender bestückt wurde, lief sie nicht wie erwartet nach Hause, sondern tauchte beim Haus der Schwester des Besitzers auf – was allerdings ihre Leistung nicht schmälert.[236]

Alle diese Ergebnisse werfen für die Frage des Orientierungssinnes bei Tieren weitreichende Fragen auf: Ist er in freier Wildbahn einzig und allein auf die physischen Sinnesorgane zurückzuführen oder spielt hier auch ASW eine Rolle? Wir wissen von vielen anderen Tieren, dass sie einen unfehlbaren Heimfindungssinn haben: Kröten kann man an einem verlockenden, ihnen aber fremden Teich aussetzen, der alles zu bieten hat, was das Krötenherz zur Fortpflanzung verlangt: Wasser, Nahrung und Fortpflanzungspartner. Sie werden diesen Teich dennoch verlassen und zielstrebig über Berg und Tal, durch Wald und Feld ihrem Heimatteich entgegen kriechen, in dem sie einst erwachsen wurden.[237] Auch versetzte Fledermäuse finden nächtens von 100 Kilometer entfernten, ihnen vollkommen fremden Orten ohne Schwierigkeiten wieder heim.[238] Ihr Ultraschall-Sonar, der nur eine relativ kurze Reichweite von einigen Metern hat, kann für diese Leistung nicht in Betracht kommen. Und sogar wenn ihnen die Sehfähigkeit geraubt war, kehrten Individuen aus 50 Kilometer Entfernung genauso schnell zurück wie sehende Kollegen.[239] Jeder kennt des weiteren die Geschichten von den putzigen, aber unter Umständen sehr lästigen Gartenschläfern oder Mardern, die man wie Bastian Schmids Waldmäuse nach mühsamem Fang über komplizierte Umwege viele Kilometer vom Eigenheim entfernt aussetzen kann, bloß um festzustellen, dass sie ein paar Tage später wieder wohlbehalten eingetroffen sind und erneut ihrem Ungemach frönen.[240]

Am bekanntesten ist das Heimfindungsvermögen vieler Vogelarten, wenngleich es nicht minder rätselhaft ist. Wir denken dabei häufig an den alljährlichen Vogelzug im Herbst und Frühjahr, doch dieser ist nur ein Spezialfall unter den ganz allgemein verbreiteten Heimfindungsleistungen, über die vielleicht sogar alle existierenden Vogelarten verfügen – also auch diejenigen, die niemals ihre Heimat verlassen. Hier sei nur die Brieftaube erwähnt, deren Navigationssinn geradezu legendär ist: Sie zieht überhaupt nicht und hat es auch nie getan, da sie von der standorttreuen Wildform der Felsentaube abstammt.

Jetzt werden Sie sich vielleicht wundern: Ist nicht längst bekannt, dass Vögel wie Brieftauben mit Hilfe magnetischer Feldlinien oder eines Sonnenkompasses ihre Ziele finden? Aber nein! Bei derartigen Erklärungen haben wir es erneut nur mit überzeugend präsentierten Halbwahrheiten zu tun, wobei entscheidende Details außer Acht gelassen werden.
Zunächst einmal wird in der Vogelzugforschung zwischen der Orientierung (auch „Kompassorientierung") und der Navigation (auch „Zielorientierung") von Vögeln unterschieden. Doch dies gilt letztlich für alle wandernden Tierarten. Unter Orientierung wird die Fähigkeit der Vögel verstanden, ihren Flug auf äußere Richtgrößen auszurichten, anhand derer sie bestimmte Winkel der Flugrichtung in Abstimmung mit den Himmelsrichtungen einhalten können. Hierbei gilt es tatsächlich als erwiesen, dass sie Hilfsmittel wie Magnetfelder, die Sonne, den Punkt des Sonnenuntergangs oder die Sterne benutzen, im einfachsten Fall auch Landmarken wie Gebirge oder Küstenlinien. Viele Zugvögel scheinen weiterhin über genetische Programme zu verfügen, welche ihnen die grobe Flugrichtung vorgeben – genau wie auch die Zeitspanne, wie lange in eine bestimmte Richtung geflogen werden soll und wann eine Kursänderung in welchem Winkel stattzufinden hat.
Unter Navigation versteht man hingegen das direkte Anfliegen eines konkreten Zielortes. Wie dies im Einzelnen vor sich geht, ist allerdings noch unbekannt; sehr wahrscheinlich kommen aber auch hier

verschiedene Orientierungsmechanismen zum Einsatz. Doch dies kann nicht alles sein. Die rätselhaftesten Aspekte der echten Vogelnavigation bekommen wir wie bei den Versetzungsexperimenten mit Kröten, Mäusen, Fledermäusen oder Hunden dann demonstriert, wenn Vögel an beliebigen fremden Orten ausgesetzt werden, sie aber trotzdem wieder zur Heimat zurückzufinden. Von vielen Vogelarten wie Albatrossen, Wellenläufern oder Sturmtauchern wissen wir, dass sie selbst aus vielen tausend Kilometern Entfernung binnen weniger Tage wieder auf den Meter genau am Ausgangsort ankommen.[241]

Bei diesen Leistungen hilft ihnen allerdings kein Kompass weiter, sei er magnetisch, über die Sonne, die Sterne oder sonst wie ausgerichtet. Stellen Sie sich vor, man würde Sie über Hunderte von Kilometern blind oder betäubt über Umwege an einen unbekannten Ort transportieren und Ihnen auftragen, lediglich mit einem Kompass in der Hand wieder zurückfinden. Sie wüssten zwar immer, wo Norden ist, allerdings würde dieses Wissen Sie wahrscheinlich wenig befriedigen. Dennoch finden sogar standorttreue Vögel, die niemals von sich aus Wanderungen unternehmen, nach einer Versetzung in die Fremde wieder ihr Nest. Sie können aufgrund ihrer Standorttreue auch keinem Selektionsdruck hinsichtlich einer evolutiven Entwicklung dieser Fähigkeit unterworfen gewesen sein. Peter Berthold, eine führende Kapazität auf dem Gebiet der Vogelzugforschung, schreibt zum Thema des Heimfindevermögens von Vögeln nach Versetzungen an ihnen unbekannte Orte:

„Um es gleich an dieser Stelle ganz deutlich zu sagen: Wie derartige Ortsbestimmungen und Zieleinstellungen von Vögeln vorgenommen werden, ist bis heute unbekannt – das ist eigentlich das letzte große Rätsel der Tierwanderungen, für das es noch keine Erklärung und auch noch keine wirklich befriedigende Hypothese gibt. ... Nach den Ergebnissen von Tausenden und an über 50 verschiedenen Vogelarten, vor allem an Brieftauben durchgeführten Versetzungsversuchen müssen wir theoretisch oder als Arbeitshypothese von folgendem ausgehen: Jeder Vogel kann, wenn er in gesundem Zustand und im Rahmen seines körperlichen Leistungsvermögens getestet wird, bei Versetzung an unbekannte Orte 1. am Auflassort eine Standortbestimmung in bezug auf seinen Herkunftsort durchführen und 2. an seinen Herkunftsort zurückkehren. ... Direktbeobachtungen, Ringfunde und Berechnungen der Flugzeiten belegen häufig weitgehend geradlinige Rückflüge auf dem kürzesten Weg."[242]

Der „absolute Orientierungssinn", den Schmid beschrieb, gilt also auch hier. Und er ist nach wie vor ein „unbekannter Faktor". Man weiß de facto bis heute nicht, wie Brieftauben ihren heimischen Taubenschlag wiederfinden. Diesen Befund kann man getrost auf alle Tierarten ausdehnen, die nach Versetzungsversuchen wieder nach Hause finden. Das sind wahrscheinlich alle, mit denen jemals derartige Versuche angestellt worden sind. Und wer sagt uns weiterhin, dass sich Zugvögel auf ihren normalen Wanderungen nicht auch dieses rätselhaften Navigationssinnes bedienen, der sie unweigerlich zum richtigen Ziel führt?

Denn je näher ein Vogel an den Äquator kommt, um so unzuverlässiger wird sein Magnetkompass. Dieser richtet sich nämlich nicht wie eine Kompassnadel nach der bloßen Richtung von Nord und Süd, sondern nach dem Einfallswinkel der Magnetfeldlinien im Verhältnis zur Erdoberfläche, der sogenannten Inklination. Im weiteren Umfeld des Äquators verlaufen diese Feldlinien aber praktisch waagrecht zur Erdoberfläche und bieten somit kaum eine Orientierung. Abgesehen davon würde die Orientierung anhand eines gleichmäßigen Magnetfeldes um die Erdoberfläche bestenfalls das Erkennen von Nord und Süd erlauben, die Bestimmung von östlichen oder westlichen Längengraden kann damit hingegen nicht vorgenommen werden. Diese ist aber bei jeder Lokalisierung eines konkreten Zieles von entscheidender Bedeutung.

Doch das Magnetfeld der Erde ist noch nicht einmal gleichmäßig ausgeprägt. Allenthalben treten groß- und kleinräumige Anomalien auf, welche die zarten Inklinationsunterschiede, die auf ein paar hundert Kilometern Distanz auftreten, bei weitem übertreffen und bis ins Unkenntliche verzerren können. Zudem verändern sich die Intensität und die geographische Lage bei vielen dieser Anomalien innerhalb weniger Jahrzehnte oder Jahrhunderte beträchtlich, selbst die magnetischen Pole der Erde sind in beständiger Wanderschaft begriffen. Etwa alle 500 000 Jahre kommt es sogar zu einer völligen Polumkehr, wobei die magnetischen Pole auf der jeweils gegenüberliegenden geographischen Polseite der Erde zu liegen kommen. Das Magnetfeld bietet für die in der Evolution aufeinander folgenden Vogelgenerationen also kein besonders zuverlässiges Orientierungsmittel. Daher verwundert es nicht, dass die Vögel nicht unbedingt auf es angewiesen zu sein scheinen: Tauben, denen man störende elektromagnetische Spulen oder Magneten am Körper befestigt hatte, fanden dennoch nach Hause. Man kann mit Sicherheit davon ausgehen, dass die echten Zugvögel dies mindestens genauso gut fertig bringen würden. Der Sonnenkompass fällt bereits bei bedecktem Himmel aus, das selbe gilt für den Sternenkompass. Und sogar wenn man Tauben trübe Linsen vor die Augen klebt, finden sie den Weg zum heimischen Schlag.[243] Man sollte demnach nicht ausschließen, dass Zugvögel jeglicher Art auf ihren Routen auch ASW als weiteres Orientierungsmittel hinzuziehen.

Der bemerkenswerte Orientierungssinn der Tiere scheint bei vielen Naturvölkern ebenfalls verbreitet gewesen zu sein. Die australischen Aborigenes und Angehörige zentralafrikanischer Stämme sollen über ihn verfügt haben, genau wie polynesische Seefahrer. Verschiedene europäische Entdecker wussten zu berichten, dass Mitglieder dieser Volksgruppen zu jeder Zeit und an jedem Ort genau wussten, wo ihr Zuhause lag, ohne dass sie sich diesbezüglich erst aufwendig orientieren mussten. Ein bezeichnendes Beispiel dieser Fähigkeit ist von einem seefahrenden Häuptling namens Tupaia aus Tahiti überliefert, der Kapitän James Cook auf seiner großen Entdeckungsfahrt durch die fremden Gewässer Polynesiens und um Neuseeland herum begleitete. Egal, wo die *Endeavour* gerade unterwegs war und welches Wetter herrschte: Tupaia wusste auch ohne Kompass immer genau, in welcher Richtung Tahiti lag.[244]

Telepathie im Tierreich

Bei der Orientierung von Lebewesen könnte die ASW also durchaus eine Rolle spielen. Wenn das sich orientierende Tier in einem emotionalem Bezug zu seinem Herrchen oder zu zurückgebliebenen Artgenossen steht, könnte man von Telepathie sprechen, ansonsten käme eher eine Form von Hellsehen in Betracht. Im Zusammenhang mit Telepathie zwischen Tieren könnte so mancher bislang weitgehend unbeachtet gebliebene Naturforscherbericht eine neue Bedeutung erlangen und einiges Licht auf bislang verborgen gebliebene Kommunikationsweisen zwischen Tieren werfen.

Beispielsweise machte der Waldläufer William Long im Laufe der vielen Jahre, die er in der Wildnis Nordamerikas verbrachte, einige spannende Beobachtungen.[245] Ein kranker Wolf, der sich im Winter von seinem Rudel abgesondert hatte, folgte diesem in großem Abstand, ohne dass er dabei direkt deren Spuren im Schnee nachlief. Sobald das Rudel Beute gerissen hatte, schien er dennoch genaue Kenntnis darüber zu besitzen. Von dem letzten Ruheplatz des Wolfes aus verfolgte Long seine Spuren im Schnee, die über viele Kilometer auf kürzestem Weg direkt zur Beute führten. Dieses Verhalten erinnert stark an die beschriebenen Versetzungsversuche mit Tieren, die es stets auf kürzestem Weg zu ihrer Heimat zurück zog. Ein anderes mal folgte Long einem kranken Karibu, das sich ebenfalls von seiner Herde abgesondert hatte. Es zog sich in ein Waldstück zurück, während seine Angehörigen einige hundert Meter entfernt friedlich auf einer großen Lichtung ästen. Für die Herde unsichtbar, pirschte sich Long durch den Wald. Dabei stieß er überraschend auf das verletzte Tier, das in stummer Panik die Flucht ergriff. Sofort blickte Long wieder nach der Herde. Dieses war bereits in hellster Aufregung begriffen, obwohl es von dem Vorfall im Wald nicht das Geringste mitbekommen haben konnte.

Der Waldläufer ist überzeugt, dass in solchen Fällen Telepathie zwischen den Tieren im Spiel ist. Er schildert noch andere genauso interessante wie rührende Fälle, die deutlich auf ASW bei Tieren in freier Wildbahn deuten: Einmal suchte ein Fuchs und einmal eine Wachtel ihre von Menschenhand gefangenen Partner bei ihren neuen Gefängnissen auf, obwohl sie unmöglich über ihre physische Sinnesorgane in Erfahrung gebracht haben können, wo diese sich befanden. Nach allem, was wir bis jetzt über das Vermögen von Haustieren wissen, ihre fortgezogenen Bezugspersonen auch an ihnen fremden Orten aufzuspüren, sollte man auch diese Berichte für durchaus realistisch halten.

Long besaß offensichtlich auch einen Hund, der immer schon im Voraus wusste, wann sein Herrchen nachhause kam – egal, zu welcher Zeit. Solche Fälle hatte später auch Rhine in seiner bereits beschriebenen Sammlung unter der Kategorie drei aufgeführt, allerdings sind bis in jüngster Zeit mit solchen Tieren keine wissenschaftlichen Tests durchgeführt worden.

Es war wiederum Rupert Sheldrake, der erst vor wenigen Jahren nach derartig begabten Hunden suchte und im Anschluss daran etliche erfolgreiche Experimente unternahm. Der Hund, mit dem die meisten Versuche durchgeführt wurden, hieß Jaytee. Seine Besitzerin Pam Smart begab sich hierbei etliche Male außer Haus, wobei sie den Hund zurückließ. In eindrucksvoller Manier bestätigte Jaytee seine Fähigkeiten. Ob seine Herrin kurz oder lang weg war, ob sie mit dem eigenen Auto, dem Taxi, per Zug oder Fahrrad heim kehrte: Irgendwie schien er die nach verschiedenen Verfahren zufällig festgelegten Heimkehrzeiten sehr häufig korrekt im Voraus zu erahnen und begab sich regelmäßig einige Minuten vor Smarts Eintreffen in Warteposition an ein Fenster bei der Haustür.[246]

Bei manchen Versuchen wurden Herrin und Hund von zeitkodierten Kameras gefilmt. Diese zeigten, dass Jaytee jeweils kurz nach dem Moment, in dem Smart von einer dritten Person eröffnet wurde, jetzt sei die Zeit um nach Hause zu kehren, an das Fenster schlurfte. Von diesen Experimenten hörte auch Richard Wiseman, einer der medienwirksamsten Skeptiker aus der Riege des CSICOP, der im Gegensatz zu den meisten seiner Kollegen sogar eigene Forschungsarbeit zur Entlarvung des „Paranormalen" betreibt.

Nachdem er Sheldrakes Ergebnisse aus der Entfernung mehrfach als Artefakte abtat, lud Sheldrake ihn ein, mit eigenen Mitarbeitern entsprechende Versuche mit Jaytee durchzuführen. Dies tat er schließlich. Seine Resultate waren positiv, statistisch gesehen signifikant und deckten sich mit Sheldrakes Aufzeichnungen. Während der Zeitspanne, in der Smart außer Haus war und verschiedenen Aktivitäten nachging, verbrachte der Hund nur etwa 4 Prozent der Zeit vor dem kritischen Fenster. Während der Zeitspanne aber, in der sie sich auf dem Heimweg befand, hingegen ganze 78 Prozent![247]

Doch da nicht sein kann, was nicht sein darf, ersann Wiseman ein eigenes Kriterium dafür, was als Erfolg des Hundes betrachtet werden müsse: Immer wenn Jaytee länger als zwei Minuten am Fenster verweilte, wurde das jeweilige Experiment für beendet erklärt und geprüft, ob Smart sich schon auf den Heimweg gemacht hatte. Man zog also von vorne herein gar nicht die gesamte Zeitspanne von Smarts Abwesenheit bei der Interpretation der Ergebnisse in Betracht, wobei doch genau dies der entscheidende Punkt ist, um den sich alles bei diesen Experimenten dreht. Nach diesem kuriosen Kriterium galten auch solche Versuche als Misserfolg und als beendet, wenn der Hund einmal zwei Minuten einfach so aus dem Fenster schaute während Smart noch nicht auf dem Heimweg war – aber kurz nach dem Zeitpunkt des Entschlusses von Smart, *genau jetzt* nach Hause zu gehen, erneut ans Fenster lief um dort erheblich länger als zehn Minuten kontinuierlich in Warteposition auszuharren.

Wiseman veröffentlichte seine Studie als Widerlegung der vermeintlichen Hundetelepathie[248] und präsentierte die zweifelhafte Interpretation seiner Ergebnisse auch in einer Fernsehsendung. Hierbei schreckte er auch nicht davor zurück, zur Demonstration dessen, dass Jaytee generell öfters zum Fenster geht, die gleiche Videosequenz mehrfach zu verwenden. Dennoch atmeten Viele erleichtert auf, und in einigen nachfolgenden Presseartikeln wurde die Geschichte von Jaytee in Verkennung der wahren Tatsachen als naives, von Wunschdenken geleitetes Hineininterpretieren nicht vorhandener Tatsachen in ganz normales Hundverhalten dargestellt.[249]

Sheldrake hat indessen zahlreiche weitere Berichte gesammelt, wonach Hunde, Katzen und sogar Papageien, die mit ihren Herrchen und Frauchen besonders intensiv verbunden sind, über wahrscheinlich telepathische Fähigkeit verfügen. Viele scheinen nicht nur vorausahnen zu können, wann ihre Herrchen nachhause kommen, sondern sie antizipieren auch Telefonanrufe von ihnen: Sie traben aufmerksam zum Telefon, wo sodann gebellt oder geschnurrt wird, oder sie werfen in Extremfällen gleich den Hörer vom Apparat. Dies soll immer nur bei Anrufen bestimmter geliebter Personen geschehen. Bei Menschen wurden diesbezüglich wie beschrieben sehr erfolgreiche, genau kontrollierte und gefilmte Experimente durchgeführt; die Existenz einer vergleichbaren Fähigkeit bei Tieren sollte daher nicht überraschen. Ein hochgradig telepathischer Graupapagei, der auf frappierende Weise Gedankeninhalte seiner Besitzerin aufschnappt und auch noch ausspricht, wurde von Sheldrake ebenfalls mit positiven und statistisch hochsignifikanten Resultaten untersucht.[250]

ASW-Experimente mit Tieren unter Laborbedingungen

Abgesehen von den Berichten, wie sie uns von William Long vorliegen und den wenigen Freilandforschungen kennen wir aber auch Experimente zu ASW bei Tieren, die an Forschungsinstitutionen durchgeführt wurden. Erste berühmt gewordene Versuche zu Telepathie mit Hunden wurden 1920 von dem als begnadeten Hundedresseur bekannten Wladimir Durow, Direktor des Tierpsychologischen Laboratoriums in Moskau, zusammen mit dem großen Neurologen Wladimir Bechterew durchgeführt.[251]

In vielfach wiederholten Sitzungen konnte Durow vor hochrangigen Wissenschaftlergremien zweien seiner Hunde telepathisch solche Aufträge wie „springe auf jenen Tisch und hole von dort ein ganz bestimmtes Buch" oder „gehe zu Herrn X und schnappe das Taschentuch, das er in der rechten Hand hält" erfolgreich vermitteln. Am besten funktionierten offensichtlich auf das emotionale Erleben der Vierbeiner abgestimmte Aufgaben wie „gehe zu dem ausgestopften Wolf und belle ihn an", was von Hund Pikki mit besonders viel Engagement ausgeführt wurde. Durow nahm vor den Experimenten den Kopf des Hundes zwischen seine Hände, sah ihm tief in die Augen und übertrug ihm konzentriert die bildlich vorgestellte Abfolge der jeweiligen Aufgabe.

Um Einflüsse von Mimik, Gestik oder Körperkontakt ausschließen zu können, wurden später auch Versuche durchgeführt, wobei Pikki sein Herrchen nicht sehen konnte, da dieses hinter Abschirmungen aus verschiedenen Materialien saß. Auch dann reagierte der Hund wie gefordert.

Anfang der 1950er Jahren wurden an der Duke Universität von Karlis Osis Versuche mit Katzen durchgeführt, wobei auf telepathischem Weg versucht wurde, sie zu einem von zwei Ausgängen eines T-förmigen Labyrinths zu bewegen. Dies funktionierte nur bei einigen Individuen, dort allerdings in hochsignifikantem Ausmaß.[252]

Joseph Rhine führte im Auftrag einer Forschungsinstitution sogar hellseherische Versuche im Freiland mit zwei Schäferhunden durch, wobei deren Fähigkeit untersucht werden sollte, Minen aufzuspüren. Hierbei wurden nach einem ausgeklügelten Versuchsdesign in Abwesenheit der Hunde und ihrer Besitzer Minenattrappen in Form von Holzkästen an einem von Wasser bedeckten Küstenstreifen im Sand vergraben. Man erwartete Zufallstreffer von 20 Prozent, tatsächlich spürten die Hunde die „Minen" mit Erfolgswahrscheinlichkeiten von 33 bis 50 Prozent auf, was einer Antizufallswahrscheinlichkeit von 1 : 10^9 entsprach.[253] Dadurch, dass die gesamte Versuchsfläche ständig vom Meer überspült wurde, konnten der Geruchssinn oder hinterlassene Spuren als ausschlaggebende Faktoren für den Erfolg ausgeschlossen werden.

Ein weitgehend automatisiertes Experiment zur Präkognition von Mäusen wurde 1968 von Rémy Chauvin unter dem Pseudonym Duval veröffentlicht.[254] Hierbei wurden die Tiere in einen Käfig gesetzt, der in zwei identische Hälften unterteilt war. Diese waren durch eine niedrige Barriere voneinander getrennt. Jeweils eine der beiden Hälften wurde in einer durch einen Zufallsgenerator bestimmten Reihenfolge unter Strom gesetzt. Wenn die Mäuse sich zufällig in der Käfighälfte aufhielten, die als nächstes einen Stromimpuls empfing, bekamen sie also bald einen elektrischen Schlag versetzt. Der Anreiz zu präkognitiver Erkenntnis bestand für die Tiere in der Vermeidung der Stromschläge, indem sie *vor* dem Eintreffen des nächsten, auf unvorhersehbarer Käfigseite auftretenden Stromimpulses auf die vorerst sichere Hälfte des Käfigs überwechselten. Alle Sprünge über die Barriere wurden von einer Lichtschranke registriert und automatisch aufgezeichnet.

Tatsächlich gelang es den geplagten Tieren, mit einer Wahrscheinlichkeit von 1 : 1 000 weniger elektrische Schläge zu kassieren als erwartet, d. h. sie sahen mit überzufälliger Häufigkeit richtig voraus, in welcher Käfighälfte die nächsten Schläge zu erwarten waren. Diese Untersuchungen wurden erfolgreich mit Ratten wiederholt, wenn auch mit geringerer Signifikanz.[255]

Dergleichen Experimente riefen verständlicherweise Proteste von Tierschutzorganisationen hervor und man verlegte sich auf Arrangements, in welchen den Tieren anstatt elektrischer Schläge attraktive Belohnungen als Anreiz zur korrekten Präkognition geboten wurden. Auch hier erbrachten verschiedene Studien jeweils signifikante Ergebnisse.[256]

Sollten wilde Tiere auch Naturkatastrophen größeren Ausmaßes im Voraus erahnen können, wäre dies nach dem derzeitigen Stand der Forschung also nicht sehr verwunderlich.

In Deutschland wurden kontrollierte Laborstudien zum Heimfindungs-vermögen von Tieren in den 1950er Jahren durchgeführt, und zwar mit Katzen und unterschiedlichen Arten von Mäusen. Die Versuchsleiter waren Zoologen, doch sie zögerten nicht, auch telepathische Einflüsse für das Zustandekommen der gewonnenen Resultate in Erwägung zu ziehen. Die Tiere wurden hierbei wiederholt in ein einfaches, nach allen Seiten offenes und symmetrisches Labyrinth mit kreisförmigem Querschnitt gesetzt. Es zeigte sich, dass sowohl Katzen als auch Mäuse signifikant häufiger in der Richtung aus dem Labyrinth gelaufen kamen, in der sich ihr Heim bzw. Nest befand.[257] Allerdings schienen nicht alle Mäusepopulationen gleichermaßen über diese Fähigkeiten zu verfügen, auch die Tageszeiten oder die Witterung beeinflussten anscheinend die Ergebnisse.[258]

Helmut Schmidt, der Vater des routinemäßigen Einsatzes von atomaren Zufallsgeneratoren als Grundlage psychokinetischer Experimente, führte ebenfalls einige Untersuchungen an Tieren mit seinen Apparaten durch. Das bekannteste hiervon dürfte eine 1970 publizierte Studie über eine Katze sein, die bei kühler Witterung in einen Schuppen gesperrt wurde. Eine wärmende Lampe wurde über die typischen radioaktiven Zerfallprozesse für bestimmte Zeitintervalle ein- oder ausgeschaltet. Das fröstelnde Katzentier war jedoch in der Lage, die Lampe öfters brennen zu lassen, als nach der Zufallsverteilung zu erwarten gewesen war, wie Kontrollexperimente ohne Katze bestätigten.[259] Demnach haben wir es hier sogar mit einem Fall von tierischer Psychokinese zu tun, in dem die Katze im Stande war, den Output des Zufallsgenerators zu ihren Gunsten zu beeinflussen.

Ähnliche Versuche führte einige Jahre später René Peoc'h mit frisch geschlüpften Küken und Kaninchen durch. Er setzte hierbei einen kleinen mit Rädern versehenen Roboter ein, dessen Richtungsänderun-gen von einem eingebauten Zufallsgenerator initiiert wurden. Mit anderen Worten: Er irrte ziel- und regellos in einer Versuchskammer umher. Nun setzte Peoc'h Küken in einen Käfig neben die Kammer und verdunkelte die Szenerie. Der Roboter bekam eine brennende Kerze aufgesetzt und stellte somit die einzig verfügbare Lichtquelle dar. Es zeigte sich, dass der Roboter sich jetzt häufiger in der Nähe des Kükenkäfigs aufhielt, als er es nach den sonst aufgezeichneten

Zufallsbewegungen tun dürfte. Offenbar ging dieser Effekt auf das Bedürfnis der tagaktiven Küken zurück, das Licht in ihrer Nähe zu haben.[260]

In einem weiteren Experiment setzte Peoc'h frisch geschlüpfte Küken ein: Diese laufen dem erstbesten Objekt, das ihren Weg quert, beharrlich hinterher und begreifen es als ihre Mutter, was in der Regel ja auch stimmt. Nun aber verwendete Peoc'h hierzu den besagten Roboter. Sofort erkannten die Küken ihn als Mutter und wollten sich ihm anschließen. Peoc'h aber hinderte sie daran, indem er sie in einen Käfig setzte. Doch wieder hielt sich der umherirrende Roboter deutlich häufiger in der Nähe des Käfigs auf, als er es ohne die Küken tat. Sie schienen tatsächlich in der Lage zu sein, ihn zu sich hinzuziehen.[261]

Bei anderen Versuchen setzte er Kaninchen in den Käfig. Diese hatten zunächst Angst vor dem Roboter und brachten es anscheinend fertig, ihn weniger häufig in ihre Nähe gelangen zu lassen, als es zu erwarten stand. Nach einigen Wochen verschwand dieser Effekt, da sich die Kaninchen an den Roboter gewöhnt hatten.[262] In wieder anderen Versuchen untersuchte Peoc'h den telepathischen Effekt von Stress auf Kaninchen aus dem gleichen Wurf. Zu diesem Zweck maß er paarweise den Blutdurchfluss in deren Ohren, welcher sich in Stresssituationen gewöhnlich vermindert. Erlebte eines der Kaninchen Stresssituationen, verringerte sich auch bei seinem nicht gestressten Nestgeschwister der Blutdurchfluss im Ohr. Bei Paaren von Kontrolltieren, die zwar auch aus dem gleichen Wurf stammten, aber getrennt voneinander aufgewachsen waren, trat dieser Effekt nicht auf.[263]

Weitere Studien, die mit eng verwandten Individuen von Pferden und Hunden durchgeführt wurden, zeitigten ebenfalls Ergebnisse, die telepathische Kontakte zwischen einander nahestehenden Mitgliedern einer sozialen Gruppe nahe legen.[264]

All diese Ergebnisse entsprechen sehr gut den bereits beim Menschen beschriebenen Experimenten zur Telepathie. Dennoch wurden zum Thema Psi bei Tieren im Vergleich zum Menschen nur verhältnismäßig wenige Untersuchungen durchgeführt. Weiterführende Studien in diesem Feld wären daher besonders wünschenswert. Hier tut sich ein weites und faszinierendes Forschungsgebiet auf, in dem mit verhältnismäßig geringem finanziellen Aufwand wichtige Beiträge zum

Verständnis der Biologie und Natur der Lebewesen geleistet werden könnten.

Hiermit möchte ich die Einführung in die parapsychologische Forschung beschließen. Es dürfte deutlich geworden sein, dass bereits umfangreiche wissenschaftliche Arbeit geleistet worden ist und dass die Psi-Fähigkeiten von Mensch und Tier als erwiesene Realität anerkannt werden müssen. Folgende zentrale Feststellungen konnten hierbei herausgearbeitet werden:

1. Zwischen Lebewesen wie Menschen, höheren Säugetieren oder Vögeln können auf direktem Weg Informationen vermittelt werden, ohne dass hierbei die bekannten organischen Sinnesorgane benutzt werden. Räumliche Entfernungen scheinen hierbei keine Rolle zu spielen (Telepathie).
2. Auch über personenbezogene, gegenstandsbezogene oder ortsbezogene Ereignisse, die aus der Gegenwart, der Vergangenheit oder in der Zukunft stammen, lassen sich auf diesem direkten Weg Informationen erhalten (Hellsehen, Retrokognition, Präkognition).
3. Das Verhalten von Materie und Lebewesen lässt sich über gezielte geistige Aktivität direkt beeinflussen (Psychokinese).
4. Der Erfolg der unter 1-3 genannten Phänomene kann durch eine emotionale Verbundenheit und konkrete Intentionen gefördert werden.
5. All diese Formen von Psi treten im Alltag und unter experimentellen Bedingungen nur sehr schwach auf, sie können allerdings in spontanen Krisensituationen beachtliche Ausmaße und Deutlichkeit annehmen.

Natürlich gibt es auch einige Theorien für das Zustandekommen von Psi. Betrachten wir daher im folgenden und letzten Buchteil die wichtigsten dieser Theorien sowie die Konsequenzen, die sich aus ihnen für unser gegenwärtiges wissenschaftliches Weltbild einschließlich der Evolutionstheorie ergeben.

Teil 4

Die Evolution im Licht eines neuen Lebensverständnisses

11. Einführung

In diesem Buchteil soll der Versuch unternommen werden, die besprochenen ungelösten Probleme der Evolutionstheorie in Bezug zu den Erkenntnissen der Parapsychologie zu setzen. Letztere müssen in das Konzept jeder vollständigen Evolutionstheorie mit einbezogen werden – ein Schritt, an dem man über kurz oder lang nicht vorbei kommen kann. Das Ignorieren von unbequemen Phänomenen ist aus wissenschaftlicher Sicht für die Entwicklung eines möglichst realitätsnahen Naturverständnisses nicht annehmbar.

Allerdings werden wir nun die Ebene verlassen, auf der wir uns in den vergangenen drei Buchteilen hauptsächlich bewegt haben. Dort beschäftigten wir uns vorwiegend mit der Betrachtung von wissenschaftlichen Forschungsergebnissen bzw. deren Kritik. Jetzt aber müssen wir uns in das Gefilde allgemeiner naturwissenschaftlicher Spekulation begeben, um zu untersuchen, was uns die ersten drei Buchteile über die Natur des Lebens zu sagen haben.

Dabei wird vieles zwangsläufig lückenhaft und im Vergleich zu den bisherigen Ausführungen oberflächlich bleiben. Dennoch ist diese Vorgehensweise normal und unerlässlich. Auf diese Weise wurden schließlich alle wissenschaftlichen Theorien einst in die Wege geleitet, sind doch Spekulationen und Hypothesen die Nahrung jedes wissenschaftlichen Fortschritts. Es ist immer relativ einfach darzustellen, was als gesichert gelten kann, oder auch zu begründen, warum etwas nicht funktionieren kann. Beim Betreten von wissenschaftlichem Neuland besteht jedoch die Herausforderung, ein noch mit Rätseln behaftetes Phänomen zu erklären. Das ist schon schwieriger. Im Umfeld der Parapsychologie wird dies zusätzlich dadurch erschwert, dass bislang alle Versuche fehlgeschlagen sind, ihre Erscheinungen kausal und physikochemisch zu erklären, dass viele der intensiveren Spontanereignisse nicht reproduzierbar sind und dass viele Aspekte von Psi noch immer einer gewissenhaften, vorurteilslosen Erforschung harren.

Was erwartet Sie also im vierten Teil des Buches? Trotz der erwähnten Schwierigkeiten existieren einige Ansätze für die Erklärung von Psi, wenngleich sie auch aus den genannten Gründen nicht so gut ausgearbeitet und abgesichert sind wie manche Theorien der „harten" Naturwissenschaftsdisziplinen wie Physik oder Chemie.
Die von Parapsychologen am häufigsten vertretenen und wohl auch vielversprechendsten Ansätze werden in Kapitel 12 vorgestellt.
Dabei werden wir sie jedoch nicht in ihren Details verfolgen, sondern eher nach generellen Aussagen über Psi trachten, die für Evolutionsfragen von Bedeutung sind. Diese Erklärungsansätze basieren (1) auf Feldtheorien, in denen dem Bewusstsein eine entscheidende Rolle zugebilligt werden muss, (2) auf dem Konzept der Verschränkung von Systembestandteilen sowie (3) auf der Annahme, dass hinter unserer täglich erfahrbaren Alltagswelt höhere Realitätsdimensionen existieren.

Es wird sich bei diesen Betrachtungen zeigen, dass manche Aspekte von Psi sehr stark die Neubewertung dualistischer und vitalistischer Konzeptionen nahe legen. Wir erinnern uns: Im Vitalismus, wie ihn z. B. Alfred Russel Wallace, Henri Bergson oder Hans Driesch vertreten haben, wird den Lebewesen eine Eigendynamik und ein organisierendes Lebensprinzip zugesprochen, das ihre Ausprägung bedingt. Mit diesem Prinzip sollen auch geistig-psychische Qualitäten verknüpft sein. Ein solcher Ansatz würde sehr gut zum Auftreten von Psi-Phänomenen wie Telepathie oder Psychokinese passen. Die anderen beiden in Frage kommenden weltanschaulichen Alternativen, der mechanistische Materialismus und der Organizismus mit seiner Betonung der Selbstorganisationsprozesse, können das Auftreten von Psi nicht erklären. Denn beide erklären das Leben und die Wahrnehmungsvorgänge über direkte physikochemische Wechselwirkungen von Molekülen, den Schall und klassische Feldtheorien wie den Elektromagnetismus. Dergleichen kann jedoch für viele Psi-Phänomene nicht in Frage kommen. Einzig der Vitalismus erweist sich deshalb als mit Psi kompatibel.

Aus den Schnittstellen von Parapsychologie und Vitalismus ergibt sich die herausragende Bedeutung der parapsychologischen Forschung auch für die Erneuerung der Evolutionstheorie, wobei der Vitalismus als Bindeglied zwischen den Forschungsbereichen von Parapsychologie und Evolutionsbiologie fungiert.

Mit den Konsequenzen, die das über die Parapsychologie gewonnene Realitätsverständnis für die Interpretation der Evolution hat, werden wir uns im 13. Kapitel des Buches befassen.
Kapitel 14 fungiert als Fazit des Buches und Ausblick.

In Kapitel 15, dem Epilog, wird die übliche Kritik der Mechanisten und Organizisten am Vitalismus vorgestellt und als nicht haltbar entkräftet. Schließlich wird dem Vitalismus ein angemessener Platz in einer Hierarchie der gegenwärtigen Forschungsmethoden und Weltanschauungen zugewiesen.

12. Modelle für die Erklärung der Psi-Phänomene

Als erste Konsequenz aus den parapsychologischen Forschungen lässt sich folgendes formulieren: *(1) Die Welt, die wir im Alltag um uns herum erleben, ist nur ein Ausschnitt einer viel umfassenderen Realität, deren wahrer Charakter uns weitgehend verborgen ist. (2) Das Realitätsmodell, das uns die moderne Biologie vermitteln will, bezieht sich bislang ausschließlich auf diesen Ausschnitt und ist auch dabei noch lückenhaft.*
Doch auch wenn uns nur selten ein Blick auf die unserer Wahrnehmung normalerweise nicht zugänglichen Aspekte der Wirklichkeit gewährt wird, gilt es, anhand dieser Einblicke weiterführende Überlegungen über jene wahre Natur unserer Welt anzustellen.

Feldtheorien und die Rolle des Bewusstseins

Früher wurden überall auf der Welt die von uns Psi-Phänomene genannten Erscheinungen der Vermittlung von Göttern, Geistern oder auch den magisch-psychischen Fähigkeiten von Propheten, Schamanen oder Sehern zugeschrieben. Das änderte sich in unserem Kulturkreis erst ab den alten griechischen Philosophen.
Die erste rudimentär wissenschaftliche oder sogar physikalische Theorie über ASW stammt von Demokrit (ca. 460-370 v. Chr.).[265] Der Materialist Demokrit ist uns heute hauptsächlich aufgrund seiner Atomtheorie bekannt. Alles, was existiert – Gegenstände jeglicher Art, doch auch unsere Wahrnehmungsvorgänge, Gedanken und Seelenregungen – soll sich aus winzig kleinen Materiebestandteilen, den Atomen, zusammensetzen. Die Wahrnehmungsvorgänge erklärt er (wahrscheinlich inspiriert durch den Einfluss, den Magneten auf Eisen ausüben) durch die Annahme, dass sich von Objekten fortgesetzt aus Atomen bestehende „Bildchen" ablösen würden. Diese würden bei dem Wahrnehmenden durch die Sinnesorgane aufgenommen, dann den Seelenatomen begegnen und dadurch Erkenntnis ermöglichen. Auch telepathische Träume erklärt er auf diese Weise. Hierbei würden die Atome der Bildchen direkt die Poren des Leibes durchdringen. Vornehmlich

diejenigen gedanklichen oder emotionalen Bilder, die „von Personen in einem erregten und entflammten Zustand hervorschießen, erzeugen dank ihrer hohen Frequenz und ihrer raschen Übermittlung besonders lebhafte und bedeutungsvolle Vorstellungen."[266]
Ähnlich äußert sich wenig später Aristoteles im Sinne einer Wellentheorie. Genau wie man Wasser oder Luft erregen kann und sich die resultierende Bewegung darin weiter fortsetzt, auch wenn die ursächliche Erregung längst vorüber ist, könnte auf diese Weise die Wahrnehmung einer Erregung zu Menschen gelangen – insbesondere dann, wenn er schläft, da „Schlafende die kleinen Erregungen im Inneren besser spüren als Wachende."[267] Schon in diesen frühen Theorien über ASW sind demnach wesentliche Elemente berücksichtigt, die von der parapsychologischen Forschung wieder und wieder bestätigt werden konnten: ASW tritt besonders häufig im Schlaf auf und hängt zumeist mit emotional bedeutsamen Erlebnissen zusammen.

Viele der moderneren physikalischen Theorien über Psi, die auf Konzepten von bislang unbekannten Feldern, Wellen oder Energien beruhen, stellen daher Fortführungen dieser bereits uralten Vorstellungen dar. Dies gilt auch für einen Zweig von Theorien, der insbesondere im ehemaligen Ostblock stark favorisiert wurde. Hier wurde die Existenz einer oder mehrerer bislang unbekannter physikalischer Energieformen postuliert, welche die Psi-Phänomene bewirken sollen. Wie auch in den USA war Psi in diesen Ländern von hohem staatlichen und militärischen Interesse, doch die an seiner Erforschung beteiligten Wissenschaftler durften niemals von rein materialistischen Erklärungsversuchen abweichen, um den Dialektischen Materialismus, das Fundament des Kommunismus, nicht zu untergraben.[268]

Allerdings wurde bis heute keine physikalische Energieform entdeckt, die Psi verursachen könnte. Lange suchte man erfolglos nach der elektromagnetischen Strahlung verwandten Energien, und auch sie selbst kommt als Ursache für Psi nicht in Frage. Dies legen sowohl praktische als auch theoretische Gründe nahe. Um nur die wichtigsten Argumente anzuführen: Viele Studien haben gezeigt, dass Telepathie unter Abschirmung jeglicher elektromagnetischer Wellen im Inneren von entsprechenden Metallkäfigen genauso gut funktioniert wie außerhalb.

Und wie physikalische Strahlung welcher Art auch immer vom Gehirn der sendenden Person aus um die halbe Erdkugel eilen kann, um gezielt das Gehirn einer dem Sender nahestehenden Person – und nur dieser! – zu erreichen, hat noch niemand begreiflich machen können. Überdies können Phänomene wie die Retrokognition und die Präkognition nicht mit dem Elektromagnetismus oder ihm verwandten Energieformen erklärt werden. Daher spielen heute auf *klassischer* physikalischer Basis beruhende Erklärungsmodelle für Psi keine Rolle mehr.

Um so mehr wird jedoch die moderne Quantenphysik hierfür herangezogen. Eine ihrer wichtigsten Implikationen ist, dass die Materie auf der Ebene des Allerkleinsten, der subatomaren Elementarteilchen, gar nicht mehr aus voneinander getrennten Teilchen besteht. Dafür werden sie als energetische Feldstrukturen oder Wahrscheinlichkeits-strukturen begriffen, die in beständiger Wechselwirkung miteinander stehen. Es ist weiterhin bedeutungsvoll, dass im Rahmen dieser Wahrscheinlichkeitsstrukturen die Reaktionen quantenphysikalischer Systeme nicht immer vorausgesagt werden können. Beispielsweise treten die atomaren Zerfallsprozesse, auf denen die bereits beschriebenen Zufallsgeneratoren basieren, nur mit einer gewissen Wahrscheinlichkeit auf, ohne dass man im Einzelfall wissen oder voraussagen kann, wann genau der nächste Zerfall stattfinden wird. Auch den potentiellen Aufenthalt eines um den Atomkern schwirrenden Elektrons kann man nur mit Hilfe von Wahrscheinlichkeitsfunktionen angeben. In der klassischen Physik ist das anders. Dort weiß man gewöhnlich, welche Ursache eine Auswirkung wie einen Zerfall nach sich zieht, und warum etwas wo geschieht.

Die Versuche Schmidts und anderer Wissenschaftler zeigten, dass der Mensch vermittels seines Willens auf diese Wahrscheinlichkeitsver-teilungen von quantenphysikalischen Ereignissen einwirken kann.

Ein dazu passendes Modell zur Erhellung der Frage, wie der Wille auf das eigene menschliche Gehirn einwirken könnte, stellte der Nobelpreisträger Sir John Eccles (1903-1997) vor. Eccles ging davon aus, dass sich im Gehirn viele Zellen in einem äußerst labilen biochemischen Zustand befinden. Er spekulierte, winzige geistige Willensimpulse könnten daher ausreichen, um die Zustände solcher Zellen in die ein oder andere Richtung kippen zu lassen, um letztlich eine größere

Kaskade von neurophysiologischen Reaktionen in den angeschlossenen Zellgruppen des Gehirns in Gang zu setzen.[269] Eccles begründete die Einwirkung des Willens auf das Gehirn psychokinetisch und wendete sein Konzept auch zur Erklärung von ASW an.[270] Ähnlich dachte auch der Physiker Evan Harris Walker (1936-2006), der sich zur Erklärung dieser Beeinflussung explizit auf Quantenprozesse beruft.[271] Einige weitere Quantenphysiker wie die Nobelpreisträger Pascual Jordan (1902-1980) und Brian Josephson vermuten ebenfalls, dass die Quantenphysik eines Tages eine Möglichkeit bieten könnte, die parapsychologischen Phänomene erklären zu können.

Weitere Theorien zur Erklärung von Psi, die von den in der Quantenphysik beobachteten Geschehnissen ausgehen, beziehen sich in eher allgemeiner Form auf die Rolle des Beobachters von Ereignissen oder auf die Verschränkung von Systembestandteilen. Wir haben hier nicht den Raum, sie genauer darzustellen, lediglich das Konzept der Verschränkung wird in Kürze etwas ausführlicher vorgestellt. Der interessierte Leser sei daher an die entsprechende Fachliteratur verwiesen.[272]

In all diesen Theorien muss jedoch dem Bewusstsein eine aktive und entscheidende Rolle bei der Erzeugung oder der Wahrnehmung von Psi attestiert werden. Denn nur ein Bewusstsein kann beobachten, etwas intendieren oder emotionale Sinnzusammenhänge konstruieren, sei es vorsätzlich oder unterbewusst. Das gilt besonders für die Theorien von Eccles und Walker, in denen das menschliche Bewusstsein über quantenphysikalische Prozesse mit der Biochemie des Gehirns interagiert. Derartige Erklärungsansätze deuten Telepathie oder Psychokinese vermittels einer *dualistischen* Weltanschauung, nach der ein geistig-psychisches Agens mehr oder minder getrennt von der Materie existiert und diese zu beeinflussen in der Lage ist. Sehr viele Parapsychologen weisen sich dementsprechend als Dualisten aus.

Hieraus ergibt sich bereits ein *erster Bezug der Parapsychologie zum Vitalismus* (einen zweiten Bezug werden wir später kennen lernen). Denn auch die bereits erwähnten Vitalisten Wallace, Driesch, Bergson und Hardy, die sich zugleich für die Parapsychologie einsetzten, vertraten dualistische Weltanschauungen; selbst Eccles wird manchmal aufgrund seines Modells der Gehirnbeeinflussung als Vitalist bezeichnet.[273] Dies geschieht nach unserer Definition des Vitalismus zu recht, denn wir hätten es hier mit einem spezifischen lebensbezogenen Prozess zu tun, der sich nicht rein physikochemisch erklären ließe. Vitalisten wie Hans Driesch betonten daher immer wieder, dass das Leib-Seele Problem nicht von der Debatte um den Vitalismus getrennt werden kann.[274]

Tatsächlich können weder der Mechanismus noch der Organizismus mit seiner Betonung der Selbstorganisationsprozesse Phänomene wie Telepathie oder Psychokinese erklären. Beide Anschauungen basieren auf materialistischen Grundannahmen, wonach die körperliche Ausgestaltung von Lebewesen ausschließlich über direkte Wechselwirkungen von Molekülen erfolgt. Auch die Wahrnehmungsvorgänge sollen einzig auf physikochemischen Wechselwirkungen beruhen, die über unmittelbare Molekülbewegungen, den Schall oder den Elektromagnetismus vermittelt werden. „Außersinnliche" Wahrnehmung oder gar die Fernwirkung der Psychokinese, die sicher nicht auf derartige Weisen zustande kommt, kann es hier nicht geben.

Die vitalistischen Annahmen von organisierenden Lebensprinzipien oder Feldern decken sich hingegen mit den Annahmen vieler Parapsychologen, dass immaterielle Wirkungsprinzipien oder Feldstrukturen auch die Psi-Phänomene hervorrufen könnten. *Daher basieren alle Theorien zur Erklärung von Psi, die der entscheidenden Rolle des Bewusstseins Rechnung tragen, auf mehr oder minder dualistischen Grundannahmen mit vitalistischer Prägung.* Gehen wir in dieser Hinsicht noch etwas genauer auf Hans Driesch ein, da er als erster den Begriff des Feldes explizit in Zusammenhang mit Psi brachte und dabei auch die unverzichtbare Rolle des Bewusstseins betonte.

Driesch nannte die vitale Instanz, die seiner Ansicht nach die organische Entwicklung der Lebewesen vom Keim bis zur Reife reguliert, Entelechie. Dabei ist wichtig, dass Driesch die Entelechie, die „ordnend in das Getriebe der Materie eingreift", mit denjenigen unbewussten Aspekten des menschlichen Seelenlebens in Zusammenhang bringt, die vergleichbar in die körperliche Organisation eingreifen können, indem sie z. B. die Verdauungstätigkeit modifizieren, zu Scheinschwangerschaften oder sogar zur Ausbildung von Stigmata führen.[275] Er begreift weiterhin die parapsychologischen Phänomene als wesensverwandt mit der Entelechie und als „vitale Phänomene". Deshalb schlägt für ihn der

Vitalismus eine Brücke zu den Forschungsbereichen der Parapsychologie, worin man sich üblicherweise nicht mit der körperlichen Entwicklung von Organismen oder der Evolution beschäftigt.[276] Das Geistig-Psychische könnte in diesem Zusammenhang als die höchste Potenz des vitalen Prinzips angesehen werden.[277] Die enge Beziehung, die für Driesch zwischen Vitalismus und Parapsychologie besteht, kommt auch darin zum Ausdruck, dass er wie Henri Bergson zeitweise das Amt des Vorsitzenden der SPR bekleidete.

Um die Wirkungen von unbewussten oder generell psychischen Kräften auf Materie oder auch zwischen Personen begreiflich zu machen, postuliert Driesch ein ähnlich wie die Entelechie nicht an unsere Raumzeit gebundenes „Seelenfeld", in welchem die parapsychologischen Interaktionen ablaufen sollen. Der Begriff des Seelischen umfasst bei ihm sowohl bewusste als auch unbewusste Aspekte des menschlichen Geistes.

Dieses immaterielle Seelenfeld wird von Driesch jedoch nur als ein allgemeines Hintergrundkonzept vorausgesetzt, dass sich je nach individueller parapsychologischer Überzeugung in verschiedener Hinsicht ausarbeiten lässt. Jedoch glaubt er, dass *jegliche* parapsychologische Theorie ein wie auch immer geartetes dualistisches Konzept eines Seelenfeldes benötigt.[278]

Bisher scheint er jedenfalls damit recht zu behalten. Denn anders als über die Analogie zu immateriellen Feldern ist es schwer vorstellbar, wie gezielte Bewusstseinsinhalte ohne direkten physischen Kontakt vom Sender zum Empfänger gelangen und wie ein Mensch ohne direkten physischen Kontakt das Fallen von kullernden Würfeln oder auch radioaktive Zerfallsprozesse *in jede gewünschte Richtung* beeinflussen kann. Manche Parapsychologen sprechen daher schlichtweg von einem „Psi-Feld".[279]

Die Psi-Phänomene können zumindest bei höheren Tieren und den Menschen auch über eine oftmals unbewusst wirkende emotionale Bande erzeugt und verstärkt werden. Der Pionier der institutionalisierten parapsychologischen Forschung in Deutschland, Hans Bender, spricht in diesem Zusammenhang von einem „psychischen" oder „affektiven" Feld.[280] Denn es ist klar, dass hierbei psychische Aspekte der Lebewesen eine ganz zentrale Rolle spielen: Sie selbst schaffen sich ihr Netz von Interaktionspartnern, nicht etwa ihre Gene oder Körperteile. Dieses

Psychische ist auch diejenige Instanz, die mittels gezielter Intentionen inhaltliche Informationen an andere Lebewesen zu vermitteln vermag oder die das Verhalten von Materie und Organismen beeinflussen kann. Dass dem Psychischen in gewisser Hinsicht feldartige Qualitäten zugesprochen werden müssen, zeigten weiterhin die Versuchsergebnisse zum Thema des Feld-Bewusstseins, wobei Ansammlungen von Personen in der Lage sind, über das Erleben von gleichartigen Bewusstseinsinhalten eine kollektive Wirkung auf Materie bzw. Zufallsgeneratoren zu entfalten.

Mag auch Drieschs Begriff des Seelenfeldes etwas altmodisch klingen, so beschreibt er dennoch treffend die gerade genannten Sachverhalte. Ich ziehe dennoch weiterhin den Begriff des *Geistig-Psychischen* dem Begriff des „Seelischen" vor. Dieses Geistig-Psychische umfasst unbewusste sowie bewusste Seelenregungen, Emotionen wie Liebe, Angst oder auch den Willen. Es besitzt als weiteres Kennzeichen die Fähigkeit, organisierend auf Materie einzuwirken. Letztere Aspekte des Geistig-Psychischen bezeichne ich dort, wo es angemessen erscheint, als *psychisch-energetisch*.

Die obigen Ausführungen erlauben es, einen ersten Schluss hinsichtlich eines tiefer gehenden Verständnisses der wahren Natur unseres Bewusstseins zu formulieren:

Unser Geistig-Psychisches muss entweder innerhalb eines feldartigen Mediums agieren können oder sogar selbst ein Teil dieses feldartigen Mediums sein.

Morphische Felder

Die im letzten Abschnitt angeführten Gedanken klingen auch in der Theorie der „morphischen Felder" von Rupert Sheldrake an, die in den letzten Jahren viel diskutiert wird. Obwohl Sheldrake sie auch zur Erklärung der parapsychologischen Phänomene heranzieht, nehmen sie wie die Entelechie Drieschs ihren Ursprung bei Überlegungen, die sich mit der körperlichen Ausgestaltung der Organismen beschäftigen.

Schon Drieschs Verständnis der Entelechie weist einige Ähnlichkeit mit dem Prinzip von zwar unräumlichen, aber die Struktur der lebendigen Materie organisierenden Feldern auf.[281] Bald darauf griffen Entwicklungsbiologen auch explizit die Analogie zu aus der Physik bekannten Feldern auf, um zu verdeutlichen, dass sich die Materie

270

Feldern auf, um zu verdeutlichen, dass sich die Materie wachsender Organismen nach ähnlichen Prinzipien anordnen könnte, wie beispielsweise ein Haufen Eisenfeilspäne durch ein Magnetfeld entlang der Feldlinien angeordnet wird. Hierbei setzte sich der 1923 von Paul Weiss (1898-1989) eingeführte Begriff der „morphogenetischen Felder" durch.[282] In der jüngeren Vergangenheit haben besonders Brian Goodwin und Rupert Sheldrake das Konzept der morphogenetischen Felder wieder aufgegriffen.

Goodwin wendet es im eher engeren Sinne an, um den molekularen Entwicklungsprozess von Lebewesen besser nachzuvollziehen und mathematisch modellieren zu können.[283] Sheldrake setzt es hingegen in einen viel umfassenderen Kontext, der über die bisherigen Konzeptionen hinausgeht. Die morphogenetischen Felder stellen bei Sheldrake lediglich diejenige Gruppe von Feldern dar, welche die körperliche Entfaltung der Organismen regulieren. Sie gehören aber zu der viel umfangreicheren Familie der „morphischen" Felder.[284]

Sheldrake begreift morphische Felder als einen neuen, der Physik bislang nicht bekannten Typ von Feldern, der sowohl einen räumlichen als auch einen zeitlichen Ganzheitsaspekt besitzt. Sie sollen zu jeglicher Art und Ebene von materieller Organisation gehören, wie z. B. zu der Bildung von Kristallen und Lebewesen. Aber auch Instinkte, soziales Verhalten und geistige Prozesse sollen von entsprechenden morphischen Feldern koordiniert werden. Auf den verschiedenen Organisationsebenen greifen jeweils verschiedene morphische Felder in hierarchischer Schachtelung ineinander. Dabei stellen diese Felder nach Sheldrake keineswegs starre Entwicklungsvorgaben dar, denn sie können sich verändern und weiterentwickeln. Auch variieren sie hinsichtlich ihrer individuellen Ausprägung, da sie wie die Felder der Quantenphysik lediglich Wahrscheinlichkeitscharakter besitzen.

Ein Charakteristikum der morphischen Felder soll sein, dass sich ihre Wirkung mit jeder Wiederholung verstärkt. Je häufiger sich ein bestimmtes Aktivitätsmuster wiederholt, um so mehr könnte es sich stabilisieren, so dass es immer leichter und besser umgesetzt werden kann. Gleichartige Aktivitätsmuster treten dabei über zugehörige morphische Felder in eine „morphische Resonanz", die sich einzig aus ihrer Ähnlichkeit ergibt. Gleichartige Geschehnisse, Aktivitäten oder geistige Inhalte sollen sich über diese Resonanz gegenseitig beeinflussen können – auch ohne mechanistisch nachvollziehbare Verbundenheit oder genetische Verwandtschaft.

Es gibt einige Beobachtungen an Tieren, die für einen solchen Effekt sprechen. Sheldrake führt u. a. das folgende an: Früher benutzte man in den USA häufig quer über die Straßen verlaufende Stangenroste, um das Vieh am Verlassen der Weiden zu hindern. Etwaige Ausbruchsversuche brachten den Tieren Ausrutscher und schmerzende Beine ein. Heute scheinen sich die Rinder jedoch schon durch quer auf den Weg gemalte Streifen zuverlässig abgeschrecken zu lassen. Und das gilt sogar für solche Herden, die nie vorher mit den echten Weiderosten in Berührung gekommen waren![285]

Auch experimentell konnten vergleichbare Resultate erzielt werden. Am bekanntesten dürften Versuche sein, die bereits 1920 von William McDougall durchgeführt worden sind. Aufeinander folgende Generationen von Ratten lernten *zunehmend schneller*, den Weg aus einem Labyrinth zu finden. Dieses Resultat konnte in verschiedenen Labors der Welt wiederholt werden, wobei zudem die jeweils erste Rattengeneration der neuen Versuchsreihen schon viel schneller aus dem Labyrinth fand als die erste Generation McDougalls. Haben wir es hier nicht mit einem Beispiel von Vererbung erworbener Eigenschaften zu tun? Nein, denn (1) waren die Versuchstiere in den verschiedenen Laboratorien überhaupt nicht miteinander verwandt und (2) trat dieser erstaunliche Effekt auch bei den Kontrolltieren auf, deren Eltern oder Vorfahren niemals durch das Labyrinth geschickt wurden![286]

Derartige Phänomene könnten sich mit unbewussten telepathischen Einflüssen zwischen den Tieren einer Spezies begründen lassen, wobei die Erfahrungswerte der Individuen über die morphische Resonanz der entsprechenden Felder vermittelt würden. Tatsächlich wendet Sheldrake das Konzept der morphischen Felder auch an, um seine bereits beschriebenen Versuchsergebnisse zum Angestarrtwerden, zur Telefon-Telepathie oder zum rätselhaften Orientierungsvermögen von Lebewesen zu veranschaulichen.[287] Er geht beispielsweise davon aus, dass Tiere oder Menschen mit wichtigen Bezugspunkten wie ihrer Heimat, ihrem Nest oder Herrchen über entsprechende morphische Felder verbunden sind. Wenn sich nun ein Lebewesen von seinem

Bezugspunkt entfernt, wäre es vorstellbar, dass sich dieses Feld wie ein Gummiband zwischen den beiden dehnt und dass es dafür empfängliche Individuen automatisch wie zu einem Attraktor zurückzieht.

Nach Sheldrakes Vorschlag spielen sich Telepathie, Hellsehen und Psychokinese im Rahmen von „mentalen Feldern" ab, über welche die Interaktionspartner verbunden sind und über die sich Absichten oder mentale Botschaften vermitteln lassen.[288] Auch Sheldrake zögert nicht, hierbei die Bedeutung von gezielten Absichten zu betonen und die Quantenphysik als mögliche Grundlage für Psi in Erwägung zu ziehen.[289] Dabei misst er besonders einem bereits erwähnten Teilaspekt der Quantenphysik Bedeutung bei, der sich gut mit der Annahme verträgt, mehrere Systemmitglieder seien über eine Art unsichtbares Feld oder Band miteinander verknüpft: Der „Verschränkung" von System-bestandteilen.[290]

Die Verschränkung von Systembestandteilen

Einen eng mit Feldkonzeptionen verwandten Weg, Psi-Phänomene zu erklären, bietet das Konzept der Verschränkung von Teilen eines zusammengehörigen Systems. Der Physiker Alain Aspect konnte 1982 in berühmt gewordenen Experimenten nachweisen, dass Photonen, die gemeinsam von einer Quelle abgestrahlt werden, auch nach ihrer Trennung über die Schranken von Raum und Zeit hinweg untrennbar miteinander verbunden bleiben.[291] Werden nämlich zwei Photonen von einem Atom emittiert, so ist ihre Polarisation grundsätzlich unbestimmt. Jedes Photon kann theoretisch jeden Polarisationszustand bei seiner Messung in einem Detektor einnehmen. Wird bei einer Messung schließlich festgehalten, in welchem Polarisationszustand eines der beiden Photonen sich befindet, so wird das andere Photon – ganz gleich, wo es sich aufhält und wann die Messung an ihm durchgeführt wird – auf gespenstische Weise immer die dazu passende Polarisation aufweisen. Hierbei wird die entsprechende Information allerdings nicht einmal zwischen den Teilchen ausgetauscht. Das räumlich getrennte Photonenpaar reagiert vielmehr in jederzeit existenter Kommunion als ein einziges, ungetrenntes System.

In diesem Versuch wurde zum ersten mal die Richtigkeit eines theoretischen Postulats der Quantenphysik experimentell nachgewiesen: Dass nämlich auf der Ebene der Quanten nicht von getrennten Objekten gesprochen werden kann, sondern dass sie auch über räumliche Entfernungen hinweg miteinander verbundene Systeme darstellen – für das klassische Verständnis von Raum und Zeit ein Ding der Unmöglichkeit.

Der Quantenphysiker David Bohm (1917-1992) geht so weit, die gesamte erkennbare Welt nur als einen Ausdruck einer verborgenen „implizierten Ordnung" oder fundamentaleren Realitätsebene zu sehen, die unserer Wahrnehmung nicht zugänglich ist. Für Bohm ist das, was wir in der entfalteten „expliziten" Ordnung unserer Umwelt als getrennte Teile wahrnehmen, gar nicht wirklich getrennt, sondern auf einer tieferen Wirklichkeitsebene immer miteinander verschränkt.[292] Ähnliche Konzepte der Wirklichkeit, in der die Objekte unserer Umwelt nur scheinbar isoliert existieren, jedoch in Wahrheit auf einer tieferen Ebene miteinander vernetzt sind, finden sich in praktisch jeder mystischen Tradition. Ein schönes Bild dieser wechselseitigen Verbundenheit liefert der Buddhismus mit „Indras Juwelennetz". Jedes Individuum stellt hier einen Edelstein an einem Knotenpunkt in einem vielfach verzweigten Netz dar. In den zahlreichen geschliffenen Facetten eines jeden Edelsteins spiegeln sich alle Juwelen dieses Netzes wider, inklusive der darauf reflektierten Spiegelbilder von anderen Juwelen und ihm selbst.

Anfangs schien es, diese mysteriöse Verbundenheit oder Verschränkung von Systemen ließe sich nur im Reich der Quanten experimentell nachweisen. Somit hätte sie für die Dinge unseres Alltags oder die Lebewesen weiterhin nur theoretische oder philosophische Bedeutung. Doch mittlerweile konnten Verschränkungen auch in größeren Maßstäben nachgewiesen werden, so z. B. bei ganzen Ansammlungen von Gasmolekülen, in zentimetergroßen Salzkristallen[293] oder zwischen großen organischen Molekülen wie $C_{44}H_{30}N_4$ oder auch $C_{60}F_{48}$.[294] Viele Physiker sind überzeugt, dass theoretisch auch alle noch größeren Objekte miteinander verschränkbar sind.[295]

Warum aber verlieren diese makroskopischen Objekte unserer Umwelt dann ihre merkwürdigen quantenphysikalischen Eigenschaften, die sich ihnen nur unter besonderen Versuchsbedingungen mittels modernster

Technik entlocken lassen? Die Antwort beruht auf der Tatsache, dass bei Interaktionen von verschränkten Teilchen mit fremden Teilchen aus ihrer Umwelt Information auf diese anderen Teilchen übertragen wird. Dabei geht die nachweisbare Zusammengehörigkeit zu einem untrennbaren System, die „Kohärenz", verloren. Alle Teilchen, die miteinander interagiert haben, sind zwar immer noch miteinander verschränkt, aber sie reagieren nicht mehr als einheitliches System wie beispielsweise das Photonenpaar Aspects. Dieser Zusammenbruch der Kohärenz gilt in der Quantenphysik als Ursache dafür, dass die makroskopische Welt überhaupt aus *scheinbar* isolierten Objekten besteht.

Bislang ist allerdings nicht geklärt, ob derartige quantenphysikalische Verschränkungen von größeren Objekten oder sogar Lebewesen merkliche Auswirkungen in unserer Alltagswelt haben. In den letzten Jahren wurde allerdings ein Modell namens „Schwache Quantentheorie" ausgearbeitet, in dem ein vergleichbarer Verschränkungseffekt auf makroskopischer Ebene und somit auch bei Organismen tatsächlich angenommen wird. Doch die hier postulierte Verschränkung wird nur *analog* der quantenphysikalischen Verschänkung aufgefasst und bräuchte gar nicht auf konkreten quantenphysikalischen Prozessen zu beruhen.[296]

Es ist jedanfalls verständlich, dass viele Parapsychologen mit einer solchen biologischen Verschränkung liebäugeln. Denn würden auch Tiere oder Menschen eine Verschränkung eingehen können, würde es begreiflicher scheinen, wie z. B. bei der Telepathie in Nullzeit Informationen vom Sender auf den Empfänger übertragen werden würde, ohne dass man diesen Vorgang jemals detektieren könnte: Die Information würde nämlich gar nicht „übertragen" werden, sondern das System von Sender und Empfänger würde aufgrund seiner Verschränktheit von vorne herein in der Lage sein, gemeinsame Bewusstseinsinhalte oder Informationen zu teilen – so wie die beiden Photonen stets die Information ihrer jeweiligen Polarisation teilen und bei Bedarf dem Beobachter präsentieren.

Interessant ist in diesem Zusammenhang die Beobachtung, dass sich besonders eineiige Zwillinge („Systembestandteile", die aus einer gemeinsamen biologischen Quelle hervorgegangen sind) vielfach als ausnehmend begabt für wechselseitige telepathische Fähigkeiten erwiesen haben.[297] Weiterhin sind die umfangreichen Studien an eineiigen Zwillingen von Thomas Bouchard und seinen Kollegen an der Universität von Minneapolis bemerkenswert.[298]

Bouchard versuchte herauszufinden, in welchem Ausmaß das Verhalten von Menschen durch die vererbten Gene oder die Umwelt, in der Menschen aufwachsen, bestimmt wird. Als geeignete Versuchspersonen hierfür gelten eineiige Zwillinge, die von frühester Kindheit an getrennt voneinander aufgewachsen sind und auch nichts voneinander wissen. Sie besitzen zwar identische Gene, waren aber seit dem Zeitpunkt ihrer Trennung unterschiedlichen familiären und sozialen Milieus ausgesetzt. Ein möglicher Einfluss der Umwelt auf die Persönlichkeitsbildung sollte sich hier also sehr gut nachweisen lassen. Bouchard brachte es tatsächlich fertig, etliche solcher Zwillingspaare aufzuspüren und in seinem Institut zu untersuchen.

Es ist nicht wirklich verwunderlich, dass die getrennt aufgewachsenen Zwillinge häufig das selbe Gewicht, die selben Blutdruckwerte, die selben Gehirnstromkurven oder Interessen aufwiesen. Andere Übereinstimmungen sind schon erheblich verblüffender. Die bis zu dieser Untersuchung *einander unbekannten Zwillingspaare* trugen oftmals die selben Brillenmodelle, sehr ähnliche Frisuren, Bärte oder Kleidung, benutzten die gleichen z.T. ausgefallenen Parfüm-, Zahnpasta-, Rasierwasser- oder Zigarettenmarken und wiesen vor allen Dingen ungewöhnliche Gemeinsamkeiten in Verhaltensweisen auf: Ein Paar trug stets rote Gummibänder am linken Handgelenk, pflegte Zeitschriften grundsätzlich von hinten nach vorne zu lesen, das Frühstücksbrot samt Butter in Kaffee zu tunken oder empfand diebische Freude daran, in voll besetzten Fahrstühlen laut und prustend zu niesen, um sich danach an der Reaktion der Umstehenden zu weiden. Manche artikulierten sich sprachlich derart ähnlich, dass nicht einmal sie selbst herausfinden konnten, wer gerade sprach, wenn sie Tonbandaufzeichnungen ihrer eigenen Unterhaltungen abhörten. Ein Schwesternpaar hatte große Angst vor Wasser, so dass beide höchstens bis zu den Knien in Gewässer stiegen – und das grundsätzlich rückwärts! Beide mussten im selben Jahr ihre Passion, das Bowlen, aufgrund von Problemen mit ihren Gelenken bei einem exakt gleichen Leistungsdurchschnitt aufgeben.

Andere trugen sieben Ringe an den Händen, jeweils drei an der einen und vier an der anderen Hand.

Besonders strapaziert wird das rationale Gemüt durch die berühmt gewordenen „Jim-Twins", bei denen sich die Übereinstimmungen auf gespenstische Weise auch auf Namensgebungen erstrecken. Beide wurden von ihren Adoptiveltern mit dem gleichen Vornamen bedacht, arbeiteten vorübergehend als Tankstellenwärter und danach als Hilfssheriffs, und sie verbrachten mehrere Jahre lang den Urlaub mit ihren Familien am gleichen Seebad, das von beiderlei Wohnsitzen gleichermaßen weit entfernt lag – selbstverständlich ohne voneinander zu wissen. Die Jims sind zwanghafte Nägelkauer sowie Kettenraucher (natürlich der gleichen Zigarettenmarke) und haben sich als leidenschaftliche Holzwerker nahezu professionelle Tischlerwerkstätten im Keller eingerichtet. Beide haben sich eine runde Bank um den Stamm eines Baumes im Vorgarten gebaut, doch jetzt erst kommt es richtig dick: Zu jedem Jim gehörte *jeweils* eine erste Ehefrau namens Linda und eine zweite Ehefrau Namens Betty, sowie ein Sohn namens James Alan bzw. James Allan. Beide Jims besaßen in ihrer Jugend einen Hund namens Toy. Ein anderes Zwillingspaar gab den jeweils zwei Kindern die Namen Richard Andrew und Catherine Louise bzw. Andrew Richard und Karen Louise.

Man sollte an dieser Stelle vielleicht betonen, dass diese Angaben mehrfach von Gutachtern überprüft worden sind. Ihre Richtigkeit wird auch unter orthodoxen Wissenschaftlern nicht angezweifelt – und zwar insbesondere von denjenigen nicht, die das menschliche Individuum samt seinem Bewusstsein als biochemische, von seinen Genen gesteuerte Maschine betrachten.

Bouchard konnte derartige Übereinstimmungen niemals bei zweieiigen Zwillingspaaren feststellen, die er als Kontrollgruppe gleichermaßen intensiv untersuchte. Wie aber sind diese Ergebnisse zu deuten? Denn immerhin unterschieden sich die Zwillingspaare auch stets in etlichen Hinsichten. Bouchard selbst drückte sich diesbezüglich sehr vorsichtig aus und vermied eindeutige Aussagen. In einem Punkt aber waren sich die Forscher ganz sicher: Mit etwaiger Telepathie hatten die mysteriösen Übereinstimmungen nichts zu tun, da an Telepathie schlichtweg niemand von ihnen glaubte.

Doch das Konzept der Verschränkung biologisch zusammengehöriger Systeme könnte man durchaus als unbewusste Telepathie auffassen, bei der selektive Bewusstseinsinhalte geteilt werden. Denn wie wir sahen, kann die Existenz unbewusster Telepathie als erwiesen gelten. Die biologische Verschränkung mit direkter Informationskommunion würde diese Ergebnisse jedenfalls besser erklären als das Konzept von „Genen für" das Tragen roter Gummibänder, freudiges Niesen in Aufzügen, die selbe Brillenwahl, identische Namensgebung usw.[299]

Für die Realität der biologischen Verschränkungen sprechen weiterhin einige dokumentierte Fälle, *wobei eineiige Zwillingsgeschwister unabhängig voneinander zur gleichen Zeit an unterschiedlichen Orten auf die selbe oder ähnliche Weise verunglückten, z.T. sogar tödlich.*[300] Es ist schwer vorstellbar, dass hierfür die Gene zuständig sein sollen.

Bei der Erklärung von echter Telepathie oder von intensiveren Spontanfällen, wobei bestimmte Informationsinhalte vom Sender und Empfänger gezielt vermittelt bzw. wahrgenommen werden, muss man allerdings wie auch bei der gezielten Psychokinese vermuten, dass dem Bewusstsein inklusive der Emotionen oder Absichten eine entscheidende Rolle zukommt. Auch ist letztlich das Bewusstsein diejenige Instanz, über die sich eine Psi-trächtige Verbindung auch bei nicht miteinander verwandten Agenten wie Liebespärchen oder Hund und Herrchen aufbauen und festigen lässt.

Das Konzept der Verschränkung ließe sich demnach am besten auf *unbewusste* telepathische Wirkungen anwenden. Bei der echten Telepathie im Sinne *gezielter* Gedankenübertragung müsste jedoch zusätzlich die aktive und auch energetische Fähigkeit des Geistig-Psychischen betont werden, die über bewusste Entscheidungen zum Einsatz gebracht werden kann.

Bisher haben wir uns hauptsächlich mit der Frage nach der räumlichen Wirkung von Psi beschäftigt. Wie allerdings die parapsychologische Forschung außerdem erwiesen hat, müssten die diskutierten Bewusstseinsqualitäten, mentalen Felder oder Verschränkungen weiterhin ermöglichen, Kenntnisse von vergangenen oder zukünftigen Ereignissen zu erhalten.

Daher schließt sich jetzt eine weitere interessante Frage an: Welches Verständnis der Zeit wird durch die Psi-Phänomene nahegelegt?

Die Zeit als Teilaspekt einer höheren Dimension

Unabhängig davon, welche Modelle wir für die Deutung der räumlich wirkenden Psi-Phänomene heranziehen: Das Phänomen der Retrokognition und besonders das der Präkognition stellt uns vor weitere knifflige Probleme. Mögliche Antworten werden auf allgemeiner Ebene kaum anders lauten als das, was Charlie Dunbar Broad (1887-1971), Professor für Philosophie in Cambridge und wie Sidgwick, Bergson und Driesch ein weiterer ehemaliger Vorsitzender der SPR, folgendermaßen formulierte:

> „Es scheint mir sehr deutlich zu sein, dass der Nachweis von paranormaler Präkognition einen radikalen Wandel unseres Konzeptes von Zeit erfordert, und wahrscheinlich auch einen damit einhergehenden Wandel unseres Konzeptes von Kausalität."[301]

Wenn wir uns mit unserer Wahrnehmung oder auch mit unserer Absicht in der Zeit nach vorne oder zurück bewegen können und dergestalt zu in unserer Alltagswelt verifizierbaren Erfahrungen gelangen können, müssen wir der Zeit Eigenschaften zusprechen, die uns normalerweise verborgen sind. Dennoch muss dieser verborgene Aspekt der Zeit Ausdruck einer konkret existenten Realitätsschicht sein. In irgendeiner Form müssen sowohl Vergangenheit als auch Zukunft dem Bewusstsein von der Gegenwart aus zugänglich sein, genau wie alle drei Raumdimensionen von unserem jetzigen Aufenthaltsort aus jeweils in zwei entgegengesetzte Richtungen erfahren werden können. Und analog zu der räumlichen Wahrnehmung erscheinen uns bei der Präkognition die Dinge um so besser wahrnehmbar, je näher sie sich in unserem zeitlichen Umfeld befinden.

Tatsächlich versichern die Mystiker und Seher aller Weltkulturen, dass nicht nur unser Alltagsverständnis des Raumes, sondern auch dasjenige der linear verlaufenden Zeit nicht die eigentliche Wirklichkeit beschreibt. Vielmehr soll in höheren Bewusstseinszuständen die Zeit den Charakter ewiger Gleichzeitigkeit annehmen, die mit einer Art von Raum vergleichbar ist. Dies sei jedoch mit unserem rationalen Verstand nicht zu erfassen.[302] Die Fähigkeiten zu ASW oder Psi gelten dabei in den Schulen mystischer Traditionen als selbstverständliche Vorstufen auf dem Weg, tiefer in das Erleben dieser fundamentaleren Realitätsschichten einzutauchen. Doch was sagen die Naturwissenschaftler?

Auch in der Physik von heute wird die Zeit nicht mehr als ein starrer und leerer Rahmen aufgefasst, der von den in ihr ablaufenden Geschehnissen vollkommen abgetrennt ist. Seit Einstein und der Entwicklung der Relativitätstheorie wissen wir, dass Raum und Zeit auf unauflösliche Weise zusammenhängen. Sie werden als gemeinsames vierdimensionales Raumzeitkontinuum begriffen, dessen Eigenschaften von Parametern wie Gravitation, Masse und Geschwindigkeit mitbestimmt werden. Das führt dann zu solch seltsamen Verhältnissen, dass Masseverteilungen im Universum die Raumzeit um sie herum krümmen. „Man kann den Raum nicht krümmen, ohne die Zeit einzubeziehen. Die Zeit hat gewissermaßen selbst eine Form", schreibt Steven Hawking.[303]

Aufgrund dieser engen Verknüpfung von Raum und Zeit wird in der Relativitätstheorie nicht mehr zwischen den drei Raumkoordinaten und der Zeitkoordinate unterschieden, genau wie auch zwischen den Raumkoordinaten Länge, Breite und Höhe kein objektiv bestimmbarer Unterschied besteht.

In diesem vierdimensionalen Dimensionenverband fällt die Zeit zwar für uns dadurch aus dem Rahmen, dass wir in ihr die nacheinander auftretenden Ereignisse nicht gleichzeitig wahrnehmen können – anders als z. B. die Kantenlängen eines dreidimensionalen Würfels, die sich in der Gegenwart auf einen Sitz überblicken lassen. Aber dies mag lediglich auf die Beschaffenheit unserer Sinnesorgane und den Verstandesapparat zurückzuführen sein. Die Zeit ist eine „hartnäckige Illusion", befand einst Albert Einstein. In der Physik wird tatsächlich davon ausgegangen, die Zeit könne insbesondere auf quantenphysikalischer Ebene kurzzeitig vorwärts als auch rückwärts verlaufen.[304] Und in gegenwärtigen mathematischen Modellen über die Natur des Universums wird sogar schon mit zehn oder mehr für unser normales Welterleben verborgen bleibenden Dimensionen gerechnet! Diese sollen sich allerdings hinsichtlich ihrer Auswirkungen auf die subatomare oder mikrokosmische Ebene beschränken.[305] Eine diesbezügliche Ausnahme bildet hier jedoch die einheitliche Feldtheorie des Physikers Burkhard Heim.[306] Weitere Unterstützung der Annahme, dass die Zeit und die Kausalität nicht das sind, als was wir sie gemeinhin wahrnehmen, erfahren wir durch das rätselhafte Konzept der Verschränkung, das wir bereits im Hinblick auf die gemeinsamen Reaktionen von räumlich getrennten Photonen oder organischen Molekülen diskutiert haben. Denn wie es scheint, sind physikalische Teilchen nicht nur räumlich miteinander verschränkt, sondern auch innerhalb der Zeit.[307] Will man beispielsweise die aktuelle Polarisation von Photonen messen, so lässt sich das Ergebnis dadurch beeinflussen, wie man sie zu einem *späteren* Zeitpunkt – also in der Zukunft – noch einmal misst! Genau wie also die verschränkten Photonen sich über jegliche räumliche Trennung hinweg wie ein einziges System verhalten, gilt dies auch für die zeitliche Trennung.

Auch zu der quantenphysikalischen Verschränkung innerhalb der Zeit finden wir eine Parallele bei parapsychologischen Versuchen, die im Rahmen der beschriebenen Präkognitionsforschung erbracht worden sind: Es konnte festgestellt werden, dass der Erfolg des präkognitiven Wissens der Testpersonen davon beeinflusst war, ob diese zu einem späteren Zeitpunkt (*nach* dem eigentlichen Versuch) an den Ort geführt wurden, den sie zu beschreiben hatten.

Derartige Phänomene bedeuten, dass (1) die für den gesunden Menschenverstand wahrnehmbaren qualitativen Unterschiede zwischen den Raumdimensionen und der Zeit nicht ganz so gravierend sind, wie sie zu sein scheinen und dass (2) mit dem Konzept der zeitlichen Aufeinanderfolge von Ursache und Wirkung – der Kausalität, wie wir sie aus der klassischen Physik her kennen – keineswegs alle Ereignisse in unserer Welt vollständig erklärt werden können.

Der Quantenphysiker Antoine Suarez schreibt zu der Quantenverschränkung innerhalb der Zeit:

„Die Quantenverschränkung bestätigt die Vorstellung, dass die Welt tiefer ist als das, was wir sehen können. Sie enthüllt uns einen Bereich der Existenz, der nicht mit den Begriffen von Raum und Zeit beschrieben werden kann. Im nichtlokalen Reich der Quanten gibt es eine Abhängigkeit ohne Zeit. Die Dinge geschehen, aber die Zeit scheint nicht zu vergehen."[308]

Unter solchen Bedingungen wie der Relativität von Raum und Zeit, der postulierten Multidimensionalität des Universums sowie der räumlichen und zeitlichen Verschränkung von physikalischen Systemen scheint es gar nicht mehr so abwegig zu sein, auch auf der biologischen Ebene mit solchen Phänomen wie Vergangenheitsschau oder Präkognition rechnen zu können. Denn diese Formen der ASW könnten durchaus in diesen verborgenen Aspekten des Universums gründen oder sich ihrer bedienen.

Eine Weltsicht, worin uns normalerweise nicht zugängliche Bereiche der Existenz postuliert werden, vertrat bereits Schopenhauer. Er kam im Anschluss an Immanuel Kant auch ohne Relativitätstheorie und Quantenphysik zu der Schlussfolgerung, dass die Art und Weise, wie sich uns die Welt offenbart, nur die ausschnitthafte Objektivierung tieferer Realitätsschichten sein kann.

Dem naturwissenschaftlich exzellent gebildeten Schopenhauer verdanken wir auch den ersten ausführlicheren Versuch, heute als parapsychologisch bezeichnete Phänomene in der wissenschafts-orientierten Denkweise der westlichen Kultur zu erklären. Er tut dies genau dadurch, dass er in der Manifestation der Psi-Phänomene ein Hereinragen von Kräften dieser fundamentaleren Realitätsebene in unsere Alltagswelt versteht.[309]

Derartige Erklärungsversuche von Psi sind in der weiteren Geschichte der Parapsychologie noch sehr häufig vertreten worden. Oftmals wurden dabei Spekulationen über eine oder mehrere höhere, normalerweise verborgene Dimensionen im Universum zur Geltung gebracht – so z. B. von Karl Friedrich Zöllner (1834-1882), dem Begründer der Astrophysik, von dem zu Beginn dieses Abschnitts zitierten Philosophen Charly Dunbar Broad, von John William Dunne, den wir im Zusammenhang mit den präkognitiven Träumen kennen gelernt haben, von Gertrude Schmeidler, von der wir bei den Versuchen mit gläubigen Schafen und ungläubigen Ziegen gehört haben, von Charles Honorton, dem Mitbegründer der Ganzfeldforschung, von Milan Rýzl, einem der führenden Parapsychologen der Länder des früheren Ostblocks oder auch von Hans Bender, dem Pionier der parapsychologischen Forschung in Deutschland.

Ein solches Realitätsmodell, in der Raum, Zeit und Kausalität eine sehr andere Rolle zugemessen wird, als es in der modernen Biologie gemeinhin der Fall ist, hat natürlich interessante Konsequenzen für sie. Deswegen ist es ratsam, hierauf an dieser Stelle etwas genauer einzugehen. Da es für den an unsere Raumzeit angepassten Verstand jedoch unmöglich ist, konkrete Vorstellungen über Vorgänge zu entwickeln, welche über die uns vertraute Raumzeit hinausreichen, müssen wir dazu auf vereinfachende Analogien und Metaphern zurückgreifen. Anstatt also die folgenden Ausführungen als realitäts-echten Erklärungsversuch zu begreifen, sollten wir sie besser als eine Übung in metaphorischem Denken auffassen.

Flachland

Als ein gutes Modell zum besseren Verständnis dessen, wie man sich einen höherdimensionalen Aspekt der fundamentalen Realitätsebene überhaupt denken kann, kann die klassische Novelle „Flachland – eine phantastische Geschichte in vielen Dimensionen" von Edwin Abbott (1838-1926) herangezogen werden.[310] Dieses Flachland ist eine zweidimensionale Welt, die von zweidimensionalen intelligenten Lebewesen bevölkert wird. Ihr Universum besteht für sie also aus zwei Raumdimensionen plus der Zeit. Es stellt sich uns Menschen als eine zweidimensionale Fläche wie ein Blatt Papier oder diese Buchseite dar. Die Flachländer können sich darauf frei nach oben, unten, rechts und links bewegen – nur nicht nach vorne oder hinten. So huschen die Bewohner von Flachland gleich unseren Schatten über eine Fläche, unfähig, die dritte Raumdimension in irgendeiner Weise begreifen oder nutzen zu können. Die tragische Hauptfigur in der Geschichte von Abbott ist ein Quadrat, das durch die Vermittlung eines Wesens aus dem dreidimensionalen Raumland konkrete Einblicke hinter die Kulissen seiner zweidimensionalen Welt erlangt und danach seinen Mitbürgern die Erkenntnis der Realität einer umfassenderen, dreidimensionalen Weltordnung vermitteln will. Damit stößt es jedoch nur auf feindselige Ablehnung und wird schließlich zu lebenslänglicher Haft in einem Gefängnis verurteilt.

Könnten wir Menschen nicht in ähnlicher Weise in unserer Wahrnehmung gefangen sein wie die Bewohner Flachlands, wie schon Plato in seinem Höhlengleichnis angedeutet hat? Auch hier betrachten die gefangenen Höhlenbewohner nur eine zweidimensionale Schattenwelt. Und wenn einer auszöge, um Sonne, Farben und Raum zu erleben, würden ihm nach seiner Rückkehr in die finstere Niederung der Höhle von seinen nichts begreifen könnenden Mitbürgern nur Verachtung bis hin zu Todesdrohungen zuteil.[311]

Ein Flachländer könnte nun gemäß seiner Sinnesorgane und seines Erkenntnisapparates niemals ein dreidimensionales Objekt wahrnehmen. Aber wir können es, und wir können ein solches Objekt durch Flachland passieren lassen. Wir könnten beispielsweise einen feinstofflichen Tischtennisball durch diese Buchseite gleiten lassen und die entstehende Schnittmenge zwischen Seite und Ball beobachten. In dem Moment, da der Ball sich auf die Oberfläche des Blattes senkt und sie berührt, würden wir einen Punkt wahrnehmen können, der sodann in einen winzigen Kreis übergeht. Je weiter die Kugel nach unten durch die Seite dringt, um so größer würde nun der Kreis, um am Äquator des Balles den größten Durchmesser zu erreichen und danach wieder zu schrumpfen, bis auch der letzte Punkt nach dem Durchdringen der Seite verschwunden wäre.

Aber was hätte der Flachländer beobachtet? Er kann schließlich diesen wachsenden und schwindenden Kreis nur exakt von der Seite aus wahrnehmen! Daher würde er lediglich eine zweidimensionale, in seine Blickrichtung gekrümmte Linie wachsen und schrumpfen gesehen haben. Er würde eine Bewegung dieser Linie in der Zeit gesehen haben. Mit anderen Worten: *Die dreidimensionale Struktur des Balles wäre für den Flachländer durch die Wahrnehmung einer zweidimensionalen Struktur plus einer Bewegung in der Zeit reflektiert worden.*

Was geschähe nun, wenn wir eine viel komplexere Struktur, z. B. einen samentragenden Löwenzahnstängel, eine mit kugelförmig angeordneten Fallschirmchen besetzte Pusteblume also, mit dem Stängelende voran durch die zweidimensionale Welt Flachlands ziehen würden? Die Flachländer würden zunächst eine kleine Linie sehen, diejenige, die der Stängel erzeugt. Doch dann würden sie staunen: Dieser Strich würde im Bereich der filigranen Fallschirmchen plötzlich von allen Seiten winzige punktartige Begleiter bekommen, die schließlich im ehemaligen Blütenboden zusammenlaufen würden. Ab hier würden dann ebenso viele offensichtlich voneinander unabhängige Punkte – die Stiele weiterer Fallschirmchen – strahlenförmig auseinanderbewegen! Was so bescheiden begann, hat sich spontan zu einer ungeahnt komplexen zweidimensionalen Struktur entwickelt, ohne dass die Flachländer diese Entwicklung vollständig kausal verstehen könnten.

Vielleicht würden sie jetzt sogar Theorien über bislang unentdeckte Kräfte, Felder oder telepathieartige Kommunikationsweisen aufstellen, die das wohlkoordinierte Verhalten all der vielen Punkte aufeinander abstimmen würden. Doch wir würden wissen: *Eine solche Kraft oder Feldform könnte innerhalb Flachlands niemals detektiert werden, denn es hat sie niemals gegeben. In dem beobachteten Geschehen entlang des Zeitpfeils der Flachländer manifestierte sich nichts weiter als ein Teil der in der dritten Raumdimension existenten Ganzheit der Pusteblume.* Die Flachländer hätten jedoch keinerlei Möglichkeit zu erkennen, dass diese getrennten Punkte auf einer höheren Dimensionsebene *direkt* verbunden sind und immer schon zu ein und dem selben System gehören.

Dieses Szenario erinnert nun sehr stark an das, was auch von Quantenphysikern in unserem „Raumland" ja bereits beobachtet worden ist: Dass nämlich die getrennt detektierbaren Photonen, die gleichzeitig bei einem atomaren Zerfallsereignis abgestrahlt werden, dennoch zu einem verschränkten und gemeinsam reagierenden Gesamtsystem gehören, selbst wenn sich die einzelnen Mitglieder bereits weit voneinander entfernt haben. Dasselbe gilt für die Verschränkung innerhalb der Zeitdimension. Denn was sich für den Flachländer beim Durchzug der Pusteblume *nacheinander* in seiner Welt ereignet, hängt in unserer um eine Dimension reicheren Welt immer schon direkt überschaubar zusammen und reagiert als eine zusammengehörige Einheit. Für die Flachländer aber wirkt der ehemalige Blütenboden und Ansatzpunkt der Fallschirme wie ein in der Zukunft liegender Attraktor auf die ersten aufgetretenen Punkte, die unweigerlich in ihm zusammenlaufen.

Mit der vertrauten zeitlichen Kausalität von einer Ursache, die eine konkrete ihr nachfolgende Wirkung nach sich zieht, wäre diese Entwicklung in Flachland keinesfalls zu erklären. Denn es hatte in

Flachland niemand die Punkte derart angestoßen, dass sie auf diese Weise zusammenfanden. Die an zwei Dimensionen orientierte flachländische Kausalität könnte auf solche Entwicklungen niemals eine befriedigende Antwort geben. Wir müssen sie daher um einen zusätzlichen kausalen Aspekt erweitern. Dieser lässt sich am besten als *Ganzheitskausalität* bezeichnen – ein Begriff, den Hans Driesch in einem ähnlichen Zusammenhang einführte.[312]

Eine außerzeitliche Ganzheit wirkt demnach wie ein aus der Zukunft heraus das Entwicklungsgeschehen bestimmender Faktor. Er wäre der herkömmlichen Kausalität, die stets aus der Vergangenheit heraus wirkt, also genau entgegengesetzt. Dennoch sehen wir unschwer, dass für diese Entwicklungen keinerlei zusätzliche Energie oder Kraft postuliert werden müsste. Darin stimmt die Ganzheitskausalität mit dem üblichen Kausalitätsverständnis wiederum überein. Die zu einer Ganzheit gehörenden Elemente würden sich alleine aufgrund der Tatsache bzw. Ursache, dass diese Ganzheit überzeitlich angelegt ist, innerhalb des zeitlichen Ablaufs in sinnvoller Weise anordnen. *Anders als auf diesem sukzessiven Weg können sich übergeordnete Ganzheiten in niederdimensionalen Sphären gar nicht darstellen.*

Wie wir sahen, konnte in der Quantenphysik nachgewiesen werden, dass zeitliche Verschränkungen tatsächlich existieren. Die zweite Messung eines Photons kann durchaus die erste Messung beeinflussen, was einer scheinbar aus der Zukunft in die Gegenwart hinein wirkenden Kausalität entspricht. In der Parapsychologie fanden wir das analoge Geschehen, dass das Ausmaß präkognitiven Wissens davon beeinflusst war, ob die Versuchsperson *nach dem Versuch* an den Ort gebracht wurde, den sie zu beschreiben hatte, oder ob man sie später nicht dorthin brachte. Es könnte demnach sein, dass es auch eine Art Ganzheitskausalität für Handlungen oder Geschehnisse gibt.

Selbstverständlich würden solche Geschehnisse oder körperliche Entfaltungsprozesse nicht ausschließlich der Ganzheitskausalität unterstehen. Vielmehr könnten sie von beiderlei Kausalitätsarten durchdrungen sein, die je nach Situation mehr oder weniger dominieren.

Anhand der obigen Ausführungen eröffnet sich nun ein interessanter Ausblick auf die nicht linearen oder kausal erklärbaren Phänomene der

Selbstorganisation und der merkwürdigen Verkomplizierung des Lebens in all seinen Erscheinungsformen, die in unserer Welt die Theorien der Organizisten und Vitalisten genährt haben: Könnte es nicht sein, dass in solchen Fällen eine auf höherer Ebene angelegte Ganzheitsstruktur über die entfaltenden Bewegungen von Materie zum Ausdruck kommt?

Ein solcher Gedanke klingt bereits in der Relativitätstheorie an, in welcher die Zeitdimension prinzipiell nicht vom Raum unterschieden wird. Hier wird ein sich bewegender oder entwickelnder Körper als vierdimensionale Struktur im Koordinatensystem der Raumzeit entlang einer „Zeitbahn" dargestellt.

Doch besonders manche Vitalisten wie Driesch, von Uexküll oder Woltereck haben betont, dass Lebewesen auch auf der Skala der Zeit als Ganzheit angelegt sind. Driesch beschreibt das Wirken der Entelechie direkt als Ganzheitskausalität.[313] Die Entelechie kommt ihm zufolge dann zum Tragen, wenn „das Wirkliche aus zeitloser Zuständlichkeit übergeht in diejenige Zuständlichkeit, welche als Zeit erscheint."[314] Von Uexküll und Woltereck sprechen im Zusammenhang mit den ganzheitlichen Entfaltungsprozessen der Organismen von deren „Zeitgestalt", die sich dabei verwirklicht.[315] Speziell in dem an Goethe und Rudolf Steiner (1861-1925) angelehnten anthroposophischen Naturverständnis wird davon ausgegangen, dass die körperliche Entwicklung eines Individuums nur dann verstanden werden kann, wenn man ihr die Zeitgestalt als eine auf der Zeitebene angelegte Ganzheit zu Grunde legt.[316]

Es ist hierbei aufschlussreich, dass es der Wissenschaft bis heute nicht gelungen ist, eine die Körperentfaltung von Lebewesen regulierende vitalistische Kraft oder ein organisierendes Feld mit physikalischen oder chemischen Mitteln zu detektieren, obwohl viele Beobachtungen nahe zu legen scheinen, dass es sie dennoch irgendwie geben muss. Es gibt sie vielleicht tatsächlich nicht! Genau wie die Flachländer könnten wir nicht erkennen, dass hier lediglich ein ganzheitlich angelegter Strukturaspekt in unsere vertraute Welt hineinragt, dessen Zeitgestalt auf einer uns verborgenen, höheren Dimensionsebene angelegt ist. Dabei würde lediglich der *Anschein* erweckt, es sei hier eine organisierende oder verbindende Kraft am Werk.

Auch Driesch postuliert, dass die Entelechie nicht als wirkende „Kraft" aufzufassen sei und dass sie deshalb gar nicht physikalisch detektiert werden könne. Die entelechiale Ganzheitskausalität wirkt, als ob sie *jenseits des Raumes* ihren Ursprung nähme. Die Entelechie gehört also nicht dem uns vertrauten Raum an, aber sie wirkt *in ihn hinein.*[317]

Aus diesen Überlegungen ergibt sich der *zweite Bezug zwischen der Parapsychologie und dem Vitalismus.* Das von der parapsychologischen Forschung und der Quantenphysik nahegelegte Zeitverständnis impliziert, dass organisierende Felder, Kräfte oder Entelechien gar nicht in einer Form existieren müssen, die für uns auf physikalischem Wege messbar ist. Sie wären lediglich der Ausdruck einer auch die Zeitdimension umfassenden Ganzheit.[318]

Wir haben also zwei konkrete Bezüge zwischen parapsychologischen Erklärungsmodellen für Psi-Phänomene und dem Vitalismus herausgearbeitet: (1) Die Einwirkung eines mit geistig-psychischen Qualitäten versehenen Agens auf Materie und (2) die innerhalb der Zeitdimension angelegten organischen Ganzheiten, deren Entfaltung sich uns als Ganzheitskausalität und entelechiales Selbstorganisationsphänomen darstellt.

Es werden hier also *zwei verschiedene* vitalistische Wirkungsprinzipien voneinander geschieden.[319]

Allerdings könnte man nur im ersten Fall von einem konkreten Wirkungsprinzip sprechen, mit der direkte Auswirkungen auf die Organisation der Materie erzielt werden. Im zweiten Fall hätten wir es eher mit einer formbildenden „Pseudokraft" zu tun, wie über die Analogie der Bewegung einer dreidimensionalen Pusteblume in Flachland gezeigt wurde.

Dennoch lässt sich zur Veranschaulichung des Geschehens in beiden Fällen die Analogie von organisierenden Feldern anwenden. Zudem lassen die Modifikationen der körperlichen Ganzheit von Lebewesen, die durch psychische Aktivität im Zusammenhang mit Autosuggestion, Placebo-Effekten, Hypnose oder Psychokinese erzielt werden können, vermuten, dass diese zwei Wirkungsprinzipien wesensverwandt sind und ohne scharfe Grenzlinie ineinander übergehen.

Man fasst sie daher besser als zwei Pole eines einzigen Wirkungskontinuums auf, das sich in die tiefere Realitätsschicht hinein erstreckt.

Den dort angelegten Ganzheiten müsste dann sowohl eine psychisch-energetische als auch eine strukturell-organisierende Qualität zugesprochen werden. Je nach Situation könnte jeweils einer der beiden Aspekte über den anderen vorherrschen.

Die unbewusste biologische Verschränkung von insbesondere eng miteinander verwandten Lebewesen, welche durch die Jim-Twins und die eineiigen Zwillingspaare nahe gelegt wird, die unabhängig voneinander zum gleichen Zeitpunkt verunglückten, würde sich etwa in der Mitte dieses Kontinuums ansiedeln lassen.

Psi in Flachland

Verfolgen wir die Analogie Flachlands noch weiter. Wie könnten wir uns das Zustandekommen von parapsychologischen Phänomenen in Flachland unter Zuhilfenahme der Annahme einer höheren Dimension erklären? Wir könnten uns vorstellen, dass Teile des Bewusstseins eines Flachländers aufgrund einer erschütternden Krisensituation, aufgrund einer besonderen Begabung oder einer hart erlernten Praxis einige Zentimeter über sein zweidimensionales Heimatland in die dritte Dimension emporgehoben werden können. Er könnte dann vielleicht von außerhalb mit seiner angestammten Heimat interagieren. So könnte er, genau wie es auch das Quadrat in Abbotts Buch tat, Blicke auf entlegene Orte oder Personen erhaschen, die von seinem normalen Standpunkt normalerweise nicht sichtbar wären. In diesem Fall hätten wir es mit Hellsehen zu tun. Würde er jetzt noch seine Aufmerksamkeit auf bestimmte Personen richten und einen erfolgreichen Kontakt herstellen können, würden wir von gezielter Telepathie sprechen. Man könnte sich vorstellen, dass Tiere auf ähnlich hellseherische oder telepathische Art ihre Heimat oder ihr Herrchen aufspüren können. Vielleicht konnten auch die morphischen Felder Sheldrakes, die sich in solchen Fällen wie ein Gummiband dehnen sollen, nur deswegen noch nicht physikochemisch detektiert werden, weil sie sich in eine höhere, unserer Wahrnehmung normalerweise nicht zugängliche Dimension hinein dehnen und verschränken.

Der über seine zweidimensionale Heimat erhobene Flachländer könnte des weiteren aus diesem ungewohnten Blickwinkel Bestandteile von

Objekten wie der Pusteblume erblicken, die sich außerhalb Flachlands befinden, während sich die Pusteblume durch Flachland bewegt. Dort wären diese Bestandteile für seine Mitbürger jedoch nicht erkennbar, da sie entweder bereits vorübergezogen sind oder erst in Bälde eintreffen würden. Dieses Wahrnehmen der bewegten Objektbestandteile außerhalb Flachlands würde der Retrokognition oder der Präkognition entsprechen.

Selbstverständlich würde der Flachländer aber nicht auf einmal einen ganzen Ball oder eine ganze Pusteblume wahrnehmen können, sondern er würde weiterhin an seine gewohnte Wahrnehmungsweise gefesselt bleiben. Er könnte nur aus einer anderen Perspektive heraus möglicherweise verzerrte oder verschwommene Linien erkennen – und genau das scheint ja auch bei der menschlichen ASW der Fall zu sein. Es wird hierbei nicht eine vollkommen neue Wahrnehmungsdimension erfahren, sondern die vertraute dreidimensionale Wahrnehmungsweise bleibt erhalten. Sie liefert in der allergrößten Anzahl der Fälle traumartige Bilder und Töne in gewohnten Formen, Farben oder Klangfarben in gewohntem zeitlichem Ablauf.

Als Analogie zur Psychokinese könnte man formulieren: Ein in Flachland verwurzelter, aber gleichzeitig über es erhobener Einwohner könnte auf einen Gegenstand einwirken, der mit ihm durch seine Absicht oder ein entsprechendes Feld verbunden ist, oder er könnte auch direkt den aus Flachland hinausragenden Löwenzahnstängel anschubsen, was in einer entsprechenden Bewegung der in Flachland befindlichen Fallschirmchen resultieren würde. Für die Flachländer wäre dies eine unerklärliche, „psychokinetische" Bewegung von Punkten, deren Ursache in Flachland nicht nachvollzogen werden kann. Bei dieser Form von Psychokinese bräuchte nicht einmal der Energieerhaltungssatz verletzt zu werden. Denn die Übertragung der zur Psychokinese erforderlichen Energiemenge könnte schlichtweg über den Umweg der übergeordneten Realitätsebene erfolgen.

Die körperliche Organisation als Datenfilter

Wenn die in diesem Kapitel ausgeführten Realitätsmodelle und Analogien tatsächlich auf unser irdisches Dasein übertragbar wären, stünden noch die folgenden Fragen im Raum: Warum werden uns dann nur so selten flüchtige Ausblicke auf die tieferen Zusammenhänge des Weltgewerkes gewährt? Warum haben nicht alle Lebewesen freien Zugang zu diesen Quellen der Erfahrung? Die Antwort fällt schwer, aber eine unter Parapsychologen verbreitete Erklärung könnte uns ihr näher bringen.

Sie geht auf Henri Bergson zurück und besagt, dass es in der biologischen Natur schlichtweg nicht von Vorteil ist, dass die Lebewesen in größerem Stile Zugang zu diesen Erkenntnisebenen haben.[320] Der Körper, die Sinnesorgane oder insbesondere das Gehirn könnten nach Bergson eine Art Filter darstellen, um das Lebewesen vor den ununterbrochen eintreffenden Informationsfluten zu schützen, wodurch ein geregeltes Leben überhaupt erst möglich werden würde. Dieser Filter würde auch die eher zarten Sinneseindrücke betreffen, die mit ASW einhergehen. Stellen Sie sich vor, was für ein Leben das wäre, wenn der Fuchs jederzeit wüsste, wo das Kaninchen sich aufhält, und das Kaninchen jederzeit wüsste, wo der Fuchs sich aufhält! Oder wenn unter uns Menschen jeder die Gedanken eines jeden lesen könnte, und auch noch jeder jedes Vergangenheit und Zukunft kennen würde! Das Filtermodell entspricht zudem der Beobachtung, dass ASW bevorzugt dann auftritt, wenn die Sinnesorgane ihre Tätigkeit eingeschränkt haben und das Gehirn nicht mit der unausgesetzten Verarbeitung ihrer Daten begriffen ist.

Tatsächlich ist heute erwiesen, dass es beim Menschen eine Reihe von physiologischen Mechanismen gibt, welche die in unsere Sinnesorgane eingehende Masse an Umweltinformation zum größten Teil ausfiltern und nur die wichtigsten von ihnen zu Bewusstsein bringen. Dieser als „latente Inhibition" bekannte Prozess sorgt beispielsweise dafür, dass solch komplexe Vorgänge wie das Autofahren mit einiger Übung so gut wie automatisch ablaufen – und dass man dabei noch Musik hören, sich unterhalten und bekannten Leuten zuwinken kann, ohne von der eintreffenden Flut von Sinneseindrücken überwältigt zu werden.

Man weiß weiterhin, dass künstlerisch interessierte und kreative Personen offener für die aus der Umwelt einströmenden Informationen sind und eine niedrigere latente Inhibition aufweisen als Menschen, die weder links noch rechts schauen und ein auf wenige Interessen beschränktes Weltverständnis besitzen. Gerade künstlerische und kreative Menschen sind es aber auch, die besonders anfällig oder begabt für Psi sind, was mit ihrem weniger effektiv arbeitenden Datenfilter in Zusammenhang stehen könnte.[321]

Als Erklärung dafür, warum Tiere so viel besser im Vorausahnen von beispielsweise Umweltkatastrophen sind, ließe sich anführen, dass diese im Alltag mehr als wir Menschen in ihrem organischen, eng mit der Umwelt verbundenen Wesen ruhen, wohingegen wir im Wachzustand mit unserem immerzu rotierenden Denken, Analysieren und Reden die allermeisten ASW-Inhalte erfolgreich abschirmen. Je ausgeprägter unser reflexives menschliches Selbstbewusstsein ist, um so mehr scheinen wir uns von der natürlichen Wahrnehmung von ASW-Inhalten zu entfernen.

Zusammenfassung

Eingangs dieses Kapitels wurde gesagt, dass die Forschungsergebnisse der Parapsychologie auf eine tiefschichtigere Realitätsstruktur hindeuten, als wir gemeinhin in unserem Ausschnitt des Alltags wahrnehmen. Mit am Bedeutendsten dürfte in diesem Zusammenhang das neue über die Parapsychologie gewonnene Verständnis des Geistig-Psychischen sein. Da unser Bewusstsein mit weit entfernten oder zeitlich versetzten Geschehnissen in Kontakt treten kann, die in unserer Welt verifiziert werden können, muss es teilweise auf einer Ebene operieren, die uns normalerweise verborgen bleibt, die aber dennoch genau so real ist wie unsere Welt. Das Erfahren von gemeinsam erlebter Realität bzw. von gemeinsamen Bewusstseinsinhalten beschränkt sich demnach nicht auf den uns vertrauten Umgang miteinander, sondern es scheint tatsächlich auch auf einer tieferen, fundamentaleren Ebene möglich zu sein.
Wir haben in diesem Licht die drei von Parapsychologen am häufigsten vorgebrachten Erklärungsansätze für das Auftreten von Psi diskutiert: (1) Feldkonzeptionen, wobei dem Bewusstsein eine entscheidende Bedeutung zugebilligt werden muss, (2) die Verschränkung von Systembestandteilen und (3) die Hypothese einer höheren Dimensionalität der Wirklichkeit, wobei die Zeit eine herausragende Rolle spielen könnte. Diese höhere Dimensionsebene würde als ein Aspekt der

normalerweise verborgenen fundamentaleren Realitätsschicht gelten müssen.

Anhand der vorgestellten Erklärungsmodelle lassen sich folgende Grundannahmen über die Beschaffenheit der Realität und über die in sie eingebettet lebenden Organismen aufstellen.

1. Den geistig-psychischen Qualitäten der Lebewesen inklusive ihrer Emotionen und Absichten muss eine fundamentale Realität und ein konkretes Wirkungsprinzip zugesprochen werden, welches auf die Organisation von Materie einwirken kann. Das Geistig-Psychische spielt innerhalb der umfassenderen, uns normalerweise nicht zugänglichen Realitätsschicht eine wichtige Rolle, indem es in ihr operieren kann oder selbst ein Teil von ihr ist. Jedenfalls haben bestimmte Aspekte des Bewusstseins, des Unterbewusstseins oder schlichtweg des *Lebens an sich* konkreten Anteil an dieser tiefen Realitätsschicht.

2. In den Raumdimensionen sind Lebewesen über feldähnliche Wirkungsprinzipien oder eine biologische Verschränkung miteinander verbunden. Diese Verbindung ist im Falle enger biologischer Verwandtschaft deutlicher ausgeprägt als bei nicht miteinander verwandten Individuen. Sie lässt sich ferner über emotionale Bande verstärken und stabilisieren. Je besser diese Verbundenheit ausgeprägt ist, umso besser kann das geistig-psychische Wirkungsprinzip zum Tragen kommen. Diese Geschehnisse werden über Zusammenhänge und Wege bewerkstelligt, die in den verborgenen Realitätsschichten gründen.

3. In der Zeitdimension lassen sich über biologische Selbstorganisationsprozesse oder zeitliche Verschränkungen Auswirkungen einer Eingebundenheit in eine höhere Dimensionsebene erahnen. Formbildende Prozesse, die für uns als sukzessive zeitliche Entwicklungen erscheinen, sind als Widerspiegelungen einer dort angelegten Ganzheitsstruktur zu betrachten.

4. Die auf der fundamentaleren Realitätsebene und auch in der Zeitdimension angelegten Entelechien, Felder oder Ganzheiten lassen sich als ein Wirkungskontinuum auffassen. Dessen einer Pol stellt das psychisch-energetische Wirkungsprinzip dar,

dessen anderer Pol tritt als nichtenergetische Ganzheitskausalität in Erscheinung, welche die körperliche Ausgestaltung von Lebewesen strukturiert.

5. Da die einzelnen Lebewesen an diesen tieferen Realitätsschichten Anteil haben, muss überdies angenommen werden, dass sie auch während ihrer jeweiligen Entwicklungsgeschichte, in der sie zu dem geworden sind, was sie sind, stets an diesen Realitätsschichten und Wirkungsprinzipien Anteil hatten.

Die Entstehung des Lebens und die Komplexitätszunahme der Lebewesen dürfte unter diesen Gesichtspunkten nicht nur nach den physikochemischen Gesetzen der Materie erfolgt sein. Zumindest müssen wir annehmen, dass es sich dort, wo das Leben oder eine deutliche biologische Komplexitätszunahme in Erscheinung tritt, um Reflektionen von Prozessen handelt, die aus diesem fundamentaleren Realitätsgefüge in den kleineren Ausschnitt unserer erfahrbaren Welt hineinragen. Die primäre Quelle des Lebens und der kreativen Neuerung wäre folglich nicht innerhalb des uns vertrauten Fensters der Raumzeit zu finden, sondern würde in diesen tieferen Schichten der Wirklichkeit ihren eigentlichen Ursprung nehmen.

Wir haben weiterhin gesehen, dass der Vitalismus die einzige der drei in Frage kommenden biologischen Weltanschauungsmodelle ist, die sich als kompatibel mit dem Auftreten von Psi-Phänomenen erweist. *Daher stellt der Vitalismus das Bindeglied zwischen der Parapsychologie und der Biologie dar, die als Teildisziplin auch die Evolutionsbiologie enthält.*

Sehen wir im folgenden Kapitel, welche Konsequenzen dies für die in den ersten beiden Buchteilen vorgestellten ungelösten Probleme der neodarwinistischen Evolutionstheorie hat und welches Evolutionsmodell dadurch nahegelegt wird.

13. Die neue Sicht der Evolution

Die im letzten Kapitel besprochenen Deutungen von Psi sind nicht neu. Derartige Modelle gehören wie beschrieben zum Allgemeingut parapsychologischer Theorie. Allerdings wurden die näheren Implikationen, die solche Erklärungsmodelle im Hinblick auf Evolutionstheorien besitzen, nur selten diskutiert. Da es aber etliche ungelöste Probleme für die neodarwinistische Evolutionstheorie gibt, wollen wir genau dies im jetzigen Kapitel tun. Doch zuvor sollten wir zur Auffrischung die wichtigsten Kritikpunkte am Neodarwinismus kurz rekapitulieren.

1. Der Neodarwinismus erklärt nicht die Entstehung der ersten längeren Polymerketten, der ersten Stoffwechselwege oder auch der ersten Zellen in der Ursuppe – mithin erklärt er nicht die Entstehung des Lebens. Alles, was wir aufgrund jahrzehntelanger praktischer und theoretischer Erfahrung über das physikalisch-chemische Verhalten von Materie wissen, spricht gegen die zufällige Lebensentstehung – auch wenn man die immensen in Frage kommenden Zeitspannen berücksichtigt.

2. Mutationen treten in Organismen nachweislich auf und lassen sich auch mit künstlichen Hilfsmitteln in großer Zahl erzeugen. Dennoch sind nach der Erzeugung von mehreren Millionen Mutationen so gut wie keine positiv selektierbaren Mutanten bekannt geworden. Jene, die man als positiv erachten könnte, beschränkten sich fast immer auf den Wegfall von bereits vorhandenen Strukturen und bestenfalls auf die Modifikation von bereits existierenden Stoffwechselwegen. Selbst solche positiven Änderungen im Erbgut haben oft anderweitige negative Nebeneffekte und sind zudem instabil. Ohne beständige Pflege bzw. dauerhafte, exakt ausgerichtete Selektionsdrücke fallen die Nachkommen mutierter Lebensformen alsbald wieder in den Habitus der Ursprungsform zurück.

Ein durch Mutationen verursachtes Entstehen neuer selektierbarer Organe und Strukturen, die mit einer Zunahme von biologischer Komplexität einhergehen, konnte noch nie beobachtet werden.

3. Die natürliche Selektion kann an den winzigen molekulargradualistischen Änderungen im Erscheinungsbild von Lebewesen nur schlecht einen griffigen und kontinuierlich selektierbaren Ansatzpunkt finden. Dennoch haben sich die Organismen nachweislich im Laufe der Jahrmillionen in Richtung zunehmender Komplexität entwickelt. Nebst der in der Vergangenheit wahrscheinlich weit überschätzten natürlichen Selektion kommen weitere Ursachen hierfür in Frage: Die sexuelle Selektion, neutrale Mutationen bzw. die Überlebenstauglichkeit nicht beeinflussende Modifikation von Merkmalen sowie die orthogenetischen Entwicklungstrends. Diese vom Einfluss der Umweltbedingungen weitgehend abgekoppelt verlaufenden Evolutionsfaktoren wurden unter dem Begriff der *organismischen Selektion* zusammengefasst.

4. Daher stellen sich im Rahmen der neodarwinistischen Evolutionstheorie viele wichtige nicht befriedigend zu beantwortende Fragen, z.B: Wie entstand das Leben und die erste Zelle? Wie kam die kontinuierlich zunehmende Komplexität der Lebewesen zustande? Wie entstanden hochentwickelte Linsenaugen oder die elektrischen Fische? Wieso werden fundamentale homologe Organe wie die Speiseröhre bei verschiedenen Wirbeltieren von unterschiedlichen Geweben gebildet? Was ist der selektierbare „Vorteil", den die Pflanzen bei der Gallenbildung für sich verbuchen? Warum müssen sich alle Lebewesen überhaupt fortpflanzen? Wie entsteht das reflexive Selbstbewusstsein und wirkt auf die materielle Konfiguration des eigenen Organismus zurück? Wie können Psi-Phänomene wie Telepathie, Präkognition oder Psychokinese erklärt werden?

Wenden wir uns nach diesem Rückblick nun der Problematik der Entstehung von ersten langen Molekülketten und der ersten Zelle zu, indem wir die in den vorherigen Kapiteln abgeleiteten Hypothesen auf sie anwenden. Dies werden wir danach auch für die Evolution von höheren Lebensformen aus vorangegangenen Vorfahren tun.

Der Ursprung des Lebens

Die zufällige Entstehung der ersten langkettigen Polymere erwies sich vom statistischen Gesichtspunkt aus als ähnlich unwahrscheinlich wie die Wahrscheinlichkeit, dass die vielen in der parapsychologischen Forschung gewonnenen Versuchsergebnisse bloße Zufallstreffer gewesen sein könnten. *Vielleicht besteht diese Ähnlichkeit nicht zufällig, sondern bringt ein einheitliches Prinzip zum Ausdruck, das sich in beiden Fällen über die mechanistisch zu erwartenden Molekülinteraktionen hinwegsetzt: Das vitalistische Lebensprinzip mit seinen zwei beschriebenen Polen.*
Es sind drei verschiedene Szenarien denkbar, wie das Lebensprinzip das Zustandekommen der ersten langkettigen Polymere oder der ersten Zellen gefördert haben könnte.

1. Im ersten Szenario ist hauptsächlich der erste, energetisch wirksame Pol des Lebensprinzips aktiv. Gemessen an den langen Zeiträumen, die das Leben brauchte, um zu entstehen und sich zu komplexeren Vielzellern zu entwickeln, muss man ihm zumindest in diesem Stadium eine nur sehr schwache Wirksamkeit zusprechen. Dennoch vergrößert es die Wahrscheinlichkeit, dass die lebensnotwendigen Moleküle irgendwann zusammen finden, um Polymere oder auch erste replikationsfähige Zellkörper zu bilden, die sich über rein mechanistische Zufallsbegegnungen nicht bilden würden. Es begünstigt vielleicht bei den chemischen Reaktionen, die auf dem jungen Planeten auftreten, die Bildung lebensförderlicher Molekülbausteine in geschützten Komparti-menten, trennt hinderliche Moleküle oder Enantiomere und dämmt den Einfluss der Hydrolyse ein. Dieses unaufhörliche Drängen nach biochemischer Komplexität mündet früher oder später in die Ausgestaltung von ersten Zellen und Lebewesen, die im Ursprungsort des Lebensprinzips, der tieferen Realitätsschicht, als in sich geschlossene zeitliche Ganzheiten angelegt würden.
Auf atomarer und molekularer Ebene ist schwer vorstellbar, wie genau dieser regulierende Eingriff bewerkstelligt werden soll. Man könnte allerdings annehmen, dass hier vielleicht die Unbestimmtheit gewisser quantenphysikalischer Prozesse ausgenutzt wird, wie es auch zur Erklärung der Einwirkung des Bewusstseins auf das Molekülgefüge des Gehirns gelegentlich angenommen wird.[322]

Dabei könnte das Lebensprinzip weitestgehend ungerichtet sein und sich dem prägenden Einfluss der jeweiligen Umweltbedingungen überlassen. Es wäre damit unvorhersehbar, in welche Richtungen sich das Leben als Ganzes entwickelt. Die Wege der Evolution wären zu großen Teilen tatsächlich dem Zufall und dem kreativen Moment des Augenblicks überlassen. Lediglich die Tatsache, *dass* Leben auftritt und sich in zunehmend komplexere und bewusstere Formen ausdifferenziert, wird in diesem Szenario gefördert. Dies entspräche etwa dem „Lebensschwung" in der Evolutionsvorstellung Henri Bergsons.

2. Im zweiten Szenario wird der zweite Pol des vitalistischen Lebensprinzips stärker betont, der Ganzheitscharakter der ersten replikationsfähigen Moleküleinheiten oder Zellen, welcher sich in unserer Raumzeit als ihre Zeitgestalt manifestiert. Diese Zeitgestalt wäre von vorne herein auf der tieferen Realitätsebene angelegt. Die ersten Polymere oder Zellen verwirklichen sich hier also über die formbildende Ganzheitskausalität ihrer zeitlichen bzw. höherdimensionalen Ganzheit, wobei sich die Moleküle direkt auf sinnvolle Weise anordnen. Auch die seltensten Aminosäuren, Nukleotide und Lipide würden sich in angemessener Zahl bilden und zusammenfinden, einfach weil dies der Struktur dieser übergeordneten Ganzheit entsprechen würde.

Genau dies sahen wir in der Analogie der Pusteblume in Flachland. Wenn wir sie durch Flachland ziehen, erscheinen den Flachländern im oberen Stängelbereich jede Menge scheinbar voneinander unabhängige Punkte, die den Fallschirmchen entsprechen. Dennoch bewegen sich diese Punkte mit fortlaufender Bewegung der Pusteblume auf ein gemeinsames Zentrum hin: Den ehemaligen Blütenboden, an dem alle Fallschirmstiele ansetzen. In dieser Analogie würde der Blütenboden dem ersten Polymer oder der ersten Zelle entsprechen: Die verschiedenen Moleküle bewegen sich solcherart, dass sie letztlich in einem gemeinsamen Zentrum zusammentreffen.

Im Gegensatz zu dem ersten Szenario würde dies jedoch nicht durch ein nach Leben drängendes Wirkungsprinzip bewirkt, sondern durch ein gesetzmäßiges Geschehen, welches in der zugrundeliegenden Ganzheitsstruktur der jeweiligen Objekte begründet liegt. Dabei wird dem Zufall erheblich weniger Einflussnahme zugesprochen. Das sukzessive Erscheinen einer Zeitgestalt würde von unserem menschlichen Standpunkt aus eher wie die Abwicklung eines vorgefertigten Entwurfs oder eines Plans erscheinen, der sich in unserer Raumzeit objektiviert. Dies ließe sich mit Platos Vorstellung in Verbindung bringen, wonach Organismen sich durch die Teilhabe an vorgegebenen Ideen entwickeln und verwirklichen. Die Zeitgestalt würde der Objektivierung einer hinter ihr liegenden Idee entsprechen.

Plato fasste Ideen wie diejenige eines Hundes allerdings als ewig und unwandelbar auf, was vom heutigen Standpunkt der Evolutionstheorie nicht notwendig wäre. Tun wir es dennoch, so müssten aber zumindest diejenigen Zeitgestalten wandelbar sein, welche die ersten lebenden Zellen auf jeder Entwicklungsstufe konstituieren und ihrer anvisierten Verwirklichung als Hund entgegentragen. Diese evoluierenden Zeitgestalten würden damit Ausdrücke von untergeordneten oder nur vorübergehenden Ideen darstellen.

Auf ihrem Weg zur Verwirklichung der eigentlichen Idee des Hundes könnten die Lebensformen sogar verschiedene mögliche Entwicklungs-wege beschreiten, die letztendlich aber doch in die Objektivierung der finalen Idee „Hund" einmünden. Dabei könnte man hier nochmals unterscheiden, ob diese finalen Ideen eher unscharfe Entwicklungs-vorstellungen oder exakte Vorgaben darstellen.

3. Als ein drittes Szenario ließe sich noch eine Mischform aus den beiden gerade beschriebenen Szenarien denken. Hierbei wäre zusätzlich zur Ganzheitskausalität, wonach sich ganzheitliche Zeitgestalten gemäß der Vorgabe von Ideen objektivieren, auch das psychisch-energetische Wirkungsprinzip an der Ausgestaltung und Anpassung der Lebens-formen an die Umweltgegebenheiten mit beteiligt. Es könnte dafür sorgen, dass die Evolution immer ein kreatives Geschehen ohne starren Rahmen bleibt.[323]

Wenn wir die Erdgeschichte im Zeitraffertempo vor dem geistigen Auge vorbeiziehen lassen, so erscheint sie als ein ungemein bewegter Vorgang, der mehrmals grundlegende Veränderungen der Erdoberfläche mit sich brachte. Gebirge und Vulkane türmten sich auf und wurden wieder abgetragen, Ozeane überfluteten Landmassen und zogen sich wieder zurück. Ungezählte Inseln kamen und gingen, Meteoriten jeder Größe schlugen mit zum Teil katastrophalen Folgen auf unserer Erde ein – und gewaltige Eismassen schoben sich mehrfach über ehemals tropische Landregionen. Während all dieser Zeit existierten zu Land und zu Wasser zahllose Arten von Lebewesen. Ihre Populationen wurden manchmal flächendeckend ausgelöscht und durch andere ersetzt, sie besiedelten aber auch zügig neu entstandene Lebensräume, wurden in isolierte Unterpopulationen getrennt und entwickelten sich entsprechend ihres Genpools, den jeweils herrschenden Umweltbedingungen und aufgrund von organismischen Selektionstrends auf unterschiedliche Weise weiter.

Angesichts dieser vielschichtigen Einwirkungen auf das Leben unserer Erde fällt es schwer, die gesamte Evolution als Ausdruck eines streng vorgegebenen Planes zu begreifen. Der Ablauf der Evolution scheint vielmehr nicht bis in seine Details hinein festgelegt zu sein, sondern gewisse Freiheitsgrade zu beinhalten. Genau wie die körperliche Erscheinung von Individuen einer Spezies stark variieren kann und lediglich Ausdruck einer generellen Entwicklungsvorgabe oder Wahrscheinlichkeitsfunktion ist, scheint dies auch für die Evolution als Ganzes zu gelten. Daher mutet das dritte der geschilderten Szenarien als das wahrscheinlichste an.

In diesem Fall hätten die Materie, der Raum und insbesondere das, was wir als Zeit wahrnehmen, durchaus eine Existenzberechtigung. Wie Goethe den Tod der Individuen als Kunstgriff der Natur bezeichnete, viele Leben zu haben,[324] könnten wir sogar noch einen Schritt weiter gehen und sagen, die Zeit ist der Kunstgriff der Natur, um den Tod, Entscheidungen und auch die Entstehung von Neuem, von noch nicht Geplantem, überhaupt erst zu ermöglichen. Die Zeit wäre somit das Medium, das schöpferischer Kreativität den notwendigen Entfaltungsspielraum zur Verfügung stellt. Bergson formuliert dies in radikaler Weise: „Die Zeit ist Zeugung, oder sie ist schlechthin nichts."[325]

Was aber ist von den eben aufgestellten Szenarien zu halten? Haben wir die ungelösten Rätsel des Ursprungs des Lebens mit ihnen nicht nur auf eine andere, noch unerreichbarere Erklärungsebene verlagert? Nein, auch wenn es auf den ersten Blick so scheinen mag.

Ein solches Vorgehen ist unverzichtbar, da es die Natur uns geradezu aufdrängt. Denn wie wir es auch drehen und wenden: Die neodarwinistische Evolutionstheorie „erklärt" die Entstehung des Lebens *noch erheblich schlechter.* Durch die bizarre Überbewertung des Zufalls und die Verkennung der wahren biochemischen Gegebenheiten greift sie auf ein noch abenteuerlicheres und spekulativeres Szenario zurück, als wir es hier tun. Man hält das mechanistische Szenario lediglich deshalb für plausibler, weil seine Schwierigkeiten nie angesprochen werden, weil es bereits in der Schule als erwiesene Tatsache gelehrt wird und weil man sich dadurch gründlich an es gewöhnt hat. Wir dürfen jedoch nicht vergessen, dass auch der dort postulierte Weg der Lebensentstehung nur angenommen, niemals aber nachgewiesen worden ist. Die Theorie und die experimentelle Forschung sprechen sogar klar gegen ihn. Die Realität von zeitlichen Ganzheiten und besonders diejenige von geistig-psychischen Wirkungsprinzipien, die imstande sind, Moleküle und Lebewesen zu beeinflussen, muss hingegen als gesichert gelten.

Deshalb sind wir mit den gerade vorgestellten Szenarien der Entstehung des Lebens zumindest einen Schritt weiter als die Neodarwinisten. Wir brauchen dringend frischen Wind in der Biologie, und die hier vorgestellten Konzeptionen liefern genau diesen. Auch wenn sie spekulativ sind und dem gewohnten Denken fremd erscheinen, sollte uns das nicht davon abhalten, sie ernst zu nehmen. Es liegt schließlich in der Natur des menschlichen Geistes, dass er neue Konzepte und Ideen erst dann vollumfänglich annehmen kann, wenn er bereits hinreichend vertraut mit ihnen ist. Dies kann man von den geschilderten Szenarien nicht gerade behaupten. Um so wichtiger ist es, damit einen Anfang zu machen. Betrachten wir in diesem Licht die Evolution des Lebens noch genauer.

Der Organismus und seine Zeitgestalt

Prinzipiell unterscheidet sich die Problematik der Evolution höherer Lebewesen vermittels zufälliger Mutationen nicht wesentlich von derjenigen der zufälligen Entstehung erster Polymere und Zellen. Denn wir konnten feststellen, dass schon das zufällige Auftreten eines einfachen Bakterienmotors praktisch unmöglich ist, geschweige denn dasjenige von Wirbeltieraugen oder von elektrischen Fischen. Die drei eben beschriebenen Szenarien der Entstehung des Lebens sind deshalb im Kontext der Evolution als Ganzes ebenfalls anwendbar. Insbesondere das Konzept der in tieferen Realitätsschichten fußenden zeitlichen Ganzheit erlaubt dabei folgenden Schluss: Wenn durch Röntgenstrahlen oder sonstige künstliche Hilfsmittel Mutationen induziert werden, welche die organische Ausgestaltung eines Lebewesens stören, wird die ideelle Ganzheit dadurch nicht getroffen. Dies gilt ebenfalls für zufällige Mutationen, wie sie auch in freier Natur immer wieder auftreten oder auch für die Züchtungen von Haustieren. In all diesen Fällen handelt es sich um *äußere* Einflüsse, die zwar den Einzelorganismus modifizieren, nicht aber die ihm zugrunde liegende innere Ganzheit. Daher tendieren die Nachkommen der mutierten Lebewesen und der Haustiere immer wieder dahin, zu ihren Ursprungs-formen zurückzukehren.

Als Analogie aus der Technik gilt in diesem Zusammenhang: Auch ein defektes Radio funktioniert nicht mehr richtig, doch die ausgestrahlten Sendungen bleiben davon unbeeinflusst. Als Analogie aus Flachland gilt: Wenn ein Flachländer von der durchziehenden Pusteblume einige Fallschirmchen abschneidet, würden sie herunterfallen. An dieser Stelle wird die zusammenhängende Gestalt der Pusteblume gestört. Wenn wir sie weiter durch Flachland ziehen, wird sich ihre Zeitgestalt in Flachland nicht mehr vollständig darstellen können, obwohl sie ideell weiter existiert.

Doch im Gegensatz zu den Lebewesen, wo viele Verletzungen kompensiert werden können oder verheilen, vermögen weder das Radio noch die Pusteblume Defekte aus eigener Kraft auszugleichen. Die Körper und zeitlichen Ganzheiten von Lebewesen könnten daher spezifische Selbstregulierungspotentiale besitzen, die auch im Evolutionsverlauf zu weit von der Norm abweichende Ausbildungen immer wieder zurück zur Ausgangsform ziehen. Auch in solchen Fällen, wo die Nachkommen augenloser Fruchtfliegen wieder zu Augen kommen, indem *andere* Gene für die defekten Gene einspringen, könnte dieser regulierende Aspekt der Zeitgestalten zum Tragen kommen.

Die Zeitgestalt wäre jedenfalls als ein die Form bewahrender Attraktor aufzufassen wie die morphogenetischen Felder, die Sheldrake im Rahmen seiner Hypothese der morphischen Felder postuliert. Die Wirkungsweise von morphogenetischen Felder wird jedoch von

Sheldrake lediglich beschrieben, nicht aber weiter begründet. Wir könnten ihre bislang ungeklärte Wirkungsweise allerdings auf eine regulierende Ganzheitskausalität der Zeitgestalten zurückführen, die in einer unserer Wahrnehmung verborgenen höheren Dimensionsebene angelegt ist.

Diesen Überlegungen zu Folge würden die in der Evolution auftretenden Veränderungen des Erbmaterials von Organismen also ganz überwiegend *nicht* durch äußere Einflüsse wie zufällige Mutationen erfolgen. Eine echte Chance auf evolutive Weiterentwicklung von Lebewesen bestünde nur dann, wenn dem *innere* Konfigurationsänderungen der Ganzheiten zugrunde liegen oder entsprechen. Diese würden stets in harmonischem Einklang mit dem Gesamtgefüge des Organismus stehen. *Es stünde sogar zu erwarten, dass stabile evolutive Weiterentwicklungen von Lebensformen mit Änderungen im Genom einhergehen, die sich grundlegend von zufälligen oder künstlich induzierten Mutationen unterscheiden.*[326]

Würde die Evolution sich über den eben geschilderten Weg vollziehen, würde dies hervorragend zu dem Konzept der organismischen Selektion passen. Dieser Begriff wurde eingeführt, um der Tatsache Rechnung zu tragen, dass allenthalben Evolutionsprozesse zu beobachten sind, bei denen die vielbeschworene natürliche Selektion nur verhältnismäßig wenig Anteil haben kann. Unter dem Begriff der organismischen Selektion wurden die verschiedenen Varianten der sexuellen Selektion, neutrale Mutationen und die Orthogenesen zusammengefasst. Als Beispiele dienten hierbei die Evolution von Giraffenhälsen, Säugetiermittelohren, Brontotheriern, Insektenstaaten, Pflanzengallen, die Sexualität oder auch das menschliche Bewusstsein.

All diese Entwicklungen sind „äußerlich" bzw. neodarwinistisch nicht begründbar und müssen daher auf der tieferen Realitätsebene ihren Ausgang genommen haben, indem sich die Konfiguration der dort angelegten Ganzheiten entsprechend geändert hat. Die natürliche Selektion kann dabei kaum etwas zur Kanalisation der eigentlichen Evolutionsvorgänge beitragen, sondern sie merzt lediglich kranke, mutierte oder alte Individuen aus. Damit würde sie zwar die genetische Qualität des Genpools und die Ausprägung des Entwicklungsimpulses fördern. Aber weder zufällige Mutation noch natürliche Selektion dürfen als die Quellen von evolutiven Entwicklungen hin zu höherer Komplexität und Bewusstheit angesehen werden. *Die Quelle wäre vielmehr das hier postulierte Lebensprinzip mit seinen zwei Polen.*

Betrachten wir anhand konkreter Beispiele aus der Natur noch etwas näher, was das Konzept der Zeitgestalt für die Entwicklung eines Organismus von seiner Zeugung bis zu seiner Reife bedeutet. Beginnen wir mit einem Beispiel, das noch aus alten Tagen stammt, da erbittert um das Für und Wider der Vererbung erworbener Eigenschaften gerungen wurde.

Der Menschenfötus im Uterus der Mutter besitzt bereits verdickte Haut an den Fußsohlen, der Kamelfötus besitzt bereits verdickte Haut an seinen Knien, worauf er sich später zur Ruhe niederlassen wird, und das Straußenküken im Ei besitzt bereits genau an den richtigen Stellen verdickte Haut an seiner Unterseite, wo es später in Ruhestellung mit dem Erdboden in Kontakt kommen wird.

Sind all diese bereits im Fötus angelegten Hautverdickungen, *die immer nur an exakt den richtigen* Körperstellen auftreten, durch zufällige Mutationen entstanden? Und haben sich ihre Träger gegenüber den sie nicht besitzenden Individuen mit über Leben, Tod und Fortpflanzungs-erfolg entscheidender Konsequenz durchgesetzt, wie es die Neodarwinisten behaupten? Oder hat sich die Fähigkeit zur Ausbildung dieser Hornhäute, die bei allen Individuen dieser Lebensformen über ungezählte Generationen hinweg immer wieder von Neuem bei längerem Erdbodenkontakt gebildet worden sind, im Laufe der Jahrmillionen irgendwie im Erbgut festgesetzt, wie es die Lamarckisten annahmen? Die erste Variante ist der einzig mögliche, aber ziemlich gezwungen wirkende Erklärungsversuch nach dem typischen Schema der Neodarwinisten. Für die zweite Variante kennt man bislang immer noch keine plausible molekularbiologische Grundlage.

Die Hypothese der Zeitgestalt löst diese alte Streitfrage jedoch auf, denn sie setzt hinter der sinnlich erfahrbaren Welt an und kann daher auf beide Erklärungsvarianten verzichten. Ihr zufolge offenbart sich in solchen Fällen ein ganzheitlicher Lebensausdruck, dessen Merkmalsaus-prägungen schon vom Anfang der Ausbildung des Individuums vorhanden sind – ähnlich, wie in Flachland schon nach dem auch nur geringsten Eintauchen einer Pyramidenspitze die vier Kanten und vier

Seiten sofort als winziges Quadrat auf der Ebene Flachlands sichtbar werden. Die Hornhäute wären schlichtweg ein früh in Erscheinung tretender Ausdruck eines auf der tieferen Realitätsebene existenten, bereits vollständigen Konzepts der genannten Lebensformen.

Begeben wir uns eine Organisationsebene höher und kommen auf die Hautflügler als staatenbildende Insekten zurück. Besonders die unfruchtbaren Mitglieder staatenbildender Lebensformen sind auch aus evolutionstheoretischer Hinsicht sehr interessant. Denn bei ihrer Ausdifferenzierung in verschiedene Kasten mit mannigfachen Formen, Aufgaben und Kommunikationsweisen kann auf keinen Fall eine Vererbung erworbener Eigenschaften stattgefunden haben, da unfruchtbare Tiere erworbene Eigenschaften nicht weitergeben können. Doch auch das neodarwinistische Szenario für die Entstehung der verschiedenen Kasten mutet seltsam an: Die Königin bringt sie hervor, indem sie vor sich hinmutierend im dunklen Bau sitzt. Niemals kann eine Ameisenkönigin wissen, wie ihre Kinder den Aufbau des Ameisen-haufens koordinieren, was sie außerhalb des Nestes treiben oder in wie weit sie sich dort als tauglich bewähren. Die Königin mutiert zwar gleichzeitig für zukünftige Königinnen, Drohnen und alle sonstigen Variationsformen ihrer Arbeiterinnen, aber sie hat dennoch keinerlei direkten Anteil am Leben, den Aufgaben, der Überlebenstüchtigkeit und der Ausdifferenzierung dieser verschiedenen Formen von Nach-kommen. Und das ist erstaunlich, wenn man bedenkt, wie komplex manche Staatensysteme organisiert sind, z. B. diejenigen der verschie-denen Arten von Blattschneiderameisen, Weberameisen oder Treiberameisen.

Das Gesagte gilt auch für unsere Honigbienen. Die gesamte Organi-sation des Staates müssen die Königinnen über zufällige Mutationen hervorgebracht haben – auch den faszinierenden Bienentanz, womit eine Biene ihren Stammesgenossen mitteilen kann, in welcher Richtung und in welcher Entfernung sie eine lohnenswerte Nahrungsquelle entdeckt hat. Ohne jemals auch nur eine einzige Blüte zur Nahrungsaufnahme besucht zu haben und ohne den Bienentanz ein einziges mal selbst getanzt oder verstanden zu haben, muss die Generationenfolge von Königinnen jede Körperbewegung der Sammlerin und deren korrekte

Interpretation durch ihre Kolleginnen in der stockfinsteren Brutkammer zusammenmutiert haben.

Die ganzheitlich-vitalistische Erklärung für solche Phänomene wäre freilich wieder eine andere. Zunächst einmal muss ein Staat dieser Insekten als eine Ganzheit oder als eine Art Organismus betrachtet werden. Die Allel-Verwandtschaftsgrade der Angehörigen oder auch die jeweiligen Fortpflanzungsstrategien sind dabei nicht entscheidend. Und genau wie die körperliche Entwicklung der Ameisen oder Bienen eine Zeitgestalt besitzt, muss auch der Staat als Ganzes eine Zeitgestalt besitzen. Allerdings sind seine Gestaltungsvorgaben erheblich lockerer gefasst als diejenigen der einzelnen Insekten. Denn die Ausführungen von Ameisenhaufen einer Spezies können je nach Örtlichkeit sehr verschieden ausfallen, die der einzelnen Ameisen dagegen nicht. Die Gesamtkoordination der auch im Verhalten recht eigenständigen Individuen würde also weniger über den formbildenden Aspekt der Zeitgestalt bewerkstelligt werden, sondern mehr über den geistig-psychischen Aspekt und unbewusste Telepathie.[327]

Mit der Annahme, dass Insektenstaaten zusätzlich zu den bekannten Kommunikationsweisen auch über unbewusste Telepathie oder eine psychische Matrix koordiniert werden, könnte man auch bislang rätselhafte Beobachtungen besser erklären, die bei hoch-organisierten Termitenvölkern gemacht worden sind: Schlägt man eine Schneise in einen oberirdischen Termitenbau und treibt eine Eisenplatte dort hinein, schließen die winzigen, blinden Arbeiter die Schneise wieder von beiden Seiten. Und zwar so, dass jede Wand, jede Etage und jeder noch so kleine Erdbogen sein jeweiliges Gegenüber jenseits der Platte genau treffen würde. Gräbt man sich während dieser Arbeiten behutsam zur Königin vor und tötet sie, bricht im selben Augenblick jegliche Aktivität im gesamten Staat zusammen. Dies geschieht nicht, wenn man die Königin lebend entfernt. Kommunikationsweisen über chemische Botenstoffe oder Klopftöne können in diesen Fällen ausgeschlossen werden.[328]

In einer solchen Auffassung von Insektenstaaten würde deren Evolution nicht nur vom mutierenden Genom der Königinnen oder Könige abhängen. Sie würde hauptsächlich über innere Modifikationen erfolgen, welche von der Ganzheit ausgehen, die dem Staat in all seinen Facetten als Zeitgestalt und geistig-psychischer Matrix zu Grunde liegt. Derartige

Änderungen der Ganzheit würden sich gleichzeitig auf alle in Frage kommenden Ebenen der biologischen Organisation erstrecken. Die unterschiedlichen Kasten der Insektenstaaten würden sich also *gemeinsam* mit den Änderungen im Genom der Königstiere entwickeln, ohne dass das eine die direkte Ursache für das andere wäre. Letztlich existieren sogar auf jeder Ebene der biologischen Organisation spezifische Zeitgestalten, die hierarchisch ineinander greifen.

Die Gesamtheit von Zeitgestalten, durch die eine Spezies ihre eigene charakteristische Ausbildung erfährt, wird im Folgenden als *Spezieskonzept* bezeichnet.

Überindividuelle Ganzheiten

Da sich in unserer Welt die Entwicklung von neuartigen Lebensformen aus älteren Vorfahren rekonstruieren lässt, stellt sich natürlich die Frage, wie denn eine Modifikation oder Evolution der dazugehörigen Spezieskonzepte vor sich gehen könnte. Deren sukzessiver Formenwandel muss der körperlichen Organisation der einzelnen Individuen jedenfalls übergeordnet sein.

Dieser Gedanke leitet über zu einem weiteren zentralen Problem der Evolutionsbiologie, das in der Literatur jedoch nur selten Erwähnung findet: *Warum bilden sich in der Evolution überhaupt verschiedene Arten aus, deren Angehörige sich weitgehend gleichen und sich von Individuen anderer Arten unterscheiden? Warum bilden sich zwischen den Organismen unserer Erde nicht viel häufiger kontinuierliche Übergänge und Zwischenformen aus, welche die Grenzen zwischen verschiedenen Lebensformen verschwimmen lassen oder sogar aufheben?*

Dies wäre theoretisch ja genauso denkbar. Wir haben uns derartig an die voneinander unterscheidbaren Arten gewöhnt, dass wir kaum jemals über diese Frage nachdenken. Die Menschen kennen es seit jeher nicht anders. Aber immerhin messen Jerry Coyne und Allen Orr, die Autoren *des* aktuellen Grundlagenwerkes über evolutive Artaufspaltungsprozesse schlechthin, diesen Fragen immense Bedeutung bei. Sie diskutieren selbst einige mögliche Antworten, wie z. B. die Selbstorganisation biologischer Materie, die nur in bestimmten Zuständen stabil sei, oder dass einheitliche Lebensformen einheitliche ökologische Nischen besetzen und damit stets einheitliche Lebensweisen an den Tag legen. Doch diese

Annahmen erweisen sich bei genauerer Prüfung als unbefriedigend, denn es können jeweils auch Gegenargumente für sie gefunden werden. Coyne und Orr halten diese Problematik daher für eine der wichtigsten unbeantworteten Fragen der Evolutionsbiologie – vielleicht für *die wichtigste Frage bezüglich der Artbildungsprozesse überhaupt.*[329]

Platos Antwort auf dieses Rätsel kennen wir bereits. Den Einzelorganismen liegen charakteristische Ideen zu Grunde, so dass sich die Angehörigen einer Art über eine aktive Teilhabe an den Ideen immer wieder in leicht unterschiedlichen Variationen des selben Themas objektivieren. Erst in der Bezugnahme auf solche abgeschlossenen Ganzheiten wird die physische Natur vor dem ziellosen Verströmen bewahrt und zerfließt nicht in einem einzigen undifferenzierten Kontinuum.

An dieser Stelle ist eine Bemerkung dazu angebracht, wie das Konzept der Ideen in diesem Buch verstanden werden soll. Die Idee von beispielsweise einem Hund ist keinesfalls so zu verstehen, dass in einer von unserer Welt abgetrennten Realitätssphäre so etwas wie ein passives dreidimensionales Abbild des durchschnittlichen Hundes existiert, an dem sich die Ausprägung von Hunden orientiert. *Eine Idee im hiesigen Sinne ist vielmehr ein innerlich lebendiges, aber jeglicher konkreten Form entbehrendes Lebenszentrum oder eine Lebensverdichtung, die in der tieferen Realitätsschicht ihren Ursprung nimmt und mit Teilaspekten auch in unsere Raumzeit hineinragt. Ihre körperliche Ausgestaltung mit all ihren Variationen kann erst in dieser Welt anhand der Materie zur Objektivierung gelangen.*

Die gedankliche Vorstellung des „durchschnittlichen Hundes" ist hingegen nur eine nachträglich an diesen Objektivierungen durchgeführte Abstraktion unseres Menschenverstandes.

Platos Schüler Aristoteles siedelte die Erklärung der körperlichen Formgestaltung von Individuen jedoch nicht in übergeordneten Ideen, sondern in ihnen selbst an. Er führte dazu die uns bereits wohlbekannte Entelechie ein, die jedem Lebenskeim innewohnt. Die Entelechie trägt jede Keimzelle dem in ihr selbst liegenden, artspezifischen Entwicklungsziel entgegen.

Trotzdem vermochte Aristoteles nicht, mit dem Konzept der Entelechie aus dem Schatten seines Lehrers zu treten. Denn warum gibt es viele gleichartige Entelechien, die zu einer gemeinsamen Spezies gehören? Auch Aristoteles musste annehmen, dass das Individuelle nur vor dem Hintergrund allgemeiner Konzeptionen verstanden werden kann, die das Einzelne konstituieren. Anstatt es hier (wie gerne betont wird) mit zwei gegensätzlichen Theorien zu tun zu haben, kommt es bei Aristoteles also lediglich zu einer Verschiebung des Akzentes.[330] Man kann die Entelechie sogar als dasjenige Prinzip auffassen, wodurch sich die Teilhabe eines Lebewesens an der entsprechenden Idee realisiert.

Praktisch alle Philosophen und Wissenschaftler, die einen dualistisch-vitalistischen Standpunkt vertreten, haben sich derartigen Gedankengängen angeschlossen und Konzepte von *überindividuellen* artspezifischen Wirkungsprinzipien, Entelechien, Ideen oder Feldern entworfen, welche gewährleisten, dass die Ausgestaltung eines jeden Artzugehörigen immer wieder aufs Neue charakteristisch in Erscheinung tritt.
Das ist vom vitalistischen Standpunkt aus nur konsequent. Denn aus bereits angeführten Gründen wissen wir schon, dass die Lebewesen an einer uns üblicherweise nicht zugänglichen Realitätsschicht Anteil haben. Und wie wir am Beispiel der Insektenstaaten sahen, lässt sich die sinnvolle Orchestrierung ihrer zahllosen Angehörigen auf verschiedenen hierarchischen Organisationsebenen am besten mit einem verbindenden überindividuellen Prinzip vereinbaren, das zum großen Teil auf einer geistig-psychischen Verbundenheit beruht. Dann allerdings ist es wiederum wahrscheinlich, dass auch Angehörige von Arten, die auf lockerere Weise oder auch gar nicht vergesellschaftet leben, auf der tieferen Realitätsschicht an einem überindividuellen, ihre Ausdifferenzierungen und Verhaltensweisen prägenden Prinzip teilhaben.

Im jetzigen Zusammenhang sei nochmals auf die parapsychologischen Versuche hingewiesen, wobei mehrere Menschen über wechselseitige Einstimmung ein gemeinsames Feld-Bewusstsein erzeugten – ohne dass ihnen dies jedoch bewusst zu sein brauchte. Damit ist grundsätzlich die Möglichkeit gegeben, dass auch bei anderen Gruppierungen von Lebewesen ein unmittelbares psychisches Wirken von Individuum zu Individuum stattfindet, wenn ein gemeinsamer Erlebnisinhalt existiert. Die Studien an getrennt aufgewachsenen eineiigen Zwillingen ließen überdies vermuten, dass grundlegende biologische Verschränkungen vermittels unbewusster Telepathie existieren, die umso ausgeprägter sind, *je enger die Individuen miteinander verwandt* sind. Auch die Beobachtungen, die William Long an Rudeln bzw. Herden von Wölfen und Karibus gemacht hat, könnten in diesem Sinne zu deuten sein – zumal diese Tiere sicher auch noch emotional miteinander verbunden waren.

Es könnten also nicht nur diejenigen Individuen, die zu einem Insektenstaat gehören, über eine gemeinsame, hauptsächlich unbewusste psychische Matrix miteinander verbunden sein, sondern die Angehörigen einer jeglichen Spezies. Auch wenn wir Menschen von unserem menschlichen Individualbewusstsein aus in immer tiefere Bewusstseinsregionen hinabsteigen, könnten wir in solche zunehmend unbewusste, aber verbindende Schichten gelangen. Dies kommt auch in dem Konzept des „kollektiven Unbewussten" von Carl Gustav Jung (1875-1961) zum Ausdruck. Wagen wir es, diesen Schluss zu ziehen und formulieren: *Das Spezieskonzept wirkt sich nicht nur als strukturell-organisierende Ganzheit oder Zeitgestalt auf die Ausgestaltung der Körper seiner Angehörigen aus. Es hat auch am Bewusstsein der Individuen Anteil, verbindet sie über eine geistig-psychische Matrix und übersteigt sie sogar hinsichtlich bestimmter geistig-psychischer Aspekte und Organisationsfähigkeiten.*

Verdeutlichen wir uns dies wieder anhand eines konkreten Beispiels. Die Kreiselwespen töten alle Goldwespen einer bestimmten Spezies, wo auch immer sie diese antreffen. Deren Leichen lassen sie jedoch ungenutzt liegen. Die Erklärung dieses Verhaltens liegt darin begründet, dass die Goldwespen den Nachwuchs der Kreiselwespen parasitieren und dadurch vernichten. Es ist allerdings schwer vorstellbar, wie die Kreiselwespen durch Mutation und Selektion der Tüchtigsten zu diesem hochspezifischen Tötungsverhalten gekommen sein könnten. Denn die Kreiselwespe dürfte noch nicht einmal wissen, dass die Goldwespen ihren Nachwuchs schädigen, da sie diese niemals dabei am Werke sieht. Wie kommt sie also dazu, sich unter Tausenden von möglichen Kleintierarten ausgerechnet auf diese Goldwespen zu stürzen, sie zu töten und ihre Leichname nicht einmal zu nutzen? Die Wahrscheinlichkeit, dass ausgerechnet jenes Goldwespenindividuum, dass sie gerade antrifft, irgendwann einmal die eigene Brut vernichten wird, ist zudem gering. Der Nachwuchs der ersten Kreiselwespe, welche die betreffende

Mutation besaß, hat von dem Töten eines winzigen Bruchteils aller existierenden Goldwespen also noch nicht einmal einen handfesten Vorteil. Es ist daher nicht zu verstehen, weshalb die Träger dieser Mutation alle anderen Kreiselwespen, die diese Mutation nicht tragen, aus dem Dasein verdrängt haben sollen.

Solche Verhaltensweisen lassen sich besser damit erklären, dass die Kreiselwespen vermittels einer direkten Teilhabe an der geistig-psychischen Matrix des Spezieskonzeptes einfach wissen, was zu tun ist. Denn diese Matrix würde hinsichtlich des Wissens um die Lebens-zusammenhänge ihrer Angehörigen über den Erfahrungshorizont der Einzelwesen hinausgehen, da sie auf der tieferen Realitätsschicht fußt und damit nicht an die Wahrnehmungsbeschränkungen gebunden ist, die Materie und Raumzeit für die körperlichen Einzelwesen mit sich bringen. Dies würde auch bei den im Zusammenhang mit den morphischen Feldern diskutierten Beispielen von Rindern und Ratten gelten, wobei sich die Lebenserfahrung bestimmter Individuen direkt auf das Verhalten von anderen Individuen auszuwirken scheint, die zu ihrer Spezies gehören.

Tatsächlich werden schon seit Plato und Aristoteles den überindivi-duellen Ideen, Entelechien und verwandten Konzepten geistig-psychische Qualitäten zugeschrieben. Und vielen Vitalisten zu Folge orientiert sich das Verhalten, die körperliche Ausgestaltung der Lebewesen sowie die Evolution als Ganzes genau an solchen Ganzheiten.

Betrachten wir jetzt unter diesem Gesichtspunkt einige Denkansätze vitalistischer Prägung etwas genauer, um sie aus dem Schoß der Vergessenheit zu bergen und darzustellen, wie man sich das Walten von überindividuellen Ganzheiten vorstellen kann. Diese Szenarien sind notgedrungen spekulativ. *Dennoch sind sie wahrscheinlich, und es spricht anders als beim Neodarwinismus zumindest nichts nachweislich gegen sie.*

Allen folgenden Autoren ist gemeinsam, dass sie sowohl die klassisch lamarckistischen als auch die neodarwinistischen Evolutionsvorstel-lungen für unzureichend halten. Ferner nehmen viele der Autoren explizit Bezug auf Psi-Phänomene. Daher werden wir immer wieder unser Augenmerk darauf richten.

Die Evolution im Licht von überindividuellen Ganzheiten und Parapsychologie

Beginnen wir wieder mit Arthur Schopenhauer. Auch er war Vitalist, denn ihm zufolge ist die jedem Lebewesen und dem Reproduktionstrieb innewohnende „Lebenskraft" ein zentraler Aspekt des Willens im Reich des Lebendigen.[331] Für ihn stellt die erfahrbare Welt nur einen Ausdruck dieses ihr zugrunde liegenden Willens zum Leben dar, dessen ureigenstes Wesen uns jedoch verborgen bleibt. Die vielfach aufgesplitterten und verästelten Teilaspekte des Willens, welche in all den verschiedenen Pflanzen- und Tierarten zum Ausdruck kommen, repräsentieren für Schopenhauer in Anlehnung an Plato Objektivierungen von dahinter liegenden Ideen. Somit liegt dem ursprünglichen Willen zum Leben eine immaterielle, psychoide Natur zu Grunde, die sich der Materie bedient und sich über sie in mannigfachen Variationen physisch manifestiert. Die Psi-Phänomene betrachtete er als einen deutlichen Hinweis auf diese tieferliegende Realitätsebene und damit als eine sichere Widerlegung des Materialismus.[332] Von allen Tatsachen, die unserer Erfahrung geboten werden können, schätzt er die Psi-Phänomene aufgrund ihrer naturphilosophischen Tragweite als die „ohne allen Vergleich wichtigsten" ein.[333] Er hält es daher für die Pflicht eines jeden Gelehrten, sich gründlich mit ihnen bekannt zu machen.

Schopenhauer konnte sich zu Darwins Werk nicht mehr äußern, aber er kritisierte bereits die Evolutionstheorie Lamarcks. Zwar stimmte er grundsätzlich dem Konzept der Evolution zu. Aber während Lamarck die Modifikationen der Arten auf Reaktionen auf wandelnde Umweltbedingungen und damit teilweise auf ihren eigenen Willen zurückführte, betont Schopenhauer, dass die Individuen inklusive dieses eigenen Willens selbst nichts anderes seien als Objektivierungen eines viel grundlegenderen Willens, der außerhalb der Zeitlichkeit liegt und die Organismen mit all ihren Eigenarten und geistig-psychischen Fähigkeiten aus sich entlässt.[334] Aufgrund dieser Verwurzelung in tiefen Realitätsschichten sind überdies sämtliche nacheinander in der Evolution erscheinenden Organismen stets als vollkommen durchgestaltete Ganzheiten angelegt.[335] Die Transformation der Arten kann deshalb nach Schopenhauer nicht einfach mit sukzessiven Änderungen ihrer

Körper innerhalb der Zeit erklärt werden, die durch umweltbedingte Ursachen und Wirkungen ausgelöst werden. Der Artenwandel reflektiert vielmehr Eigendynamiken des Willens, die außerhalb von Raum und Zeit ihren Ursprung nehmen.[336]

Der einflussreiche Berliner Philosoph Eduard von Hartmann (1842-1906) formulierte einige Jahre später eine auf Schopenhauer, Schelling und Hegel aufbauende „Philosophie des Unbewussten", worin er Schopenhauers Konzept des unbewussten Willens weiter ausarbeitete und als zudem *intelligente* Weltgrundlage begriff.[337] In den Organismen offenbart sich dieses Unbewusste vermittels überindividueller „Oberkräfte", die deren jeweilige ideelle Potenz realisieren und die „zentralen Kräfte" ergänzen, welche die unbelebte Materie konstituieren. Für jede biologische Organisationsebene von der Zelle bis zur Gattung oder den Tierstämmen gibt es dabei hierarchisch abgestufte Oberkräfte.[338]

Die komplementäre Erscheinungsform von Wille und Ideen ist dabei zwangsläufig. Denn die Idee einer Kugel kann niemals die Idee einer anderen Kugel anstoßen, dafür bedarf es der Übersetzung in das konkret Physische. Die außerhalb der Zeit angelegten Ideen werden aber erst dann manifest, wenn der Wille sie als Inhalt erfasst und realisiert. So stellt für von Hartmann die Evolution letztlich den innerlich lebendigen Ausdruck von interagierenden Ideen und Willensimpulsen dar.

Wie Schopenhauer betrachtete von Hartmann Phänomene von ASW bei Menschen und Tieren als Ausdruck des die Welt durchziehenden unbewussten Willens, der ihrer aller Grundlage ist. Er rechnete viele der tierischen Instinkthandlungen dem Hellsehen zu – ein Gedanke, der später bei Henri Bergson wieder auftaucht.

Tatsächlich ist es manchmal schwierig zu unterscheiden, wo die Grenze zwischen Instinkthandlung und ASW liegt. Wir können als ein kritisches Beispiel für tierische Instinkthandlungen, die auch als ASW gedeutet werden können, wieder das Verhalten der Kreiselwespen anführen. Denn sie wissen „instinktiv", welche Goldwespenart ihrem Gelege schadet. Auch die Koordination von Insektenstaaten erfolgt nach von Hartmann über instinktives Hellsehen. Und landläufig spricht man häufig davon, dass Personen „instinktiv" wissen, dass nahestehende

Angehörige ernsthaft verunglückt oder gestorben sind – dies wäre jedoch eine eindeutig außersinnliche Wahrnehmung.

Bei Bergson stellt ein je nach biologischem Entfaltungsgrad verschieden hoch ausdifferenziertes Unbewusstsein bzw. Bewusstsein einen zentralen Aspekt des willensartigen „Lebensschwungs" dar. Er bezeichnet dieses Bewusstsein als den Urgrund und die treibende Kraft des Lebens, welche die Materie aufgrund des ihr eigenen Verlangens nach Schöpfung in das organische Leben hineinzwingt. Dabei zerteilt sich das Bewusstsein in all die verschiedenen Lebensformen, steigt aber in bestimmten Entwicklungslinien zu immer höheren Bewusstheitsgraden auf. Das Leben in seinen verschiedenen Ausprägungen ist bei ihm das „durch die Materie geschleuderte Bewusstsein".[339] Bergson betont stark den unvorhersehbaren, schöpferischen Aspekt der Evolution und wendet sich gegen Vorstellungen, wonach diese sich nach vorherbestimmten Entwicklungszielen oder Plänen richtet. Dennoch attestiert auch er Lebensformen mit vergleichbarer körperlicher Organisation eine ihnen gemeinsame Ausprägung des Lebensschwungs.[340] In ähnlicher Weise postuliert auch Teilhard de Chardin (1881-1955) einen gesetzmäßig nach höherer Komplexität und Bewusstheit strebenden Lebensschwung, der sich dabei in der Ausprägung „organischer Typen" objektiviert.[341]

Der Mathematiker und Philosoph Alfred North Whitehead (1861-1947), ein weiterer einflussreicher Vordenker ganzheitlicher Lebensanschauungen, verstand sich als ausgesprochener Platonist und maß dem Konzept der Ideen größte Bedeutung zu. Auch wenn das Geistig-Psychische bei uns Menschen stets im Zusammenhang mit dem eigenen Körper erfahren wird, kann es nach Whitehead als für sich bestehend gedacht werden. Dennoch sind die Ideen nicht ohnmächtig oder transzendent, da Strömen, Drang und Gefühl für das Reale das Medium sind, worin und wodurch sie sich objektivieren.[342]

In ähnlicher Weise sah der bedeutende Biologe und Begründer der Umweltforschung Jakob von Uexküll (1864-1944) im Hintergrund der Evolution und der Herausbildung von Spezies ganzheitliche „Planmäßigkeiten" und „Pläne" wirksam, die er mit den Ideen Platos in Verbindung bringt.[343] Angesichts des Imperativs zur sexuellen Fortpflanzung (der, wie wir bereits sahen, dem einzelnen Individuum keinen Vorteil im Leben bietet) betrachtet er sogar die Gesamtheit einer

Spezies als „ein selbständiges Lebewesen mit eigenem Charakter, aber einer ungeheuer langen Lebensdauer."[344]
Die lebensbezogenen Planmäßigkeiten kämen beispielsweise bei Instinkthandlungen von Tieren zum Ausdruck, wobei z. B. bestimmte parasitische Wespenarten mit ihrem Stachel zielgenau die entscheidende Stelle im Nervensystem der Beutetiere treffen, die dem Wespennachwuchs danach in lediglich betäubtem Zustand als immer frische Nahrung dienen. Doch nicht nur in solchen exakt aufeinander abgestimmten Interaktionen artfremder Lebensformen, sondern auch im Befruchtungsakt, wobei zwei Geschlechtspartner einer Art zwei komplementäre Teile eines gemeinsamen Ganzen bilden, entsteht von Uexküll zufolge ein einziger überindividueller Organismus, der ein einziges, unteilbar angelegtes Geschehen verwirklicht. Obwohl er anders als Schopenhauer, von Hartmann oder Bergson nicht explizit das Hellsehen oder die ASW betont, sind für ihn solche Handlungen „durch ein übersinnliches nicht an Zeit gebundenes Wissen" bedingt.[345]
Von Uexküll prägte eine anschauliche Analogie, worin er zum Ausdruck bringen will, dass in jeder einzelnen Zelle ein Ausdruck von immateriellem Geschehen zu sehen ist. Er setzt dafür die lebende Zelle mit einer Musiknote gleich. Wer bei der Betrachtung von Organismen nur deren materiellen Eigenschaften nachgeht, der befindet sich in der gleichen Lage wie derjenige, der lediglich die Eigenschaften der Tinte untersucht, mit der die Note geschrieben wurde. Für den Ton aber ist er taub. Noch weniger wird sich ihm der Zusammenhang oder gar die Empfindung einer Melodie eröffnen, in welcher die einzelnen Töne in zeitlicher Reihenfolge planmäßig angeordnet sind. Denn all dies ergibt sich nicht aus deren Tintenbeschaffenheit. Wo sich also zwei Organismen „in Krieg oder Frieden" umschlingen (wie bei den parasitischen Wespen und ihren Beutetieren oder beim gemeinsamen Zeugen von Nachwuchs), wird in dieser Analogie immer ein gemeinsames Duett aufgeführt, wobei beide Melodien bzw. Stimmen in planmäßiger Weise aufeinander abgestimmt sind. Die gesamte Natur ist nichts anderes als die „allgewaltige Partitur des Lebens."[346]

Hans Driesch, der zur Erklärung der Psi-Phänomene ein überindividuelles „Seelenfeld" postulierte, vermutete weiterhin, dass die verschiedenen Einzelorganismen einer Spezies letztlich dieselbe

Grundform einer gemeinsamen Entelechie teilen. Er beschrieb daher die „ideale oder platonische Existenz der Entelechie" als ein „individualisierendes Agens".[347] Im Imperativ der Fortpflanzung, in den Gallenbildungen oder der Telepathie sieht er Anzeichen „überpersönlicher Ganzheit", welche über die Existenz des Einzelorganismus hinausweisen.[348] In einer Vergesellschaftung von Lebewesen wie den Gallinsekten und ihren pflanzlichen Wirten würde sich demnach ein gemeinschaftlich angelegter Lebensausdruck objektivieren, wie es ansonsten z. B. in der Koexistenz verschiedener Organe der Fall ist, die auf ganz ähnliche Weise einen gemeinsamen Organismus aufbauen. Ob die Wirtspflanzen dabei einen Vorteil oder einen Nachteil aus der Galle ziehen, bliebe dabei von untergeordneter Bedeutung.

Driesch nimmt weiterhin an, dass der Entelechie eine Art tiefes Unterbewusstsein zukommen könne.[349] Die Evolution der Lebewesen stellt er sich als eine zu leuchtendem Bewusstsein aufstrebende „Überentelechie" vor und vermutet, dass die persönlichen Entelechien der einzelnen Individuen, die aufgrund ihrer jeweiligen Lebensumstände variieren, nach ihrem Tod in diese Überentelechie zurückkehren. Dabei drückt sich die Überentelechie nach einem groben, sich zeitlich entfaltenden Plan experimentierend in die Materie ein, wobei es zu der körperlichen Ausgestaltung der vielen Lebensformen und Individuen kommt, die sich entsprechend der vorgefundenen materiellen Bedingungen ausprägen.[350]

Auch der mit der Parapsychologie sympathisierende Philosoph Erich Becher (1882-1929) und der Biologe Richard Woltereck gründeten ihre vitalistische, die Selektionstheorie ablehnende Haltung nebst anderen biologischen Indizien auf die ganzheitlichen und funktionalen Bauwerke der Gallentiere, deren Existenz mit darwinistischen Argumenten nicht zu erklären ist. Becher widmete diesem Sachverhalt sogar ein ganzes Buch, das auch heute noch sehr lesenswert ist.[351] Er spricht darin von „überindividuellem Seelischen", das die in ihm liegende Potenz oder Idee physisch realisiere.

Kommen wir nun zu einer in unserem Zusammenhang sehr bedeutenden Persönlichkeit. Dass Psi-Phänomene und die durch sie nahegelegte Existenz einer tieferen Realitätsschicht für Evolutionsfragen eine zentrale Rolle spielen, hat kaum einer so deutlich herausgestrichen wie der früher vielzitierte Paläontologe Edgar Dacqué (1878-1947). Nachdem dieser sich über eine ganze Reihe vielbeachteter Publikationen einen hervorragenden Ruf als Paläontologe erarbeitet hatte, wurde seine akademische Karriere im Jahr 1924 durch die Veröffentlichung eines Buches beendet, indem er sich gegen die gängige Lehrmeinung der Evolutionstheorie stellte.[352] Dennoch publizierte er weiterhin unter Paläontologen vielbeachtete Werke.

Auch Dacqué sieht hinter jedem Organismus eine ganzheitliche Idee oder einen Typus angelegt. Er sagt über den Typus:

> „Jede organische Gestalt ist Ausdruck einer allen Abwandlungen immanenten überzeitlichen Grundorganisation oder ‚Urform', einer allen innewohnenden, sie gestaltenden Potenz. Diese Ganzheit besteht nicht aus Teilen, kann auch nicht in Teile zerlegt werden, und ist sozusagen vor, in und über den Teilen als solchen da."[353]

In der Entwicklung von Lebensformen erkennt Dacqué wie viele Paläontologen gewisse sich wiederholende Gesetzmäßigkeiten, die ihn an der neodarwinistischen Lehre zweifeln ließen. So steht am Anfang von Entwicklungslinien immer ein relativ kleines und hinsichtlich der Körperorganisation und Lebensweise auch relativ unspezialisiertes Lebewesen, das einen *Grundtypus* verkörpert. Im Laufe der Zeit differenzieren sich diese Lebensformen in zahlreiche *Anpassungstypen* aus, die zunehmend mehr Spezialisierungserscheinungen ausbilden und sich in ökologische Nischen einpassen. Damit geht sehr häufig die Ausbildung besonderer Organe sowie eine kontinuierliche Größenzunahme einher. Als Beispiel seien hier nur die Säugetiere aufgeführt: Alle heutigen Großsäuger wie Wale, Elefanten, Nilpferde, Kamele, Hirsche, Pferde usw. entwickelten sich aus relativ kleinen und unspezialisierten Formen, die oftmals gerade die Größe eines Hundes erreichten. Entwicklungstrends, wobei eine einmal erreichte Größenzunahme wieder umgekehrt wurde und zunehmende Verkleinerungen stattfanden, sind praktisch unbekannt. Die relativ großen Lebensformen stehen immer am Ende von Entwicklungslinien, niemals gehen von ihnen neue Artauffächerungsprozesse aus.

Mit von Uexküll geht Dacqué davon aus, dass die Körperorganisation bzw. der Bauplan der noch recht unspezialisierten Grundtypen das primär Gegebene ist, wodurch festgelegt wird, in welcher Umwelt ein Tier leben kann. Der Körperbau ist daher zunächst eigendynamisch und von innen heraus bestimmt, aber kein Produkt von zufälliger Mutation und nachfolgender Selektion durch Umweltbedingungen.

Diese Grundtypen besitzen allerdings die innere Potenz, sich in die Anpassungstypen auszudifferenzieren, wobei sich die entstehenden Lebensformen zunehmend mehr auf das Leben unter verschiedenen Umweltbedingungen einstellen und die Spezialisierungserscheinungen ausbilden. In dieser Entwicklungsphase wird hingegen die Körperorganisation der Lebewesen zunehmend von der Umwelt und vielleicht sogar der natürlichen Selektion bestimmt.

Danach folgt oftmals noch eine weitere Entwicklungsphase, in welcher Degenerationserscheinungen oder auch Überspezialisierungen auftreten. Diese sind über Einwirkungen der natürlichen Selektion wiederum kaum zu erklären. Wir kennen diese ausgesprochen geradlinigen Entwicklungstrends, die bis hin zu Überspezialisierungen führen, bereits unter dem Namen der Orthogenese. Manchmal leben einzelne Vertreter von Organismengruppen auch als „lebende Fossilien" noch lange Zeiträume weiter. Dabei handelt es sich dann stets um relativ unspezialisierte Vertreter, die zudem keinen nennenswerten Variationen oder Wandlungen mehr unterliegen. Auch von solchen Relikten geht kaum jemals eine erneute Bildung von Artenvielfalt aus. Insbesondere Lebensformen mit Überspezialisierungen wirken im Vergleich zu den eher unspezialisierten Grundtypen mit ihrer Potenz zur Artauffächerung wie zunehmend starrer gewordene Endstadien der jeweiligen orthogenetischen Entwicklung.[354]

Beispiele für solche Evolutionslinien ließen sich viele anführen. Ein besonders gutes liefern die Ammoniten. Sie entwickelten sich aus ursprünglichen Formen mit geraden Gehäusen, die sich zunehmend einrollten, bis verschiedene Entwicklungslinien unabhängig voneinander die vollendete eng gewundene spiralige Gestalt annahmen, die wir zumeist mit Ammoniten verbinden. Dabei verkomplizierte sich auch ihr Innenaufbau ganz erheblich. Noch später begannen manche unabhängige Entwicklungslinien, sich wieder aufzurollen oder selbst unregelmäßig gebogene Gehäuse zu konstruieren, was als Degenerationserscheinung interpretiert werden kann. Auch der Innenaufbau führte vielfach wieder zu den einfachen Formen zurück. Als kurz vor dem Ende von Entwicklungslinien aufgetretene Überspezialisierungen lassen sich Ammoniten mit Gehäusedurchmessern von über zweieinhalb Metern auffassen; aber auch die Riesenformen der Dinosaurier fallen in diese Rubrik, genau wie die bis zu vier Meter breiten Geweihe der Riesenhirsche, die übergroßen Stosszähne mancher elefantenartigen Urtiere oder die Eckzähne der Säbelzahntiger. Viele der genannten Überspezialisierungen entstanden mehrfach unabhängig voneinander in unterschiedlichen Linien, so auch die beängstigenden Zähne der verschiedenen Formen von Säbelzahntigern. Anhand entsprechender Funde weiß man, dass diese Zähne häufig abbrachen, sie können sich also schlecht durch herausragende Nützlichkeit ausgezeichnet haben.

Aus derartigen Beobachtungen folgert Dacqué, dass der evolutive Entwicklungsgang von Typen tatsächlich Eigengesetzlichkeiten besitzt, die bestimmten Mustern folgen und sich nicht mit dem Neodarwinismus erklären lassen. Vielleicht besitzen derartige orthogenetische Entwicklungen genau wie die körperliche Entfaltung der Einzelorganismen sogar ganzheitliche Zeitgestalten mit charakteristischen Anfangsstadien und Endstadien. Dabei könnte jedoch zumindest hinsichtlich äußerlich sichtbarer Überspezialisierungen die sexuelle Selektion eine bedeutende Rolle spielen. In diesem Fall hätten wir es mit Entwicklungen zu tun, die durch „sexuelle Instinkte" geleitet würden, und die damit wie manch andere bereits beschriebene Instinkte in der überindividuellen psychischen Matrix der Spezieskonzepte gründen könnten. Sie würden dergestalt die orthogenetischen Trends fördern, ohne in direkter Relevanz zur natürlichen Selektion und Nützlichkeit zu stehen.

Die körperliche Ausgestaltung eines individuellen Lebewesens gemäß seines Typus erfolgt auch bei Dacqué über eine artspezifische Entelechie. Genau wie sich diese physischen Ausgestaltungen bis auf die Ebene der Arten hinunter nach entsprechenden Typen richten, muss nach Dacqué ein geistig-psychisches Pendant dazu angenommen werden, dass dem inneren Selbsterlebnis der Organismen Rechnung trägt. Er bezeichnet es als „Artseele" oder – auf höherer Organisationsebene – als „Gattungsseele". In ihnen sind alle Individuen einer Art oder einer Gattung auf einer tieferen Realitätsschicht wie in einem kollektiven Unbewussten gegründet und in Abhängigkeit vom Verwandtschaftsgrad mehr oder weniger stark miteinander verbunden.[355] Für ihn sind hier Verbindungen wirksam, die gleichermaßen unbewusst, als auch überbewusst sind. Er nimmt sogar an, dass sie unbewusst sind, *weil* sie überbewusst sind. Denn die Überbewusstheit der Gattungsseele entzieht sich prinzipiell dem bewussten Erkennen eines einzelnen Individuums, das seine subjektive Erkenntnisfähigkeit an der uns vertrauten Raumzeit herausgebildet hat.

Dieses Konzept der Artseelen entspricht demnach der bereits vorgestellten geistig-psychischen Matrix, über welche die einzelnen Angehörigen eines Spezieskonzeptes miteinander verbunden sind. *Das Spezieskonzept umfasst daher sowohl die formbildenden Aspekte des Typus als auch dessen korrespondierende geistig-psychische Matrix der Artseelen.*

Der Eingriff in die körperliche Organisation von Lebewesen, der bei der Herausbildung neuer Typen oder Arten stattfindet, könnte nach Dacqué seinen Ursprung auf der tieferen Realitätsschicht nehmen, in der auch die parapsychologischen Phänomene wurzeln. Allmähliche körperliche Umwandlungen könnten über Wege vonstatten gehen, die mit Psychokinese oder Suggestionen vergleichbar sind.[356] Bei der Suggestion, wie sie auch in der Hypnose angewendet wird, reicht es beispielsweise völlig aus, sich ein Ziel wie eine Verbrennung vorzustellen – der Körper wird die entsprechende Modifikation des betreffenden Organs hervorbringen, in diesem Fall die Brandblase auf der Haut. Ähnliches gilt für die rätselhafte Wirkung von Placebos oder die körperlichen Auswirkungen der Überzeugungen von Hypochondern. Auf ähnliche Weise könnten sich die Körper der Lebewesen nach entsprechenden Vorstellungen umgestalten, die in den Artseelen gründen.

Dacqués Konzept von Art- oder Gattungsseelen entspricht dem Konzept von evoluierenden „Gruppenseelen", das in der Theosophie um Helena Petrovna Blavatsky (1831-1891) und Charles Leadbeater (1847-1934), in der Anthroposophie um Rudolf Steiner sowie in alten östlichen Traditionen vertreten wird.[357]

Diesen Anschauungen zufolge sind alle Organismen zum einen von einem sie belebenden feinstofflichen Körper bzw. einer feinstofflichen vitalen Energie durchdrungen, die ihnen ihre Form und primären Lebensfähigkeiten verleiht. Ein auch in Westeuropa mittlerweile sehr bekannter Aspekt dieses feinstofflichen Körpers ist das „Chi" der Chinesen, das in praktisch allen Kulturkreisen sein Äquivalent findet.[358] Zum anderen existieren die Angehörigen einer Spezies oder Gattung nicht nur für sich alleine, sondern sind auf einer tieferen Ebene miteinander verbunden und gehören einer entsprechenden Gruppenseele an, die ihre eigene Existenz über die individuell verschiedenen Lebenserfahrungen der vielen Einzelorganismen verwirklicht. Die Gruppenseelen, die auf unterschiedlichsten Entwicklungsstufen stehen, sind es auch, an denen die Evolution der Pflanzen und Tiere sich eigentlich vollzieht. Letztlich kommen auf allen Ebenen biologischer Organisation bestimmte Aspekte von organisierenden Gruppenseelen zum Ausdruck, so z. B. in der körperlichen Entfaltung der Einzelindividuen, aber auch in der Koordination des Vogelzugs, in der Organisation von Insektenstaaten oder der Evolution der Tiere und Pflanzen als Ganzes.[359]

Leadbeater beschreibt die Evolution der Individuen und Gruppenseelen anhand eines altindischen Gleichnisses. Hierbei besteht die Gruppenseele aufgrund gewisser Eigengesetzlichkeiten, wird aber auch durch die Lebenserfahrung der aus ihr entlassenen Individuen allmählich gewandelt. Man kann sich die Gruppenseele als das Wasser in einem größeren Gefäß denken, während das Individuum durch ein Glas Wasser, das man diesem Gefäß entnimmt, repräsentiert wird. Die Lebenserfahrungen, die das Einzelwesen macht, lassen sich durch das Zugeben von Farbe in das Wasserglas symbolisieren. Mit dem Tod des Individuums wird das gefärbte Wasser in das große Gefäß zurückgegossen, worin sich die Farbe dann gleichmäßig verteilt. Jedes weitere Glas Wasser bzw. Individuum, das danach dem Mutterbehälter entnommen wird, enthält daher einen kleinen Teil dieser Farbe – sprich Lebenserfahrung des vorangegangenen Individuums.[360]

Man müsste nun noch hinzufügen, dass nicht nur die Lebenserfahrung der Lebewesen in die Gattungsseele zurückfließt, sondern auch ihr *Wille*, auf die eine oder andere Weise Probleme zu meistern, sowie auch die Ausprägung von *Körpereigenschaften*, die sie im Zuge der Auseinandersetzungen mit den Herausforderungen des täglichen Lebens erworben haben. Als Beispiel hierfür können wieder die genetischen Anlagen für die punktgenaue Bildung von Hornhaut bei den Kamelen, Straußen und Menschen angeführt werden, die bereits im Fötus in Erscheinung treten. Dann müssten wir allerdings fast schon von Vererbung erworbener Eigenschaften sprechen. Denn wie schon Dacqué bemerkt, käme eine solche Sicht der Dinge der Evolutionsvorstellung Lamarcks sehr nahe.[361] Lamarck war mit seiner Vorstellung, dass bloße „Bedürfnisse" von Organismen die Transformation ihrer Art einleiten können, einem der tiefsten Geheimnisse der Biologie auf der Spur. Wie wir heute wissen, kann tatsächlich über Psychokinese, zielfixierte Suggestion oder Hypnose das Gesamtgefüge eines Organs bis hin zur molekularen Feinstruktur sinngerecht verändert werden, ohne dass dafür irgendwelche molekularbiologischen Details bekannt sein müssen. Deshalb könnten die umstrukturierenden Auswirkungen von Suggestionen sich aufgrund der ganzheitlichen Systembeziehungen oder – um mit von Hartmann zu sprechen – der Macht und Intelligenz des Unbewussten bis auf die Ebene der DNS hinunter erstrecken. Denn wir sagten bereits, dass jede Modifikation von Spezieskonzepten, die den tieferen Realitätsschichten der Natur entspringt, dem Ganzheitscharakter der Spezieskonzepte Rechnung tragen muss und sich auf allen ihren Organisationsebenen gleichzeitig manifestieren wird. Es sei in diesem Zusammenhang an die Experimente erinnert, wobei über Hypnose genetisch bedingte Erbkrankheiten geheilt worden sind oder Mutationsraten von Bakterien psychokinetisch beeinflusst worden sind.

Doch in dem oben beschriebenen Szenario würden die Eltern die Essenz ihrer erworbenen Lebenserfahrungen nicht direkt an ihre leiblichen Nachfahren weitergeben. Es läge damit keine echte Vererbung erworbener Eigenschaften vor. Der Transformationsprozess würde seinen Ursprung vielmehr im Erfahrungs-Sammelbecken der gesamten Gruppenseele nehmen und damit wie gefordert von *innen* seinen Ausgang nehmen. *Deshalb könnten zu gegebener Zeit einige nicht näher miteinander verwandte Individuen auftreten, deren Körper und Erbgut in gleichsinniger Weise verändert sind.*

Man müsste dann nicht mehr die äußerst fragwürdige Position vertreten, dass die gesamte Evolution in Richtung höherer Komplexität über zufällige, vorwiegend rezessive Mutationen von einzelnen Individuen in isolierten Populationen abläuft, deren Nachkommen sich vermittels natürlicher Selektion gegenüber allen anderen Artgenossen, die diese Mutation nicht tragen, mit über Leben und Tod entscheidender Konsequenz durchsetzen.

In diesem Zusammenspiel der Eigendynamiken von Spezieskonzepten und den Lebenserfahrungen der Einzelwesen wäre daher ein anschauliches Modell für das Zustandekommen der verschiedenen Aspekte von organismischer Selektion zu sehen. Die Tatsache, dass isolierte Populationen auf beispielsweise Inseln separate Variationen der Ursprungsart ausbilden können, gilt dabei weiterhin und steht damit in keinerlei Widerspruch.

Dacqué betont die spekulative Natur von solchen Überlegungen, wie wir sie hier angeführt haben. Er hält es allerdings für möglich, dass die Parapsychologie in Zukunft noch einiges zur Klärung ungelöster Evolutionsfragen beitragen können wird, und zwar insbesondere über die gezielte Anwendung von Retrokognition. Er führt als Beispiel dazu einen Bericht über eine hellsichtige Frau an, der man einst einen fossilen Mammutzahn in die Hand gab, um sie herausfinden zu lassen, was dies für ein Ding sei. Daraufhin gab sie die Schilderung einer Mammutherde in einer eiszeitlichen Landschaft – obwohl man zur fraglichen Zeit noch gar nichts von den Eiszeiten wusste.[362] Es mutet zwar skurril an: Aber vielleicht wäre es tatsächlich möglich, mit Hellsehern vom Schlage eines Gerard Croiset oder den Top-Agenten der militärischen Spionage-projekte wie Joe McMoneagle über entsprechend umsichtig konzipierte Versuche Beiträge zur Beantwortung von bislang strittigen Evolutions-fragen zu erhalten, wie beispielsweise: Waren die Dinosaurier warmblütig oder kaltblütig? War *Tyrannosaurus rex* wirklich ein gefürchtetes Raubtier oder nur ein friedlicher Aasfresser? Was war der Grund für das Aussterben dieser oder jener Tierart?

Zudem verspricht Dacqué sich von der parapsychologischen Forschung grundsätzlich tiefere Einblicke in die Gesetzlichkeiten der fundamen-taleren Realitätsschichten. Letztlich siedelt er hier die Existenz der nichtphysischen Typenanlagen, ihre Potenzen und den Ursprung des evolutiven Formenwandels an.[363]

Mit derartigen Evolutionsmodellen schließen wir wieder zu Alfred Russel Wallace auf, dem für die Parapsychologie entflammten Mitbegründer der Evolutionstheorie. Wallace sah anhand seiner aktiven Beschäftigung mit der Parapsychologie seine Annahme einer „Lebenskraft" bestätigt und begriff das Geistig-Psychische als das aktive, der Materie übergeordnete Weltsubstrat. Neben der Lebenskraft waren für ihn organisierende geistige Einflüsse oder Wesenheiten bei der Evolution mit am Werke, die den variierenden Lebewesen in Übereinstimmung mit den allgemeinen zu verwirklichenden Bauplänen ihre Entwicklungsrichtung vorgeben. Er stellte sich vor, dass dies über telepathieartige Informationsübermittlung oder mentale Impressionen bewerkstelligt wird.[364]

Im Zuge der Formulierung der Synthetischen Evolutionstheorie und der Erfolgsgeschichte der Molekularbiologie, die in der Entschlüsselung des genetischen Codes der DNS gipfelte, verloren vitalistische Evolutionsvorstellungen jedoch stark an Bedeutung, zumal sie in schulwissenschaftlichen Kreisen immer schon ein unliebsames Außenseiterdasein fristeten. In den letzten Jahrzehnten lassen sich nur noch vereinzelte Exponenten vitalistischen Gedankenguts finden. Und unter diesen verweisen wiederum nur wenige Autoren explizit auf die Parapsychologie als Stütze ihrer Theorien. Streifen wir auch sie noch kurz.

Der erste hiervon ist der bereits erwähnte Zoologe Sir Alister Hardy, der an der Universität von Oxford wirkte. Auch er setzte sich stark für die Parapsychologie ein und war wie Driesch und Bergson zeitweilig Vorsitzender der SPR. Hardy schrieb 1965 von einem „Speziesplan" und vermutete weiter, dass diese Speziespläne über ein gemeinsames Unterbewusstsein zusammen hängen könnten, das die Ausgestaltung der Formen und Verhaltensweisen der einzelnen Individuen beeinflusst. „Die Individuen ... würden kommen und gehen – aber dieser psychische Strom eines gemeinsamen Verhaltensmusters in der lebenden Population würde parallel zu dem Strom des physischen DNS-Materials durch die Zeit fließen."[365] Zusammen mit selektierenden Umwelteinflüssen könnte dieser durch die Individuen fließende Speziesplan oder Bewusstseinsstrom die Herausarbeitung von optimal an ihre Lebensbedingungen angepassten Lebewesen ermöglichen.

Die Erfahrungen, welche die an diesem gemeinsamen Unterbewusstsein angeschlossenen Individuen machen, könnten auch nach Hardy über Methoden geteilt werden, die denjenigen der Telepathie entsprechen. Die Einzelorganismen könnten vermittels des Einflusses ihrer gemachten Lebenserfahrungen an der allmählichen Modifikation des Gruppenbewusstseins und damit des Speziesplans mit beteiligt sein. Dabei vertritt Hardy einen dualistischen Standpunkt, wonach ein Geistig-Psychisches unabhängig von materiellen Strukturen existieren kann.[366] Sein Denken erweist sich damit als nahezu identisch mit dem Konzept der evoluierenden Gruppenseelen.

Ähnlich dachte der Biologe und Parapsychologe John Randall. Er forschte an der von Joseph Rhine und später von Helmut Schmidt geleiteten Duke University in Durham. Sein leider nur wenig bekanntes Buch erschien 1975.[367] Auch Randall schloss angesichts der verschiedenen Schwachstellen des neodarwinistischen Evolutionsmodells und der parapsychologischen Phänomene auf ein vorwiegend dualistisch-vitalistisches Evolutionsmodell. Er sympathisiert dabei mit der Konzeption eines Planes hinter den Arten, dem neue Mutationen vermittels einer „inneren Selektion" eingegliedert werden müssen. Die Problematik des neodarwinistischen Evolutionsmodells stellt sich nach Randall nicht in der Frage, warum sich verschiedene Arten überhaupt voneinander unterscheiden, wenn beispielsweise ihre Unterpopulationen durch geographische Barrieren über lange Zeiträume hinweg voneinander isoliert waren. Sie stellt sich vielmehr im Zusammenhang mit der wachsenden Komplexität ihrer Organisation. Genau wie Driesch sieht Randall hier ein schöpferisches Prinzip am Werk, das zumindest teilweise außerhalb des uns vertrauten raumzeitlichen Kontinuums operiert und über das Prinzip von Versuch und Irrtum nach zunehmend höherer Bewusstheit strebt.[368]

Als einen dritten Autor, der in jüngerer Zeit die Bedeutung von Psi im Zusammenhang mit der Evolution diskutiert, könnte man noch Rupert Sheldrake anführen. Doch er geht nicht auf die Bedeutung eines neuen Verständnisses von Raum, Zeit und Bewusstsein für Evolutionstheorien ein. Er äußert lediglich die Vermutung, dass Psi-Fähigkeiten wie telepathische Kommunikation, direkte Ortsfindung oder Voraus-

ahnungen von Katastrophen für Lebewesen selektierbare Überlebens-
vorteile mit sich bringen würden und dass sie sich deshalb herausgebildet
haben – was allerdings eine sehr fragliche Einschätzung ist.[369]

In der heutigen Zeit vertritt sein Modell der morphischen Felder
jedenfalls verschiedene frühere Konzepte überindividueller Ganzheit.
Die morphogenetischen Felder der unterschiedlichen Spezies
entsprechen hierbei der artspezifischen Entelechie und der Ganzheits-
kausalität als Antrieb der körperlichen Entwicklung von Lebewesen bzw.
dem organisierenden Einfluss des Typus; und die mentalen morphischen
Felder entsprechen früheren Feldkonzepten zur Erklärung der Psi-
Phänomene und der geistig-psychischen Matrix der Gruppenseelen.
Doch alle Varianten von morphischen Feldern sollen mit jeder ihrer
Wiederholungen stärker fixiert werden. Sie tragen damit primär
konservativen Charakter und können nicht den Ursprung des kreativen
Elements im Evolutionsverlauf erklären, wodurch qualitativ neuartige
Strukturen in der biologischen Welt entstehen. Sheldrake spekuliert
daher, dass eine Art bergsonscher Lebensschwung oder auch mit tiefem
Bewusstsein begabte Instanzen an der Formierung von evolutiven
Neuerungen beteiligt sein könnten.[370]

Erst in allerjüngster Zeit deuteten die renommierten Parapsychologen
Robert Jahn und Brenda Dunne an, dass Psi mit älteren vitalistischen
Evolutionskonzepten wie „Lebenskräften", dem Lebensschwung
Bergsons oder auch dem Chi als Lebensprinzip in Zusammenhang zu
bringen sein könnte.[371]

Wir können an dieser Stelle festhalten, dass die hier vorgestellten
Evolutionskonzepte sich ausgesprochen ähneln. Dies ist als ein sehr
gutes Zeichen zu werten. Denn es zeigt, dass diejenigen Forscher, die
sich überhaupt mit der Frage befasst haben, welche Rolle die
Parapsychologie für die Evolutionstheorie spielen könnte, ausgehend
vom selben Tatsachenmaterial zu vergleichbaren Schlussfolgerungen
gedrängt worden sind. Und genau hieran misst sich der wissenschaftliche
Wert einer Theorie.[372]
Wenn es zutrifft, dass die Evolution sich tatsächlich vermittels
überindividueller Ganzheiten oder Spezieskonzepte vollzieht, die durch

Eigendynamiken und den Erfahrungsschatz ihrer Artangehörigen gelenkt wird, ließe sich z. B. erklären, warum sich voneinander verschiedene Arten herausbilden und nicht ein über viele Zwischenformen verbundenes Lebenskontinuum.

Es würde weiterhin erklären, warum der machtvolle Imperativ zur Fortpflanzung untrennbar zu jeglicher Spezies gehört, obwohl er dem Individuum selbst überhaupt nichts nützt. Denn Spezieskonzepte können nur existieren, wenn der Faden der Generationen in unserer Raumzeit möglichst nicht abreißt.

Die Individuen einer Art würden sich den obigen Ausführungen zufolge also zum Wohl oder auch auf Geheiß der Spezieskonzepte fortpflanzen müssen. In diesem Szenario wären ihre Genome lediglich ausführende Gehilfen oder, um in der Sprache der modernen Computertechnik zu sprechen, Datenspeicher wie die mobilen Memory-Sticks. Die Genome würden sich stets in Übereinstimmung mit den bis auf die molekularbiologische Ebene hinab ganzheitlich angelegten Spezieskonzepten wandeln, aber keineswegs der Ausgangspunkt dieser Wandlungen sein. Sie würden lediglich als Teilaspekt der aus der tieferen Realitätsschicht in unsere Welt hineinragenden Spezieskonzepte ein verlässliches Entschlüsselungssystem für die je nach Lebenssituation notwendige genetische Information zur Verfügung stellen.

Zusammenfassung

Fassen wir unsere Überlegungen zu überindividuellen Ganzheiten und Evolutionstheorien mit vitalistischer Prägung jetzt zusammen. Wie könnte man den Verlauf der Evolution auf allgemeine und zunächst nur *hypothetische, vorläufige* Weise unter diesen neuen Gesichtspunkten charakterisieren?

- Die Anlage und Potenz des Lebens existiert hinter den Kulissen der Raumzeit, die nur einen Ausschnitt einer erheblich umfassenderen Realität darstellt. Die Anlage des Lebens existiert damit schon vor den ersten für uns beobachtbaren Anzeichen physischen Lebens.

- Von Beginn an objektiviert sich das physische Leben über unteilbare Ganzheiten. Dies geschieht aufgrund einer ihnen innewohnenden Eigendynamik mit folgender Doppelnatur: Der erste Pol ist ein psychisch-energetisches Wirkungsprinzip. Den zweiten Pol bildet eine strukturelle überzeitliche Ganzheit, die auf einer höheren Dimensionsebene angelegt ist und als formbildende Ganzheitskausalität in Erscheinung tritt. Beide Pole gehören zu einem einheitlichen Wirkungskontinuum und können situationsbedingt unterschiedlich stark zum Tragen kommen.

- Die Eigendynamik des Lebens führt zur Aufspaltung der ersten Zellen in verschiedene Lebensformen. Jeder Spezies liegt dabei ein charakteristisches Organisationsprinzip mit der beschriebenen Doppelnatur zugrunde, das wir Spezieskonzept genannt haben. Der formbildende Pol entspricht hierbei dem artspezifischen Typus, der geistig-psychische Pol der Gruppenseele.

- Die Spezieskonzepte besitzen aufgrund ihrer Anlage auf der tieferen Realitätsebene umfassendere Kenntnisse in die sie betreffenden Lebenszusammenhänge, als ihren Einzelorganismen möglich ist. Die psychische Matrix des Spezieskonzeptes bzw. der Gruppenseelen bestimmt daher das Verhalten der Angehörigen einer Spezies mit und vernetzt / verschränkt sie auf der fundamentalen Realitätsebene miteinander. Gewisse ASW-

Fähigkeiten und Instinkthandlungen kommen auf diese Weise zustande.

- Der Evolutionsverlauf der Spezieskonzepte lässt sich folgendermaßen charakterisieren: (1) Zu gewissen Zeiten entfalten sich eigendynamisch neue Grundtypen von Organismen, die hinsichtlich ihres Körperbaus und ihrer Lebensweise noch relativ unspezialisiert sind. (2) Anschließend folgt eine Phase, wobei in Fortführung dieser Grundtypen mannigfache Spezialisierungen und Einpassungen in spezifische Umweltbedingungen ausgebildet werden. Dieser gesamte Prozess vollzieht sich hauptsächlich über die Wege der organismischen Selektion.
- Die organismische Selektion wird (1) durch fortgesetzte Eigendynamiken der Spezieskonzepte sowie (2) durch die Auseinandersetzung der Angehörigen einer Spezies mit der Umwelt und anderen Organismen bedingt. Dabei wirken die Lebenserfahrungen, welche die aus den Spezieskonzepten entlassenen Individuen aufnehmen, auf die Spezieskonzepte zurück und wandeln sie allmählich.
- Die evolutive Wandlung von Arten bzw. Spezieskonzepten geht deshalb nicht mit Notwendigkeit von einzelnen Individuen aus, die zufällig eine positiv selektierbare Mutation tragen. Ihr Ursprung liegt vielmehr in den Spezieskonzepten als Sammelbecken aller jeweils gemachten Lebenserfahrungen. Es können daher auch gleichzeitig mehrere nicht näher mit einander verwandte Individuen mit den gleichen Modifikationen oder neuen Eigenschaften auf den Plan treten. Vielleicht würde dies bevorzugt in isolierten Individuenpopulationen oder in genetischen Verwandtschaftskreisen stattfinden, aber dies wäre nicht unbedingt erforderlich.

Ein solches Evolutionsszenario erscheint heutzutage ungewohnt und phantastisch. Daher ist es sinnvoll, noch einmal zu rekapitulieren, warum es dennoch als plausibel gelten muss. Folgende Fragen, welche die neodarwinistische Evolutionstheorie nicht beantworten kann, können mit ihm beantwortet werden:

- Wie lassen sich die parapsychologischen Phänomene in das biologische Weltbild integrieren?
- Wie lässt sich das durch parapsychologische Phänomene nahegelegte Realitätsverständnis in die Evolutionstheorie integrieren?
- Wie und wieso ist das physische Leben entstanden?
- Wie und wieso hat es sich zu immer größerer Komplexität entwickelt?
- Wieso haben sich Insektenstaaten oder auch Gallen im Lauf der Evolution herausgebildet, und wie wird ihre Feinabstimmung koordiniert?
- Warum besteht der Imperativ der Fortpflanzung?
- Warum sind die Lebewesen zu einheitlichen Formenkreisen vergesellschaftet, die als unterschiedliche Arten oder Gattungen klassifiziert werden können?

Das hier vorgestellte Evolutionsmodell erspart es uns weiterhin, für jedes noch so unbedeutende Artmerkmal spitzfindige Selektionsvorteile und fragwürdige Evolutionsszenarien konstruieren zu müssen. Es macht die Entstehung auch außergewöhnlicher Merkmale viel verständlicher. Die hierzu herangezogene organismische Selektion „erklärt" evolutionär herausgebildete Strukturen oder Merkmale allerdings nur in dem Sinn, dass sie sich jetzt problemlos in das durch die Parapsychologie nahegelegte Weltbild integrieren lassen – und nicht etwa in dem Sinne, dass wir immer konkrete Kausalerklärungen für ihre Entwicklung und Existenz angeben könnten.

Doch das wäre kein Schaden oder Mangel, auch wenn viele der heutigen Wissenschaftler das Ideal der Wissenschaft ausschließlich im linear-kausalen Erklären sämtlicher Naturvorgänge sehen. Denn es scheint bei vielen Evolutionsbeispielen viel besser der Realität zu entsprechen, Erklärungsmodelle aufzustellen, die nicht einzig und allein auf diese zeitlich lineare Kausalität von Ursache und Wirkung beschränkt sind. Die Evolution schreitet eben nicht nur auf diese Weise voran. Sie besitzt auch eigene Dynamiken, Kausalitätsmodi und innere Gesetzlichkeiten, die in der Natur der Wirklichkeit und der Spezieskonzepte selbst begründet liegen.

Doch obwohl sich in der Vergangenheit verschiedene Autoren im Sinne der hier ausgearbeiteten Evolutionstheorie geäußert haben, besitzt sie im Gegensatz zur (neo-) darwinistischen und lamarckistischen Evolutionstheorie bis heute keinen Namen. Das ist für Diskussionen über sie äußerst unpraktisch. Ich möchte die Grundstruktur der hier vorgestellten Theorie daher als die *vitalistische Evolutionstheorie* bezeichnen. Sie stellt einen groben Entwurf dar, dessen Einzelheiten sich durchaus modifizieren ließen.

14. Fazit und Ausblick

Sollte sich die in diesem Buchteil beschriebene Vermutung, dass vitale Wirkungsprinzipien und überindividuelle Ganzheiten gestaltend auf die Evolutionsprozesse einwirken, als wahr erweisen, müsste die Evolutionstheorie gründlich überarbeitet werden. Richtig neu wäre eine solche Sicht der Dinge jedoch nur für die etablierte Schulwissenschaft. Wie wir sahen, dachten schon seit Schopenhauer und Alfred Russel Wallace immer wieder Naturwissenschaftler und Philosophen in derartigen Bahnen.

Schopenhauer äußerte sich jedoch nur sporadisch zur Evolution, und seine Beiträge sind zu wenig detailliert, als dass man ihn als einen wichtigen Begründer der Evolutionstheorie bezeichnen könnte.

Allerdings müsste die Bedeutung von Wallace in der Naturwissenschaftsgeschichte erheblich aufgewertet werden. Wallace war nicht nur einer der ersten Wissenschaftler, die überhaupt von einer Evolution der Lebewesen überzeugt waren, und er entdeckte nicht nur das Prinzip der Variation und nachfolgenden Selektion unabhängig von Darwin und reichte es noch vor ihm zur Publikation ein. Genau wie Darwin erkannte er zudem, dass mit diesem Prinzip gleichwohl nicht die gesamte Evolution erklärt werden kann. In diesem Zusammenhang betonte er als einziger der Begründer der Evolutionstheorie die Bedeutung der parapsychologischen Forschung für die Biologie und postulierte vitalistische, geistig-psychische Wirkungsprinzipien, die an der Evolution beteiligt sein müssen. Er hätte damit tatsächlich sofort die richtigen Schlussfolgerungen gezogen und würde sich dadurch noch weitsichtiger erweisen als Darwin, der mit seiner eigenen Ergänzung zur Selektionstheorie, dem Konzept der Pangenesis, einem sicheren Irrtum erlag.

Und was haben wir selbst in diesem Buch letztlich erreicht? Wir haben erkannt, dass die derzeit aktuelle materialistische, mechanistische und neodarwinistische Evolutionstheorie den Tatsachen nicht gerecht wird. Dies alleine stellt schon einen ungemein wichtigen Schritt in Richtung eines angemesseneren Evolutionsverständnisses dar und ist für sich genommen sehr viel wert. Die Anerkennung, dass unser menschliches

Realitätserleben ziemlich unvollständig ist und dass immer noch reichlich Unbekanntes im Universum existiert, befreit das wissenschaftliche Denken aus dem steifen Korsett der orthodoxen Schulwissenschaft. Wir können nun nach neuen Wegen Ausschau halten, die uns ein Stückchen näher an ein besseres Verständnis des uns umgebenden Realitätsausschnitts mit seiner relativen Wahrheit heranführen.

Dazu hat die parapsychologische Erforschung der Psi-Phänomene bislang entscheidend beigetragen. In dem durch sie vermittelten Weltverständnis müssen Raum, Zeit und das Bewusstsein ganz anders betrachtet werden, als es derzeit in der Biologie der Fall ist. Weiterhin müssen die Psi-Phänomene in jeder Evolutionstheorie berücksichtigt werden. Dies leistet einzig die vitalistische Lebensauffassung, die somit als Vermittler zwischen Evolutionsbiologie und Parapsychologie fungiert. Viele bislang ungelöste Evolutionsrätsel können elegant mit den Annahmen von verborgenen Realitätsschichten, einem geistig-psychischen Agens und der Ganzheitskausalität erklärt werden.

Dies sind gute Aussichten für eine Renaissance des derzeit wenig populären Vitalismus. Wie lange es noch dauern mag, bis der von der parapsychologischen Forschung gestützte Vitalismus seine Rehabilitierung erfährt, ist schwer zu sagen. Allerdings sollten 100 bis 200 Jahre bei der gegenwärtigen Verkrustung des biologischen Weltbildes nicht verwundern.

Wir dürfen jedoch mit Gewissheit davon ausgehen, dass mit jedem Tag die Zeit unausweichlich näher rückt, da der Materialismus nur noch als ein vorübergehender Irrweg in der Philosophie- und Wissenschaftsgeschichte geführt werden wird – so gewiss, wie einstmals nach jahrhundertelangem Leugnen doch noch anerkannt werden musste, dass die Erde tatsächlich um die Sonne kreist. Es kommt die Zeit, da wird sich die Schulwissenschaft dem Druck der Realität nicht länger widersetzen können.

Wie es Galilei einst tat, reichen die Parapsychologen und Vitalisten ihren Kritikern schon seit 150 Jahren das Teleskop. Diese bräuchten nur hindurchzusehen.

Doch ungeachtet der Gewissheit, dass der Vitalismus zu gegebener Zeit an Bedeutung gewinnen wird, stellen die vorgetragenen Überlegungen zu überindividuellen Ganzheiten und Spezieskonzepten gegenwärtig nur eine darauf aufbauende und noch sehr spekulative Arbeitshypothese dar. Wir stehen mit dem Verständnis und der Erforschung der tieferen Lebenszusammenhänge gerade erst am Anfang. Die Bedeutung der Parapsychologie kann hierbei kaum überschätzt werden. Sie ist die schillernde Königsdisziplin, in der wertvollste Forschung im Hinblick auf die uns üblicherweise verborgenen Aspekte der Realität betrieben wird und von wo aus noch so manche unerwarteten Einblicke in die das Lebensgeschehen regierenden Eigendynamiken und Wirkungsprinzipien erwartet werden dürfen – vielleicht sogar Einblicke in die rätselhafte Natur des gesamten Universums und des mit ihm interagierenden Bewusstseins. Unzählige neuartige Experimente können noch konzipiert werden, und viele der im dritten Buchteil vorgestellten Studien harren bis heute auf unabhängige Wiederholungen von anderen Arbeitsgruppen.

Die Grenzgebiete des jeweils aktuellen Wissenschaftshorizonts waren es seit jeher, in denen die revolutionären Neuentdeckungen gemacht worden sind. *Hier* wird Wissenschaft entscheidend vorangebracht.
Tatsächlich ist es diesbezüglich in den letzten Jahrzehnten jedoch sehr ruhig geworden. Manche mutmaßen sogar, dass wir mit unserem Wissenschaftswissen bereits an einem gewissen Endzustand angelangt sind, in dem sich nur noch ungeheure Mengen an Detailinformationen aufhäufen lassen, dass aber keine grundlegenden Erweiterungen unseres Weltbildes mehr zu erwarten sind.[373] Nichts soll unser Weltbild noch einmal so erschüttern oder verändern können wie die Entdeckungen Amerikas, der Evolution, der Milliarden Galaxien außerhalb unserer Milchstraße, der Macht des Unterbewusstseins im Menschen, der Quantenphysik, der Relativitätstheorie, der Selbstorganisation oder der Entschlüsselung des Codes der DNS.
Doch zumindest eine damit vergleichbare Erschütterung steht noch aus. Wenn dereinst die Realität der Psi-Phänomene allgemein anerkannt werden wird und die Parapsychologie den ihr angemessenen Platz unter den Wissenschaftsdisziplinen einnimmt, wird noch einmal die Weltanschauung vieler Menschen gründlich revidiert werden müssen. Die Wissenschaftler kommen dann nicht umhin, die Natur des Bewusstseins,

der Materie und der Raumzeit auf völlig neue Weise zu bewerten und zu untersuchen – vielleicht sogar über die Methoden der gezielten Innenschau, wie sie von den schamanistischen und mystischen Traditionen seit Alters her betrieben und empfohlen wird. Bis dorthin ist es ratsam, diese Empfehlungen zumindest ernst zu nehmen. Denn die Quantenphysik, die Medizin, die Psychologie und insbesondere die Parapsychologie haben viele Grundthesen der Mystiker und Yogis über die Wirklichkeit nachhaltig bestätigt, zu nennen wären die Realität der Psi-Phänomene, die Macht des (Unter-) Bewusstseins, die fundamentale Unstofflichkeit der Materie oder die Relativität der Zeit. Keine einzige der Grundthesen der Mystiker wurde bislang jedoch widerlegt.

Bislang weisen die Forschungsergebnisse der Parapsychologie tatsächlich auf die Existenz einer tieferen Realitätsebene hin, von der aus sich bewusstseinsartige oder geistig-psychische Wirkungsprinzipien bis in unsere Welt hinein erstrecken.

Und könnte es eine herausforderndere und faszinierendere Forschungshypothese geben, als dass sich in sämtlichen Lebensprozessen und auch der Evolution als Ganzes die letztlich unverkennbare Signatur des Geistes herauslesen lässt?

15. Epilog: Eine Lanze für den Vitalismus

Derzeit ist der Vitalismus erheblich unpopulärer als der Organizismus oder der Neodarwinismus – ja, er ist sogar noch unpopulärer und unbekannter als der Kreationismus. Dies liegt zum einen darin begründet, dass der Vitalismus keine religiösen Sicherheiten verspricht (wenngleich er sie auch nicht ausschließt), und dass zum anderen bisher weder die Entelechie noch sonstige vitalistische Energien, Felder oder immaterielle Wirkungsprinzipien auf physikochemischem Weg detektiert werden konnten. Deren Existenz scheint sich – mit Ausnahmen in der parapsychologischen Forschung – vornehmlich indirekt anhand von experimentellen Beobachtungen und theoretischen Überlegungen zur körperlichen Entfaltung von Lebewesen zu erschließen. Da sowohl Neodarwinisten als auch Organizisten glauben, ihre Weltanschauung erkläre die Evolution bereits in befriedigender Weise, treffen vitalistische Konzepte bei ihnen erwartungsgemäß auf scharfe Kritik.

Doch diese Kritik erweist sich bei genauerer Prüfung als gewollt und letztlich unhaltbar. Deswegen möchte ich an dieser Stelle eine Lanze für den ungeliebten Vitalismus brechen und näher auf die Stichhaltigkeit der Kritiken eingehen. Beginnen wir mit der Kritik der Neodarwinisten am Vitalismus und wenden uns danach der Kritik der Organizisten an ihm zu.

Die Kritik der Neodarwinisten am Vitalismus

Die Kritikpunkte der Neodarwinisten am Vitalismus lassen sich etwa wie folgt zusammenfassen:

Mit dem Vitalismus wird letztlich überhaupt nichts erklärt. Denn er wird stets dort eingeführt, wo der aktuelle Stand der Biologie mit Erklärungen nicht mehr weiterkommt und das bislang Unbekannte regiert. Doch mit wie auch immer gearteten Lebensprinzipien, Entelechien oder auch Feldern, die jedoch selbst weder nachweisbar noch naturwissenschaftlich erklärbar sind, werden lediglich nicht überprüfbare Pseudoerklärungen geliefert, die zudem in die Irre führen. Denn die Geschichte der Biologie hat gezeigt, dass der Bereich des biologisch Unerklärlichen im Laufe der letzten Jahrzehnte immer weiter bis auf wenige ungeklärte Zusammenhänge auf molekularer Ebene zusammengeschrumpft ist. Daher werden auch diese bislang unbekannten molekularen Mechanismen alsbald ohne vitalistische Zusatzannahmen aufgeklärt werden können. Der Vitalismus ist also in zunehmend kleinere Refugien zurückgedrängt worden und muss schließlich ganz aus der Biologie weichen. Wer an ihm festhält und ihn propagiert, stellt sich gegen die nachweislich richtige materialistisch-neodarwinistische Theorie vom Leben und der Evolution, verursacht wertlose oder dem wissenschaftlichen Fortschritt sogar abträgliche Diskussionen und behindert damit weiterführende, vertiefende Forschung. Er stellt sich zudem gegen klare, nachvollziehbare Erklärungen und huldigt dafür einem schwammigen und unwissenschaftlichen Mystizismus.[374]

Diese Behauptungen lassen sich wie folgt kommentieren:

1. Zunächst einmal ist es völlig korrekt, dass der Vitalismus dort einsetzt, wo das mechanistische, reduktionistische Denken des Neodarwinismus nicht weiterkommt. Jedoch bestehen große Unterschiede bezüglich der Auffassung, wo dies der Fall ist. Mag der Neodarwinist auch davon ausgehen, dass nur noch auf der Ebene spezieller molekularbiologischer Regulationsprozesse gewisse Wissenslücken existieren. Wie in diesem Buch hoffentlich deutlich geworden ist, erklärt für den Vitalisten der Neodarwinismus weder die Entstehung des Lebens, bestimmte Aspekte der ganzheitlich angelegten körperlichen Entwicklung von Lebewesen, die Entstehung und Koordination von Insektenstaaten oder die Gallenbildungen, die Evolution von zunehmend komplexeren Lebensformen bis hin zur Entstehung des reflexiven Selbstbewusstseins, die Wirkungsweise von Hypnose oder die parapsychologischen Phänomene.

Genau hier setzt schließlich die Kritik von sowohl den Organizisten als auch den Vitalisten am neodarwinistischen Reduktionismus ein: Mit den Aufklärungen der faszinierenden Funktionsweisen molekularbiologischer Reaktionsketten sind noch lange nicht die Fähigkeiten und das Wesen eines Organismus als Ganzes erklärt. Daher werden die reduktionistischen Mechanisten auch niemals zu einer vollständigen Beschreibung lebendiger Organismen gelangen können. Die wahren „Ur-Sachen" bleiben ihnen immer verborgen. Die oftmals geäußerte Unterstellung, die Vitalisten hätten sich mit ihren Theorien mittlerweile auf wenige ungeklärte molekularbiologische Spezialbereiche zurückziehen müssen, ist schlichtweg falsch. Eine derartig naive und defensive Sicht der Dinge wurde von Vitalisten zumindest in den letzten 150 Jahren niemals vertreten. In solchen Behauptungen spiegelt sich lediglich das reduktionistische Denken der Gegner des Vitalismus wider, die für die eigentlichen Probleme und größeren Lebenszusammenhänge blind zu sein scheinen.

2. Die Tatsache, dass bislang die postulierten Lebensprinzipien, Entelechien oder organisierenden Felder im Gegensatz zu den bereits bekannten Feldern der Physik nicht mit physikochemischen Mitteln detektiert werden konnten, bedeutet keineswegs, dass dies überhaupt möglich wäre oder notwendig so sein müsste. Wie im vierten Teil des Buches ausführlich anhand der Analogie von Flachland gezeigt wurde, könnte es sein, dass sich insbesondere formbildende „Felder", wodurch körperliche Entwicklungsprozesse reguliert werden, grundsätzlich nicht nachweisen lassen. Es könnte sich hierbei um durch Ganzheitskausalität bedingte Geschehnisse handeln, welche auf die in der übergeordneten Realitätsebene angelegten Zeitgestalten von Organismen zurückzuführen sind.

Doch auch die weit verbreitete Annahme, dass sich die bislang *bekannten* Felder oder immateriellen Wirkungsprinzipien mit den gängigen physikalischen Methoden direkt detektieren ließen, ist nicht einmal richtig!

Wie genau Feldkräfte auf Materie einwirken, stellt auch im Rahmen der heutigen Physik noch immer ein weitgehend unverstandenes Rätsel dar. Dies gilt auch für den Elektromagnetismus oder die Gravitation. Und diese Felder lassen sich schon gar nicht direkt detektieren – das ist ausschließlich *indirekt anhand der Reaktion von für sie anfälliger Materie möglich.* Versuchen Sie beispielsweise, den Elektromagnetismus mit Holz, Glas oder Steinen zu messen oder gar ein Radio aus diesen Materialien zu bauen, wird Ihnen wenig Erfolg beschieden sein. Keinen einzigen der zahllosen Radiosender, die bis in die letzten Winkel dieser Erde unsichtbare elektromagnetische Wellen ausstrahlen, könnten Sie damit empfangen oder nachweisen. Das angemessene Material für die Detektion von elektromagnetischen Wellen oder Feldern ist Metall. Versuchen Sie weiterhin, Gravitationsfelder anhand der Reaktion von Feinstaub-Partikeln oder subatomaren Teilchen zu analysieren, wird Ihnen dies ebensowenig gelingen. In diesen Größenskalen spielt die Gravitation praktisch keine Rolle. Es müssen daher Reaktionen oder Bewegungen von massereichen Körpern beobachtet werden, um überhaupt Aussagen über die Gravitation treffen zu können.[375]

Das Gleiche gilt für die quantenphysikalische Verschränkung von Photonen. Auch sie konnte noch niemals direkt gemessen werden. Sie wird – nebst theoretischen Voraussagen – lediglich durch die immer wieder beobachtbare *Reaktion der Photonen* nahegelegt.

Alle Felder oder Verschränkungen lassen sich also grundsätzlich nicht direkt detektieren, sondern immer nur indirekt und in dem Kontext, in dem eine entsprechende Reaktion von für sie anfälliger Materie beobachtet werden kann. Ausschließlich die Reaktion solcher Materieteilchen (z. B. ihre Bewegung) kann über entsprechende Messapparaturen für die Beschreibung der in Frage kommenden Felder genutzt werden.

Das gleiche gilt für jegliche Entelechien, morphischen Felder oder biologischen Verschränkungen: Sie würden sich nur anhand von für sie anfälliger Materie untersuchen lassen können – und dies sind in erster Linie die Organismen selbst. Deswegen könnten sich physikochemische Messapparaturen für die Detektion der Entelechie, von biologischen Feldern oder insbesondere geistig-psychischen Wirkungsprinzipien als genauso ungeeignet erweisen, wie Glas für die Detektion des Elektromagnetismus oder ein Atom für die Detektion der Gravitation. Diese biologischen Wirkungsprinzipien könnten auf Lebewesen Einfluss nehmen, ohne dass sie jemals in ihrer Gesamtheit auf technischem Wege gemessen werden könnten.

Überträgt man die vorangegangenen Gedanken nun auf Beobachtungen von Lebewesen, die vor allem im Rahmen der parapsychologischen Forschung gemacht worden sind, so könnte man dennoch annehmen, dass *zumindest bestimmte Aspekte geistig-psychischer Fernwirkung, mentaler Felder oder biologischer Verschränkungen* tatsächlich bereits auch technisch nachgewiesen worden sind. Bewusste und unbewusste Telepathie, das Feld-Bewusstsein und Psychokinese könnten hier angeführt werden. Als Maß für die Stärke von mentalen Feldern oder biologischen Verschränkungen würde dann in genauer Analogie zu den anderen der

Wissenschaft bereits bekannten Feldern die Exaktheit oder die Schärfe der telepathisch übertragenen Information bzw. das Ausmaß der psychokinetischen Beeinflussung von Zielobjekten gelten.

Wir haben weiterhin gesehen, dass diese aus der parapsychologischen Forschung abgeleiteten Wirkungsprinzipien durchaus wesensverwandt mit den von den Vitalisten postulierten organisierenden Feldern oder Entelechien sein könnten. Rupert Sheldrake bringt dies in seinem Konzept der morphischen und den dazu gehörigen morphogenetischen Feldern am deutlichsten zum Ausdruck. Es umfasst beide Varianten. Dann aber wären mit der unbewussten Telepathie, deren Effekte sich an Gehirn-, Haut- oder Darmreaktionen ablesen lassen, sowie mit den psychokinetischen Fernwirkungen auf lebende Organismen tatsächlich schon längst auch Auswirkungen von vitalistischen Wirkungsprinzipien mit physikochemischen Mitteln nachgewiesen worden. Dies würde ebenfalls für Effekte von Hypnose oder (Auto-) Suggestion gelten.
Daher besteht also trotzdem die Möglichkeit, dass in Zukunft auch auf physikochemischem Wege biologische Felder oder Verschränkungen untersucht werden können. Genau dies hat die Naturwissenschaftsgeschichte seit Galilei und Newton nämlich ebenso gezeigt: Vieles, über das vormals nur vage gemutmaßt wurde, konnte im Zuge des wissenschaftlichen Fortschritts zunehmend besser experimentell abgesichert werden.

3. Ein forschender Vitalist behindert deshalb auch nicht die gegenwärtige Wissenschaft, sondern treibt sie im Gegenteil genau an den richtigen und wichtigen Stellen voran. Das demonstriert alleine schon die Tatsache, dass viele Vitalisten im Gegensatz zu Neodarwinisten die Realität der Psi-Phänomene anerkannten und sich sogar aktiv an ihrer Erforschung beteiligten. Es sind vielmehr die mechanistisch-materialistisch orientierten Wissenschaftler, welche die Forschung an den entscheidenden Stellen seit vielen Jahrzehnten nachhaltig blockieren. Ihre Fragen an die Natur brechen viel zu früh ab, und dass auch noch an gerade den wirklich wichtigen Stellen. Ein weiterer prominenter Pionier der parapsychologischen Forschung, der Physiker Sir William Barrett (1844-1925), brachte dies vor einiger Zeit bereits auf den Punkt:

„Auf keinem Zweig der Wissenschaft hätte es je einen Fortschritt gegeben, wenn die Sachverständigen, statt die Wahrheit zu ergründen, nur darauf bedacht gewesen wären, einen angeblichen Betrug aufzudecken."[376]

Wer weiß, wie weit der Kenntnisstand der Parapsychologie oder auch derjenige des Vitalismus bereits gediehen wäre, wenn seit den Zeiten Schopenhauers oder Sidgwicks der Erforschung von Psi-Phänomenen ähnlich viel Zeit, Geld und Aufmerksamkeit gewidmet worden wäre wie der Evolutionsbiologie oder der Molekularbiologie!

4. Vitalisten leugnen keinesfalls die Bedeutung der reduktionistischen Forschungsmethode und die Erkenntnisse der Molekularbiologie. Ihre Erfolge sind beeindruckend und unübersehbar. Wallace, Driesch oder Hardy zählten zu den hervorragendsten Biologen ihrer Zeit und wussten sehr wohl, von was sie sprachen. Auch Bergson, Dacqué oder Steiner erkannten die Leistungen der biologischen Wissenschaften innerhalb ihres Geltungsbereichs vorbehaltlos an. Es ging ihnen lediglich darum, der reduktionistischen Art von Wissens- und Erkenntnisgewinn den ihr angemessenen Platz zuzumessen. Nicht die reduktionistisch-mechanistische Forschungsmethode wird hier kritisiert, sondern lediglich der Anspruch, sie leichtfertig zu einer allumfassenden Lebensauffassung und sogar Weltanschauung auszuwalzen.

Die Kritik der Organizisten am Vitalismus

Wenden wir uns jetzt der Kritik der Organizisten an den Vitalisten zu. Bis jetzt haben wir den Organizismus als vermittelnden „dritten Weg" zwischen Mechanismus und Vitalismus kennen gelernt, wobei der Schlüssel zum Verständnis des Lebens im Verständnis der Selbstorganisation von Materie, der Interaktion von Systembestandteilen der Organismen sowie in deren ganzheitlichen Vernetzungsmustern liegen soll. Demnach besteht zwischen unbelebter Materie und belebter Materie kein grundlegender Unterschied. Leben folgt logisch aus materieller Selbstorganisation, was u. a. durch die im ersten Buchteil diskutierten dissipativen Strukturen demonstriert werden soll.

Deswegen wenden sich Organizisten gegen die vitalistische Konzeption einer den Lebewesen zugehörigen Entelechie oder sonstigen Eigengesetzlichkeit, wodurch sie sich von unbelebter Materie wie einem Stein oder einem Bach grundlegend unterscheiden sollen. Die Organizisten werfen den Vitalisten vor, sie würden eine unangemessene Spaltung zwischen Materie und Lebensprozessen schaffen, wobei doch Leben nichts anderes sei als die notwendige Folge von „organisierenden Beziehungen" seiner physischen Bestandteile, die hier lediglich auf ganzheitliche Art und Weise interagieren. Demnach erweist sich der so verstandene Organizismus als eine veredelte Variante des Materialismus, womit auch seine Popularität in manchen Wissenschaftlerkreisen erklärt wäre.

Tatsächlich ist es aber so, dass unter dem Begriff des Organizismus sehr oft zwei unterschiedliche Weltanschauungen zusammengefasst werden, die jedoch nicht miteinander vermengt werden dürfen. Dieser Sachverhalt sorgt für einige Ungereimtheiten und Widersprüche. Er soll hier zunächst geklärt werden.

Die erste Variante des Organizismus entspringt den frühen System-theorien wie denjenigen von Paul Weiss oder von Bertalanffy.[377] Heute findet er seine Fortsetzung z. B. bei Manfred Eigen, Steven Rose[378] und einigen modernen Mikrobiologen, die immer stärker darauf verweisen, dass die zeitliche Entwicklung des dreidimensionalen Körperbaus von Lebewesen nicht allein durch die Reihenfolge der DNS-Nukleotide erklärt werden kann.[379] Er wird besonders gerne von materialistisch denkenden Biologen benutzt, die damit den vielen Problemen des rein mechanistischen Ansatzes aus dem Weg gehen wollen, ohne gleichzeitig in vitalistische Gefilde abdriften zu müssen. Dabei werden das Bewusstsein und die psychischen Komponenten der Lebewesen entweder gar nicht angesprochen oder als zwangsläufig mit der Entfaltung des Nervensystems einhergehend begriffen. Die Realität parapsychologischer Phänomene wird dabei regelmäßig ignoriert oder bestritten. Bereits von Bertalanffy verwies alles, was im weitesten Sinne mit Psyche oder Psychologie zu tun hat, als grundsätzlich unerforschbar aus dem Bereich der Wissenschaft in den Bereich der Metaphysik; der Parapsychologie stand er entsprechend ablehnend gegenüber.[380] Man könnte diese Form des Organizismus in Anlehnung an seine Herkunft als den *systemischen Organizismus* bezeichnen.

In der zweiten Variante des Organizismus werden zwar ähnliche Gedanken vorgetragen wie im systemischen Organizismus, allerdings beruhen sie auf geradezu diametral entgegengesetzten Grundannahmen. Diese Variante wird auch als „Holismus" bezeichnet und betont, dass letztlich *die gesamte Natur lebendig* ist. Sogar das gesamte Universum wird als lebendig begriffen. Der eigentliche Vitalismus wird hierbei dadurch abgelehnt, dass bereits die dissipativen Strukturen und sonstige Formen von anorganischer Selbstorganisation als ein auf niedriger Stufe stehender Ausdruck der lebendigen Natur oder gar des ihnen innewohnenden Geistes angesehen werden.[381]

Somit wird auch in der Sicht des Holismus eine Betonung des Unterschieds zwischen unbelebter und belebter Materie hinfällig. Die rätselhaften Eigenschaften des Gehirnes und die Rolle des Geistig-Psychischen in der Natur werden hingegen oftmals diskutiert oder spielen sogar eine zentrale Rolle.

So postuliert Adolf Meyer-Abich (1893-1971), einer der Gründerväter des Holismus, dass die Physik letztlich als Spezialdisziplin in die Biologie aufgenommen werden müsse; aber auch die Biologie müsse letztlich in einer umfassenden *Psychologie* als die allen Wissenschaftsdisziplinen übergeordnete Disziplin aufgehen. Dabei geht er dennoch davon aus, dass die Evolution nicht verstanden werden kann, wenn man den Lebensformen nicht entsprechende Ideen und Entelechien zugrunde legt sowie ein überindividuelles geistig-psychisches Prinzip annimmt, das über Telepathie vermittelt wird.[382] Sehr häufig tauchen im Holismus Gedanken spiritueller oder mystischer Natur auf, wobei letztlich der Prozess des Lebens oder das Geistig-Psychische wie schon bei Schopenhauer oder Wallace als die eigentliche Grundlage des Universums begriffen wird.[383] Das Auftreten von Psi wird dabei keinesfalls ausgeschlossen, oftmals sogar für selbstverständlich und erwiesen erachtet.[384]

Wir sehen deutlich, dass in dieser Denkrichtung vitalistische Konzepte nicht grundsätzlich abgelehnt werden, sondern dass über sie hinaus gegangen werden soll. Der Holismus steht laut Meyer-Abich „auf den Schultern des Vitalismus".[385] Er kann daher auch nicht als vermittelnder dritter Weg zwischen Mechanismus und Vitalismus gelten, sondern entfernt sich sogar noch weiter vom materialistischen Mechanismus, als der Vitalismus es bereits tat.

Diese holistische Form des Organizismus, die also nebst Lebewesen auch Kristalle, Planeten und Galaxien umfasst, ist noch ein gutes Stück ganzheitlicher als der systemische Organizismus. In unserem Zusammenhang soll der Holismus in deutlicher Abgrenzung zum systemischen Organizismus alternativ als der *holistische Organizismus* bezeichnet werden.

Bislang verhält es sich aber oftmals so, dass die beiden beschriebenen Formen des Organizismus zu einer unsauberen Mischung verquickt werden. Dies ist z. B. auch bei Fritjof Capra der Fall. Einerseits stellt Capra detailliert den systemischen Organizismus vor, wobei er zugleich Abstand von dualistischen Vorstellungen und vitalistischen Lebensenergien, Kräften oder Feldern nimmt.[386] Andererseits vertritt er aber gleichzeitig die holistische Betrachtungsweise. In diesem Kontext bezeichnet Capra Teilhard de Chardin als denjenigen abendländischen „Mystiker", dessen Denken der neuen Systembiologie am nächsten kommt[387] und er bezieht sich in seinen Ausführungen wiederholt auf den Hinduismus, den Buddhismus und den Taoismus.[388]

Da bei Teilhard de Chardin die Evolution *von einem vitalistischen Lebensschwung* getragen wird, ist jedoch nicht nachzuvollziehen, warum Capra sich dann gegen den Vitalismus ausspricht.

Überdies gelten in den von ihm zitierten östlichen Traditionen die Körper aller Lebewesen als von einem feinstofflichen Körper durchdrungen, der die belebte Materie im Gegensatz zur unbelebten Materie organisiert und reguliert. Ein Aspekt hiervon ist die bereits erwähnte feinstoffliche *Lebensenergie* namens „Chi", die in Japan „Ki", in Tibet „Lung" und in Indien „Prana" genannt wird. Steine, Maschinen oder auch Leichen besitzen diese für Lebewesen charakteristische Energieform nicht.

Mit Fug und Recht können daher, wenn über den Unterschied zwischen belebter und unbelebter Materie diskutiert wird, diese Aspekte der östlichen Traditionen als vitalistisch bezeichnet werden.

Demzufolge denkt auch heute ein sehr großer Teil der Weltbevölkerung vitalistisch. Auch wenn man sich dieser Tatsache in der Regel kaum bewusst ist: Jeder Westeuropäer, der in irgendeiner Form von der Nützlichkeit der Traditionellen Chinesischen Medizin (inklusive Akupunktur, Thai Chi oder Chi Gung), der traditionellen Meditationsarten oder der verschiedenen Formen des Yoga überzeugt ist, weist sich dadurch als Vitalist aus.

Das selbe gilt für die Anhänger der Homöopathie. Denn ihr Begründer, Samuel Hahnemann (1755-1843), war ausgemachter Vitalist und führte die Heilkräfte seiner Medikamente auf die Harmonisierung und Heilung der „Vitalkraft" in den Organismen zurück.[389] Die Hömöopathie soll demzufolge nicht etwa direkt auf den materiellen Leib einwirken, sondern auf einen komplementären feinstofflichen Aspekt, der im Fall einer Heilung wiederum auf den physischen Körper zurückwirkt.[390]

So zeigt sich zu guter Letzt, dass der holistische Organizismus an vitalistischen Konzeptionen, wonach ein lebensspezifisches Wirkungsprinzip organisierend auf die Materie einwirkt, sich ihrer bedient oder sich in ihr objektiviert, überhaupt nicht vorbeikommt. Organizisten wie Capra, die dem Leben einerseits spezifische regulierende Wirkungsprinzipien absprechen und andererseits trotzdem mit ihnen arbeiten, scheinen gleichsam einen Spagat um das unpopuläre Konzept des Vitalismus zu versuchen, ohne dass ihnen damit Erfolg beschieden wäre. Der systemische Organizismus greift zu kurz und kann entscheidende Aspekte des Lebens wie die Funktionsweise des menschlichen Selbstbewusstseins, die Auswirkungen von Hypnose oder auch die Psi-Phänomene nicht erklären. Und der holistische Organizismus greift zwar über den Vitalismus hinaus, allerdings kann er dabei nicht auf vitalistische Konzepte als grundlegende Bestandteile verzichten.

Hieraus wird deutlich, dass Vitalismus und holistischer Organizismus keine sich wechselseitig ausschließenden Weltanschauungen sind, sondern dass der holistische Organizismus als übergeordnete Theorie den Vitalismus als Teiltheorie in sich aufnehmen kann. Genau dies ist der Fall in den erwähnten östlichen Traditionen, aber auch bei allen Autoren, die wir diskutiert haben, wie z. B. Schopenhauer, Wallace, von Hartmann, Driesch, Bergson, Dacqué oder Steiner. Sie bestritten nie, dass das gesamte Universum als ein einziges Ganzes aufgefasst werden kann, in dem alle Teile letztlich auf einen gemeinsamen Ursprung zurückgehen. Aber dennoch kann auf der biologischen Ebene ein tendenziell dualistischer Vitalismus den vielversprechendsten Ansatzpunkt liefern. Die Unterscheidung zwischen Vitalismus und holistischem Organizismus bzw. Holismus erweist sich daher lediglich als eine Unterscheidung in der Setzung des Betrachtungsschwerpunkts.

Aus dem eben Gesagten folgt, dass es sinnvoll ist, die naturwissenschaftliche Forschung auf jeder Forschungsebene vor dem jeweils angemessenen philosophischen Hintergrund zu betreiben. Aus der Hierarchie der Untersuchungsebenen ergibt sich dann eine korrespondierende Hierarchie der dazugehörigen Anschauungsformen:

1. Auf der Ebene der Aufklärung linearer biochemischer Reaktionsketten und Zusammenhänge ist das angemessene Bezugssystem tatsächlich der reduktionistische Mechanismus.
2. Auf der Ebene der Erforschung des wohlkoordinierten Zusammenspiels verschiedener biochemischer Reaktionsketten, Zellansammlungen, Organe oder Lebewesen ist dies der systemische Organizismus.
3. Auf der Ebene der Untersuchung der Entfaltung des organischen Lebens, der Bewusstseinsforschung oder der Parapsychologie ist dies ein zumindest tendenziell dualistischer Vitalismus.
4. Und bei der Betrachtung der fundamentalen Realitätsebene, die allem Sein zugrunde liegt, spricht nichts gegen den holistischen Organizismus oder Holismus, worin organische und anorganische Materie, aber auch Geist und die Materie „an sich" als komplementäre Aspekte einer fundamentalen, einheitlichen und geistig-energetischen Seinsform aufgefasst werden, die sich wechselseitig durchdringen und das Leben gemeinsam immer neuen Erlebnishorizonten entgegen tragen.
Sollten das Leben und die anorganische Materie tatsächlich auf eine gemeinsame Quelle zurückzuführen sein, würde dies dennoch nicht bedeuten, dass das Leben auf diese anorganische Geschehnisse zurückzuführen wäre. Vielmehr würden die Wasser dieser Quelle in unterschiedliche Richtungen fließen.

Die auf der jeweiligen Untersuchungsebene angemessenen Anschauungsformen könnten sich an verschiedenen geeigneten Schnittpunkten wechselseitig ergänzen und befruchten.

Anmerkungen

[1] Popper (1973), S. 7.

[2] Es gibt dennoch unter den Kreationisten auch im deutschen Sprachraum Autoren, welche die Schwächen des modernen Evolutionsmodells mit beeindruckender Akribie und wissenschaftlichem Scharfsinn analysieren, z. B. die Akademiker Siegfried Scherer, Reinhard Junker und Wolf-Ekkehard Lönnig. Die Gegendarstellungen ihrer evolutionistischen Kontrahenten fallen dagegen geradezu oberflächlich und stereotyp aus. Oftmals erwecken sie den Eindruck, dass die von den Kreationisten angeführte Kritik noch nicht einmal gelesen oder verstanden wurde. Ich muss hingegen gestehen, dass ich Schriften der genannten Autoren mit großem Interesse studiert habe und – wie sich noch zeigen wird – sogar einige ihrer Gedanken in diesem Buch verarbeitet habe. Man sollte nicht das Kind mit dem Bade ausschütten und sich davon abschrecken lassen, dass Scherer, Junker oder Lönnig ihren wissenschaftlichen Scharfsinn nicht gleichermaßen auf die Hinterfragung ihres eigenen weltanschaulichen Standpunktes ausdehnen, sondern sich statt dessen auf ihren Glauben verlassen. Es wird in diesem Buch deutlich werden, dass die Vertreter der modernen Evolutionstheorie letztlich nichts anderes tun.

[3] Viele bedeutende Vitalisten des letzten Jahrhunderts fassten den Vitalismus in dieser Weise auf, u. a. Eduard von Hartmann (1925) und Hans Driesch (1935). Wir werden noch genauer auf sie zu sprechen kommen.

[4] Monod (1971), S. 55.

[5] Weinberg (1981).

[6] Das erste Gesetz der Thermodynamik besagt, dass Energie weder vernichtet noch erzeugt werden kann, sondern lediglich in andere Erscheinungsformen umgewandelt werden kann.

[7] Schrödinger (2003).

[8] Z. B. Primas (1990); Pauling (1987); Perutz (1987).

[9] Er sagt z. B. über den Neodarwinismus: „Dass eine Theorie, die so vage, so unzulänglich verifizierbar, so weit von den üblicherweise in der ‚harten' Wissenschaft angewandten Kriterien entfernt ist, zu einem Dogma geworden ist, kann nur soziologisch erklärt werden." Bertalanffy (1970), S. 66.

[10] Nach Prigogine und Stengers (1981).

[10] Bertalanffy (1968).

[11] Nach Prigogine und Stengers (1981).

[12] William Day, nach Shapiro (1987), S. 106.

[13] Riedl (1984).

[14] Miller (1953).

[15] Es sollte an dieser Stelle nicht unbemerkt bleiben, dass nach heutigem Forschungsstand die frühe Erdatmosphäre wahrscheinlich nur Spuren von Methan und Ammoniak enthielt – genau wie auf unseren Nachbarplaneten Venus und Mars, aber anders als z. B. auf dem Saturnmond Titan. Damit verlieren alle mit hohen Konzentrationen dieser beiden Stoffe durchgeführten Experimente sehr stark an Aussagekraft. Miller setzte beispielsweise bis zu 40 Prozent Methan im Gasgemisch der „Uratmosphäre" seiner Experimente ein – eine reichlich utopische Konzentration. Zudem wird geschätzt, dass von allen in der Atmosphäre

gebildeten organischen Molekülen etwa 97 Prozent wieder von der Sonnenstrahlung zerstört wurden, bevor sie überhaupt die ozeanische Ursuppe erreicht hätten.

[16] Verändert nach Vollmert (1985) sowie Dose und Rauchfuß (1975).

[17] Miller (1986).

[18] Tsukahara, Imai, Honda, Harori und Matsuno (2002).

[19] Die Energiequelle in Millers Experimenten waren die Blitzentladungen.

[20] Nebenbei bemerkt: Die kleinsten bekannten Proteine bestehen aus etwa 100 Aminosäuren. Deren Synthese wird demnach von ca. 300 Nukleotiden kodiert.

[21] Man geht davon aus, dass Phosphat zunächst ausschließlich in vulkanischem Gestein als schwerlösliches Mineral in Form von Apatit oder Phosphorit gebunden vorlag und nur langsam durch Verwitterungsprozesse freigesetzt wurde. Erst viel später soll es in nennenswerter Menge vorhanden gewesen sein und Bestandteil der Nukleinsäuren geworden sein.

[22] Larralde, Robertson und Miller (1995).

[23] Lohrmann und Orgel (1976); Sleeper, Lohrmann und Orgel (1979).

[24] Diese Einstellung vertritt beispielsweise Robert Shapiro (1987).

[25] Einen solchen Schutz leistet z. B. das geknäuelte, klumpige Äußere von Proteinen, wobei in spiralig gewundenen Abschnitten wasserabweisende Aminosäurereste nach außen weisen. Über Zufallssequenzen erzeugte Aminosäureketten besitzen diese Eigenarten nicht und sind dementsprechend anfällig für die Hydrolyse.

[26] Lohrmann und Orgel (1976); Sleeper, Lohrmann und Orgel (1979).

[27] Fox, Harada, Krampitz und Mueller (1970).

[28] Z. B. Hirtz und Luisi (2004) oder Weissbuch, Bolbach, Leiserowitz und Lahav (2004).

[29] Pizarello (2004).

[30] Der Astronom Sir Fred Hoyle war u. a. maßgeblich daran beteiligt, die Entstehung schwerer Elemente im Inneren von Sternen zu erklären.

[31] Shapiro (1987), S. 166ff.

[32] Kramer, Mills, Cole, Nishihara und Spiegelman (1974).

[33] Komplexere Modelle von Hyperzyklen basieren auf der Interaktion von verschiedenen RNS-Strängen und den jeweils dazugehörigen Proteinen. Siehe Eigen (1987); für eine zusammenfassende Darstellung siehe Mechsner (1993).

[34] Vollmert (1985); siehe auch Mechsner (1993).

[35] Mechsner (1993).

[36] Runde Blasenstrukturen können von vielen unterschiedlichen Molekülarten gebildet werden. Wenn sie zu flächigen Zusammenlagerungen neigen, wölbt sich die Fläche aufgrund der entstehenden Oberflächenspannung häufig zu der energetisch günstigsten Kugelform. Dies ist ein weit verbreitetes physikalisch-chemisches Phänomen, das nichts mit etwaigen Lebensprozessen zu tun hat. Auch manche Proteinoide bilden unter bestimmten Bedingungen „Mikrosphären". Mit potentiellen Lebensanfängen haben sie jedoch nichts zu tun.

[37] Z. B. Rasmussen, Chen, Stadler und Stadler (2004) oder Szostak, Bartel und Luisi (2001).

[38] Genauere Einzelheiten über diesen keineswegs trivialen Syntheseweg lassen sich in dem auch sonst sehr lesenswerten Buch von Behe (2007) nachschlagen.

[39] Wald (1954).

[40] Diese Modellrechnung ist angelehnt an Shapiro (1987), S. 135ff.

[41] Vollmert (1985).

[42] Ebenda.

[43] Sowerby, Petersen und Holm (2002).

[44] Ebenda.

[45] Z. B. Dawkins (2001).

[46] Sehr fragwürdigen Charakter nimmt das Beharren auf dem erfolgreichen Wirken des Zufalls an, wenn man die extreme Unwahrscheinlichkeit der zufälligen Lebensentstehung zwar anerkennt, aber dennoch behauptet, sie sei genau dieses eine einzige mal auf Erden geschehen – ähnlich wie einzelne Personen immer wieder im Lotto gewinnen, obwohl es statistisch gesehen für den einzelnen Spieler so gut wie unmöglich ist. Die Behauptung, wir Lebewesen seien gerade der handfeste Beweis dafür, dass das Unerhörte sich entgegen jeglicher Unwahrscheinlichkeit dennoch ereignet hat, wurde beispielsweise von dem vom Pariser Existenzialismus geprägten Biochemiker Jaques Monod in seinem berühmt-berüchtigten Buch „Zufall und Notwendigkeit" vertreten. Hierin wird der Mensch dem gemäß mit einem einsamen „Zigeuner am Rande des Universums" verglichen. Es ist durchaus legitim, eine solche Theorie aufzustellen. Aber wenn man es tut, sollte man sich dabei dessen bewusst sein, dass man es lediglich aus einer subjektiven Glaubenshaltung heraus tut, genau wie der von irrationaler Hoffnung auf Erfolg geleitete Lottospieler.

[47] Die von Prigogine untersuchten dissipativen Strukturen sind ihrem Wesen nach verhältnismäßig einfache Formationen, die immer noch eine unüberbrückbare Kluft von den komplex vernetzten Stoffwechselprozessen der einfachsten Lebewesen wie z. B. dem Bakterium *Mycoplasma genitalium* trennt. Es besitzt eine aus 580 070 Nukleoitiden bestehende DNS, die insgesamt 470 Gene enthält. Ein einziges typisches Bakteriengen ist etwa 1 000 Nukleotide lang, die dazugehörigen Proteine bestehen etwa aus 300-400 Aminosäuren. Diese steuern mannigfache Stoffwechselprozesse oder bewerkstelligen die komplizierte Abschrift der DNS.

[48] Brenner (2004).

[49] Trinks, Schröder und Biebricher (2005).

[50] Brenner (2004).

[51] Luisi (2004).

[52] Dacqué (1941).

[53] Lamarck (1909).

[54] Ebenda, S. 80.

[55] Dichotome Bestimmungsschlüssel basieren auf Entscheidungsfragen, die den Biologen bei der Bestimmung von Organismen in jeweils einer von zwei möglichen Richtungen weiter suchen lassen. Ein Beispiel: Hat das fragliche Tier sechs oder acht Beine? Im ersteren Fall weiter suchen bei Insekten, im zweiten Fall bei den Spinnentieren. Auf diese Weise kann man sich bis auf die Ebene kleinster Details herunterarbeiten. Besonders bei der oftmals schwierigen Artbestimmung von wirbellosen Tieren und vielen Pflanzen eignen sich derartige Bestimmungsschlüssel viel besser als Fotografien.

[56] Darwin (2002).

[57] Ebenda, S. 2.

[58] Zit. in Koestler (1974), S. 34.

[59] Darwin (1959).

[60] Darwin (2002), besonders ausführlich in Darwin (1868).

[61] Einige Beispiele hierfür ebenda.

[62] Zitiert in Koestler (1974).

[63] Darwin (1868).

[64] Raby (2001).

[65] Ebenda.

[66] Wallace (1891), S. 737.

[67] Ebenda, S. 738.

[68] Wallace (1916). Genau wie Darwin nahm also auch Wallace deutlich Abstand von der Annahme, die Variation mit nachfolgender natürlicher Selektion könne die gesamte Evolution erklären. Wie so oft in der Geschichte waren die Nachfolger dieser beiden großen Gelehrten dogmatischer und engstirniger in der Propagierung einer Idee als diejenigen, die sie durch selbständiges Denken entwickelt hatten.

[69] Wallace (1891).

[70] Driesch (1928).

[71] Bergson (ohne Jahresangabe).

[72] Teilhard de Chardin (1988), S. 150.

[73] Hardy (1965).

[74] Sheldrake (2003).

[75] Der Lamarckist Paul Kammerer war eine der schillerndsten Gestalten der Biologie. Er muss eine faszinierende, wenngleich nicht immer einfach zu nehmende Persönlichkeit gewesen sein. Kammerer etablierte sich in Wien mit seinen Versuchen an Amphibien und Reptilien zu einer führenden Kapazität im Bereich der experimentellen Tierphysiologie. Besonders sorgten seine Versuche mit Feuersalamandern für Schlagzeilen. Hierbei züchtete er diese Tiere auf dunklen bzw. hellen Unterlagen, und im Laufe der Zeit passten sich die Salamander in ihrer Hautfarbe den farblichen Umständen an, indem sie zunehmend gelber oder schwärzer wurden. Kammerer behauptete, diese Farbdominanzen würden zumindest auf die erste Nachfolgegeneration vererbt, was einen eindeutigen Beweis für die Vererbung erworbener Eigenschaften dargestellt hätte (Kammerer, 1913; 1925). In der Folgezeit hatte Kammerer mit einigen Neidern und Feinden zu kämpfen, die alles daran setzten, ihn zu diskreditieren. Die jahrelange gegen ihn ausgetragene Hetzkampagne endete erst mit dem Freitod Kammerers, nachdem ihm ein angeblicher Betrugsversuch nachgewiesen wurde, der seinen wissenschaftlichen Ruf endgültig ruinierte. Die näheren Umstände des Betrugs (wobei es um die Manipulation eines einzigen, viele Jahre alten Krötenpräparates ging) konnten allerdings nie geklärt werden. Für Kammerer spricht, dass die Manipulation in einem Zusammenhang verübt wurde, der von ihm stets als nebensächlich und überhaupt nicht als Beweis für die Vererbung erworbener Eigenschaften angesehen wurde, dass sie viel zu plump war, um seine Handschrift zu tragen, dass das fragliche Präparat viele Jahre zuvor mehrfach begutachtet worden war, ohne dass die jetzt festgestellte Manipulation aufgefallen war und dass er sich im fraglichen Zeitraum kaum in seinem ehemaligen Institut in Wien aufgehalten haben konnte. Die Geschichte Paul Kammerers ist ausführlich in dem Buch „Der Krötenküsser" von Arthur Koestler (1974) nachzulesen.

[76] Der Genetiker Nikolaj Vavilov ist lediglich das prominenteste Opfer der vielen unter Stalin verfolgten und ermordeten Wissenschaftler. In der Sowjetunion hielt sich die Theorie der Vererbung erworbener Eigenschaften noch Jahrzehnte, nachdem sie von fast allen westlichen Wissenschaftlern längst ad acta gelegt worden war. Sie eignete sich nämlich hervorragend für das kommunistische Regime, da sie nahe legte, über entsprechende Erziehung könnten auch die Bürger der niederen Bevölkerungsschichten auf dem Globus dazu gelangen, hochintellektuelle sozialistische Nachkommen zu zeugen. Vavilov, damals der führende russische Genetiker, lehnte eine solche Sicht der Vererbung ab. Gemäß der unter Stalin üblichen Praxis wurden Personen, die mit der staatlichen Doktrin nicht konform gingen, aufs entschiedenste daran gehindert, ihr Gedankengut weiterzuverbreiten. Vavilov wurde daher zunächst massiv in seiner Forschungstätigkeit beeinträchtigt und schikaniert. Als er weiterhin standhaft weigerte, seinen Standpunkt zu ändern, wurde er 1940 verhaftet. Nachdem er alle Höllen der stalinistischen Kerker inklusive der Folter durchlebte, wurde er schließlich zur Erschießung verurteilt. Das Urteil wurde später in eine langjährige Haftstrafe umgewandelt, aber Vavilov starb bereits 1943 an Unterernährung in einem Gefängnis und wurde in einem Massengrab verscharrt.

[77] So z. B. in einem zu meiner Studienzeit an Universitäten bekannten Lehrbuch für Genetik: Gilbert (1997), S. 592.

[78] Dieses Thema wird ausführlich bei West-Eberhard (2003) sowie bei Jablonka und Lamb (1995, 2005) behandelt. Diese beobachteten Vererbungen erworbener Eigenschaften werden jedoch nicht über direkte Modifikationen der Nukleotidsequenz der DNS weitergeben, sondern über anderweitige Moleküle, die entweder unabhängig von der DNS weitergegeben werden oder ihr als zusätzliche „Marker" angehängt werden. Das macht das Auftreten der Vererbung erworbener Eigenschaften erheblich nachvollziehbarer und lässt die vielleicht zu Unrecht geschmähten Versuchsergebnisse Kammerers in neuem Licht erscheinen.

[79] Weismann (1892).

[80] Haeckel (1923), S. 283.

[81] Reinke (1919), S. 84.

[82] Coyne und Orr (2004).

[83] Zimmermann (1960); Culver (1982); Coyne und Orr (2004).

[84] Aber: Siehe West-Eberhard (2003), Jablonka und Lamb (1995) oder Kammerer (1925).

[85] Positiv selektierbare Ausnahmefälle stellen z. B. solche Defektmutanten dar, die direkt über Leben und Tod entscheiden. Dadurch erklärt sich das relativ häufige Auftreten der Sichelzellenanämie in malariaverseuchten Regionen. Denn die nur auf *einem* der beiden Gene betroffenen Menschen erreichen oft unbeschadet die Geschlechtsreife. Hingegen sterben Menschen, bei denen keine oder beide Chromosomen defekt sind, zumeist frühzeitig entweder an der Malaria oder dem nun zu massiven Blutdefekt.

[86] Micke (1976).

[87] Lönnig (1993, 2003).

[88] Schmidt (1985), S.26, 31. Hierbei gilt zu bedenken, dass positive Mutationen vielleicht gar nicht auffallen, weil deren Träger nicht beim Arzt erscheinen. Dennoch ist das

Fehlen positiv selektierbarer Mutationen angesichts des immensen Aufwandes, mit dem menschliche Erbgutveränderungen erforscht werden, sehr auffällig.

[89] Für eine Zusammenfassung dieser Thematik mit Angabe verschiedener Literaturzitate siehe Wesson (1995), S. 285ff.

[90] Junker und Scherer (1998), S. 113.

[91] Wesson (1995), S. 289.

[92] Morgan (1929).

[93] Lolle, Victor, Young und Pruitt (2005). Dass dieses Phänomen über spezifische Reparaturmechanismen bewirkt wird, konnten die Autoren mittels verschiedener Zusatzuntersuchungen ausschließen. Sie spekulieren, diese gezielte Rückkehr zur Wildform lasse sich nur so erklären, dass nebst den üblichen Genen auf den Chromosomen auch *doppelsträngige RNS* von Individuum zu Individuum vererbt wird, die sich außerhalb des üblichen Genmaterials eines Lebewesens befindet. Im Defektfall wie bei den in dieser Studie untersuchten Mutationen könne sodann für die Ausbildung der Blüte auf diese noch intakten RNS-Stränge zurückgegriffen werden. Gefunden hat man solche RNS-Moleküle bislang nicht, aber die Suche läuft.

[94] Verschiedene diesbezügliche Beispiele bei Pflanzen und Tieren schildert bereits Ludwig Plate (1936). Allerdings konnte zu dieser Zeit kein detaillierter Einblick in das Erbmaterial gewonnen werden, waren doch DNS und RNS noch nicht einmal bekannt.

[95] Eldredge und Gould (1972).

[96] Simmons and Scheepers (1996).

[97] Junker und Scherer (1998), S. 125ff

[98] Kritische Leser dieser Berechnung mögen nun verschiedene Einwände dazu haben. Den wahrscheinlichsten sei im Folgenden vorweg gegriffen.

Man mag z. B. einwenden, dass hier jeweils drei gleichzeitige Mutationen anstelle von nur einer Mutation pro Gen verlangt werden. Könnte man für diese Berechnung nicht einfach annehmen, dass ausgerechnet jeweils diese eine Mutation den erhofften Funktionswechsel erbringt? Nein, denn irgendwie *muss* der Tatsache Rechnung getragen werden, dass keinesfalls jede Mutation eines Gens mit der Länge von 1 000 Nukleotiden einen merklichen Funktionswechsel mit sich bringt. Vielleicht ist dies beim ersten Gen mit der 38., beim zweiten mit der 188., beim dritten mit der 356., beim vierten mit der 463., und beim fünften aber erst mit der 689. Mutation der Fall, im Durchschnitt vielleicht nach etwa 400 Mutationen. Da wir die Eigenschaften der einzelnen Gene und Genprodukte jedoch nicht genau kennen, können wir diesbezüglich keine genauen Berechnungen durchführen – erst recht nicht, da es kaum Möglichkeiten gibt, zu berechnen, wie hoch die Wahrscheinlichkeit ist, dass diese Mutationen nun auch noch *sinnvoll zueinander passen.* Wenn wir aber nur pro forma berechnen wollen, wie wahrscheinlich das bloße zufällige Zusammentreffen von fünf Mutationen mit merklichem Funktionswechsel ist (die Frage nach einem *sinnvollen* Zusammenhang wird hier nicht einmal gestellt), müssen wir deren durchschnittliche Wahrscheinlichkeit von 1 : 400 fünf mal miteinander multiplizieren. Sie liegt dann bei 1 : 10^{13}. Derjenige, der diese Berechnungsvariante weiterspinnen möchte, kann dem Haupttext entnehmen, dass damit auch nicht viel gewonnen wird.

Weiterhin mag man vermuten, dass sich nicht die fünf Proteine zugleich geändert haben müssen, sondern dass lediglich eine einzige Mutation eines Gens, welches das

Zusammenspiel dieser fünf gemeinsam reguliert, zu ihrer gleichzeitigen und gemeinsinnigen Änderung geführt hat. Tatsächlich gibt es sowohl bei Bakterien als auch bei höheren Lebewesen derartig hierarchische Strukturen im Genom, die bekanntesten übergeordneten Regulatorgene sind die Homöobox-Gene. Die Wahrscheinlichkeit, dass fünf verschiedene Gene zufällig unter den Einfluss des selben übergeordneten Gens geraten, welches ihren Wirkungsbereich im Mutationsfall sodann gleichzeitig und gleisinnig vorteilhaft ändert, ist jedoch genauso groß wie diejenige, dass die fünf Gene sich zufällig unabhängig voneinander verändern. Immerhin würden in diesem Fall aber die von uns hier vorausgesetzten drei Punktmutationen pro Gen wegfallen. Vom praktischen Standpunkt aus betrachtet ergeben sich bei diesem Szenario dafür aber andere neuartige Probleme, weil eine Mutation, die fünf unabhängige Gene zusammenschaltet, im unwahrscheinlichen Erfolgsfall stets eine ganze Reihe tiefgreifender Änderungen nach sich ziehen würde, die sich ganz überwiegend negativ auf den betroffenen Organismus auswirken würden:

(1) Es ist nicht recht einzusehen, wie eine Mutation eines *Regulatorgenes* die Nukleotidsequenzen von fünf untergeordneten Genen mit vollkommen unterschiedlichen Funktionen gleichzeitig konstruktiv verändern sollte. Durch Mutationen von Regulatorgenen wird hauptsächlich die Koordination von zeitlichen Entwicklungsabläufen oder Stoffwechselprozessen durcheinandergewürfelt oder ausgehebelt, ohne dass dabei verschiedene neuartige funktionelle Eigenschaften auf den untergeordneten Ebenen auftreten.

(2) Auf irgendeine Art müssten auch die alten Regulationsmechanismen erhalten bleiben, und zwar sowohl diejenige des Gens, das jetzt eine andere Regulatorfunktion ausübt wie zuvor, als auch diejenigen der fünf Gene, die nun unter die neue Regulation gefallen sind. Das alles müsste auf jeden Fall über vorherige Genduplikationen und anschließende Reaktivierung der Pseudogene erfolgen, womit wir für deren gleichzeitige Einschaltung und Unterstellung unter ein gemeinsames Kontrollgen wieder mindestens sechs weitere neue passende Mutationen bräuchten.

(3) Die Zusammenschaltung von Genen ist nicht nur ein Vorteil. Die Freiheit der einzelnen untergeordneten Gene, beliebig zu mutieren, wird hierdurch erheblich eingeschränkt und kann nur noch mit Abstimmung auf das funktionierende Gesamtsystem stattfinden. Damit sinkt die Anzahl potentiell positiver Mutationen drastisch ab. Denn jede Mutation des Regulatorgens, die zugleich fünf nachgeschaltete Gene betrifft, birgt die große Gefahr, insgesamt sechs verschiedene Genfunktionen zu stören und erheblich mehr Schaden zu verursachen als eine einzelne Mutation. Dies ist tatsächlich der Fall, wie die Mutationsforschung gezeigt hat. Je komplexer vernetzt ein System ist – bei höheren Tieren besitzen fast alle Gene mehrere Funktionen, und fast alle Merkmale werden von vielen verschiedenen Genen beeinflusst – um so mehr ist die Mutationsfreiheit eingeschränkt. Denn selbst wenn eine übergeordnete Mutation bei einem untergeordneten Protein eine äußerst positive Veränderung bewirkt, schießen wahrscheinlich alle anderen mitbetroffenen Proteine oder Strukturen quer. Daher erklären sich die so gut wie ausschließlich nachteilhaften Auswirkungen aller bei höheren Tieren auftretenden Mutationen sowie das Gesetz der rekurrenten Variationen.

[99] Nilsson und Pelger (1994).
[100] Dawkins (2001).

[101] Ebenda, S. 191

[102] Morris (2002), S. 65.

[103] Wesson (1995), S. 56. Weitere ähnliche Aussagen finden sich z. B. bei Rose (2000); Taylor (1987); Goodwin (1997) oder Maturana und Varela (1987).

[104] Betalanffy (1970), S. 73f.

[105] Capra (1999), S. 258.

[106] Allerdings soll an dieser Stelle auch nicht verschwiegen werden, dass ausgerechnet das immer wieder von Evolutionsbiologen ins Feld geführte Exempel der Birkenspannerselektion viele Kontroversen nach sich gezogen hat, in denen besonders die verschiedenen diesbezüglich durchgeführten Freilandversuche aufgrund ihrer fragwürdigen Methodik heftig kritisiert worden sind. Weiterhin gilt mittlerweile als erwiesen, dass die normalerweise recht hellen Birkenspanner keinesfalls nur auf den hellrindigen Birken zu finden sind, sondern sich ebenfalls auf allen möglichen anderen Baumarten mit eher dunkelbrauner Rinde zur Ruhe begeben. Zudem sitzen sie auch auf Birken grundsätzlich nicht auf deren Stämmen mit ihren großflächigen hellen und dunklen Farbflächen, wie es auf den Abbildungen in den Schulbüchern immer dargestellt wird – das tun ausschließlich aufgeklebte oder kurz vor dem Fototermin dort abgesetzte Tiere. Die Falter halten sich vielmehr auf der Unterseite von Ästen versteckt auf. Das zu gewissen Zeiten vermehrte Auftreten von dunklen Insekten- oder Spinnentieren ist obendrein kein sonderlich seltenes Phänomen. Es ist alleine bei Schmetterlingen an so verschiedenen Orten wie Neuseeland, Mittelamerika oder Kanada beobachtet worden, ohne dass diesbezüglich besondere Selektionsfaktoren entdeckt werden konnten. Doch auch über verstärktes Auftreten von dunklen Marienkäfervarianten in Industriegebieten wurde bereits berichtet – obwohl Marienkäfer von Vögeln als Nahrung gemieden werden. Dunkle Farbausprägungen lassen sich bei Insekten und anderen Tieren durch viele verschiedene Umweltfaktoren wie z. B. Temperaturveränderungen induzieren, und vielleicht steht die düstere Färbung zumindest in manchen Fällen einfach im Zusammenhang mit der Luftverschmutzung durch gewisse farbverändernde Chemikalien und ist keineswegs eine Folge von natürlicher Selektion.

[107] McFarland (1989).

[108] Zahavi und Zahavi (1998).

[109] Man denke hier besonders an den Argusfasan, den Reinartfasan und manche Paradiesvogelart.

[110] Darwin (1871).

[111] Simmons and Scheepers (1996).

[112] Kimura (1983).

[113] Benton (2005).

[114] Bergson (ohne Jahresangabe), S. 59.

[115] Burkhard Müller beschreibt diesen Sachverhalt spitz und treffend, indem er ihn mit dem Geschehen in der Höhle des Zyklopen Polyphem vergleicht, in dessen Gewalt Odysseus und seine Gefährten geraten sind. Dieser hat dem tüchtigen Odysseus ein Gastgeschenk versprochen, aber täglich verspeist der Zyklop einen seiner Mannen, ohne mit dem Gastgeschenk herauszurücken. Als nur noch wenige verblieben sind, offenbart

Polyphem Odysseus unter dröhnendem Gelächter endlich sein Gastgeschenk: Ihm gebührt die Ehre, als Letzter gefressen zu werden! Müller (2000), S. 95.

[116] Dawkins (1996).

[117] Dawkins (1996), S. 63ff.

[118] Dawkins (1996), S. 282.

[119] Hölldobler und Wilson (1990).

[120] Dawkins (1996), S. 291.

[121] Darwin (2002), S. 226f.

[122] Eberhard (1985).

[123] Anhand von reichem Fotomaterial kann man sich in Buttler (1996) davon überzeugen.

[124] Haben wir es hier nicht mit weiteren Strukturen zu tun, die ausschließlich anderen Arten zum Vorteil gereichen anstatt der Pflanze selbst zu dienen? Aber selbstverständlich! Ob dies jedoch auch künftig so bleibt, kann nur die Zeit zeigen, denn diese Entwicklungen sind im Vergleich zur Gallenbildung relativ jung. Möglicherweise werden die Sonderangebote seitens der Pflanzen nach und nach reduziert und schließlich ganz eingestellt. Daher sollten derartige Blüten (noch?) nicht wie die Gallen als handfeste Beispiele für altruistische Evolutionsmerkmale herangezogen werden.

[125] Precht (2005). Siehe auch http://www.koko.org.

[126] Z. B. Miller (2001).

[127] Wollgast (1974).

[128] Um auch nur ein einziges Objekt zu erkennen, müssen u. a. Entfernung, Größe, Form, Kontraste, Farben oder Eigenbewegungen dieses Objektes ausgewertet werden und in Bezug zu bereits bekannten Erfahrungen sowie der Bewegung des Beobachters gesetzt werden. All das geschieht jeweils in unterschiedlichen Gehirnbereichen, die danach ihre Analyseergebnisse zum Abgleich mit den Analyseergebnissen der anderen Gehirnbereiche bereitstellen. Insbesondere die molekularen Einzelheiten all dieser Vorgänge sind weitestgehend unbekannt.

[129] Diese Fähigkeit der bewussten Regulierung von normalerweise autonomen Körpergeschehnissen wird bereits vielfach für stressmindernde und therapeutische Zwecke eingesetzt, häufig auch in Kliniken. Die dazugehörige Methode ist unter dem Namen „Biofeedback" bekannt.

[130] Carter, Presti, Callistemon, Ungerer, Liu und Pettigrew (2005).

[131] Man darf annehmen, dass dies bei allen Lernvorgängen in ähnlicher Weise der Fall ist. Es ist daher sehr erstaunlich, dass sie weder bei Biologen noch bei Medizinern entsprechend gewürdigt werden. Das Lernen scheint zu selbstverständlich zu sein, als dass wir das ihm zugrunde liegende Wunder begreifen können.

[132] Black (1969). Es wurden Krankheiten wie die Fischschuppenkrankheit (*Ichthyosis*), eine erblich bedingte Verdickung der Nagelplatten (*Panyonychie*) oder auch Muttermale (*Naevus linearis*) erfolgreich behandelt.

[133] Moser (1974).

[134] Ein Zitat aus dem britischen Fernsehen vom 23.4.1998 aus: Counterblast: Where scientists fear to tread, in *BBC 2*. Peter Atkins ist Professor für Chemie in Oxford.

[135] Das Paranormale ist hier gleichzusetzen mit dem Parapsychologischen. Das Zitat stammt aus der britischen Boulevardzeitschrift *Sunday Mirror* vom 8.2.2000, S. 28.

[136] Der allgegenwärtige Richard Dawkins bekleidet derzeit sogar das Amt des Professors für das „Öffentliche Verständnis der Wissenschaft" in Oxford, was aufgrund seiner Neigung zu reichlich unwissenschaftlicher Polemik, Dogmatik und Oberflächlichkeit nicht einer gewissen Ironie entbehrt.

[137] Z. B. Rawlins (1981). Viele haarsträubende Berichte über die Machenschaften und Vorgehensweisen der Skeptikerorganisationen findet man auch unter www.skeptizismus.de. Ein krönendes Beispiel sogenannter „Widerlegungen" von unwillkommenen Phänomenen stellt eine von der GWUP angeblich durchgeführte Studie zur Astrologie dar, die jedoch niemals durchgeführt worden ist. Solche Vorgehensweisen bezeichnet man gemeinhin als Wissenschaftsbetrug.

[138] Wunder (2003).

[139] Eysenck (1957).

[140] Der Parapsychologe Milan Rýzl ist beispielsweise ein Vertreter dieser Ansicht und hat tatsächlich eine ganze Reihe erfolgreicher Testpersonen geschult. Eine Anleitung dazu enthält Rýzl (1984).

[141] Einen Überblick hierüber gibt Bozzano (1985).

[142] Siehe z. B. die Sammlungen von Berichten über außergewöhnliche Erlebnisse berühmter Persönlichkeiten von Treichlinger (1950) oder Rosenberger (1952).

[143] Radin (2006).

[144] Schopenhauer (1986), Band IV, S. 278.

[145] Es handelt sich um Arthur Earl of Balfour. Er war von 1902-1905 britischer Premierminister, danach Außenminister.

[146] Gurney, Myers und Podmore (1886).

[147] Lodge (1884).

[148] Sidgwick (1882).

[149] Rhine (1934).

[150] Für statistisch Interessierte: Das Verhältnis von 1 : 20 entspricht dem Signifikanzniveau von $p = 0.05$. Es ist oftmals gar nicht so einfach, Daten zu erhalten, die daran heranreichen. Jeder Wissenschaftler freut sich, wenn es bei der Analyse seiner Ergebnisse erzielt wird, denn erst ab diesem Signifikanzniveau besitzen seine Ergebnisse publikationswürdige Aussagekraft.

[151] Camp (1937).

[152] Pratt, Rhine, Smith, Stuart und Greenwood (1940).

[153] Ebenda, siehe auch Radin (1997).

[154] Ebenda.

[155] Z. B. Fisk und West (1955).

[156] Ullmann, Krippner und Vaughan (1973).

[157] Sherwood und Roe (2003).

[158] Honorton, Berger, Varvoglis, Quant, Derr, Schechter und Ferrari (1990).

[159] Ebenda.

[160] Hyman and Honorton (1986).

[161] Radin (2006).

[162] Z. B. Grindberg-Zylberbaum, Delaflor, Mattie und Goswami (1994); Wackermann, Seiter, Keibel, und Walach (2003); Wackermann (2004); Radin (2004).

[163] Schlitz und Braud (1997); Delanoy (2001); Schmidt, Schneider, Utts und Walach (2004).
[164] Radin und Schlitz (2005).
[165] Sheldrake (1999).
[166] Sheldrake (1998).
[167] Sheldrake (2001a).
[168] Radin (2006).
[169] Sheldrake (2003).
[170] Schmidt, Schneider, Utts und Walach (2004).
[171] Sheldrake (2003).
[172] Baker (2000); Marks und Colwell (2000); Wiseman und Smith (1994).
[173] Näheres dazu bei Sheldrake (2003).
[174] Wiseman und Schlitz (1997). Eine neuere Übersicht über den Stand der Diskussion über Sheldrakes Starr-Experimente bietet Freeman (2005).
[175] Schmeidler (1943).
[176] Lawrence (1993).
[177] Sheldrake (2003).
[178] Sheldrake (2005).
[179] Swann (1987).
[180] Sinclair (1990).
[181] Ostrander und Schroeder (1971).
[182] Schnabel (1997); McMoneagle (1993, 2002).
[183] McMoneagle (1993).
[184] Broderick (2007), S. 112ff.
[185] Radin (1997).
[186] Utts (1996).
[187] Dunne und Jahn (2003).
[188] Siehe z. B. Treichlinger (1950) und Rosenberger (1952).
[189] Dunne (1927).
[190] Honorton und Ferrari (1989); Steinkamp, Milton und Morris (1998).
[191] Tenhaeff (1976).
[192] Bender (1971b).
[193] Targ und Katra (1998); Radin (1997).
[194] Radin (1997, 2006); siehe auch Sheldrake (2003).
[195] siehe Radin (2006).
[196] Rhine (1948).
[197] Radin und Ferrari (1991); Radin (2006).
[198] Chauvin und Genthon (1965).
[199] Schmidt (1969).
[200] Schmidt und Pantas (1972).
[201] Radin (1997), S. 142
[202] Eine Übersicht über dieses Thema bietet Radin (1997).
[203] Radin (2006).
[204] Beispiele hierfür bei Jahn und Dunne (2006).
[205] Schmidt (1993a, 1993b).

[206] Z. B. Rowe (1998).

[207] Radin (2006).

[208] Radin (2006); Nelson, Radin, Shoup und Bancel (2002).

[209] Radin (2006).

[210] Smith (1968); Bunnell (1999).

[211] Grad (1965).

[212] Nash (1982); Rauscher, Rubik und Beverly (1983).

[213] Barry (1968).

[214] Pleass und Dey (1990).

[215] Braud (1990).

[216] Snel (1980).

[217] Nash (1984). Die Autorin dieser Studie bemerkt aber, der beobachtete Effekt könnte nebst auf veränderte Mutationsraten auch auf eine psychokinetisch bewirkte Veränderung von Wachstumsraten der verschiedenen Mutantenstämme zurückzuführen sein. Es wäre in jedem Fall sehr lohnenswert, derartige Effekte genauer zu untersuchen.

[218] Rein und McCraty (1995). Das Aufdrehen der DNS geht im Organismus jedem Ablesen der Nukleotidsequenzen und dem Abrufen der genetisch gespeicherten Information voran.

[219] Z. B. Grad (1963, 1964); Nicholas (1977); Saklani (1990).

[220] Watkins und Watkins (1971).

[221] Wells und Klein (1972).

[222] Grad, Cadoret und Paul (1961).

[223] Z. B. Solfvin (1982); Snel (1983).

[224] Byrd (1988); Harris et al. (1999); Dossey (1993, 2001); Astin, Harkness und Ernst (2000).

[225] Black (1969). Es müsste für Forscher zukünftiger Tage eine Unternehmung von großem Interesse sein, die Sequenz der betroffenen Genregionen einmal vor und nach den Hypnosebehandlungen zu analysieren.

[226] Gut untersuchte Beispiele von Stigmata aufweisenden Personen der jüngeren Vergangenheit sind Therese Neumann von Konnersreuth (1898-1962), Pater Pio aus dem Kloster San Giovanni Rotondo in Apulien (1887-1969) oder Louise Lateau (1850-1883). Seit dem ersten historisch dokumentierten Auftreten von Stigmata beim heiligen Franz von Assisi (1181-1226) sind über 300 Fälle von Stigmatisierten bekannt geworden. Für eine Übersicht über dieses Thema siehe Biot (1957).

[227] Eine Übersicht hierüber bei Sheldrake (2001b).

[228] Z. B. Becker (2005).

[229] Eine konsequente Anwendung der neodarwinistischen Evolutionstheorie müsste die Wissenschaftler alleine schon aus theoretischen Gründen ihren Erklärungsmodellen gegenüber skeptisch werden lassen. Denn Naturkatastrophen größeren Stiles kommen nur sehr selten und nur in wenigen Regionen der Erde überhaupt häufiger vor (in klassischen Vulkangebieten, Erdbebenregionen oder in Küstenstreifen) und ihr zerstörerischer Effekt ist oftmals lokal begrenzt. Zumeist vergehen mindestens Tausende, wenn nicht Millionen von Tiergenerationen vor einer Wiederholung eines solchen Ereignisses in genau dem selben Gebiet. Außerdem kommen in freier Wildbahn ohnehin nur sehr wenige Tierindividuen durch Erdbeben um, und Vögel schon gleich

gar nicht. Es besteht also keinerlei dauerhafter Selektionsdruck, um solche überlebensnotwendigen Erdbebensensoren zu entwickeln. Dennoch sollen sich im Lauf der Evolution die Träger dieser Rezeptoren in allen Regionen der Welt „erfolgreich durchgesetzt" haben – und zwar bei vielen niederen und wahrscheinlich sämtlichen höheren Tierarten, aber offenbar mit Ausnahme des Menschen, der sie doch am allernötigsten hätte!

[230] Viele weitere Beispiele für Vorausahnungen von Katastrophen durch Tiere sind bei Sheldrake (2001b) aufgeführt.

[231] Rhine und Feather (1962).

[232] Herrick (1922).

[233] Schmid (1932, 1936a).

[234] Schmid (1936b).

[235] Sheldrake (2001b).

[236] Ebenda.

[237] Heusser (1958).

[238] Eisentraut (1944).

[239] Grifford und Griffin (1960).

[240] Hier eröffnen sich auch für den Laien Forschungsmöglichkeiten, wichtige Beiträge zum rätselhaften Orientierungssinn der Tiere leisten zu können.

[241] Mathews (1968).

[242] Berthold (1996), S. 146 und 165f.

[243] Eine Literaturübersicht zu den genannten Versuchen findet sich bei Sheldrake (1994).

[244] Forster (1778).

[245] Long (1919).

[246] Sheldrake (2001b).

[247] Ebenda.

[248] Wiseman, Smith und Milton (1998).

[249] In Deutschland z. B. in „Tierische Wahrheit" in der *Zeit* vom 13.3.1999 oder „Der Spuk mit Jaytee ist vorbei" im *Tagesanzeiger* vom 17.3.1999.

[250] Sheldrake und Morgana (2003).

[251] Bechterew (1924).

[252] Osis (1952).

[253] Rhine (1971).

[254] Duval und Montredon (1968).

[255] Extra (1972), siehe auch Artley (1974).

[256] Z. B. Schouten (1972); Parker (1974).

[257] Precht und Lindenlaub (1954); Lindenlaub (1955, 1960).

[258] Bovet (1960).

[259] Schmidt (1970).

[260] Peoc'h (1988a).

[261] Peoc'h (1988b).

[262] Peoc'h (1997a).

[263] Peoc'h (1997b)

[264] Blake (1975); Wydler (1978).

[265] Dodds (1971).

[266] Ebenda, S. 11.
[267] Aristoteles (1971), S. 29.
[268] Ostrander und Schroeder (1971).
[269] Eccles (1953); siehe auch Popper und Eccles (1997).
[270] Eccles (1953).
[271] Walker (1984, 2000).
[272] Eine Übersicht bietet Lucadou (1997), siehe auch Lucadou, Römer und Walach (2007).
[273] Jahn (2002), S. 435.
[274] Z. B. Driesch (1935 oder 1975), aber auch Wenzl (1951).
[275] Driesch (1975), S. 98ff.
[276] Driesch (1939, 1975).
[277] Wolff (1931), S. 377.
[278] Driesch (1975), S. 111.
[279] Z. B. Roll (1976).
[280] Bender (1972).
[281] Driesch (1928).
[282] Hans Spemann sprach 1921 von „Entwicklungsfeldern", Alexander Gurwitsch 1922 von „embryonalen Feldern".
[283] Goodwin (1997).
[284] Sheldrake (1993). Man sollte gut zwischen den beiden Begriffen der morphogenetischen Felder und morphischen Felder unterscheiden. Sheldrake wird immer noch hauptsächlich im Zusammenhang mit morphogenetischen Feldern diskutiert, womit aber meistens morphische Felder gemeint sind. Letztere bilden das Hauptbeschäftigungsfeld Sheldrakes, das die morphogenetischen Felder nur als spezielle Unterrubrik enthält.
[285] Sheldrake (2001b).
[286] Für eine zusammenfassende Darstellung dieser Forschungen siehe Sheldrake (1993); für eine kurze Darstellung von eigenen Versuchen Sheldrakes zu derartigen Themen siehe Sheldrake (2001b).
[287] Sheldrake (2001b, 2003).
[288] Sheldrake (2003), S. 361.
[289] Sheldrake (2001b).
[290] Sheldrake (2001b, 2003).
[291] Aspect (1982).
[292] Bohm (1985).
[293] Gosh, Rosenbaum, Aeppli und Coppersmith (2003).
[294] Arndt und Zeilinger (2005).
[295] Ebenda.
[296] Atmanspacher, Römer und Walach (2002).
[297] Playfair (2002), Sheldrake (2001a).
[298] Übersichten über die Studien Bouchards finden sich bei von Ditfurth (1983, S. 38-54 und 1985, S. 289-298).
[299] Aufgrund der schon angesprochenen komplexen Vernetzung des Genoms höherer Tiere wissen wir, dass es so etwas wie „ein Gen für" irgend eine Eigenschaft praktisch

nicht gibt – obwohl immer wieder verkündet wird, man habe „das Gen für" Alkoholismus, „für" Depression, „für" Homosexualität und vieles andere mehr gefunden. Mittlerweile weiß man eigentlich aber sehr genau, dass kaum eine menschliche (Charakter-) Eigenschaft von nur einem einzigen Gen ausgeprägt wird. Bestenfalls spielen bestimmte Gene innerhalb eines Genkomplexes eine herausragende Rolle, doch auch hier wird das Ausmaß der Ausprägung sehr häufig von Umweltfaktoren mitbestimmt. Dass Genkomplexe allerdings bis hin zu solch unbedeutenden Details hinab wie dem Tragen roter Gummibänder usw. das Verhalten von Menschen determinieren, scheint äußerst unwahrscheinlich.

[300] Playfair (2002).

[301] Broad (1949).

[302] Im westlichen Kulturkreis der jüngeren Vergangenheit finden sich diesbezügliche Äußerungen z. B. bei Rudolf Steiner (1991), S. 59 oder bei Charles Leadbeater (1991), S. 28.

[303] Hawking (2001), S. 43.

[304] Dieses Konzept geht auf Richard Feynman zurück und spielt in den sogenannten „Feynman-Diagrammen" eine wichtige Rolle. Feynman erhielt hierfür 1965 den Nobelpreis. Auch Sir Arthur Eddington und Adrian Dobbs sprachen sich für physikalische Realitätskonzepte aus, denen eine Zeit mit zwei entgegengesetzten Ausrichtungen zugrunde liegen.

[305] Hawking (2001).

[306] Für eine Einführung in diese Theorie siehe Ludwiger (2006). Heim postuliert zusätzlich zu unseren bekannten vier Dimensionen eine fünfte und eine sechste Realitätsdimension, welche die gesamte erfahrbare Welt durchziehen und sie beeinflussen. Diese Zusatzdimensionen sollen keine rein geometrischen Strukturen wie die drei Raumdimensionen oder eine fortlaufende Skala wie die Zeit sein, sondern sich *qualitativ* auf die Materie auswirken. Durch sie wird Materie letztlich strukturiert und organisiert, weswegen Heim die Bezeichnung „entelechal" für die fünfte Dimension wählte. Die Lebewesen sind für ihn anhand der vier quantitativen Dimensionen der Raumzeit nicht vollständig erklärbar. Nur durch die qualitativen Zusatzdimensionen ist laut Heim das Leben überhaupt möglich. Auch die parapsychologischen Phänomene haben in Heims Theorie ihren Platz.

Seine Theorie wird von gegenwärtigen Physikern kaum beachtet, obwohl Heim einstmals als neuer Einstein gefeiert wurde. Doch ein Arbeitsunfall machte ihn für jegliche Arbeit an Forschungsinstituten untauglich: Er verlor fast gänzlich seinen Gehörsinn und Gesichtssinn sowie beide Hände. Infolgedessen entwickelte er seine Theorie alleine, ohne sie in den renommierten Physikjournalen zu publizieren. Erst nach vielen Jahren erschien sie in Buchform.

Heims Theorie hat gegenüber den zur Zeit aktuellen physikalischen Theorien dennoch viele Vorteile. Die wichtigsten sind: (1) Sie vereinheitlicht die Quantentheorie und die Relativitätstheorie. Dies ist bei den modernen physikalischen Theorien bislang mit nahezu unüberwindlichen Schwierigkeiten verbunden. (2) Sehr viele Berechnungen von Parametern der Elementarteilchen stimmen im Vergleich mit Berechnungen der gegenwärtig bevorzugten physikalischen Theorien erheblich besser mit den gemessenen

Werten überein. Es handelst sich dabei u. a. um Berechnungen von einigen Duzend Grundzuständen und einigen tausend Resonanzen dieser Elementarteilchen. Es könnte sich für die heutigen Physiker also lohnen, Heims Theorie genauer zu prüfen.

[307] Brooks (2004); Brukner, Taylor, Cheung und Vedral (2004); Suarez (2003).

[308] Suarez (2003).

[309] Schopenhauer (1986), Band IV, S. 275ff.

[310] Abbott (1990).

[311] Platon (1982), S. 327ff.

[312] Driesch (1928), S. 368ff. Die Ganzheitskausalität entspricht in etwa der *causa finalis* der Philosophie des Aristoteles.

[313] Ebenda, S. 373.

[314] Ebenda, S. 389.

[315] Uexküll (1928), S. 57; Woltereck (1932), S. 75.

[316] Bockemühl (1982); Suchantke (1982, 1983).

[317] Driesch (1928), S. 330.

[318] Es ist hierbei nicht entscheidend, ob wir uns diese übergeordnete Anlage der Ganzheit in einer konkreten höheren Wirklichkeitsdimension (wie im Falle des erweiterten Zeitbegriffs) oder auf einer gänzlich unvorstellbaren unräumlichen Realitätsebene denken. Denn die Analogie Flachlands eignet sich in beiden Fällen zur Verdeutlichung, wie sich dort vorhandene Ganzheiten in unserer Welt manifestieren würden.

[319] Eine derartige Unterscheidung klingt jedoch bei Driesch (1928) in seinen Ausführungen zur Ganzheitskausalität und dem entelechialen *psychischen* Prinzip, dem „Psychoid", an.

[320] Bergson (1913).

[321] Radin (2006). Vielleicht erklärt dieser Sachverhalt auch, warum die Skeptiker mit ihrem engen und fest gezimmerten Weltbild, in dem elementare ungelöste naturwissenschaftliche Probleme schlichtweg ignoriert oder verdrängt werden, kaum jemals eigene Psi-Erlebnisse zu haben scheinen.

[322] Walker (2000).

[323] Es ist sogar noch ein viertes Szenario denkbar, doch es soll hier nur am Rande erwähnt werden: Die ersten Zellen, aber im Prinzip auch alle anderen Lebewesen, von deren Entstehungsgeschichte keine Fossilien überliefert sind, könnten sich aus der tieferen Realitätsschicht in unsere Welt hinein verdichtet bzw. materialisiert haben. Um so mehr müsste man hier psychisch-energetische Wirkungsprinzipien und eine Ganzheitskausalität postulieren.

[324] Goethe (2002), Band 13, S. 46.

[325] Bergson (ohne Jahresangabe), S. 333.

[326] An dieser Stelle eröffnet sich ein hochinteressantes Forschungsfeld für Genetiker und Evolutionsbiologen, worin die Richtigkeit dieser Hypothese überprüft werden könnte. Ein mögliches Untersuchungsfeld böten die Fliegen. Bei *Drosophila* sind beispielsweise diejenigen Mutationen, die zum Wegfall oder zur Verkümmerung von Flügeln führen, bis in ihre molekularen Einzelheiten bekannt. Man könnte untersuchen, ob diese Mutationen mit denjenigen vergleichbar sind, die bei den Fliegen auf den Südmeerinseln wie den Kerguelen zum Verlust oder zur Reduktion der Flügel geführt haben.

[327] Die Auffassung, die Koordination der Mitglieder dieser Insektenstaaten werde über eine telepathische oder seelische Verbindung untereinander gewährleistet, finden sich schon bei von Hartmann (1871), Marais (1956), Maeterlinck (ohne Jahresangabe) oder Steiner (1998). Sheldrake spricht hier von einem entsprechenden morphischen Feld (1994).

[328] Marais (1956). Dort finden sich viele weitere Beispiele der beeindruckenden Gesamtkoordination dieser winzigen blinden Insekten, ebenso bei Maeterlinck (ohne Jahresangabe). Marais Experimente und Beobachtungen stehen bis heute jedoch alleine und bedürfen daher weiterer Überprüfung. Trotz der möglicherweise bedeutenden Konsequenzen für die Biologie staatenbildender Insekten sind derartige Versuche bis heute nicht wiederholt worden, was an dieser Stelle dringend empfohlen sei.

[329] Coyne und Orr (2004), S. 49.

[330] Hirschberger (1991), Band I, S. 189ff.

[331] Schopenhauer (1986), Band V, S. 111 und 191ff.

[332] Schopenhauer (1986), Band IV, S. 275ff oder Band III, S. 423ff.

[333] Schopenhauer (1986), Band IV, S. 321f. Auch Hans Driesch (1939) vertrat die Auffassung, die Parapsychologie sei die wichtigste aller Wissenschaftsdisziplinen.

[334] Schopenhauer (1986), Band III, S. 366.

[335] Ebenda, S. 377.

[336] Ebenda, S. 366f.

[337] Hartmann (1871).

[338] Hartmann (1907), S. 217. Der Botaniker Johannes Reinke (1849-1921) entwickelte unabhängig hiervon eine ähnliche vitalistische Philosophie (Reinke, 1915). Bei ihm vertreten „Dominanten" die Oberkräfte von Hartmanns.

[339] Bergson (ohne Jahresangabe), S. 198.

[340] Ebenda, S. 120.

[341] Teilhard de Chardin (1988).

[342] Hirschberger (1991), Band II, S. 628f. Von Whitehead stammt die berüchtigte Einschätzung, dass die gesamte abendländische Philosophie nur noch aus Fußnoten zu Plato besteht.

[343] Uexküll (1946), S. 94.

[344] Uexküll (1928), S. 182.

[345] Uexküll (1940), S. 40.

[346] Ebenda, S. 221f.

[347] Driesch (1928), S. 350.

[348] Ebenda, S. 214, 390, 387ff.

[349] Ebenda, S. 385.

[350] Driesch (1931), S. 439f, 445f.

[351] Becher (1917).

[352] Dacqué hatte 1923 den Ruf als Professor für Paläontologie in Berlin erhalten. Dieser Ruf wurde jedoch wieder zurückgezogen, als Dacqué dem Gremium das Erscheinen seines Buches ankündigte. Mir liegt es in der neunten Auflage von 1941 vor (Dacqué 1941).

[353] Dacqué (1935).

[354] Ebenda. Der beschriebene Gang der Entwicklung wurde von Otto Schindewolf, dem bedeutendsten Paläontologen der Nachkriegszeit in Deutschland, in seiner Theorie der „Typostrophen" detailliert herausgearbeitet (Schindewolf, 1950). Heute findet sie in Paläontologenkreisen kaum noch Anerkennung, denn einige spezielle darin enthaltene Postulate konnten durch nachfolgende paläontologische Erkenntnisse entkräftet werden (z. B. Korn, 2003). Dennoch bleibt die Tatsache bestehen, dass die Evolution der Organismen bzw. Typen regelmäßig von kleinen, eher unspezialisierten Lebensformen zu großen spezialisierten oder sogar überspezialisierten Formen voranschreitet. Dies geschieht wahrscheinlich auf gradualistischem Weg, wobei allerdings das Evolutionstempo oder die Häufigkeit, mit dem die gradualistischen Änderungen auftreten, beträchtlich variieren kann. Vor diesem Hintergrund entwickelte z. B. Stephen Jay Gould die Theorie der evolutionären Sprünge.

[355] Dacqué (1926), S. 139ff.

[356] Dacqué (1926, 1941).

[357] Die Theosophie ist eine mystisch-religiöse Weltanschauung, die mit den Hauptaussagen aller Religionen der Erde kompatibel ist. Die Anthroposophie entwickelte sich unter Rudolf Steiner aus der deutschen Sektion der Theosophischen Gesellschaft.

[358] In Japan bezeichnet man es als „Ki", in Tibet als „Lung" und in Indien als „Prana". Im christlichen Kulturkreis wird die primäre Lebensenergie "Äther" genannt, bei den alten Griechen „Pneuma", im Hebräischen "Ruach", in der islamischen Welt "Bakkara". Auch bei vielen Naturvölkern gibt es entsprechende Begriffe.

[359] Siehe z. B. Steiner (1998; 1999). Bestimmte Aspekte von Gruppenseelen könnten auch dann zum Tragen kommen, wenn sich ganze Schwärme von Vögeln oder Fischen wie ein einziger wohlkoordinierter Gesamtorganismus zu bewegen scheinen.

[360] Leadbeater (1991), S. 42.

[361] Dacqué (1926), S. 123ff.

[362] Dacqué (1941), S. 304.

[363] Dacqué (1926; 1941, S. 266f).

[364] Wallace (1916), S. 425f.

[365] Hardy (1965), S. 258ff; siehe auch Hardy (1967).

[366] Hardy (1966).

[367] Deutsch: Randall (1979).

[368] Ebenda, S. 231, 252ff.

[369] Sheldrake (2001b, 2003). Sollte sich ASW über die natürliche Selektion herausgebildet haben, wäre u. a. kaum verständlich, warum sie heute im Tierreich und bei Menschen nicht in besser nutzbarer Form zur Verfügung steht und hauptsächlich in Krisensituationen auf unvorhersehbare Weise stärker auftritt. Robin Taylor (2000) stellt dennoch ein neodarwinistisch orientiertes Evolutionsmodell von Psi auf. Dabei geht er davon aus, dass die neodarwinistische Evolutionsauffassung grundsätzlich korrekt ist. Seine erste Voraussetzung für dieses Modell ist deshalb die Annahme, dass Psi eine genetische Basis hat und damit Mutationen und der natürlichen Selektion unterworfen ist. Abgesehen von vielen anderen bereits diskutierten Schwierigkeiten für den Neodarwinismus bleibt seine Hypothese zumindest solange zweifelhaft, bis man nicht eine konkrete Körperstruktur entdeckt hat, deren Aufbau von den für Psi zuständigen

Genen kodiert wird. Bislang ist von Wurm bis Fisch, Vogel oder Mensch jedenfalls kein Organ bekannt, mit dem sich ASW oder Psychokinese bewirken ließe, mit dem sich die räumliche und zeitliche Fernwirkung dieser Phänomene erklären ließe oder mit dem sich begründen ließe, warum die ASW-Fähigkeit vor Katastrophen ausgerechnet beim Menschen wieder *abgenommen* zu haben scheint. Taylor spekuliert, dass Psi heute deshalb nicht stärker und zuverlässiger ausgeprägt ist, weil die weitere Entwicklung solcher (noch nicht bekannten) Organe eine zu hohe Konstruktionshürde für die Organismen darstellt, die nicht auf gradualistischem Weg überwunden werden kann.

Auch Michael Levin (1996) hat die Problematik der Herausbildung von Psi im Laufe der Evolution einer gründlichen Analyse unterzogen. Er resumiert jedoch, dass Psi nicht direkt mit den Genen und neodarwinistischen Selektionsmechanismen zusammenhängen kann (vgl. dazu auch Fußnote 228). Für ihn stellt Psi eine Funktion des Bewusstseins dar, die nicht unmittelbar aus dem molekularen Aufbau des Gehirns hervorgeht. Er schließt in Übereinstimmung mit den in diesem Buch vorgetragenen Gedanken auf ein eher dualistisches Wirklichkeitsmodell, in dem vielleicht sogar Gruppenseelen eine Rolle spielen.

[370] Sheldrake (1996), S. 200; Fox und Sheldrake (1996).

[371] Dunne und Jahn (2005), Jahn und Dunne (2006).

[372] Der Vollständigkeit halber sollen hier noch einige weitere bedeutende Autoren erwähnt werden, die vor über 50 Jahren ebenfalls zu vergleichbaren vitalistischen Schlussfolgerungen kamen. Es handelt sich um den Philosophen Aloys Wenzl (1951), den Paläontologen Oskar Kuhn (1947), den Zoologen Karl Gruber (1930) und den Parapsychologen Gustave Geley (1925).

Auch das Lebens- und Evolutionsverständnis des Physikers Burkhard Heim deckt sich in allen wesentlichen Punkten mit unserer Theorie (Heim, 1982; Ludwiger, 2006; S. 48-73). Nach Heim können parapsychologische Phänomene und das Leben nicht anhand der vier Raumzeit-Dimensionen erklärt werden, welche hauptsächlich den Rahmen für die Gesetzlichkeiten von unbelebter Materie, Physik und Chemie konstituieren. Leben in all seinen Facetten ist hingegen nur über die zusätzlichen qualitativen Weltdimensionen verständlich. Somit könnte Heims Wirklichkeitsmodell das passende Fundament für die hier entwickelte Evolutionstheorie liefern.

[373] Horgan (2000).

[374] Ein vollendetes Beispiel einer solchen Kritik liefert z. B. der ansonsten recht besonnen wirkende Hoimar von Ditfurth (1981). Er beginnt damit, den Vitalismus als eine geistige Position zu definieren, die alle Lebensvorgänge, insbesondere aber die Entstehung der ersten Lebensformen, für „naturwissenschaftlich grundsätzlich unerklärbar" hält. Er fährt mit einer Lobpreisung der millerschen Experimente fort, die „alle diesbezüglichen Zweifel zu nichts zerstoben" hätten. Vielmehr sei die spontane Entstehung von Polymeren die „natürlichste Sache von der Welt" und würde sich unabwendbar und zwangsläufig ereignen. Der Vitalismus wird daher als „erbärmliche Hypothese" bezeichnet und in einer auffallend emotionalen Kritiktirade noch weiter verunstaltet.

[375] Selbst Galilei tat Keplers Idee einer gravitativen Fernwirkung *ohne direkten* Kontakt der interagierenden Körper als „okkulte Wahnvorstellung" ab, die den Naturgesetzen widerspreche. Auch Newton stempelte die Vorstellung, dass die Gravitation der Materie

wesenhaft innewohnt und ohne direkten Kontakt der Körper vermittelt werden kann, als vollkommen absurd ab. Für ihn waren die Gravitationskräfte schlichtweg ein Ausdruck des göttlichen Willens. Heute jedoch hat man sich an die Konzepte der Gravitation, Gravitationsfelder oder Raumkrümmungen gewöhnt und sie werden als naturwissenschaftliche Selbstverständlichkeit betrachtet. Dennoch vermag immer noch niemand zu begründen, wie und wieso sie überhaupt zustande kommen.

[376] Barrett (1920).

[377] Siehe z. B. Bertalanffy (1928) oder die Beiträge von Weiss und Bertalanffy in Koestler und Smythies (1970).

[378] Rose (2000),

[379] Übersichten bieten Harold (2005) oder Kirschner, Gerhard und Mitchison (2000), letztere unter der bezeichnenden Überschrift *Molekularer „Vitalismus"*.

[380] Bertalanffy (1928).

[381] Z. B. Capra (1999), S. 330ff. Man kann sich leicht vorstellen, dass Vertreter des systemischen Organizismus mit einer solchen Aussage kaum einverstanden wären.

[382] Meyer-Abich (1963), S. 232.

[383] Z. B. Capra (1999).

[384] So auch bei Jan Christiaan Smuts (1938), der den Holismus begründete und diesen Begriff prägte, oder bei Arthur Koestler (1972).

[385] Meyer-Abich, (1935).

[386] Capra, (1999), S. 37ff.

[387] Capra (1998), S. 338.

[388] Capra (1998, 1999).

[389] Hahnemann (1999). Nach eignen Angaben hat selbst Capra längere Zeit überzeugt Thai Chi praktiziert (Capra, 1997). Er scheint auch der Homöopathie sehr wohlgesonnen gegenüber zu stehen (Capra, 1998; S. 381ff). Allerdings verwehrt er sich dabei strikt gegen jegliche feinstoffliche oder energetische Lebenskonzepte, sondern er begreift das Chi oder die Vitalkraft Hahnemanns lediglich als „dynamische Strukturen der Selbstorganisation" (Capra, 1998; ebenda). Wer die östlichen Traditionen und ihre Konzepte von feinstofflichen Energien jedoch besser kennt, wird sich dieser Sicht der Dinge kaum anschließen können. Dies alleine schon deshalb, weil hier oftmals postuliert wird, dass feinstoffliche Körper sogar unabhängig von der biologischen Materie existieren können. Das liegt schließlich allen Hypothesen der Reinkarnation zugrunde. Man sollte sich daher nicht auf die östlichen Traditionen berufen, wenn man in ihren Konzepten von feinstofflichen Energien nur die erneut über alle Maßen strapazierte Selbstorganisation sehen kann. Für die Homöopathie gelten vergleichbare Einwände.

[390] Daher erklärt sich auch das von Schulwissenschaftlern vielkritisierte Prinzip, nachdem in zunehmend höherer Verdünnungspotenz die Wirkung der homöopathischen Mittel zunehmend gesteigert werden soll. Der Grund dafür ist: Mit jeder weiteren ausgeschüttelten Potenz wird die ursprünglich materielle Information weiter auf die feinstoffliche Ebene verlagert, von wo aus sie zunehmend besser den feinstofflichen Aspekt der Lebewesen beeinflussen können soll. Es geht also in der Homöopathie gar nicht um materielle Wirkstoffe. Deswegen sollen selbst Potenzen wirksam sein, in denen rein rechnerisch kein einziges stoffliches Molekül der Ausgangssubstanz mehr enthalten sein dürfte.

Personenverzeichnis

Abbott, Edwin 283, 289
Anaximander 80
Aristoteles 80f, 98, 265, 308f, 311, 362
Arrhenius, Svante 50
Aspect, Alain 273f
Atkins, Peter 204f

Baker, Robert 226
Barrett, William 207, 214, 340
Becher, Erich 316
Bechterew, Wladimir 207
Bender, Hans 233, 269, 282
Bergson, Henri 98f, 149, 166, 207, 213, 262, 267, 269, 279, 291, 298, 300, 313ff, 324, 326, 341, 345
Bertalanffy, Ludwig von 17f, 21, 149, 342
Berthold, Peter 250
Biebricher, Christoph 57
Blavatsky, Helena Petrovna 320
Bohm, David 207, 274
Bois-Reymond, Emil du 199
Bouchard, Thomas 276f
Brenner, Steve 72, 77
Broad, Charlie Dunbar 279, 282, 361
Buffon, Georges-Louis 82
Burt, Cyril 207

Camp, Burton 217
Capra, Fritjof 21, 149, 344f, 366
Chauvin, Rémy 237, 257
Churchill, Winston 207
Cook, James 252
Coyne, Jerry 307f
Crick, Francis 50, 103
Croiset, Gerard 233, 323
Crookes, William 207, 214
Curie, Marie und Pierre 207
Cuvier, Georges 84f, 94

Dacqué, Edgar 317ff, 322f, 341, 345
Darwin, Charles 10, 80, 82, 86ff, 93ff, 97, 100ff, 120ff, 131, 151, 156, 167, 181ff, 185, 188, 312, 332
Darwin, Erasmus 82, 86
Dawkins, Richard 65, 120, 132ff, 141f, 167ff, 204, 356
Demokrit 264
Diana, Prinzessin 240
Diderot, Denis 82
Ditfurth, Hoimar von 365
Doyle, Arthur Conan 207
Driesch, Hans 98f, 207, 262, 267ff, 279, 286ff, 315f, 324f, 341, 345, 347
Dunne, Brenda 326
Dunne, John William 232, 282
Durow, Wladimir 256

Eccles, John 207, 266f
Eddington, Arthur 361
Edison, Thomas 207
Eigen, Manfred 54, 57, 68, 342
Einstein, Albert 207, 229, 280
Eysenck, Hans Jürgen 206ff

Faraday, Michael 207
Feather, Sarah 245
Feynman, Richard 361
Fitz Roy, Robert 87
Flammarion, Camille 207
Fox, Sidney 44
Freud, Sigmund 207

Galileo Galilei 333, 340, 365
Geley, Gustave 365
Goethe, Johann Wolfgang von 82, 207, 287, 300
Goodwin, Brian 271
Gorky, Maxim 207

Gould, Stephen Jay 120f, 161, 198, 364

Gruber, Karl 365

Gurwitsch, Alexander 360

Guthrie, Malcom 214, 228

Haeckel, Ernst 102

Hahnemann, Samuel 345

Hardy, Alister 98f, 207, 267, 324f, 341

Hartmann, Eduard von 313, 315, 322, 345, 347, 362

Hawking, Steven 280

Hegel, Georg Wilhelm Friedrich 82, 313

Heim, Burkhard 281, 361, 365

Helmont, Jan van 74

Henslow, John 87

Herrick, F. H. 247

Honorton, Charles 222, 282

Hoyle, Fred 50

Humboldt, Alexander und Wilhelm von 207

Huxley, Thomas 120

Hyman, Ray 222f

Jahn, Robert 326

James, William 207

Johannes Paul II 240

Jordan, Pascual 207, 267

Josephson, Brian 207, 267

Jung, Carl Gustav 207, 310

Junker, Reinhard 125, 128, 347

Kammerer, Paul 100, 350

Kant, Immanuel 82, 282

Kauffmann, Stuart 21

Kepler, Johannes 365

Kimura, Motoo 160f

Koestler, Arthur 21, 207, 366

Koko 197f

Kuhn, Oskar 365

Lamarck, Jean-Baptiste de 82ff, 88ff, 94, 97, 104, 312, 322

Leadbeater, Charles 320f, 361

Leibniz, Gottfried Wilhelm 82

Levin, Michael 365

Lightfoot, John 81

Lodge, Oliver 207, 214, 228

Long, William 253, 256, 310

Lönnig, Wolf-Ekkehard 114, 347

Lyell, Charles 88

Maeterlinck, Maurice 207, 362f

Malthus, Thomas 88, 93

Mann, Thomas 207

Marais, Eugène 362f

Marks, David 226

Maturana, Humberto 21

Maupertius, Pierre Louis 82

McDougall, William 207, 215f, 229, 272

McMoneagle, Joseph 230, 233, 323

Mendel, Johann Gregor 104

Mendelejew, Dimitri 207

Mesmer, Franz Anton 209

Meyer-Abich, Adolf 343

Miller, Stanley 26ff, 77

Monod, Jacques 10, 349

Nilsson, Dan 131, 136ff, 141f

Newton, Isaac 94, 340, 365

Odysseus 354

Orgel, Leslie 42f, 50

Orr, Allen 307f

Osis, Karlis 256

Pasteur, Louis 74f

Pauli, Wolfgang 207

Pelger, Susanne 131, 136f

Peoc'h, René 258f

Plate, Ludwig 352

Plato 80f, 284, 299, 308, 311f, 314

Polyphem 354

Prigogine, Ilya 18ff

Radin, Dean 224, 234, 236, 239

Randall, John 325
Reinke, Johannes 363
Rhine, Joseph Banks 215ff, 235, 237, 245ff, 253, 256, 325
Rhine, Louisa 215
Richet, Charles 207, 214
Roosevelt, Franklin 207
Rose, Steven 342
Rýzl, Milan 282, 356

Schelling, Friedrich Wilhelm 82, 313
Scherer, Siegfried 125, 128, 347
Schindewolf, Otto 364
Schlitz, Marylin 224
Schmeidler, Gertrude 226f, 282
Schmid, Bastian 247f, 251
Schmidt, Helmut 237f, 258, 266, 325
Schopenhauer, Arthur 9, 82, 207, 209, 282, 312f, 315, 332, 341, 343, 345
Schrödinger, Erwin 17
Sheldrake, Rupert 98f, 224ff, 247f, 254f, 270ff, 289, 302, 325f, 340
Sidgwick, Henry 215, 279, 341
Sinclair, Upton und Craig 228f
Smart, Pam 254f
Smuts, Jan Christiaan 366
Spemann, Hans 360
Stalin, Josef 100, 350f
Steiner, Rudolf 287, 320, 341, 345, 361, 363f
Stevens, Samuel 92
Suarez, Antoine 281

Taylor, Robin 364
Tenhaeff, W. H. C. 233
Teilhard de Chardin, Pierre 98, 314, 344

Therese Neumann von Konnersreuth 359
Thomas von Aquin 81
Thomson, Joseph 207
Truzzi, Marcello 205
Tupaia 252

Uexküll, Jakob von 98, 287, 314f, 318
Urey, Harold 26
Ussher, James 81
Utts, Jessica 231

Varela, Francisco 21
Vavilov, Nikolaj 100, 351
Vollmert, Bruno 57
Vries, Hugo de 104

Wald, George 64f, 67
Walker, Evan Harris 267
Wallace, Alfred Russel 87, 91ff, 97ff, 103, 207, 262, 267, 324, 332, 341, 343, 345
Watson, James 103
Wedgewood, Emma 87
Weismann, August 100ff, 189
Weiss, Paul 271, 342
Wenzl, Aloys 365
Wesson, Robert 148
Whitehead, Alfred North 314, 363
Wiener, Norbert 207
Wiseman, Richard 226, 254f
Wöhler, Friedrich 26
Woltereck, Richard 98, 287, 316
Wunder, Edgar 205

Yeats, William Butler 207

Zahavi, Amotz 153, 155f
Zöllner, Karl Friedrich 207, 214, 282

Sachverzeichnis

Adenin 22f, 33ff
Adenosin-Monophosphat 62f
Alanin 27ff, 37, 66
Allel 105f, 110, 161, 174f, 177, 189, 306
Ameise 172ff, 305f
Aminosäure 22ff, 29ff, 36ff, 41, 44ff, 56, 58, 60ff, 65ff, 109f, 126, 148, 179, 298
Ammonit 108, 158, 318f
ASW 211ff, 218, 227ff, 234f, 243, 245ff, 252f, 256f, 264ff, 280, 282, 290ff, 313, 315, 329
Auge,
-   Fisch 130ff, 296, 301
-   *Drosophila* 117, 302

Bakterienmotor 124ff, 136, 138, 142, 163, 301
Bettwanze 191f
Biene 172, 175ff, 192, 305f
Bifunkionelle Moleküle 25f, 29ff, 36, 39, 47, 66, 68

Chiralität 45ff, 66f, 70
Chromosom 102, 111, 168f, 172ff

Dissipative Struktur 19ff, 39, 55, 72f, 341, 343
DNS 22ff
-   Codierung der DNS 22f, 68, 334
-   alternativ 179
-   mehrfach 179f
Dualismus 97, 262, 267f, 309, 325, 346
Duplikation 110f, 127f, 137

Elektrische Fische 144ff, 163, 296
Enantiomer 45ff, 70, 297

Entelechie 81, 98, 268ff, 287f, 293, 308f, 311, 316, 319, 326, 336, 338ff, 342
Entropie 16f, 19ff, 54, 72
Enzym 22, 24, 46, 48, 52, 56, 61ff, 68, 138, 241
Experimentator-Effekt 226f

Feld-Bewusstsein 240, 270, 309, 339
Flachland 283ff, 298, 302, 304f, 338

Gallenbildung 181ff, 296, 303, 316, 330, 337
Ganzfeld 219ff
Ganzheitskausalität 286ff, 294, 298f, 303, 326, 328, 332f, 335
Geistig-psychisches Wirkungsprinzip 267ff, 278, 288, 292f, 306, 309ff, 320, 324ff, 328, 332f, 335, 339, 343
Gendrift 105ff, 161
Genetischer Egoismus 80, 166ff, 177, 182
Gen-Selektionstheorie 166ff
Giraffe 84, 89, 122ff, 130, 157, 164
Glycin 27ff, 37, 58, 66
Gradualismus 120f, 130
Gruppenseele 320ff, 325f, 328

Handicap-Prinzip 153ff
Hellsehen 8, 203, 208ff, 228ff, 238, 246, 252, 260, 289, 313, 315
Holismus 343ff
Homologie 180ff
Hydrolyse 41ff, 51, 53, 66ff, 297
Hyperzyklus 55f, 70
Hypnose 201, 209, 242, 288, 320, 322, 337, 340, 345

Idee, platonisch 81f, 299, 308f, 311ff, 316f, 343

Imperativ der Fortpflanzung 166ff, 178, 314, 316, 327, 330
Isolation 105, 137, 322, 329

Kambrische Explosion 120, 139
Karten-Experimente 214ff
Kreationismus 7, 16, 84, 94, 139, 336
Kreiselwespe 310f, 313

Lamarckismus 82, 84, 90f, 100, 304
Lebensprinzip,
- zwei Pole des L. 288, 297, 304, 328
Lipid 32, 42, 57ff, 67, 298

Materialismus 10, 262, 312, 333
Mechanismus 10, 99, 268, 338, 341, 343, 346
Meta-Analyse 217
Miller-Experiment 26ff
Mittelohr der Säugetiere 162ff, 303
Molekulargradualismus 130
Monofunktionelle Moleküle 25f, 29, 31, 36, 39, 66f
Monomer 25
Morphische Felder 98, 270ff, 289, 302, 311, 326, 339f
Morphogenetische Felder 271f, 302, 326, 340
Mutation 12, 21, 104ff, 109ff, 189, 295f, 303ff, 323ff, 329
- rezessiv 111, 137, 323
- dominant 112, 189f
- neutral 160ff, 296, 303
Mutationsforschung 112ff, 147

Nukleosid 33ff, 40, 70
Nukleotid 22ff, 33ff, 55ff, 67ff, 69f, 109, 159, 169, 174, 179, 298, 342

Oligomer 25
Orchidee 192ff

Organizismus 21f, 99, 148ff, 262, 268, 336, 341ff
- systemischer 342ff
- holistischer 343ff
Orientierungssinn der Tiere 245ff
Orthogenese 158f, 164, 303, 318

Pfau 154ff
Placebo 199, 242, 288, 320
Polykondensation 25f, 39, 43, 51
- von Aminosäuren 29ff
- von Nukleotiden 33ff
Polymer 245
Präkognition 8, 203, 208ff, 231ff, 279, 281, 290
- bei Tieren 243ff , 257
- unbewusste Präkognition 234
Pseudogen 111, 127ff, 137
Psychokinese 8, 203, 209, 211, 234ff, 258, 267f, 290, 320, 322, 336

Quantenphysik 266f, 273ff, 281, 285ff 334f, 339

Reduktionismus 10, 17, 337f, 341, 346
Rekurrente Variation 114f, 119
Retrokognition 210, 233, 279, 290, 323
Ribose 22f, 33ff, 39, 46
Ribozym 52ff, 71f
RNS 24
- RNS-Welt 51ff, 70, 75

Selbstorganisation 11, 18f, 21, 39, 55, 72f, 99, 148ff, 268, 287, 288, 293, 341ff
Selektion 12, 17f, 87ff, 97, 104ff, 151ff, 181ff, 293f, 318f
- natürliche S. 89
- organismische S. 164ff, 188, 196ff, 296, 300, 303, 323, 329f
- sexuelle S. 155ff, 164, 198, 296, 303, 319

Sexualität 103, 189ff , 303
Spezieskonzept 307, 310f, 319ff, 326ff, 334
Staatenbildende Insekten 146, 172ff, 305ff, 313, 321, 330, 337
Starr-Experimente 224ff
Stoffwechselweg, Umstellung 60ff
Suggestion 201, 209, 241f, 288, 320, 322, 340
Synthetische Evolutionstheorie 105f, 161, 324
Systeme, offene und geschlossene 16ff, 73f

Telepathie 8, 99, 203, 208ff, 215, 264ff, 272f, 289, 306, 316, 324ff, 339f, 343
- Telefon-Telepathie 227, 272
- Telepathie bei Tieren 246, 252ff
- Traum-Telepathie 219ff
- unbewusste Telepathie 223f, 278, 306, 310

Traum, präkognitiv 232
Typus 317ff, 326, 328

Vitalismus 10, 12f, 97ff, 149f, 171, 262f, 267ff, 287f, 294, 297f, 309, 311f, 324ff, 333, 336ff
Vogelzug 249ff, 321
Verschränkung 262, 273ff, 278, 281f, 285f, 289, 293, 309, 339f

Würfel-Experimente 235ff, 269

Zebra 153, 164
Zeitgestalt 287, 298f, 301ff, 310, 319, 338
Zellmembran 57ff, 71
Zufallsgenerator 237ff, 257f, 266, 270
Zwillinge 225, 275ff, 289, 309

Glossar

Allele: Verschiedene Zustandsformen von einem Gen. So kann z. B. das Gen für Blütenfarbe bei einer Pflanze der selben Art rote Blüten hervorbringen, bei einer anderen Pflanze weiße. Wir hätten es hier mit zwei Allelen für rote bzw. weiße Blütenfarbe zu tun. Aber auch dann, wenn sich lediglich die Nukleotidsequenz eines Genes bei verschiedenen Individuen voneinander unterscheidet, aber dennoch immer nur rote Blüten gebildet werden, spricht man von verschiedenen Allelen dieses Gens.

Aminosäuren: Die Bausteine der Proteine (= Eiweiße) und somit auch der Enzyme.

ASW: Steht für „außersinnliche Wahrnehmung" und bezeichnet die Telepathie, das Hellsehen und die Präkognition. Es handelt sich hierbei also um diejenigen Psi-Phänomene, bei denen Informationen über Ereignisse oder Personen zu den Empfängern gelangen.

Bifunktionelle Moleküle: Moleküle, die genau zwei Bindungsstellen für Verknüpfungen mit anderen Molekülen aufweisen. Sie werden zur Bildung der langen Molekülketten benötigt, die das Leben ermöglichen (Proteine, DNS oder RNS).

Chiralität: Bezeichnet das Phänomen, dass viele Moleküle in zwei spiegelbildlich verschiedenen Varianten vorkommen können, die Enantiomere genannt werden. Wörtlich übersetzt bedeutet Chiralität „Händigkeit", da sie sehr gut anhand der Betrachtung unserer eigenen Hände veranschaulicht werden kann. Molekülansammlungen, die nur aus einem der möglichen Enantiomere bestehen, nennt man homochiral.

Chromosome: Große Bündel von DNS, die sich im Zellkern der Zellen befinden. Lebewesen, die sich sexuell fortpflanzen wie z. B. die Säugetiere, besitzen jedes Chromosom in doppelter Ausführung: Eines wurde vom Vater und eines von der Mutter geliefert.

Darwinismus: Denkrichtung im Rahmen der Evolutionstheorie, wonach die Evolution durch die Variation der Lebewesen und die nachfolgende Selektion der am besten an die jeweiligen Umweltbedingungen angepassten Individuen voranschreitet.

Dissipative Struktur: Eine solche Struktur kann in Systemen entstehen, durch die kontinuierlich ein gewisses Maß an Energie fließt. Innerhalb eines kritischen Rahmenbereiches kann dieses System spontan auf eine höhere Organisationsebene springen und dort bei weiterhin angemessener Energiezufuhr in stabilem Zustand verharren. Diesen Zustand bezeichnet man als ein Fließgleichgewicht. Bekannte Beispiele für dissipative Strukturen sind Strudel oder Wirbel, wie sie in bewegten Flüssigkeiten oder Gasen auftreten.

DNS: Desoxyribonukleinsäure, das Erbmaterial der Lebewesen. Die DNS liegt in Form von sehr langen doppelsträngigen Molekülen vor, in denen die Reihenfolge ihrer Kettenglieder, der Nukleotide, die Erbinformation kodiert.

Dominante Mutation: Eine Mutation, deren Effekt auch dann bei dem sie tragenden Individuum zu Tage tritt, wenn das gleiche Gen des zweiten Chromosoms noch intakt ist.

Dualismus: Eine philosophische Weltanschauung, wonach das geistig - psychische Sein unabhängig von der Materie existiert.

Enantiomere: Die beiden spiegelbildlich verschiedenen Varianten von Molekülen, die im Rahmen der Chiralität auftreten. Enantiomere können verschiedene chemische Eigenschaften aufweisen, obwohl sie die gleiche chemische Formel besitzen. In Organismen tritt im Gegensatz zu chemischen Versuchen ausschließlich eine einzige Variante von Zucker- oder Aminosäure-Enantiomeren auf, was gewisse Probleme für die experimentelle Erforschung der Ursprünge des Lebens mit sich bringt.

Enzyme: Proteine bzw. Eiweiße (große Biomoleküle aus vielen hintereinander gereihten Aminosäuren), die im Stoffwechselgeschehen der Organismen spezifische biochemische Reaktionen ausführen.

Entelechie: Die Entelechie bezeichnet in der Philosophie des Aristoteles ein vitalistisches Wirkungsprinzip, das bereits im Keim eines Organismus vorhanden ist und die individuellen Lebewesen ihrer artgemäßen Ausgestaltung entgegenträgt. Dies betrifft in erster Linie ihre körperliche Form. Das Konzept der Entelechie wurde später von Hans Driesch wieder aufgegriffen.

Ganzheitskausalität: Eine Art der Geschehensverursachung, die das herkömmliche Konzept von Kausalität – dasjenige von linearer zeitlicher Abfolge von Ursache und Wirkung – ergänzt. Einem Geschehen wie z. B. der Entfaltung des Körpers von Lebewesen liegt demnach eine unräumliche und außerzeitliche organismische Ganzheit zugrunde, die in einer tieferen Realitätsschicht angelegt ist. Dieser ganzheitliche Entwurf kann sich in unserer niederdimensionalen Raumzeit gar nicht anders darstellen als über eine zeitliche Entwicklung. Die geschichtliche Entwicklung von Ganzheiten ist daher nicht nur durch diejenigen Ursachen bedingt, die aus der Vergangenheit heraus entlang des Zeitpfeils eindeutige Wirkungen hervorrufen, sondern auch durch die auf die Ganzheit selbst ausgerichtete Kausalität.

Gen: Ein Abschnitt auf der DNS, der Erbinformation enthält. Diese wird durch die Reihenfolge der Nukleotide kodiert.

Hellsehen: Die direkte Wahrnehmung von Gegebenheiten an entfernten Orten – und zwar nicht über die sonst üblichen Sinnesorgane.

Homologe Organe: Wenn bestimmten Organen bei verschiedenen Lebensformen der selbe Grundbauplan zugrunde liegt, bezeichnet man sie also homolog. Z. B. ist die Leber von Vögeln der Leber von Säugetieren homolog. Doch die Homologie gilt auch für Strukturen, die zwar dem selben Bauplan folgen, aber im Lauf der Evolution einen Funktionswechsel erfahren haben: So ist auch der Flügel der Vögel den Vorderbeinen der Säugetiere homolog.

Hydrolyse: Die Zersetzung von organischen Molekülen durch Wassermoleküle.

Hyperzyklus: Ein gedankliches und mathematisches Modell, wonach verschiedene Ribozyme oder auch Proteine und RNS-Moleküle auf kooperative Weise miteinander interagieren, um in immer effektiveren Vervielfältigungsstrategien der beteiligten RNS-Moleküle zu resultieren.

Kreationismus: Eine Weltanschauung, nach der das gesamte Weltall inklusive der Erde vor etwa 6 000 bis 10 000 Jahren gemäß des im alten Testament niedergelegten Schöpfungsberichtes erschaffen wurde.

Lamarckismus: Denkrichtung im Rahmen der Evolutionstheorie, wonach die Evolution über die Vererbung erworbener Eigenschaften voranschreitet.

Lipid: Sammelbezeichnung für Fette und fettähnliche Substanzen. Bestimmte Formen von Lipiden stellen die Bausteine der Zellmembranen dar.

Materialismus: Eine naturwissenschaftlich-philosophische Weltanschauung, wonach alles Sein einzig und allein auf der Materie und Wechselwirkungen ihrer Bestandteile beruht. Der Materialismus geht zumeist einher mit dem Mechanismus und dem Reduktionismus.

Mechanismus: Eine naturwissenschaftlich-philosophische Weltanschauung, wonach alle Wechselwirkungen der Materie auf mechanistische, maschinenartige Weise ablaufen – das heißt in strikter Abfolge von Ursache und Wirkung. Der Mechanismus geht zumeist einher mit dem Materialismus und dem Reduktionismus.

Molekulargradualismus: Ein in diesem Buch vorgeschlagener Name für ein Konzept, wonach der Evolutionsfortschritt nur über sehr kleine aufeinander folgende Schritte denkbar ist, die auf jeweils eine einzige Mutation zurückgehen. Der Molekulargradualismus ist die einzige Möglichkeit, wonach sich im neodarwinistischen Modell überhaupt eine Evolution vollziehen könnte. Doch dass die Evolution sich tatsächlich immer und überall auf molekulargradualistischem Weg vollzieht, muss aus verschiedenen in diesem Buch diskutierten Gründen als äußerst fragwürdig und unwahrscheinlich gelten.

Moleküle: Chemische Verbindungen, die aus mehreren Atomen bestehen.

Monofunktionelle Moleküle: Moleküle, die genau eine einzige Bindungsstelle für Verknüpfungen mit anderen Molekülen aufweisen. Sie bringen jegliche Kettenbildung von Molekülen zum Abbruch.

Monomer: Ein Kettenbauteil von langen Molekülketten. Die Monomere der Proteine sind Aminosäuren, diejenigen der DNS und RNS die Nukleotide.

Mutationen: Veränderungen in der Erbsubstanz, der DNS. Die beiden wichtigsten Formen von Mutationen sind 1) Punktmutationen, in denen ein einzelnes Nukleotid in der DNS ausgetauscht wird und 2) Duplikationen, bei denen ganze Nukleotidsequenzen kopiert und irrtümlicher Weise wieder in das bereits vorhandene Erbmaterial eingefügt werden.

Neodarwinismus: Denkrichtung im Rahmen der Evolutionstheorie, wonach die Evolution durch die Variation der Lebewesen und die nachfolgende Selektion der am besten an die jeweiligen Umweltbedingungen angepassten Individuen voranschreitet. Als Ergänzung zum Darwinismus werden hier zufällige Mutationen des Erbguts als die Ursache von vererbbaren Variationen angesehen.

Nukleoside: Vorformen von Nukleotiden. Nukleoside bestehen aus einer der vier Basen Adenin, Thymidin, Guanin oder Cytosin und einem Zucker, der Ribose. Um ein Nukleotid zu werden, muss einem Nukleosid noch eine Phosphatgruppe angefügt werden.

Nukleotide: Die Bausteine der DNS und RNS. Nukleotide bestehen aus einer der vier Basen Adenin, Thymidin, Guanin oder Cytosin, einem Zucker (der Ribose) und einer Phosphatgruppe. Die Sequenzabfolge der Nukleotide in den Genen legt fest, welche Aminosäuren in welcher Reihenfolge aneinander gereiht werden sollen, und stellt damit die Information zur Verfügung, welches Genprodukt (= Protein) von welchem Gen gebildet wird.

Oligomer: Eine Molekülkette, die aus bis zu 20 oder 30 strukturell gleichen oder ähnlichen Untereinheiten aufgebaut ist – in diesem Buch sind dies Aminosäuren oder Nukleotide.

Organizismus: Eine naturwissenschaftlich-philosophische Weltanschauung, nach der unbelebten und belebten Systemen ganzheitliche Tendenzen zur Selbstorganisation und Selbstregulation innewohnen. Die Interaktionen der beteiligten Systembestandteile erfolgen dabei nach nichtlinear operierenden Vernetzungsweisen. Darin unterscheidet sich der Organizismus vom Mechanismus. In diesem Buch werden zwei Varianten des Organizismus unterschieden:

(1) Im *systemischen* Organizismus wird angenommen, dass Lebewesen keine spezifischen Qualitäten oder organisierende Wirkungsprinzipien besitzen, wodurch sie sich von unbelebter Materie unterscheiden würden. Darin hebt sich der systemische Organizismus auch vom Vitalismus ab und gilt deshalb als vermittelnder „Dritter Weg" zwischen Mechanismus und Vitalismus. Er besitzt häufig materialistische Prägung.

(2) Im *holistischen* Organizismus oder Holismus wird hingegen die gesamte Natur inklusive Kristallen, Planeten oder Galaxien als der Ausdruck eines lebendigen Seins betrachtet. Er unterscheidet sich vom Vitalismus in so fern, dass auch hier keine Trennung zwischen belebter und unbelebter Materie vollzogen wird. Allerdings ist er nicht materialistisch geprägt. Oftmals wird sogar eine geistig-psychische oder energetische Seinsform als der Urgrund des Universums betrachtet. Der holistische Organizismus muss dennoch den Vitalismus als untergeordnete, aber elementare Teiltheorie enthalten.

Orthogenese: Ein vielfach fossil überlieferter Trend in der Evolution, einmal eingeschlagene Veränderungen von Lebensformen immer weiter beizubehalten und zu verstärken. Beispiele hierfür sind das kontinuierlich zunehmende Größenwachstum vieler vergangener Wirbeltiere (Dinosaurier und auch Säugetiere), verschiedenste Geweih-, Horn- und Zahnbildungen oder auch die immer filigraner verästelten Wohnkammern der Ammoniten.

In diesem Buch wird postuliert, dass sich Orthogenesen aufgrund innerlicher Eigendynamiken entwickeln, nicht etwa über zufällige Mutationen und die natürliche Selektion.

Polykondensation: Die Bildung langer kettenförmiger Moleküle durch Verbindung zahlreicher kleinerer Moleküle, die als Kettenglieder fungieren. Diese werden auch Monomere genannt. Das Resultat der Polykondensation wird je nach Länge als Oligomer oder Polymer bezeichnet.

Polymer: Eine Molekülkette, die aus vielen bis sehr vielen strukturell gleichen oder ähnlichen Untereinheiten aufgebaut ist – in diesem Buch sind dies die Aminosäuren oder Nukleotide. Die Proteine oder auch die DNS stellen demnach Polymere dar.

Präkognition: Das Vorauswissen um zukünftige Ereignisse.

Proteine:. Große Biomoleküle (auch Eiweiße genannt), bestehend aus vielen hintereinander gereihten Aminosäuren. Die Reihenfolge der Aminosäuren wird hierbei durch die Reihenfolge der Nukleotide der Gene in DNS festgelegt, daher bezeichnet man Proteine auch als das Genprodukt der Gene.

Pseudogene: Kopien von Genen oder Genabschnitten, die irrtümlicher Weise wieder in das bestehende Erbmaterial von Lebewesen eingebaut wurden, aber weder abgelesen noch verwendet werden. Sie fristen ein weitgehend unauffälliges und nutzloses Dasein im Erbgut und Mutationen können deshalb hier gefahrlos stattfinden. Interessant wird es jedoch dann, wenn diese Pseudogene erneut unter aktive Regulationsmechanismen geraten und damit wieder zu richtigen Genen werden: Dann kann sich zeigen, welche Effekte die in der Zwischenzeit erfolgten Mutationen auf den Organismus haben.

Psi-Phänomene: Zusammenfassender Begriff, der die Phänomene der ASW (Telepathie, Hellsehen, Präkognition) und der Psychokinese bezeichnet.

Psychokinese: Die Fähigkeit, über rein mentale Aktivität Einfluss auf unbelebte oder belebte Materie auszuüben.

Reduktionismus: Eine naturwissenschaftlich-philosophische Weltanschauung, nach der unbelebte und belebte Systeme dadurch vollständig beschrieben werden können, dass man die Analyse ihrer Funktionsweise auf die Analyse der Interaktionen ihrer Grundbausteine reduziert. Der Reduktionismus geht zumeist mit dem Materialismus und dem Mechanismus einher.

Rekurrente Variation: Das Gesetz der rekurrenten Variation besagt, dass der Variationsbreite von Mutanten Grenzen gesetzt sind. Mit zunehmender Anzahl von bekannten Mutationen sinkt die Wahrscheinlichkeit, dass dabei neue, noch nie zuvor beobachtete äußerlich sichtbare Auswirkungen erzielt werden, asymptotisch gegen Null.

Rezessive Mutation: Eine Mutation, deren Effekt nur dann bei dem sie tragenden Individuum zu Tage tritt, wenn die jeweiligen Gene auf beiden Chromosomen davon betroffen sind. Ist ein Gen eines Chromosoms hingegen noch intakt, kann dadurch bei rezessiven Mutationen der schädliche Effekt ausgeglichen werden.

Ribozyme: RNS-Moleküle, die andere Moleküle in geringem Umfang zu biochemischen Reaktionen anregen können.

Ribose: Ein bestimmtes Zuckermolekül, das unverzichtbarer Bestandteil der Nukleotide ist.

RNS: Die Ribonukleinsäure. Sie ist das Molekül, das die Erbinformation der DNS im Zellkern kopiert und zu denjenigen Orten in der Zelle transportiert, wo gemäß dieser Vorgaben die Proteine (= Genprodukte) aus den Aminosäuren zusammengesetzt werden. Die RNS besteht wie die DNS aus Nukleotiden, sie liegt jedoch nur einsträngiger Form vor.

Selbstorganisation: Die Fähigkeit unbelebter und belebter Materie, spontan und selbstverursacht Ordnungsgefüge höherer Komplexität hervorzubringen.

Selektion: In diesem Buch werden die *natürliche*, die *sexuelle* und die *organismische* Selektion behandelt. Die natürliche Selektion wird durch die äußeren Umweltbedingungen verursacht, in denen sich die Lebewesen befinden, die sexuelle Selektion aber durch die Geschmäcker und Vorlieben der jeweiligen Fortpflanzungspartner. Unter dem Überbegriff der organismischen Selektion werden alle Formen von evolutiven Entwicklungsweisen zusammengefasst, die nicht unter die Rubrik der natürlichen Selektion durch äußere Umweltbedingungen fallen. Vielmehr kommt hier den Organismen selbst eine tragende Rolle zu. Die sexuelle Selektion oder auch die Orthogenese fallen demnach unter die Rubrik der organismischen Selektion.

Spezieskonzept: Eine dem Einzelorganismus übergeordnete Ganzheit, die den Zusammenhalt der Spezies gewährleistet. Spezieskonzepte sind auf einer fundamentalen Realitätsebene angelegt, die unserer erfahrbaren Raumzeit zugrunde liegt. Sie besitzen (1) einen formbildenden, strukturell-organisierenden Aspekt, der sich als Ganzheitskausalität auf die körperliche Ausgestaltung der Organismen auswirkt. Sie besitzen (2) auch einen geistig-psychischen Aspekt. Die Individuen sind daher durch eine Art kollektives Unbewusstes miteinander verbunden. Spezieskonzepte evoluieren sowohl aufgrund innerer Eigengesetzlichkeiten als auch durch die Interaktion der Artangehörigen mit ihrer Umwelt.

Telepathie: Gedankenübertragung zwischen zwei oder mehreren Lebewesen.

Verschränkung: Eine Verbundenheit von Systembestandteilen, die es ihnen ermöglicht, durch Raum und Zeit hinweg als ein einziges miteinander vernetztes System zu agieren. Die Verschränkung wurde bei subatomaren Teilchen bis hin zu größeren Molekülverbindungen experimentell nachgewiesen und gilt theoretisch für alle Größenordnungen materieller Organisation. Sie wird von Parapsychologen daher gerne als Erklärungsmodell für das Zustandekommen von Psi-Phänomen herangezogen.

Vitalismus: Eine naturwissenschaftlich-philosophische Weltanschauung, nach der die Entstehung, die Evolution und die Funktionsweise von Lebewesen nicht alleine auf die physikochemischen Gesetzmäßigkeiten der unbelebten Materie zurückgeführt werden können. Dies gilt umso mehr für die parapsychologischen Phänomene. Das in diesem Buch vorgestellte vitalistische Wirkungsprinzip bildet ein Kontinuum mit zwei Polen. Der eine Pol stellt ein psychisch-energetisches Wirkungsprinzip dar, der andere Pol tritt als formbildende Ganzheitskausalität in Erscheinung, welche die körperliche Ausgestaltung von Lebewesen orchestriert.

Literatur

Abbot, Edwin: *Flächenland*, Hildesheim und Berlin, 1990.

Aristoteles: Über Weissagung durch Träume. In: Bender, Hans: *Parapsychologie*, Darmstadt, 1971a, S. 26-30.

Arndt, M., Hornberger, K. und Zeilinger, A.: Probing the limits of the quantum world, *Physics World*, März 2005. Im Internet: http://physicsweb.org/articles/world/18/3/5

Artley, B: Confirmation of the small rodent precognition work, *Journal of Parapsychology* 38, 1974, S. 238-239.

Aspect, A., Dalibart, J. and Roger, G.: Experimental test of Bell's inequalities using time-varying analyzers, *Physical Review Letters* 49, 1982, S. 1804-1807.

Astin, J. E., Harkness, E. und Ernst, E.: The efficacy of „distant healing": A systematic review in randomized trials, *Annals of Internal Medicine* 132, 2000, S. 903-910.

Atmanspacher, H., Römer, H. und Walach H.: Weak Quantum Theory: Complementarity and Entanglement in Physics and Beyond, *Foundations of Physics* 32, 2002, S. 379-406.

Baker, Robert: Can we tell when someone is staring at us from behind?, *Skeptical Inquirer* März/April, 2000, S 34-40.

Barrett, William: *Proceedings of the Society for Psychical Research* 31 (79), 1920, S, 28.

Barry, J.: General and comparative study of the psychokinetic effect on a fungus culture, *Journal of Parapsychology* 32, 1968, S. 237-243.

Becher, Erich: *Die fremddienliche Zweckmäßigkeit der Pflanzengallen und die Hypothese eines überindividuellen Seelischen*, Leipzig, 1917.

Bechterew, Wladimir: Versuche über die "unmittelbare Einwirkung" auf das Verhalten von Tieren, 1924. In: Bender, Hans: *Parapsychologie*, Darmstadt, 1971a, S. 624-636.

Becker, Markus: *Rätselraten um den sechsten Sinn der Tiere*, am 7.1.2005 im Wissenschaftsteil von www.spiegel.de.

Behe, Michael: *Darwins Black Box. Biochemische Einwände gegen die Evolutionstheorie*, Gräfelfing, 2007.

Bem, D. J., Palmer, J. K. und Broughton, R. S.: Updating the ganzfeld database: A victim of ist own success?, *Journal of Parapsychology* 65, 2001, 207-218.

Bender, Hans: *Parapsychologie*, Darmstadt, 1971a.

Bender, Hans: *Unser sechster Sinn*, Stuttgart, 1971b.

Bender, Hans: *Telepathie, Hellsehen und Psychokinese*, München, 1972.

Benton, Michael: *Vertebrate Palaeontology*, Bristol, 2005.

Bergson, Henri: Geistererscheinungen und Psychische Forschung; Antrittsrede zur Präsidentschaft der SPR vom 28.5.1913. In: Bender, Hans: *Parapsychologie*, Darmstadt, 1971a, S. 61-81.

Bergson, Henri: *Schöpferische Entwicklung*, Coron-Verlag Zürich, ohne Jahresangabe.

Bertalanffy, Ludwig von: *Kritische Theorie der Formbildung*, Berlin, 1928.

Bertalanffy, Ludwig von: *General Systems Theory*, New York, 1968.

Bertalanffy, Ludwig von: Chance or Law. In: Koestler und Smythies: *Beyond Reductionism*, New York, 1970.

Berthold, Peter: *Vogelzug*, Darmstadt, 1996.

Biermann, D. J. und Radin, D. I.: Anomalous anticipatory response on randomized future conditions, *Perceptual and Motor Skills* 84, 1997, S. 689-690.

Biot, René: *Das Rätsel der Stigmatisierten*, Aschaffenburg, 1957.

Black, Stephen: *Mind and Body*, London, 1969.

Blake, H.: *Talking with Horses: A study of Communication Between Man and Horse*, London 1975.

Bockemühl, Jochen: Äußerungen des Zeitleibes in den Bildebewegungen der Pflanzen. In: *Goetheanistische Naturwissenschaft 2, Botanik*, Stuttgart, 1982, S. 36-43.

Bohm, David: *Die implizite Ordnung*, München, 1985.

Bovet, J.: Experimentelle Untersuchung über das Heimfindevermögen von Mäusen, *Zeitschrift für Tierpsychologie* 17, 1960, S. 728-755.

Bozzano, Ernesto: *Übersinnliche Erscheinungen bei Naturvölkern,* Freiburg im Breisgau, 1989.

Braud, William G.: Distant mental influence of rate of hemolysis of human red blood cells, *Journal of the American Society for Psychical Research* 84, 1990, S. 1-24.

Brenner, Steve: Die Zitate Brenners fanden sich Jahr 2004 im „*Trail Guide*" der Webseite der wichtigsten Organisation der präbiotischen Wissenschaftler, der ISSOL (http://www.issol.org/trail.html).

Broad, C. D.: The Relevance of Psychical Research to Philosophy, *Philosophy* 24, 1949, S. 291-309.

Broderick, Damien: *Outside the Gates of Science*, New York, 2007.

Brooks, Michael: The weirdest link, *New Scientist*, März 2003, S. 32-35.

Brukner, C., Taylor, S., Cheung, S. und Vedral, V.: *Quantum Entanglement in Time*, 2004. Im Internet:
http://www.arxiv.org/PS_cache/quant-ph/pdf/0402/0402127.pdf

Bunnell, Toni: The Effect of "Healing with Intent" on Pepsin Enzyme Activity, *Journal of Scientific Exploration* 13, 1999, S. 139-148.

Buttler, Karl-Peter: Orchideen, *Steinbachs Naturführer*, München, 1996.

Byrd, Randolph C.: Positive therapeutic effects of intercessory prayer in a coronary care population, *Southern Medical Journal* 81, 1988, S. 826-829.

Camp, B. H. *Journal of Parapsychology* 1; S. 305 (Fußnote).

Capra, Fritjof: *Das Tao der Physik*, München, 1997.

Capra, Fritjof: *Wendezeit*, München, 1998.

Capra, Fritjof: *Lebensnetz*, München, 1999.

Carter, O. L., Presti, D. E., Callistemon, C., Ungerer, Y., Liu, G. B., und Pettigrew, J. D.: Meditation alters perceptual rivalry in Tibetan Buddhist monks, *Current Biology* 15 (11), 2005, S. R412-R413.

Chauvin R. und Genthon, J.-P.: Eine Untersuchung über die Möglichkeit psychokinetischer Experimente mit Uranium und Geigerzähler, *Zeitschrift für Parapsychologie* VIII (3), 1965, S. 140-147.

Coyne, Jerry A. und Orr, H. Allen: *Speciation*, Sunderland (USA), 2004.

Culver, D. C.: *Cave Life. Evolution and Ecology*, Harvard, 1982.

Dacqué, Edgar: *Natur und Seele*, München und Berlin, 1926.

Dacqué, Edgar: *Organische Morphologie und Paläontologie*, München, 1935.

Dacqué, Edgar: *Urwelt, Sage und Menschheit*, München und Berlin, 1941.

Darwin, Charles: *Das Variiren der Thiere und Pflanzen im Zustande der Domestication*, Stuttgart, 1868.

Darwin, Charles: *Mein Leben*, Frankfurt am Main / Leipzig, 1959.

Darwin, Charles: *The Descent of Man and Selection in Relation to Sex*, London, 1871.

Darwin, Charles: *Über die Entstehung der Arten durch natürliche Zuchtwahl*, Köln, 2002.

Dawkins, Richard: *Das egoistische Gen*, Reinbek, 1996.

Dawkins, Richard: *Gipfel des Unwahrscheinlichen*, Reinbek, 2001.

Delanoy, D.: Anomalous psychophysiological responses to remote cognition: the DMILS studies, *European Journal of Parapsychology* 16, 2001, S. 30-41.

Ditfurth, Hoimar von: *Wir sind nicht nur von dieser Welt*, Hamburg, 1981.

Ditfurth, Hoimar von: Die Marionetten der Gene?, *GEO* 5, 1983.

Ditfurth, Hoimar von: *So lasst und denn ein Apfelbäumchen pflanzen*, Köln und Gütersloh, 1985.

Dodds, E. R.: Telepathie und Hellsehen in der klassischen Antike. In: Bender, Hans: *Parapsychologie*, Darmstadt, 1971a, S. 6-25.

Dose, K. und Rauchfuss H.: *Chemische Evolution und der Ursprung lebender Systeme*, Stuttgart, 1975.

Dossey, L.: *Healing beyond the body*, Boston, 2001.

Dossey, L.: *Healing words*, San Fransisco, 1993.

Driesch, Hans: *Philosophie des Organischen*, Leipzig, 1928.

Driesch, Hans: Das Wesen des Organismus. In: Driesch, Hans und Woltereck, Heinz: *Das Lebensproblem*, Leipzig, 1931.

Driesch, Hans: Die Maschine und der Organismus, *BIOS* 4, 1935.

Driesch, Hans: Vitalism as a Bridge to Psychical Research, *Journal of the American Society for Psychical Research* 33, 1939, S. 129-133.

Driesch, Hans: *Parapsychologie*, München, 1975.

Dunne, Brenda J. und Jahn, Robert G.: Information and uncertainty in remote perception research, *Journal of Scientific Exploration* 17, 2003, S. 207-241.

Dunne, Brenda J. und Jahn, Robert G.: Consciousness, Information, and Living Systems, *Cellular and Molecular Biology* 51, 2005, S. 703-714.

Dunne, J. W.: *An Experiment with Time*, New York, 1927.

Duval, P., und Montredon, E.: ESP experiments with mice, *Journal of Parapsychology* 32, 1968, S. 153-166.

Eberhard, William G.: *Sexual Selection and Animal Genitalia*, Cambridge, 1985.

Eccles, J.C.: *The Neurophysiological Basis of the Mind*, Oxford, 1953.

Eigen, Manfred: Die Entstehung des Lebens, *Natur* 3, 1983, S. 68-78.

Eigen, Manfred: *Stufen zum Leben*. München, 1987.

Eisentraut, M.: Zehn Jahre Fledermausberingung, *Zoologischer Anzeiger* 144, 1944, S. 20-32.

Eldredge, N. und Gould, S.J.: Punctuated equilibria: An alternative to phyletic gradualism. In: Schopf, T.: *Models in Paleobiology*, San Fransisco, 1972, S. 82-115.

Extra, J. F. M.: GESP in the rat, *Journal of Parapsychology* 36, 1972, S. 294-302.

Eysenck, Hans Jürgen: *Sense and Nonsense in Psychology*, London, 1957.

Fisk, G. W. und West, D. J.: ESP tests with erotic symbols, *Journal of the Society of Psychical Research* 38, 1955, S. 1-7.

Forster, J. R.: *Observations Made During a Voyage Around the World*, London, 1778.

Fox, S. W., Harada K., Krampitz, G., und Mueller, G.: Chemical Origin of Cells, *Chemical Engineering News* 48, 1970, S. 80-94.

Freeman, Anthony: Sheldrake and his critics: The sense of being glared at, *Journal of Consciousness Studies* 12 (6), *Special Issue*, 2005.

Geley, Gustave: *Vom Unbewussten zum Bewussten*, Stuttgart, Berlin und Leipzig, 1925.

Gilbert, Scott F.: *Developmental Biology*, Sunderland (Massachusetts), 1997.

Goethe, Johann Wolfgang von: Die Natur. In: *Goethes Werke, Hamburger Ausgabe, Band 13 (Naturwissenschaftliche Schriften I)*, München, 2002.

Goodwin, Brian: *Der Leopard, der seine Flecken verliert*, München, 1997.

Gosh, S., Rosenbaum, T. F., Aeppli, G. und Coppersmith, S. N.: Entangled quantum state of magnetic dipoles, *Nature* 425, 2003, S. 48-51.

Grad, B., Cadoret R. J. und Paul, G. I.: An unorthodox method of treatment in wound healing in mice, *Journal of Parapsychology* 3, 1961, S. 5-24.

Grad, B.: A telekinetic effect on plant growth I, *Journal of Parapsychology* 5, 1963, S. 115-117.

Grad, B.: A telekinetic effect on plant growth II, *Journal of Parapsychology* 6, 1964, S. 437-498.

Grad, B.: PK effects of fermentation of yeast, *Proceedings of the Parapsychological Association* 2, 1965, S. 15-16.

Grifford, C. E. und Griffin, D. R.: Notes on Homing and Migratory Behaviour of Bats, *Ecology* 41, 1960, S. 387-381.

Grindberg-Zylberbaum, J., Delaflor, Mattie, L. und Goswami, L.: The Einstein-Podolsky-Rosen paradox in the brain: The transferred potential, *Physics Essays* 7, 1994, S. 422-428.

Gruber, Karl: *Biologie und Okkultismus*, München, 1930.

Gurney,E., Myers, F. W. H., Podmore, F.: *Phantasms of the Living*, London, 1886.

Haeckel, Ernst: *Die Lebenswunder*, Leipzig, 1923.

Hahnemann, Samuel: *Das Organon der Heilkunst*, Heidelberg, 1999.

Hardy, Alister: *The Living Stream*, London, 1965.

Hardy, Alister: *The Divine Flame*, London, 1966.

Hardy, Alister: Biology and ESP. In: Smythies, J. R.: *Science and ESP*, New York, 1967, S. 143-165.

Harold, Franklin M.: Molecules into Cells: Specifying Spatial Architecture, *Microbiology and Molecular Biology Reviews* 69, 2005, S. 544-564.

Harris, W. S., Gowda, M., Kolb, J. W., Strychacz, C. P., Vacek, J. L., Jones, P. G., Forker, A., O'Keefe, J. H., und McCallister, B. D.: A randomized, controlled trial of the effects of remote, intercessory prayer on outcomes in patients admitted to the coronary care unit, *Archives of Internal Medicine* 159, 1999, S. 2273-2278.

Hartmann, Eduard von: *Philosophie des Unbewussten*, Berlin, 1871.

Hartmann, Eduard von: *Grundriß der Naturphilosophie*, Bad Sachsa, 1907.

Hartmann, Eduard von: *Das Problem des Lebens*, Berlin, 1925.

Hawking, Steven: *Das Universum in der Nussschale*, Augsburg, 2005.

Heim, Burkhard: Der Elementarprozess des Lebens, *Imago Mundi* 6, 1977, S. 95-154.

Herrick, F. H.: Homing powers of the cat, *Science Monthly* 14, 1922, S. 526-539.

Heusser, H.: Über die Beziehung der Erdkröte (*Bufo bufo*) zu ihrem Laichplatz. *Behaviour* 12, 1958, S. 208-232.

Hirschberger, Johannes: *Geschichte der Philosophie*, Freiburg, Basel und Wien, 1991.

Hirtz, T. und Luisi, P. L.: Spontaneous Onset of Homochirality in Oligopeptide Chains Generated in the Polymerisation of N-Carboxylanhydride Amino Acids in Water, *Origins of Life and Evolution of the Biosphere* 34, 2004, S. 93-110.

Hölldobler, Bert und Wilson, Edward O.: *The Ants*, Berlin und Heidelberg, 1990, S. 187.

Honorton, C. und Ferrari D. C.: Future telling: A meta-analysis of forced-choice precognition experiments 1935-1987, *Journal of Parapsychology* 53, 1989, S. 281-308.

Honorton, C., Berger, R.E., Varvoglis, M.P., Quant, M., Derr, P., Schechter E. I. und Ferrari D. C.: Psi communication in the ganzfeld: Experiments with an automated testing system and a comparison with a meta-analysis of earlier studies, *Journal of Parapsychology* 54, 1990, S. 99-139.

Horgan, John: *An den Grenzen des Wissens*, Frankfurt am Main, 2000.

Hyman, R. und Honorton, C.: A joint communiqué: The psi ganzfeld controversy, *Journal of Parapsychology* 50, 1986, S. 351-364.

Jahn, Ilse: *Geschichte der Biologie*, Heidelberg und Berlin, 2002.

Jahn, Robert G. und Dunne, Brenda J.: *An den Rändern des Realen*, Altkirchen, 2006.

Jablonka, Eva und Lamb, Marion J.: *Epigenetic Inheritance and Evolution – The Lamarckian Dimension*, Oxford, 1995.

Jablonka, Eva und Lamb, Marion J.: *Evolution in Four Dimensions*, Cambridge (USA) und London, 2005.

Junker, Reinhard und Scherer, Siegfried: *Evolution – Ein kritisches Lehrbuch*, Gießen, 1998.

Kammerer, Paul: Vererbung erzwungener Farbveränderungen, IV. Mitteilung: Das Farbkleid des Feuersalamanders (*Salamandra maculosa* Laurenti) in Abhängigkeit von der Umwelt, *Archiv für Entwicklungsmechanik* 36, 1913, S. 4-193.

Kammerer, Paul: *Neuvererbung oder Vererbung erworbener Eigenschaften*, Stuttgart und Heilbronn, 1925.

Kimura, Motoo: *The neutral theory of molecular Evolution*, Cambridge, 1983.

Kirschner, M., Gerhard, J. und Mitchison, T.: Molecular „Vitalism", *Cell* 100, 2000, S. 79-88.

Koestler, Arthur: *Der Krötenküsser*, Reinbek, 1974.

Koestler, Arthur: *Die Wurzeln des Zufalls*, Bern, München und Wien, 1972.

Koestler, Arthur und Smythies, J.R.: *Beyond Reductionism*, New York, 1970.

Korn, Dieter: Typostrophism in Palaeozoic Ammonoids? *Paläontologische Zeitschrift* 77 (2), 2003, S. 445-470.

Kramer F.R., Mills D.R., Cole P.E., Nishihara T. und Spiegelman S.: Evolution in vitro: sequence and phenotype of a mutant RNA resistant to ethidium bromide, *J. Mol. Biol.* 89, 1974, S. 719-36.

Kuhn, Oskar: *Die Deszendenz-Theorie*, Bamberg, 1947.

Lamarck, Jean Baptiste de: *Zoologische Philosophie*, Leipzig, 1909.

Larralde, R.; Robertson, M. und Miller S. L.: Rates of decomposition of ribose and other sugars: Implications for chemical evolution, *Proc. Natl. Acad. Sci. USA* 92, 1995, S. 8151-8160.

Lawrence, T.: Bringing in the sheep: A meta-analysis of sheep/goat experiments, *Proceedings of Presented Papers, 36th Annual Parapsychological Association Convention*, 1993.

Leadbeater, C. W.: *Der sichtbare und der unsichtbare Mensch*, Freiburg im Breisgau, 1971.

Levin, Michael: On the Lack of Evidence for the Evolution of Psi as an Argument Against the Reality of the Paranormal, *Journal of the American Society of Psychical Research* 90, 1996, S. 221-230.

Lindenlaub, E.: Neue Befunde über die Anfangsorientierung von Mäusen, *Zeitschrift für Tierpsychologie* 17, 1960, S. 555-558.

Lindenlaub, E.: Über das Heimfindevermögen der Säugetiere. II. Versuche an Mäusen, *Zeitschrift für Tierpsychologie* 12, 1955, S. 452-458.

Lodge, Oliver: An account of some experiments in thought-transference, *Proceedings of the Society for Psychical Research* 2, 1884, S. 189-200.

Lohrmann, R. und Orgel, L. E.: Polymerization of nucleotide analogues I: Reaction of nucleoside 5'-phosphorimidazolides with 2'-amino-2'-deoxyuridine, *J. Mol. Evol.* 7, 1976, S. 253-267.

Lolle, Susan J., Victor, Jennifer L., Young, Jessica M. und Pruitt, Robert E.: Genom-wide non-mendelian inheritance of extra-genomic information in *Arabidopsis*, *Nature* 434 (7032), S. 505-509.

Long, William: *How Animals Talk*, New York und London, 1919.

Lönnig, Wolf-Ekkehard: *Artbegriff, Evolution und Schöpfung*, Köln, 1993.

Lönnig, Wolf-Ekkehard: *Mutation: Das Gesetz der rekurrenten Variation*, http://www.weloennig.de/Gesetz_Rekurrente_Variation.html, 2003.

Lucadou, Walter von: *Psi-Phänomene*, Frankfurt am Main und Leipzig, 1997.

Lucadou, W. v., Römer, H. und Walach, H.: Synchronistic Phenomena in Entanglement Correlations in Generalized Quantum Theory, *Journal of Consciousness Studies* 14 (4), 2007, S. 50-74.

Ludwiger, Illobrand von: *Das neue Weltbild des Physikers Burkhard Heim*, München, 2006.

Luisi, Pier Luigi: Introduction, *Origins of Life and Evolution of Biospheres* 34 (1-2), 2004.

Maeterlinck, Maurice: *Das Leben der Termiten / Das Leben der Ameisen*, Coron-Verlag Zürich, ohne Jahresangabe.

Marais, Eugène: *Die Seele der weissen Ameise*, Berlin, 1956.

Marks, D. und Colwell, J.: The psychic staring effect: An artifact of pseudo randomization, *Skeptical Inquirer* September/Oktober, 2000, S. 41–9.

Mathews, G. V. T.: *Bird Navigation*, Cambridge, 1968.

Maturana, Humberto R. und Varela, Francisco J.: *Der Baum der Erkenntnis*, Bern und München, 1987.

McFarland, David: *Biologie des Verhaltens*, Weinheim, 1989.

McMoneagle, J.: *Mind trek*, Charlottesville, 1993.

McMoneagle, J.: *The Stargate Chronicles: Memoirs of a Psychic Spy*, Charlottsville, 2002.

Mechsner, Franz: Im Anfang war der Hyperzyklus, *GEO Wissen, Chaos + Kreativität*, 1993, S. 72 ff.

Meyer, Adolf: *Krisenepochen und Wendepunkte des Biologischen Denkens*, Jena, 1935.

Meyer-Abich, Adolf: *Geistesgeschichtliche Grundlagen der Biologie*, Stuttgart, 1963.

Micke, A.: *Induced mutations in cross-breeding*, IAEA (International Atomic Energy Agency), Wien, 1976, 1-4.

Miller, Geoffrey F.: *Die sexuelle Evolution. Partnerwahl und die Entstehung des Geistes*, Heidelberg und Berlin, 2001.

Miller, Stanley L.: A Production of Amino Acids Under Possible Primitive Earth Conditions, *Science* 117, 1953, S. 528-529.

Miller, Stanley L.: Current status of the prebiotic synthesis of small molecules. *Chem. Scr.* 26B, 1986, S. 5-11.

Monod, Jacques: *Zufall und Notwendigkeit*. München, 1996, S. 55.

Morgan, T. H.: Varialility of eyeless, *Publ. Carnegie Inst. Wash.* 399, 1929, S. 139-168.

Morris, Richard: *Darwins Erbe*, Hamburg, 2002, S. 65.

Moser, Fanny: *Okkultismus – Täuschungen und Tatsachen*, Freiburg im Breisgau, 1974.

Müller, Burkhard: *Das Glück der Tiere*, Berlin, 2000.

Nash, C. B.: Psychokinetic control of bacterial growth, *Journal of the Society for Psychical Research* 51, 1982, S. 217-221.

Nash, C. B.: Test of psychokinetic control of bacterial mutation, *Journal of the Society for Psychical Research* 78, 1984, S. 145-152.

Nelson, R. D., Radin, D. I., Shoup, R., Bancel, P.: Correlation of continuous random data with major world events, *Foundations of Physics Letters* 15 (6), 2002, S. 537-550.

Nicholas, C.: The effects of loving attention on plant growth, *New England Journal of Parapsychology* 1, 1977, S. 19-24.

Nilsson, Dan E. und Pelger, Susanne: A pessimistic estimate of the time required for an eye to evolve, *Proceedings of the Royal Society of London, Biological Sciences* 256, 1994, S. 53-58.

Osis, Karlis: A test of the occurrence of a psi effect between man and the cat, *Journal of Parapsychology* 16, 1952, S. 233-256.

Ostrander, S. und Schroeder L.: *PSI – Die wissenschaftliche Erforschung und praktische Nutzung übersinnlicher Kräfte des Geistes und der Seele im Ostblock*, Bern, München und Wien, 1971.

Parker, A.: ESP in gerbils using positive reinforcement, *Journal of Parapsychology* 38, 1974, S. 301-311.

Pauling, Linus: Schrödinger's contribution to chemistry and biology, in: *Schrödinger. A Centenary Celebration of a Polymath*, Cambridge, 1987, S. 225-233.

Peoc'h, R.: Psychokinetic action of young chicks on an illuminated source, *Journal of Scientific Exploration* 9, 1988a, S. 223-229.

Peoc'h, R.: Chicken imprinting and the tychoscope: An ANPSI experiment, *Journal of the Society for Psychical Research* 55, 1988b, S. 1-9.

Peoc'h, R.: Telekinesis experiments with rabbits, *Foundation Odier de Psycho-Physique Bulletin* 3, 1997a, S. 28-36.

Peoc'h, R.: Telepathy experiments between rabbits, *Foundation Odier de Psycho-Physique Bulletin* 3, 1997b, S. 25-28.

Perutz, Max: Erwin Schrödinger's *What is Life?* and molecular biology, in: *Schrödinger. A Centenary Celebration of a Polymath*, Cambridge, 1987, S. 234-251.

Pizarello, S.: Chemical Evolution and Meteorites: An Update, *Origins of Life and Evolution of the Biosphere* 34, 2004, S. 25-34.

Plate, Ludwig: Hypothese einer variabelen Erbkraft, *Acta Biotheoretica* 2, 1936, S. 93-124.

Platon: *Der Staat*, Stuttgart, 1982.

Playfair, Guy Lyon: *Twin Telepathy*, London, 2002.

Pleass, C. M. und Dey, D.: Conditions that appear to favor extrasensory interactions between homo sapiens and microbes, *Journal of Scientific Exploration* 4, 1990, S. 213-231.

Popper, Karl: *Objektive Erkenntnis*, Gütersloh, 1991, S. 7.

Popper, Karl und Eccles, John: *Das Ich und sein Gehirn*, München und Zürich, 1997.

Pratt, J. G, Rhine, J. B., Smith, B. M., Stuart, C.E. und Greenwood, J, A.: *Extra-Sensory Perception after sixty Years*, New York, 1940.

Precht, H. und Lindenlaub, E.: Über das Heimfindevermögen bei Tieren. I. Versuche an Katzen, *Zeitschrift für Tierpsychologie* 11, 1954, S. 485-494.

Precht, Richard David: Gemütlich, Höhle, auf Wiedersehen, *Die Zeit* Nr. 20, 2005, S. 96.

Prigogine, Ilya und Stengers, Isabelle: *Dialog mit der Natur*, München, 1981.

Primas, Hans: Biologie ist mehr als Molekularbiologie. In: Fischer, E. P. und Mainzer, K.: *Die Frage nach dem Leben*, München, 1990.

Raby, Peter: *Alfred Russel Wallace – A Life*, London, 2001.

Radin, Dean I.: *The Conscious Universe*, San Fransisco, 1997.

Radin, Dean I.: *Entangled Minds*, New York, 2006.

Radin, Dean I.: Event-related EEG correlations between isolated human subjects, *Journal of Alternative and Complementary Medicine* 10, 2004, S. 315-324.

Radin, Dean I. und Ferrari, D.: Effects of consciousness on the fall of dice: a meta-analysis, *Journlal of Scientific Exploration* 5, 1991, S. 61-84.

Radin, Dean I. und Schlitz, Marylin J.: Gut feelings, intuition, and emotions: An explorative study, *Journal of Alternative and Complementary Medicine* 11, 2005, S. 85-91.

Randall, John L.: *Parapsychologie und die Natur des Lebendigen*, Freiburg im Breisgau, 1979.

Rasmussen, S., Chen, L., Stadler, B. und Stadler, P.: Proto-Organism Kinetics: Evolutionary Dynamics of Lipid Aggregation with

Genes and Metabolism, *Origins of Life and Evolution of the Biosphere* 34, 2004, S. 171-180.

Rauscher, E., Rubik, A., und Beverly A.: Human volitional effects on a model bacterial system, *Psi Research* 2, 1983, S. 38-48.

Rawlins, Dennis: Starbaby, *Fate* 34, 1981.

Rein, Glen und McCraty, Rollin: Structural changes in water and DNA associated with new physiologically measurable states, *Journal of Scientific Exploration* 8, 1995, S. 438-439.

Reinke, Johannes: *Die Welt als Tat*, Berlin, 1915.

Reinke, Johannes: *Die schaffende Natur*, Leipzig, 1919.

Rhine, Joseph Banks: *The Reach of the Mind*, London, 1948.

Rhine, Joseph Banks: *Extra-Sensory Perception*, Boston, 1997. Reprint des Originalwerkes von 1934.

Rhine, Joseph Banks: Location of hidden objects by a man-dog team, *Journal of Parapsychology* 35, 1971, S. 18-33.

Rhine, J. B. und Feather, S. R.: The study of cases of "psi-trailing" in animals, *Journal of Parapsychology* 16, 1962, S. 1-22.

Riedl, Rupert: *Die Strategie der Genesis*, München, 1984.

Roll, William C.: *Der Poltergeist*, Freiburg im Breisgau, 1976

Rose, Steven: *Darwins gefährliche Erben*, München, 2000.

Rosenberger, Ludwig: *Geisterseher. Eine Sammlung seltsamer Erlebnisse berühmter Persönlichkeiten in Selbstzeugnissen und zeitgenössischen Berichten*, München, 1952.

Rowe, W. D.: Physical measurements of episodes of focused group energy, *Journal of Scientific exploration* 12, 1998, S. 569-583.

Rýzl, Milan: *ASW-Training*, Genf, 1984.

Saklani, Alok: Psychokinetic effects on plant growth: further studies. In: Henkel, Linda A., und Palmer, John: *Research in Parapsychology 1989*, 1990, S. 37- 41.

Schindewolf, Otto: *Grundfragen der Paläontologie*, Stuttgart, 1950.

Schlitz, M. und Braud, W.: Distant intentionality and healing: assessing the evidence, *Alternative Therapies* 3, 1997, S. 62-73.

Schlitz, M. und Radin, D. I.: Telepathy in the ganzfeld: State of the Evidence. In: *Science and Spiritual Healing: A Critical Review of Research on Spiritual Healing, "Energy" Medicine and Intentionality*, London, 2002.

Schmeidler, G. R.: Predicting good and bad scores in a clairvoyance experiment: A preliminary report, *Journal of the American Society for Psychical Research* 37, 1943, S. 103-110.

Schmid, Bastian: Vorläufiges Versuchsergebnis über das hundliche Orientierungsproblem, *Zeitschrift für Hundeforschung* 2, 1932, S. 133-156.

Schmid, Bastian: *Begegnung mit Tieren*, München, 1936a.

Schmid, Bastian: Über die Heimkehrfähigkeit von Waldmäusen (*Mus sylvaticus* L.), *Journal of Comparative Physiology A*, 23 (4), 1936b, S. 592-604.

Schmidt, F.: *Grundlagen der kybernetischen Evolution*, Krefeld, 1985.

Schmidt, H.: Precognition of a quantum process, *Journal of Parapsychology* 33, 1969, S. 99 – 108.

Schmidt, H.: PK experiments with animals as subjects, *Journal of Parapsychology* 34, 1970, S. 255-261.

Schmidt, H.: New PK tests with an independent observer, *Journal of Parapsychology* 57, 1993a, S. 227-240.

Schmidt, H.: Observation of a psychokinetic effect under highly controlled conditions, *Journal of Parapsychology* 57, 1993b, S. 351-372.

Schmidt, H. und Pantas, L.: Psi tests with internally different machines, *Journal of Parapsychology* 36, 1972, S. 222-232.

Schmidt, S., Schneider, R., Utts, J., und Walach, H.: Distant intentionality and the feeling of being stared at: Two meta-analysis, *British Journal of Psychology* 95, 2004, S. 235-247.

Schnabel, Jim: *Remote Viewers: The secret history of America's psychic spies*, New York, 1997.

Schopenhauer, Arthur: *Sämtliche Werke*, Frankfurt am Main, 1986.

Schouten, S. A.: Psi in mice: positive reinforcement, *Journal of Parapsychology* 36, 1972, S. 261-282.

Schrödinger, Erwin: *Was ist Leben?* München, 2003.

Shapiro, Robert: *Schöpfung und Zufall*, München, 1987.

Sheldrake, Rupert: *Das Gedächtnis der Natur*, München, 1993.

Sheldrake, Rupert: *Sieben Experimente, die die Welt verändern könnten,* Bern, München und Wien, 1994.

Sheldrake, Rupert: *Das schöpferische Universum*, Frankfurt und Berlin, 1996a.

Sheldrake, Rupert: *The Physics of Angels*, San Fransisco, 1996b.

Sheldrake, Rupert: The sense of being stared at: Experiments in schools, *Journal of the Society for Psychical Research* 62, 1998, S. 311-323.

Sheldrake, Rupert: The "sense of being stared at" confirmed by simple experiments, *Biology Forum* 92, 1999, S. 53-76.

Sheldrake, Rupert: Experiments on the sense of being stared at: The elimination of possible artefacts, *Journal of the Society for Psychical Research* 65, 2001a, S. 122-137.

Sheldrake, Rupert: *Der siebte Sinn der Tiere*, München, 2001b.

Sheldrake, Rupert: *Der siebte Sinn des Menschen*, Bern, 2003.

Sheldrake, Rupert und Aimée, Morgana: Testing a Language-Using Parrot for Telepathy, *Journal of Scientific Exploration* 17, 2003, S. 601-615.

Sheldrake, Rupert und Smart, Pamela: Testing for telepathy in Connection with E-mails, *Perceptual and Motor Skills* 101, 2005, S. 771-786.

Sherwood, S. J. und Roe, C. A.: A review of dream ESP studies conducted since the Maimonides dream ESP studies. In: Alcock, J., Burns, J. und Freemen, A.: *Psi Wars: Getting to Grips with the Paranormal*, Thoverton, 2003.

Sidgwick, Henry: *Presidential Address* bei der Gründung der S.P.R. am 12.7.1882. In: Bender, Hans: *Parapsychologie*, Darmstadt,1971a, S. 57-60.

Simmons, Robert E. und Scheepers, Lue: Winning by a Neck: Sexual Selection in the Evolution of Giraffe, *The American Naturalist* 148, 1996, S. 771-786.

Sinclair, Upton: *Radar der Psyche*, Düsseldorf, 1990.

Sleeper, H. L., Lohrmann, R. und Orgel, L. E.: Template-directed synthesis of oligoadenylates catalyzed by Pb^{2+} ions. *J. Mol. Evol.* 13, 1979, S. 203- 214.

Smith, J.: Paranormal effects on enzyme activity, *Journal of Parapsychology* 32, 1968, S. 281.

Smuts, Jan Christiaan: *Die holistische Welt*, Berlin, 1938.

Snel, Frans: PK influence on malignant cell growth, *Research Letter of the University of Utrecht* 10, 1980, S. 19-27.

Snel, Frans und Hol, P. R.: Psychokinesis experiments in casein induced amyloidosis of the hamster, *European Journal of Parapsychology* 5, 1983, S. 51-76.

Solfvin, Gerald F.: Psi expectancy effects in psychic healing studies with malarial mice, *European Journal of Parapsychology* 4, 1982, S. 160-197.

Sowerby, S., Petersen, G. B. und Holm, N.: Primordial Coding of Amino Acids by Adsorbed Purine Bases, *Origins of Life and Evolution of the Biosphere* 32, 2002, S. 35-46.

Steiner, Rudolf: *Erdensterben und Weltenleben*, GA 181, Dornach, 1991, Vortrag vom 5.2.1918.

Steiner, Rudolf: *Geistige Hierarchien und ihre Widerspiegelung in der physischen Welt*, GA 738, Dornach, 1998.

Steiner, Rudolf: *Natur- und Geistwesen – ihr Wirken in unserer sichtbaren Welt*, GA 742, Dornach, 1999.

Steinkamp, F., Milton, J. und Morris, R. L.: Meta-analysis of forced-choice experiments comparing clairvoyance and precognition, *Journal of Parapsychology* 62, 1998, S. 193-218.

Suarez, Antoine: *Entanglement and Time*, 2003. Im Internet: http://arxiv.org/PS_cache/quant-ph/pdf/0311/0311004.pdf

Suchantke, Andreas: Die Zeitgestalt der Pflanze. In: *Goetheanistische Naturwissenschaft 2, Botanik*, Stuttgart, 1982, S.55-81.

Suchantke, Andreas: Konvergente Evolution des Skelettes in verschiedenen Tiergruppen. In: *Goetheanistische Naturwissenschaft 3, Zoologie*, Stuttgart, 1983, S. 12-41.

Swann, Ingo: *Natural ESP*, New York, 1987.

Szostak, J., Bartel, D. und Luisi, P. L.: Synthesizing Life. *Nature* 409, 2001, Suppl. S. 387-390.

Targ, R. und Katra, J.: *Miracles of Mind: Exploring Nonlocal Consciousness and Spiritual Healing*, Novato, 1998.

Taylor, Gordon Rattray: *Das Geheimnis der Evolution*, Frankfurt am Main, 1987.

Taylor, Robin: Evolutionary Theory and Psi: Reviewing and Revising some Need-Serving Models in Psychic Functioning, *Journal of the Society for Psychical Research* 76, 2003, S. 1-17.

Tenhaeff, W. H. C.: *Der Blick in die Zukunft*, Berlin, 1976.

Teilhard de Chardin, Pierre: *Der Mensch im Kosmos*. München, 1988.

Treichlinger , W. M.: *Okkulte Erlebnisse berühmter Frauen und Männer*, Stuttgart und Wien, 1950.

Trinks, H., Schröder, W. und Biebricher, C. K.: Ice and the Origin of life, *Origins of Life and Evolution of the Biosphere* 35, 2005, S. 429-445.

Tsukahara H., Imai, E., Honda, H., Harori, K. & Matsuno, K.: Prebiotic Oligomerisation on or inside Lipid Vesicles in Hydrothermal Environments, *Origins of Life and Evolution of the Biosphere* 32, 2002, S. 13 – 21.

Uexküll, Jakob von: *Theoretische Biologie*, Berlin, 1928.

Uexküll, Jakob von: Der Organismus und die Umwelt. In: Driesch, Hans und Woltereck, Heinz: *Das Lebensproblem*, Leipzig, 1931.

Uexküll, Jakob von: Bedeutungslehre, *BIOS* 10, 1940.

Uexküll, Jakob von: *Der unsterbliche Geist in der Natur*, Hamburg, 1946.

Ullmann, M., Krippner, S. und Vaughan, A.: *Dream telepathy*, New York, 1973.

Utts, Jessica: An assessment of the evidence of psychic functioning, *Journal of Scientific Exploration* 10, 1996, S. 3-30.

Vollmert, Bruno: *Das Molekül und das Leben*, Reinbek, 1985.

Wackermann, J.: Dyadic correlations between brain functional states: Present facts and future perspectives, *Mind and Matter* 2 (1), 2004, S. 105-122.

Wackermann, J., Seiter, C., Keibel, H. und Walach, H.: Correlations between brain electrical activities of two spatially seperated human subjects, *Neuroscience Letters* 336, 2003, S. 60-64.

Wald, George: The Origin of Life. *Scientific American* 8, 1954; Nachdruck in: *Life: Origin and Evoluiton*, San Fransisco, 1979.

Walker, Evan Harris: A review of criticism of the quantum mechanical theory of psi phenomena, *Journal of Parapsychology* 48, 1984, S. 227-232.

Walker, Evan Harris: *The Physics of Consciousness*, New York, 2000.

Wallace, Alfred Russel: *Darwinismus*, Braunschweig, 1891.

Wallace, Alfred Russel: *The World of Life: A Manifestation of Creative Power, Directive Mind and Ultimate Purpose*, London, 1916.

Watkins, G. K., und Watkins, A. M.: Possible PK influence on the resuscitation of anaesthetised mice, *Journal of Parapsychology* 35 (4), 1971, S. 257-272.

Weinberg, Steven: *Die ersten drei Minuten*, München, 1981.

Weismann, August: *Das Keimplasma*, Jena, 1892.

Weissbuch, I., Bolbach, G., Leiserowitz, L. und Lahav, M.: Chiral Amplification of Oligopeptides via Polymerisation in Two-dimensional Crystallites on Water, *Origins of Life and Evolution of the Biosphere* 34, 2004, S. 79-92.

Wells, R., und Klein, J.: A replication of a „psychic healing" paradigm, *Journal of Parapsychology* 36, 1972, S. 144-149.

Wenzl, Aloys: Drieschs Neuvitalismus und der Stand des Lebensproblems heute. In: Wenzl, Aloys: *Hans Driesch – Persönlichkeit und Bedeutung für Biologie und Philosophie von heute*, Basel, 1951.

Wesson, Robert: *Chaos, Zufall und Auslese in der Natur*, Frankfurt am Main und Leipzig, 1995.

West-Eberhard, Mary-Jane: *Developmental Plasticity and Evolution*, Oxford, 2003.

Wiseman, R. und Smith, M.: A further look at the detection of unseen gaze, *Proceedings of Presented Papers, 37th Annual Parapsychological Association Convention*, 1994, S. 465–78.

Wiseman, R. und Schlitz, M.: Experimenter effects and the remote detection of staring, *Journal of Parapsychology* 61, 1997, S. 197–207.

Wiseman, R., Smith, M. und Milton, J.: Can animals detect when their owner are returning home? An experimental test of the "psychic pet" phenomenon, *British Journal of Psychology* 89, 1998, S. 453-462.

Wolff, Gustav: Leben und Seele. In: Driesch, Hans und Woltereck, Heinz: *Das Lebensproblem*, Leipzig, 1931.

Wollgast, Siegfried: *Emil Du Bois-Reymond. Vorträge über Philosophie und Gesellschaft*, Hamburg, 1974.

Woltereck, Richard: *Grundzüge einer allgemeinen Biologie*, Stuttgart, 1932.

Wunder, Edgar: Zitiert aus *Heureka*, Ausgabe 01, 2003.

Wydler, J.: *Psychic Pets: The Secret World of Animals*, New York, 1978.

Zahavi, Amotz und Zahavi, Avishag: *Das Handicap-Prinzip*, Frankfurt am Main und Leipzig, 1998.

Zimmermann, Elwood C.: Possible Evidence of Rapid Evolution in Hawaiian Moths, *Evolution* 14, 1960, S. 137-138.

Dank

Viele der in diesem Buch vorgetragenen Gedanken verdanke ich der Anregung vorangegangener Autoren, von denen ich besonders Hans Driesch und Edgar Dacqué nennen möchte. Unter den neueren Wissenschaftlern habe ich vor allen Dingen Rupert Sheldrake zu danken. Nicht nur über seine Publikationen, sondern auch über losen persönlichen Kontakt hat er mich seit vielen Jahren immer wieder inspiriert und zuletzt wertvolle Anregungen für die inhaltliche Gestaltung dieses Buches gegeben.

Dies gilt umso mehr für die Korrekturleser, die das Entstehen dieses Werkes begleitet haben. Ein herzliches Dankeschön geht hiermit an Olaf Nehrbaß, Rainer Büttner und insbesondere an Katja Rühl, die sich dieser zeitraubenden Beschäftigung gleich zweimal mit bewundernswerter Akribie gewidmet hat. Auch sei all den anderen Lesern gedankt, die noch Verbesserungsvorschläge hatten und mithalfen, die unvermeidlichen Rechtschreibfehler zu eliminieren.

Weiterhin danke ich Eberhard Bauer vom Institut für Grenzgebiete der Psychologie und Psychohygiene (IGPP) in Freiburg für sein freundliches Entgegenkommen und zahlreiche nützliche Literaturhinweise.

Auch allen meinen bisherigen Lehrern möchte ich an dieser Stelle danken. Stellvertretend seien hier Aranka und Michael Fortwängler genannt, meine Ausbilder zum Lehrer für Alexander-Technik, sowie Volker Kaneke, mein begeisternder Biologielehrer in der Oberstufe. Zuletzt danke ich noch Ashley Francis-Jones, Alyssos Ftelias und meiner überaus geduldigen Frau Insa Hülsebusch. Sie hat die Arbeit an dem Buch in jeder Phase verständnisvoll mitgetragen und unterstützt.